高职高专畜牧兽医类专业系列教材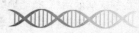

中兽医应用技术

（第3版）

ZHONGSHOUYI YINGYONG JISHU

主 编 杨 云 赵婵娟

重庆大学出版社

内容提要

本书是高职高专畜牧兽医类专业系列教材之一,是根据高职高专院校畜牧兽医类专业人才培养目标的要求,从临床应用的实际角度构建内容体系,注重中兽医技术的实用性和可操作性,注重技能的训练与培养而编写的。全书内容包括绪论、阴阳五行学说、脏腑(藏象)、精气血津液、经络学说、病因病机、诊法、辨证、防治法则、中草药基础、常用中草药、常用方剂、针灸术基础知识、常用穴位及应用、临床常见证候、临床常见疾病的治疗、技能训练,各项目前有学习目标、技能目标,项目后有复习与思考、案例分析等内容。

本书内容翔实、重点明确、结构完整、通俗易懂、科学实用,可供高职高专院校畜牧兽医类专业师生使用,也可供畜牧兽医、宠物、农业等相关从业者学习参考。

图书在版编目(CIP)数据

中兽医应用技术 / 杨云,赵婵娟主编. --3 版.--
重庆:重庆大学出版社,2017.8(2024.7 重印)
高职高专畜牧兽医类专业系列教材
ISBN 978-7-5689-0715-6

Ⅰ.①中… Ⅱ.①杨… ②赵… Ⅲ.①中兽医学—高
等职业教育—教材 Ⅳ.①S853

中国版本图书馆 CIP 数据核字(2017)第 177089 号

高职高专畜牧兽医类专业系列教材
中兽医应用技术
(第 3 版)
主 编 杨 云 赵婵娟
副主编 王 锐 杨思远 刘 娟
毕玉霞 刘万平
主 审 邓华学
责任编辑:袁文华 版式设计:袁文华
责任校对:杨育彪 责任印制:赵 晟
*
重庆大学出版社出版发行
出版人:陈晓阳
社址:重庆市沙坪坝区大学城西路 21 号
邮编:401331
电话:(023)88617190 88617185(中小学)
传真:(023)88617186 88617166
网址:http://www.cqup.com.cn
邮箱:fxk@cqup.com.cn(营销中心)
全国新华书店经销
重庆亘鑫印务有限公司印刷
*
开本:787mm×1092mm 1/16 印张:24.5 字数:600 千
2017 年 8 月第 3 版 2024 年 7 月第 8 次印刷
ISBN 978-7-5689-0715-6 定价:59.00 元

编委会成员名单

BIANWEIHUI

主　编　杨　云　赵婵娟
副主编　王　锐　杨思远　刘　娟　毕玉霞　刘万平
主　审　邓华学
编　委　（以姓氏笔画为序）
　　　　王　成（四川省筠连县畜牧兽医局）
　　　　王　锐（云南农业职业技术学院）
　　　　邓华学（重庆三峡职业学院）
　　　　孙玉龙（达州职业技术学院）
　　　　刘　娟（西南大学）
　　　　刘万平（商丘职业技术学院）
　　　　关　铜（成都农业科技职业学院）
　　　　许　琳（云南农业大学）
　　　　毕玉霞（商丘职业技术学院）
　　　　杨　云（云南农业职业技术学院）
　　　　杨思远（黑龙江民族职业学院）
　　　　何　敏（信阳农林学院）
　　　　赵婵娟（重庆三峡职业学院）
　　　　禹泽中（玉溪农业职业技术学院）
　　　　聂晨睿（西南大学）
　　　　黄建新（大理农业职业技术学院）

前　言

Preface

中兽医学历史悠久，内容丰富。随着科学技术的进步与畜牧业的发展，面对动物疾病的复杂性，现代畜牧兽医事业对实用型、应用型技术人才的需求也快速增长。中兽医应用技术是高职高专院校畜牧兽医、兽医、宠物等相关专业学生必须掌握的技能，课程在设置上紧跟畜牧生产、兽医临床实际的需要，着重围绕高等职业教育"培养实用型、应用型高素质人才"的目标要求。

本书是《中兽医应用技术》（第2版）的修订版，在修订时以应用技术为指导、实用技术为宗旨，理论知识以必须、够用、能用为原则，在章节结构上和具体内容介绍上进行了适当的调整和部分修订增减，并在每个项目中增加了学习目标、技能目标、复习与思考、案例分析等，既保留了基础理论的系统性和完整性，又重点突出了基本理论、基本知识和基本技能，充分将传统技术与现代技术融合，加强实践技能的培养，以便学生能更好地掌握本课程的基本理论和基础知识，为今后的临床实践打下牢固的基础。

本书内容包括绪论、阴阳五行学说、脏腑（藏象）、精气血津液、经络学说、病因病机、诊法、辨证、防治法则、中草药基础、常用中草药、常用方剂、针灸术基础知识、常用穴位及应用、临床常见证候、临床常见疾病的治疗、技能训练。本书内容翔实、重点明确、结构完整、通俗易懂、科学实用，可供高职高专院校畜牧兽医类专业师生使用，也可供畜牧兽医、宠物、农业等相关从业者学习参考。

本书在《中兽医应用技术》（第2版）的基础上，由云南农业职业技术学院杨云、重庆三峡职业学院赵婵娟担任主编，云南农业职业技术学院王锐、黑龙江民族职业学院杨思远担任副主编，共同负责此次的修订工作，具体包括课程大纲的部分调整，绪论、项目1到项目6的编写，项目7到项目16的部分修订，以及各个项目中学习目标、技能目标、复习与思考、案例分析等的补充。本书的成功修订，要感谢前两个版本编写团队的辛苦付出，他们都是中兽医课程主讲教师或一线中兽医工作者，具有丰富的教学和实践经验，在此由衷地表示感谢！修订过程中也参考了一些相关专著、教材等资料，在此一并表示感谢！

由于时间仓促，编者水平有限，书中难免存在不足之处，敬请读者批评指正。

编　者
2017 年 6 月

Contents 目　录

模块 4　针灸术

绪　论

🖋 【学习目标】

了解中兽医学的概念、历史。

🖋 【技能目标】

掌握中兽医学的基本特点,明确中兽医学的目的和方法。

0.1　中兽医学的概念

中兽医学是我国劳动人民长期同动物疾病作斗争的经验总结;是在古代唯物论和辩证法思想影响和指导下,逐步形成和发展起来的独特医学理论体系;是我国古代文化遗产的重要组成部分。中兽医学是在中医学的影响下发展起来的一门学科,它以整体观念和辨证论治为基本特点,其内容包括阴阳、五行、脏腑、经络、精气血津液、病因、病机、四诊、中药、方剂、针灸、病证防治等内容。

中兽医学受中国古代哲学思想和中医学的影响,通过数千年长期实践而逐渐形成,并发展了以阴阳五行学说为说理工具、以脏腑经络学说为理论核心、以辨证论治为诊疗特点的学术理论体系和以四诊、辨证、方药及针灸为主要诊疗手段的一门综合性医学,它和藏兽医学、蒙(古)兽医学、苗兽医学、彝兽医学、回族动物医学等构成了中国传统兽医学。中兽医学的主要学术特点是遵循整体观念,突出辨证论治,坚持预防为主,强调治病求本;采用种类繁多的天然中药组合为层出不穷的方剂,以适应疾病的千变万化;创立针灸技术,通过刺激穴位调动机体潜能从而防治疾病。

0.1.1　中兽医学与中医学的关系

中兽医学导源于中医学,在中医学这个宝贵的文化遗产的组成中,中兽医学是在中医学和古代哲学思想影响指导下结合医学实践逐渐形成和发展起来的。祖国医学的古时期,中兽医学和中医学是分不开的,即医不分工,医人也医兽。

0.1.2　医学理论体系的形成及发展

1) 巫医结合的神权时代

夏、商、周到春秋战国时期,奴隶主为了统治奴隶,采用鬼神、巫医结合,以便使奴隶主的统治得以巩固,如医书中的神农、伏羲、黄帝以其托名,用朴素的唯物论和自发的辩证法为唯心论所用。

2) 巫医分离的时期

(1)中医理论体系的形成:春秋战国时期文化的兴起,朴素唯物论的发展,从而使中医学开始与巫分离。《黄帝内经》的成书(春秋战国时期)标志着中医理论体系的形成。与其相媲美的还有汉前秦越人所著的《难经》,所以说,中兽医学的基本理论导源于《黄帝内经》。

(2)医学的第一次突破与创新:东汉·张仲景(机)《伤寒杂病论》理法方药齐备,确立了辨证论治的理论体系,以及最早的人畜通用的药学专著《神农本草经》成书。

(3)医学的第二次突破:金元四大家。

①刘完素:以"火热论"著称,"六气皆从火化"采用寒凉药治疗,后人称"寒凉派";②张从正:病由邪生,邪去则正安,用以汗吐下法,后人称"攻下派";③李杲(东垣):"人以水谷为本",有胃气则生,无胃气则死,内伤脾胃,百病由生,以补脾胃为主,后人称"补脾派";④朱震亨:号丹溪,以阳常有余,阴常不足,提出"相火论"治以滋阴降火,人称"养阴派"。

(4)医学第三次突破:明清时期五大瘟病学家,即吴又可的"戾气学说",叶天士的卫气营血辨证,吴鞠通的三焦辨证,薛生白《湿热病篇》和王孟英《温热经纬》对传染病的认识。

0.2　中兽医学的发展及其简史

中兽医学,起源于原始社会(远古至公元前22世纪)即人类开始驯化野生动物为家畜的时期。人类在饲养动物的过程中,逐步对动物疾病有所了解,并不断地寻求治疗方法,这就促成了兽医知识的起源。对药物的认识,原始人在集体出猎、共同采集食物时,必然发生过因食用某种植物而使所患疾病得以治愈,或因误食某种植物而中毒的事例。经过无数次尝试,人们对某些植物的治疗作用和毒性有了认识,获得了原始的药理学和毒理学知识。如《淮南子·修务训》中有"神农……尝百草之滋味……一日而遇七十毒"的记载,便生动地说明了药物起源的情况。

1) 奴隶社会前原始公社时期

桂林甑皮岩和余姚河姆渡都有家猪骨骸,西安半坡村遗址和姜寨遗址不但发掘出猪、马、牛、羊、犬、鸡的骨骼残骸及石刀、骨针、陶器等生活和医疗用具,而且还有用细木围成的圈栏遗迹等,表明人类开始驯化野生动物,并将其转变为家畜,人类在饲养动物的过程中,逐步对动物疾病有所了解,并不断地寻求治疗方法,这就促成了兽医知识的起源。

2) 奴隶社会的殷商时期(公元前16世纪至前11世纪)

在殷墟出土的甲骨文中有猪圈、羊栏、牛棚马厩等篆书,有人畜通用病名,如胃肠病、体内寄生虫、齿病等,还有药酒、阉割术等,已有表示猪圈、羊栏、牛棚、马厩等的象形文字,说明当时对家畜的分栏护养已有了进一步发展。河北藁城商代遗址中,出土有郁李仁、桃仁等药物,表明当时对药物也有了进一步的认识。商代青铜器的出现和使用,为针灸、手术等治疗技术的进步提供了有利条件,如当时已有了阉割术或宫刑的出现。殷商之际出现的带有自发朴素性质的阴阳和五行学说,后来成为中医及中兽医学的指导思想和推理工具。

3) 周朝(公元前 11 世纪至前 476 年)

兽医的分科,《周礼》中"食医、疾医、疡医、兽医"。《周礼·天官》中"兽医掌疗兽病,疗兽疡。凡疗兽病灌而行之,以节之,以动其气,观其所发而养之;凡疗兽疡,灌而劀之,以发其恶,然后药之、养之、食之。"即此时已经采用灌药、手术、护理、饲养等综合治疗。去势术的完善,有狂犬病、猪囊虫、疥癣、运动障碍、传染病等记载。当时的书籍中,还记载有不少对家畜危害较大的疾病,如猪囊虫(米猪)、狂犬病、疥癣、传染性病、运动障碍以及外血吸虫、如马、牛虻等。《周礼》《诗经》和《山海经》中,载有人畜通用的药物 100 多种,并有兽医专用药物的记载,如"流赭(赭石)以涂牛马无病"等。《周礼》中还有"内饔……辨腥、臊、膻、香之不可食者"的记载,这是我国最早的肉品检验。

4) 春秋战国时期(公元前 475 年至前 221 年)

《黄帝内经》和《难经》的成书标志着中医理论体系的形成。公元前 680 年至前 610 年间有一位善于相马、医马的孙阳,人称伯乐,可谓是第一个兽医针灸专家。在秦国富国强兵中,作为相马立下汗马功劳,得到秦穆公信赖,被封为"伯乐将军"。伯乐后来将毕生经验总结写成我国历史上第一部相马学著作——《伯乐相马经》。

5) 秦汉时期(公元前 221 年至 220 年)

汉·《神农本草经》是人畜通用药学专著,共收载药物 365 种,其中特别提到"牛扁杀牛虱小虫、又疗牛病"。"柳叶主马疥痂疮""梓叶傅猪疮""桐花主傅猪疮"。秦制定的"厩苑律"(见《云梦秦简》)是世界上最早的畜牧兽医法规,汉代(公元前 206 年至 220 年)经进一步修订,更名为"厩律"。东汉·《伤寒杂病论》标志着理、法、方、药一体化,张仲景所创立的六经辨证方法及其许多方剂,一直为兽医临床所沿用。三国时期(220 年至 265 年),名医华佗(110 年至 207 年)曾发明了全身麻醉剂"麻沸散",并进行了剖腹涤肠手术,相传他还有关于鸡、猪去势的著述。

6) 晋魏南北朝(220 年至 581 年)

晋·葛洪《肘后备急方》中的"治牛马六畜水谷疫疠诸病方"有防治狂犬病、疥癣中有虫、谷道入手法等。北魏·贾思勰《齐民要术》有 40 余术治家畜病,如直肠破结术、削蹄治漏蹄、针刺治马腺疫、猪羊去势术。

7) 隋代(581 年至 618 年)

兽医分科逐渐完善,太仆寺(一说"北齐"始设),统管马政与牧政,有"兽医博士员 120 人"(《隋书》),出现了有关病症诊治、方药及针灸的专著,如《治马牛驼骡等经》《疗马方》《马经孔穴图》等,但原书均已散佚。

8) 唐代(618 年至 907 年)

兽医教育开端《旧唐书》记载"太仆寺中设有兽医 600 人,博士 4 人,学生 100 人,贞元末年(约804年),日本人平仲国等曾到中国学习兽医"。李石著《司牧安骥集》是我国现存最早的一部兽医古籍,也是我国最早的一部兽医教科书;唐高宗显庆四年(659年)所颁布,苏敬等著的《新修本草》,被认为是世界上最早的一部人畜通用的药典。

9)宋代(960年至1279年)

设有"牧养监"以疗病马,是最早的兽医院;"剥皮所"是最早的家畜尸体解剖机构;"药蜜库"为最早的兽医药房。《使疗录》中有少数民族用醇麻醉给马进行切肺手术等,同时兽医专著有《明堂灸马经》《伯乐针经》《医驼方》《马经》《相马病经》《安骥方》等。

10)元代(1271年至1368年)

著名兽医卞宝(管勾)著的《痊骥通玄论》对马的腹痛起卧症和陶结术作了总结性的论述,还提出了"胃气不和则生百病"的脾胃发病学说,为兽医临床治疗奠定了理论依据。

11)明代(1368年至1644年)

1608年俞本元、俞本亨著《元亨疗马集》附牛马驼经,是国内外流传最广泛的一部兽医古籍;李时珍,号濒湖(1518年至1593年),1578年编成《本草纲目》载有1 892种药。还有兰茂(1397年至1476年)所著的《滇南本草》。

12)清代(1644年至1840年)

鸦片战争以前的清代,中兽医学虽处于缓慢发展的状态,但也有一些兽医著作出现。1736年李玉书对《元亨疗马集》进行了改编,删除了"东溪素问四十七论"中的二十多论,又根据其他兽医古籍增加了部分内容,成为现今广为流传的版本。1758年,赵学敏编著的《串雅外编》中特列有"医禽门"和"医兽门"。1785年,郭怀西编著有《新刻注释马牛驼经大全集》。此后编撰的兽医著作有《抱犊集》、《养耕集》(傅述风,1800年)、《牛经备要医方》(沈莲舫)、《牛医金鉴》(约1815年)、《相牛心镜要览》(1822年)等。

13)近代(1840年至1949年)

鸦片战争以后,中国沦为半殖民地半封建社会,中兽医学的发展陷入了困境。这一时期的主要著作有《活兽慈舟》(李南晖1873)、《牛经切要》(佚名氏1886)、《猪经大全》(佚名氏1891)等。《活兽慈舟》收载了马、牛、羊、猪、犬、猫等动物的病证240余种,是我国较早记载犬、猫疾病的书籍。《猪经大全》是我国现存中兽医古籍中唯一的一部猪病学专著。

1904年,北洋政府在保定建立了北洋马医学堂,从此西方现代兽医学开始有系统地在中国传播,使得中国出现了两种不同学术体系的兽医学,因而有了中、西兽医学之分。当时国内的反动统治阶级对中医和中兽医学采取了摧残及扼杀的政策,于1929年悍然通过了"废止旧医案",立即遭到了广大群众的强烈反对。在此情况下,民间兽医遭受歧视和压迫,严重地阻碍了中兽医学的发展。但这一时期仍出现有《驹儿编全卷》(1909年)、《治骡马良方》(1933年)以及《兽医实验国药新手册》(1940年)等书籍。

中兽医学是西兽医进入中国后出现的名词,自建立北洋马医学堂起,我国便有中西兽医之分,当时统治阶级极力推崇西兽医学而压制中兽医学发展。1928年,毛泽东在《井冈山的斗争》中首次提出"用中西两法治疗",而后人们开始学习和研究中兽医学术,各根据地及军队兽医系统中都吸收有中兽医学,它在防治动物疾病,特别是在军马保健工作中,发挥了重要作用。

14)中华人民共和国后

1949 年中华人民共和国成立后,中兽医学进入了一个蓬勃发展的新阶段。1956 年 1 月,国务院颁布了"加强民间兽医工作的指示",对中兽医提出了"团结、使用、教育和提高"的政策;同年 9 月在北京召开了第一届"全国民间兽医座谈会",提出了"使中西兽医紧密结合,把我国兽医学术推向一个新的阶段"的战略目标。1958 年,毛泽东同志又作了关于"中国医药学是一个伟大的宝库,应当努力发掘,加以提高"的指示,进一步明确了中兽医学的发展方向。由于政府的重视和广大中兽医工作者的努力,中兽医学得到了前所未有的发展。如搜集整理出版了大量中兽医经验资料和古籍,编撰出版了一大批中兽医学书籍,开展了中兽医学的科学研究工作。我国政府非常重视中兽医教育工作,先后在全国各中、高等农业院校设立中兽医学课程,其教科书有《中兽医学》《中兽医基础》《中兽医诊疗技术》《中兽医应用技术》等,此外还有《中兽医手册》《新编中兽医学》《中国兽医针灸学》《兽医中草药大全》等。1956 年便在中国畜牧兽医学会上成立了中兽医学小组,又于 1979 年成立了中西兽医结合学术研究会,后更名为中国畜牧兽医学会中兽医学分会。改革开放以来,随着我国对外交流的不断增加,中兽医学特别是兽医针灸在国外的影响也越来越大,不少院校先后多次举办了国际兽医针灸培训班,或派出专家到国外讲学,促进了中兽医学在世界范围内的传播。

0.3 中兽医学的基本特点

中兽医学的理论体系是在古代朴素的唯物论和自发的辩证法思想影响指导下逐渐形成和发展起来的,它源于实践,反过来又指导着实践其理论体系。中兽医学有两个基本特点:一个是整体观念;是辩证论治。

0.3.1 整体观念

中兽医学认为,动物体是一个有机的整体,动物体与自然环境也是一个有机的整体(即五脏一体观和天人一体观),这种内外环境统一性的思想观念称之为整体观念。

1)动物体是一个有机的整体(五脏一体观)

(1)动物体以五脏为中心,通过经络把五脏六腑、五官、九窍、四肢百骸等全身组织器官联系成一个整体,并通过精气血津液的作用来完成生命活动。

(2)生理上相互平衡和相互制约,病理上相互影响,"心为君主之官,主明则下安……主不明则十二官危,凡此十二官者,不得相失也"《素问·灵兰秘典论》。例如,机体某一部分的病变,可以影响到其他部分,甚至引起整体性的病理改变,如脾气虚本为一脏的病变,但迁延日久,则会因机体生化乏源而引起肺气虚、心气虚,甚至全身虚弱。

(3)动物体与五脏为中心的形神一体,"阴平阳秘精神所致""阴阳离决,精气乃绝"《素问·阴阳应象大论》。例如,心血虚可以导致精神萎靡不振。

(4)动物体局部与整体的统一性。例如,心开窍于舌,而舌的局部又与五脏六腑相通;舌的局部变化可以反映五脏六腑的气血盛衰。

（5）动物体是一个有机的整体，治疗局部病变也要从整体出发。例如，心开窍于舌，而心与小肠相表里，通过清心泻小肠火可以治疗口舌糜烂。

（6）在诊断疾病时，从整体出发，察其外而知其内，内外是一个整体。例如，望舌可以诊断许多疾病。

2）动物体与自然环境的统一性（天人相应观）

（1）动物体与自然界的季节、昼夜晨昏、地域的相互适应性。例如，一年四季的气候变化是春温、夏热、秋凉、冬寒，动物可以通过气血进行调节适应。如春夏阳气发泄，气血趋于表，则皮肤松弛，疏泄多汗；秋冬阳气收藏，气血趋于里，则皮肤致密，少汗多尿。同样，随四时的不同，动物的口色有"春如桃花夏似血，秋如莲花冬似雪"的变化，脉象有"春弦、夏洪、秋毛、冬石"的改变，这都属于正常生理调节的范围。但当气候异常或动物调节适应机能失调，使机体与外界环境之间失去平衡时，则可引起与季节性环境变化相关的疾病，如风寒、风热、中暑等。

（2）动物体与人类社会环境的关系。人类的虐待和损伤导致动物体疾病的发生。例如，虐待动物和损伤动物导致的致残、致伤、精神失常等。

0.3.2　辨证论治

1）辨证论治

辨证论治是指根据四诊所收集的资料、症状和体征，综合、分析、归纳，辨清疾病的病因、病性、病位、病势和邪正关系，从而概括为某种性质的证，然后根据辨证的结果确定相应的治疗方法的这一过程。

2）病、症、证的区别

（1）病：在一定的致病因素作用下导致动物体的生理功能遭到破坏，结果出现一系列的病理过程，即指有特定病因、病机、发病形式发展规律和转归的一个完整过程。例如，前胃弛缓、瘤胃积食、消化不良。

知 识 拓 展

世界卫生组织健康十大标准（人，2004 年）

1.有充沛精力，能从容不迫地担负日常生活和繁重的工作而且不感到过分紧张和疲劳。

2.处世乐观，态度积极，乐于承担责任，事无大小，不挑剔。

3.善于休息，睡眠好。

4.应变能力强，能适应外界环境中的各种变化。

5. 能够抵抗一般感冒和传染病。

6. 体重适中，身体匀称，站立时头、肩位置协调。

7. 眼睛明亮，反应敏捷，眼睑不发炎。

8. 牙齿清洁，无龋齿，不疼痛，牙龈颜色正常，无出血现象。

9. 头发有光泽，无头屑。

10. 肌肉丰满，皮肤有弹性。

（2）症：症状，疾病过程中的临床表现，是某些异常状态和现象。例如，发热、不吃、咳嗽、腹泻等。

（3）证：既不是疾病的全过程，又不是疾病的某一项临床表现，而是疾病过程中某一阶段的病理过程的概括，也是疾病在这一阶段的病因、病性、病位和邪正关系的概括和判断。如风寒证（病因）、表证（病位）、虚证（邪正）。证是中兽医治疗疾病的依据。

症是疾病中坐标的每一点，病是疾病中的纵向坐标，证是疾病中的横向坐标，中兽医重在辨证。

3）辨证论治的具体体现

（1）辨证与论治的关系：辨证是决定治疗的前提和依据，论证是治疗疾病的手段和方法，通过论证的效果可以检验辨证的正确与否。

（2）辨证论治的主导思想：整体观念，在诊断和治疗上都从整体出发。

（3）辨证论治的基础：中兽医理论体系。

（4）辨证论治的过程：辨证求因、审因论治、依法处方和用药。

（5）辨证论治的内容：四诊、八纲、阴阳、五行、脏腑、经络、气血津液等。

（6）辨证论治的总体：理、法、方、药一体化。

（7）辨证与辨病：既要辨证也要辨病，辨证与辨病相结合，先辨证后辨病，病治异同。

（8）治疗的原则：辨证为治疗提供原则和依据，治疗反过来印证辨证，其原则是病治异同。

4）病治异同

（1）同病异治：同一种疾病由于疾病发展阶段和病理变化不同，其证候也不相同，治疗方法也就不同，称为同病异治。如同为外感表证，若属外感风寒，则治宜辛温解表，方用麻黄汤类；若属外感风热，则治宜辛凉解表，方用银翘散类。

（2）异病同治：不同的疾病，由于发展过程中出现相同的病因病机，其证候相同，治法也就相同。如脱肛、子宫脱出、虚寒泄泻等均为中气不足、气虚下陷，都采用补中益气、升阳举陷，方用补中益气汤。

0.4 如何学习好中兽医应用技术

(1)明确学习目的:学习本学科是为了继承和发扬祖国兽医学的遗产;为了更好地服务于畜牧业生产。

(2)为全人类的健康事业发展而努力:学习本学科是为了更好地保护全人类,采用中草药这种天然的药物作饲料添加剂和防治动物疾病,从而生产出符合人体需要的有机食品和绿色食品保证人类的健康发展。

(3)走中西兽医结合发展的道路:掌握中兽医理论体系和特点,应用现代西医技术,更好地运用中西医结合来为畜牧兽医事业服务。

(4)死记硬背、灵活应用:既要做到死记硬背,又要理解记忆和灵活应用,根据中兽医学的特点逐步做到对其理法方药、针灸融会贯通,如方中有药、药中有方。

(5)弃粗取精、去伪存真,取其精华:在学习中,应用唯物辩证法的思想观点,弃粗取精、去伪存真,取其精华,予以继承和发扬。

(6)理论联系实际:中兽医学的形成和发展经历了几千年的时间,其理论、方药以及针灸等诊疗技术都是从临床实践中总结出来的,是一门实践性极强的科学,只有做到理论与实践相结合才能加深理论的理解和确保实践技能的提高。

(7)"古为今用、洋为中用":应用辩证唯物主义的观点和历史唯物主义的观点去认识本学科,做到"古为今用、洋为中用"。

(8)独立思考、创造发明:学会独立思考,找到中兽医学的发展和突破口。

复习与思考

一、名词解释

1. 整体观念; 2. 同病异治; 3. 异病同治。

二、填空题

1.中兽医学的基本理论导源于_____。

2.我国最早的一部人畜通用的药学专著是_____,该书中共收载药物_____种。

3.中兽医学的基本特点是_____和_____。

4.《本草纲目》的作者是_____,载有_____种药。兰茂(1397年至1476年)所著书的名称是_____。

5.由____代朝廷所颁布、苏敬等著的《_____》,被认为是世界上最早的一部人畜通用的药典。

三、选择题

1. 中兽医治疗疾病主要着眼于(　　　)。

    A. 症状　　　　　B. 疾病　　　　　C. 体征　　　　　D. 主诉　　　　　E. 证候

2. 设有专职兽医诊治"兽病"和"兽疡"是在(　　　)。

    A. 周朝　　　　　B. 汉代　　　　　C. 唐代　　　　　D. 宋代　　　　　E. 明代

3. 我国最早的一部兽医教科书是(　　　)。

    A.《黄帝内经》　　B.《司牧安骥集》　　C.《元亨疗马集》　　D.《伤寒杂病论》

4. 国内外流传最广泛的一部兽医古籍是(　　　)。

    A.《痊骥通玄论》　B.《司牧安骥集》　　C.《活兽慈舟》　　　D.《元亨疗马集》

5. 世界上最早的畜牧兽医法规是(　　　)。

    A.《痊骥通玄论》　B.《司牧安骥集》　　C.《活兽慈舟》　　　D.《厩苑律》

四、问答题

1. 什么是中兽医学?

2. 什么是辨证论治?

五、论述题

1. 什么是病、症、证? 三者之间的关系如何?

2. 什么是五脏一体观和天人一体观? 其理论依据来自哪本书?

模块1
基础理论
JICHU LILUN

项目 1　阴阳五行学说

【学习目标】

1. 理解阴阳五行的基本概念；
2. 重点理解和掌握阴阳五行的基本内容；
3. 掌握阴阳五行学说在中兽医学中的应用。

【技能目标】

1. 能熟练应用阴阳五行学说解释自然界；
2. 能熟练应用阴阳五行学说阐述动物生理与病理。

阴阳五行学说是阴阳学说和五行学说的合称,是我国古代朴素唯物论和自发辩证法的哲学思想,是前人用以认识世界和解释世界的一种世界观和方法论。约在两千多年以前的春秋战国时期,这一学说被引用到医药学中作为推理工具,借以说明动物体的组织结构、生理功能和病理变化,并指导临床辨证及病证防治,成为中兽医学基本理论的重要组成部分。

阴阳学说认为世界是物质的,物质世界是在阴阳二气的相互作用下资生、发展和变化着的,是阴阳二气对立统一的结果。

五行学说认为物质世界最基本的物质是由木、火、土、金、水五种元素构成,而它们之间又相互资生、相互制约,处于不断的运动中。

1.1　阴阳学说

1.1.1　阴阳的基本概念

1)阴阳是中国古代哲学的一对范畴

《老子》中"万物负阴而抱阳",最初指日光的背向,向日为阳,背日为阴,后来引申到气候(寒暖)、方位(上下)、左右、内外、运动状态(动静)、雌雄等,都用阴阳加以概括,阴阳也因此而失去其最初的含义,成为一切事物对立而又统一的两个方面的代名词。

2)阴阳是自然界相互关联的某些事物和现象对立双方的概括

阴阳既可代表相互关联、相互对立的两种事物,又可代表事物内部相互对立的两个方面,即普遍性和相对性。故《灵素·阴阳系日月》中"阴阳者,有名而无形"。如张景岳《类经》中"阴阳者,一分为二"。例如:昼—阳,夜—阴;上午—阳中之阳,下午—阳中之阴;上半夜—阴中之阴,下半夜—阴中之阳。

3)阴阳是指矛盾的两个方面对立斗争的结果

阴阳学说认为世界是物质的整体,而世界这个整体本身又是阴阳二气对立统一的结果。《素问·阴阳应象大论》中"清阳为天,浊阴为地;地气上为云,天气下为雨"。又有"阴阳者天地之道也,万物之纲纪,变化之父母,生杀之本始,神明之府也,治病必求于本。"

4)阴阳代表着相互对立而又相互关联的事物的属性

《素问·阴阳应象大论》中"天地者,万物之上下也;阴阳者,气血之男女也;左右者,阴阳之道路也;水火者,阴阳之征兆也;阴阳者,万物之能使也。"一般来说,剧烈运动、向外、上升、温热、明亮的属阳;静止不动、向内、下降、寒冷、晦暗的属阴。

阴阳属性的相对性则是阳中有阴,阴中有阳,如白天中,上午阳中之阳,下午阳中之阴。如《素问·阴阳离合论》中"阴阳者,数之可十,推之可百,数之可千,推之可万,万之大不可胜数,然其要一也"(表1.1)。

表1.1　阴阳属性归类表

属性	空间	时间	季节	温度	湿度	亮度	事物的运动状态		
阳	上 外	昼	春夏	温热	干燥	明亮	上升	动	兴奋亢进
阴	下 内	夜	秋冬	寒凉	湿润	晦暗	下降	静	抑制衰退

1.1.2　阴阳学说的基本内容

阴阳学说的基本内容,可以从阴阳的交感相错、对立制约、互根互用、消长平衡和相互转化五个方面加以说明。

1)阴阳的交感相错

阴阳的交感相错是指阴阳双方在一定条件下交合感应、互错相融的关系。《易传·咸》中"天地感而万物化生",指出阴阳交感相错是万物化生的根本条件,如果阴阳二气不能在运动中交合感应、互错相融,新事物和新个体就不会产生。在自然界,天之阳气下降,地之阴气上升,二气交感,形成云雾、雷电、雨露,生命得以诞生,万物得以生长;在动物界,阴阳交合,雌雄媾精是物种繁衍的基本条件,通过阴阳交错而产生新的动物个体。

2)阴阳的对立制约

阴阳学说认为,自然界一切事物和现象都存在着相互对立的阴阳两个方面。对立,即相反,如动与静,寒与热,上与下等都是相互对立的两个方面。对立的双方,通过排斥、斗争以相互制约,从而取得统一,使事物达到动态平衡。以动物体的生理机能为例,机能之亢奋为阳,抑制为阴,二者相互制约,从而维持动物体的生理状态。由于阴阳双方的不断排斥与斗争,便推动了事物的变化或发展。故《素问·疟论》中"阴阳上下交争,虚实更作,阴阳相移"。

3) 阴阳的互根互用

阴阳学说认为,阴阳双方既相互对立又相互依存,任何一方都不能脱离另一方而单独存在,每一方都以相对立的另一方作为存在的前提和条件。如热与寒,没有热就无所谓寒;上与下,没有上也无所谓下,双方存在着相互依赖、相互依存的关系,即阳依存于阴,阴依存于阳。故《素问·阴阳应象大论》中"阳根于阴,阴根于阳"。阴阳的互用,是指阴阳双方存在着相互资生、相互促进的关系。所谓"孤阴不生,独阳不长""阴生于阳,阳生于阴",如阴精通过阳气的活动而产生,而阳气又由阴精化生而来。又"阴在内,阳之守也;阳在外,阴之使也",指出阴精在内,是阳气的根源;阳气在外,是阴精的表现。"阴为体,阳为用"存在相互依赖关系。体,即本体(结构或物质基础);用,指功用(功能或机能活动)。体是用的物质基础,用是体的功能表现。正如《医贯·阴阳论》中"阴阳又各互为其根,阳根于阴,阴根于阳;无阳则阴无以生,无阴则阳无以化"。如气与血,气为血之帅,血为气之母。

4) 阴阳的消长平衡

阴阳的消长平衡是指阴阳双方不断运动变化,此消彼长,又力求维系动态平衡的关系。阴阳双方不是静止不变的,而是处于此消彼长的变化过程中,正所谓"阴消阳长,阳消阴长"。例如,机体机能活动(阳),必然要消耗一定的营养物质(阴),这就是"阴消阳长"的过程;而各种营养物质(阴)的化生,又必须消耗一定的能量(阳),这就是"阳消阴长"的过程。在生理情况下,阴阳的消长保持在一定的范围内,阴阳双方维持着一个相对的平衡状态。假若这种阴阳的消长,超过了这个范围,导致了相对平衡关系的失调,就会引发疾病。如《素问·阴阳应象大论》中"阴盛则阳病,阳盛则阴病",就是指由于阴阳消长的变化,使得阴阳平衡失调,引起了"阳气虚"或"阴液不足"的病证,其治疗应分别以温补阳气和滋阴增液,使阴阳重新达到平衡为原则。

5) 阴阳的相互转化

阴阳的相互转化是指阴阳对立的双方在一定条件下,可向其属性相反的方面转化,即阴可以转化为阳,阳可以转化为阴。如《素问·阴阳应象大论》中"重阴必阳,重阳必阴"。如《灵枢·论疾诊尺篇》中"寒极生热,热极生寒"。如果说阴阳消长是属于量变的过程,而阴阳转化则属于质变的过程。在疾病的发展过程中,阴阳转化是经常可见的。如动物外感风寒,出现耳鼻发凉、肌肉颤抖等寒象;若治疗不及时或治疗失误,寒邪入里化热,就会出现口干、舌红、气粗等热象,这就是由阴证向阳证的转化。又如患热性病的动物,由于持续高热,热甚伤津,气血两亏,呈现出体弱无力、四肢发凉等虚寒症状,这便是由阳证向阴证的转化。临床上由实转虚、由虚转实、由表入里、由里出表等病证的变化,都是阴阳转化的例证。

综上所述,阴阳的交感相错、对立制约、互根互用、消长平衡和相互转化,从不同的角度来说明阴阳之间的相互关系及其运动规律,它们之间不是孤立的,而是相互联系的。

1.1.3   阴阳学说在中兽医学中的应用

阴阳学说贯穿于中兽医学理论体系的各个方面,用以说明动物体的组织结构、生理功能和病理变化,并指导临床诊断和治疗。

1) 说明动物体的组织结构

动物体是一个有机整体,其组织结构可以用阴阳两个方面来加以概括说明。就大体部分来说,体表为阳,体内为阴;上部为阳,下部为阴;背部为阳,胸腹为阴。就四肢的内外侧而论,则外侧为阳,内侧为阴。就脏腑而言,则脏为阴,腑为阳;而具体到每一脏腑,又有阴阳之分,如心阳、心阴,肾阳、肾阴,胃阴、胃阳,等等(表1.2)。

表 1.2   动物体组织机构阴阳属性分类表

属性	部 位				组织结构				
阳	表	上	背	四肢外侧	皮毛	六腑	三阳经	气	心肺
阴	里	下	腹	四肢内侧	筋骨	五脏	三阴经	血	肝脾肾

2) 说明动物体的生理活动

一般认为,物质为阴,功能为阳,正常的生命活动是阴阳两个方面保持对立统一的结果,如《素问·阴阳应象大论》中"阴在内,阳之守也;阳在外,阴之使也"。指出阴精在内,是阳气的根源;阳气在外,是阴精的表现(表1.3)。

表 1.3   动物体生理功能的阴阳属性归类表

属性	生理活动				气机运动
阳	兴奋	亢进	温煦	功能活动	升 出
阴	抑制	衰退	滋润	营养物质	降 入

在正常情况下,阴阳保持着相对平衡来维持动物体的生理活动,否则,阴阳不能相互为用而分离,精气就会竭绝,生命活动也将停止,所以《素问·生气通天论》中"阴平阳秘,精神乃治;阴阳离决,精神乃绝"(图1.1)。

3) 说明疾病的病理变化

阴阳学说认为,疾病是动物体内的阴阳两方面失去相对平衡,出现偏盛偏衰的结果。疾病的发生与发展,关系到正气和邪气两个方面。正气,是指机体生长发育、对外抵抗病邪的能力,以及对外界环境的适应能力、恢复能力、再生能力等;邪气,泛指各种致病因素。正气包括阴精和阳气两个部分,邪气也有阴邪和阳邪之分。疾病的过程,多为邪正斗争引起机体阴阳偏盛偏衰的过程。阴阳的失调示意图如图1.2所示。

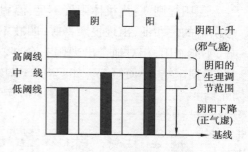

图 1.1   阴阳平衡示意图

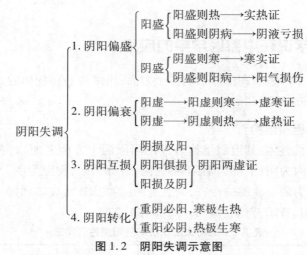

图1.2　阴阳失调示意图

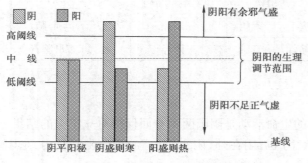

图1.3　阴阳偏盛示意图

（1）阴阳的偏盛

①阴盛则寒：如寒湿阴邪侵入机体，致使"阴盛其阳"，从而发生"冷伤之证"，动物表现为口色青黄，脉象沉迟，鼻寒耳冷，身颤肠鸣，不时起卧。②阳盛则热：阳邪致病，可使阳偏盛而阴伤，出现"阳盛则热"的病证。如热燥阳邪侵犯机体，致使"阳盛其阴"，动物表现为高热，唇舌鲜红，脉象洪数，耳牵头低，行走如痴等症状。正如《素问·阴阳应象大论》中"阴胜则阳病，阳胜则阴病，阴胜则寒，阳胜则热"。《元亨疗马集》中也有"夫热者，阳胜其阴也""夫寒者，阴胜其阳也"的说法（图1.3）。

（2）阴阳的偏衰

①阳虚则寒：当机体阳气不足，温虚功能减退，不能制阴，相对地会出现阴有余，发生阳虚阴盛的虚寒证，出现畏寒喜暖，四肢不温，大便稀薄，小便清长。②阴虚则热：如果阴液亏虚，不能制阳，相对地会出现阳有余、阴虚阳亢的虚热证，出现潮热盗汗，口咽干燥，五心烦热，大便干结，小便短黄。如《素问·调经论》中"阳虚则外寒，阴虚则内热"（图1.4）。

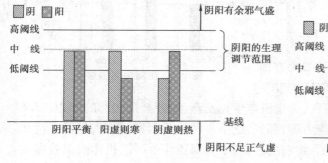

图1.4　阴阳偏衰示意图

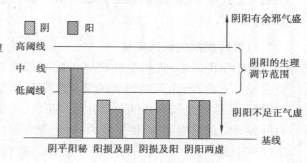

图1.5　阴阳两虚示意图

（3）阴阳的互损

由于阴阳双方互根互用,任何一方虚损到一定程度,均可导致对方的不足,即所谓"阳损及阴,阴损及阳",最终可导致"阴阳俱虚"。如某些慢性消耗性疾病,在其发展过程中,会因阳气虚弱致使阴精化生不足,或因阴精不足致使阳气化生无源,最后导致阴阳两虚(图1.5)。

（4）阴阳的转化

阴阳失调,各自双方在一定条件下可以向相反的方向发展,重寒则热、重热则寒,重阴必阳、重阳必阴。如风寒之证日久里化热,出现肺热咳喘证。

阴阳的偏盛或偏衰,均可引起寒证或热证,但二者有着本质的不同。阴阳偏胜所形成的病证是实热证,阴胜则寒导致实寒证等;而阴阳偏衰所形成的病证则是虚证,如阴虚则热的虚热证,阳虚则寒的虚寒证等。故《素问·通评虚实论》中"邪气盛则实,精气夺则虚"。

4）用于疾病的诊断方面

既然阴阳失调是疾病发生、发展的根本原因,因此任何疾病无论其临床症状如何错综复杂,只要在收集症状和进行辨证时以阴阳为纲加以概括,就可以执简驭繁,抓住疾病的本质。

（1）分析症状的阴阳属性。一般来说,凡口色红、黄、赤者为阳,口色白、青、黑者为阴;凡脉象浮、洪、数、滑者为阳,沉、细、迟、涩者为阴;凡声音高亢、洪亮者为阳,低微、无力者为阴;身热属阳,身寒属阴;口干而渴者属阳,口润不渴者属阴;躁动不安者属阳,蜷卧静默者属阴。故《素问·阴阳应象大论》中"善诊者,察色按脉,先别阴阳"。

（2）辨别证候的阴阳属性。一切病证,不外"阴证"和"阳证"两种。八纲辨证就是分别从病性(寒热)、病位(表里)和正邪消长(虚实)几方面来分辨阴阳,并以阴阳作为总纲统领各证(表证、热证、实证属阳证,里证、寒证、虚证属阴证)。临床辨证,首先要分清阴阳,才能抓住疾病的本质。如《元亨疗马集》中"凡察兽病,先以色脉为主,……然后定夺其阴阳之病"(表1.4)。

表1.4　症状、体征及其病证阴阳属性归类表

属性	望　诊		闻　诊		病　证		
	颜色	光泽	声音	呼吸	表里	寒热	虚实
阳	赤黄	鲜明	洪亮	喘粗	表证	热证	实证
阴	青白黑	晦暗	低微	无力	里证	寒证	虚证

5）用于疾病的防治方面

由于疾病发生发展的根本原因是阴阳失调,因此,调整阴阳,补偏救弊,促使阴平阳秘,恢复阴阳相对平衡,是治疗疾病的基本原则。阴阳学说用以指导疾病的预防和治疗,疾病预防方面如"春夏养阳,秋冬养阴,以从其根",又"春灌茵陈与木通,消黄三伏有其功,理肺散宜秋季灌,茴香冬月莫叫空"。治疗方面:一是确定治疗原则,二是归纳药物的性能。

（1）确定治疗原则

①阴阳偏盛的治疗原则:损其有余,实则泻之。若阴或阳偏盛而其相对的一方并没有虚

损时,即可采用"损其有余"的原则。若其相对一方有偏衰时,则当兼顾其不足,"损其有余"的同时还要兼顾补其不足。阳盛则热属实热证,宜用寒凉药以制其阳,治热以寒,即"热者寒之"。阴盛则寒属实寒证,宜用温热药以制其阴,治寒以热,即"寒者热之"。因二者均为实证,所以称这种治疗原则为"损其有余",即"实者泻之"。

②阴阳偏衰的治疗原则:补其不足,虚则补之。阴虚不能制阳而致阳亢者,属虚热证,治当滋阴以抑阳。一般不能用寒凉药直折其热,须用"壮水之主,以制阳光"(《素问·至真要大论》王冰注)的方法,补阴以制阳。"壮水之主,以制阳光"又称壮水制火,滋阴抑火,是治求其属的方法,即用滋阴降火之法,以抑制这种阳的相对过亢。如肾阴不足,则虚火上炎,此非火之有余,乃水之不足,故当滋养肾水。《黄帝内经》称这种治疗原则为"阳病治阴"(《素问·阴阳应象大论》)。若阳虚不能制阴而造成阴盛者,属虚寒证,治当以扶阳制阴。一般不宜用辛温发散药以散阴寒,须用"益火之源,以消阴翳"的方法(《素问至真要大论》王冰注),又称益火消阴或扶阳退阴,亦是治求其属的治法,即用扶阳益火之法,以消退阴盛。如肾主命门,为先天真火所藏,肾阳虚衰则阳微阴盛的寒证,此非寒之有余,乃真阳不足,故治当温补肾阳,以消除这种阴寒的相对过盛,《黄帝内经》称这种治疗原则为"阴病治阳"(《素问·阴阳应象大论》)。

③阴阳互根的治疗原则:明朝张景岳提出"善补阳者,必于阴中求阳,阳得阴助而生化无穷,善补阴者,必于阳中求阴,阴得阳升而泉源不竭"。至于阳损及阴、阴损及阳、阴阳俱损的治疗原则,根据阴阳互根的原理,阳损及阴则治阳要顾阴,即在充分补阳的基础上补阴(补阳配阴);阴损及阳则应治阴要顾阳,即在充分补阴的基础上补阳(补阴配阳);阴阳俱损则应阴阳俱补,以纠正这种低水平的平衡。另外,有补阳配阴,补阴配阳;阴阳偏衰为虚证,所以称这种治疗原则为"补其不足"或"虚则补之"。

(2)归纳药物的性能。药物的性能,是指药物的性质和功能,即药物具有四气、五味、升降浮沉的特性。性能即四气(又称四性),是指药物具有寒、热、温、凉的作用。五味是指药物具有酸、苦、甘、辛、咸五种味道。升降浮沉是指药物在体内发挥作用时具有向上升、向外浮、向内沉、向外降的功能和作用。四气属阳,五味属阴。四气之中,温热属阳;寒凉属阴。五味之中,辛味能散、能行,甘味能益气,故辛甘属阳,如桂枝、甘草等;酸味能收,苦味能泻下,故酸苦属阴,如大黄、芍药等;淡味能渗泄利尿,故属阳,如茯苓、通草;咸味药能润下,故属阴,如芒硝等。按药物的升降浮沉特性分,药物质轻,具有升浮作用的属阳,如桑叶、菊花等;药物质重,具有沉降作用的属阴,如龟板、赭石等。治疗疾病,就是根据病情的阴阳偏盛偏衰,确定治疗原则,再结合药物的阴阳属性和作用,选择相应的药物,从而达到"谨察阴阳所在而调之,以平为期"(《素问·至真要大论》)的治疗目的(表1.5)。

表1.5 阴阳归纳药物的四气五味升降浮沉

药性 阴阳	四 气	五 味	作用趋向
阴	寒、凉	酸、苦、咸	沉、降
阳	温、热	辛、甘、淡	浮、升

1.2　五行学说

　　五行学说是中国古代的一种朴素的唯物主义哲学思想。五行学说认为,世界是物质的,物质世界是木、火、土、金、水五种物质运动变化的结果。五行学说不仅具有唯物观,而且含有丰富的辨证法思想,是中国古代用以认识宇宙,解释宇宙事物在发生发展过程中相互联系法则的一种学说。中兽医学把五行学说应用于医学领域,以系统结构观点来观察动物体,阐述动物体局部与整体之间的有机联系,以及动物体与自然环境的统一性,加强了中兽医学整体观念的论证。

1.2.1　五行的基本概念

　　五行是指木、火、土、金、水五种物质的运动变化状态。五行学说认为物质世界最基本的物质是由木、火、土、金、水五种元素构成,而它们之间又相互资生、相互制约处于不断的运动中。

　　五行包含了以下三方面的含义:一是我国古代唯物论的哲学范畴;二是指木火土金水五种物质的运动变化状态;三是代表五种功能属性。五行不是表示五种特殊的物质形态,而是代表五种功能属性,是自然界客观事物内部阴阳运动变化过程中五种状态的抽象概念,是认识世界和生命运动的世界观和方法论。中兽医学对五行概念赋予了阴阳的含义,认为木、火、土、金、水乃至自然界的各种事物都是阴阳的矛盾运动所产生。阴阳的运动变化可以通过在天之风、热、温、燥、湿、寒六气和在地之木、火、土、金、水五行反映出来。中兽医学的五行概念,旨在说明动物体结构的各个部分,以及动物体与外界环境是一个有机整体,属动物医学中的哲学概念,与纯粹哲学概念不同。

1.2.2　五行学说的基本内容

1)五行的特性及其对事物属性归类

　　(1)五行的特性。五行的特性是古人在长期生活和生产实践中,对木、火、土、金、水五种物质不同属性的抽象概念。《尚书·洪范》中所说的"水曰润下、火曰炎上、木曰曲直、金曰从革、土爱稼穑",是对五行特性的经典概括。

　　①"水曰润下":润,湿润;下,向下,水具有滋润、向下、闭藏的特性。凡具有寒凉、滋润、向下、闭藏性能的事物或现象都可归属于"水"。

　　②"火曰炎上":火具有温热、上升的特性。凡具有温热、升腾、向上、明亮性能的事物或现象,均可归属于"火"。

　　③"木曰曲直":木具有伸展、调达、刚柔相济的特性,引申为具有升发、条达、舒畅之意。凡具有这类特性的事物或现象都可归属于"木"。

　　④"金曰从革":从,顺从、服从;革,革除、改革、变革,金由变革中产生,引申为清洁、肃降

之意。凡具有这类性能的事物或现象均可归属于"金"。

⑤"土爰稼穑":春种曰稼,秋收曰穑,指农作物的播种和收获,即在土地上播种,并收获果实。土具有载物、生化的特性,故称土载四行,为万物之母。凡具有生化、承载、受纳性能的事物或现象,皆归属于"土"。

(2)事物属性的五行归类。五行学说根据五行特性,采用取类比像的方法把自然界的各种事物或现象相类比,运用归类和推演,将其最终分成五大类。五行学说以天人相应观为指导思想,以五行为中心,以空间的五方、时间的五季、动物体结构的五脏为基本框架,将自然界的各种事物和现象,以及动物体的生理病理现象,按其属性进行归纳,从而将动物体的生命活动与自然界的事物和现象联系起来,用以说明动物体以及动物与自然环境的统一性(表1.6)。

表1.6 五行属性归类表

五行	自然界						动物机体						
	五味	五色	五化	五气	五方	五季	脏	腑	五体	五窍	五液	五脉	五志
木	酸	青	生	风	东	春	肝	胆	筋	目	泪	弦	怒
火	苦	赤	长	暑	南	夏	心	小肠	脉	舌	汗	洪	喜
土	甘	黄	化	湿	中	长夏	脾	胃	肌肉	口	涎	代	思
金	辛	白	收	燥	西	秋	肺	大肠	皮毛	鼻	涕	浮	悲
水	咸	黑	藏	寒	北	冬	肾	膀胱	骨	耳	唾	沉	恐

2)五行的相互关系

五行之间不是孤立、静止不变的,而是存在着有序的相生、相克以及制化关系,从而维持着事物生化不息的动态平衡,这是五行之间关系正常的状态。五行学说将事物归属于五行的生克制化规律来探索和阐述事物之间的复杂关系。

(1)五行的生克制化。五行的生克制化是指五行之间相生、相克、制约、化生,从而维持事物动态平衡的关系。

①五行相生:五行之间一事物对另一事物有着资生、促进和助长的作用,即母子关系。五行相生的次序:木→火→土→金→水→木。在相生关系中,任何一行都有"生我""我生"两方面的关系,《难经》把它比喻为"母子关系"。"生我"者为"母","我生"者为"子"。以火为例,生"我"者木,木能生火,则木为火之母;"我"生者土,火能生土,则土为火之子。以此类推。

②五行相克:五行之间一事物对另一事物的生长和功能具有抑制和制约的关系,《黄帝内经》称之为"所胜"与"所不胜"的关系。五行相克的次序:木→土→水→火→金→木。这种克制关系也是往复无穷的。木得金敛,则木不过散;水得火伏,则火不过炎;土得木疏,则土不过湿;金得火温,则金不过收;水得土渗,则水不过润。皆气化自然之妙用。在相克的关系中,任何一行都有"克我""我克"两方面的关系。《黄帝内经》称之为"所胜"与"所不胜"的关系。"克我"者为"所不胜","我克"者为"所胜"。所以,五行相克的关系,又叫"所胜"与"所不胜"的关系。以土为例,"克我"者木,则木为土之"所不胜"。"我克"者水,则水为

土之"所胜"。依次类推(图1.6)。

③五行制化：五行制化是五行相生与相克关系的结合，以维持各事物之间的相互平衡协调。如木能克土，金又能克木(我克、克我)，而土能生金，这就形成了木克土、土生金、金又克木，这种关系叫作子复母仇。也就是说，五行必须生中有克(化中有制)，克中有生(制中有化)，相辅相成，才能维持和促进事物相对平衡协调和发展变化。这种五行之间生中有制、制中有生、相互生化、相互制约的生克关系，称之为制化。五行的相生、相克及其制化关系，从而维持着事物生化不息的动态平衡，这是五行之间关系正常的状态。

图1.6　五行相生相克图
(外围表示相生，中间表示相克)

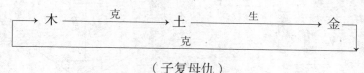

(子复母仇)

(2)五行生克的异常。五行相生相克正常情况下处于一个动态平衡，相乘、相侮是五行间相克关系异常的表现，母子相及则是五行间相生关系异常的变化。

①相乘相侮：相乘相侮，实际上是反常情况下的相克现象。

a. 五行相乘：乘，即乘虚侵袭之意，相克太过，超过正常制约的程度，使事物之间失去了正常的协调关系。五行之间相乘的次序与相克同，但被克者更加虚弱。相乘现象可分两个方面。

一是五行中任何一行本身不足(不及)，使原来克它的一行乘虚侵袭(乘)，而使它更加不足，即乘其虚而袭之；以木克土为例，当土本身不足(衰弱)，木仍然处于正常水平时，两者之间失去了原来的平衡状态，则木乘土之虚而克它，超过了正常的制约关系，使土更虚。

正常情况：木 ──克──→ 土　　　异常情况：木 ──乘──→ 土
　　　(克者)　　　(被克者)　　　　　(正常水平)　　　(低于正常水平)

二是五行中任何一行本身过度亢盛(太过)，而被克制的另一行仍处于正常水平，虽然"被克"一方正常，但由于"克"的一方超过了正常水平，出现过度相克的现象。仍以木克土为例，当木过度亢进，土本身仍然处于正常水平，由于两者之间失去了原来的平衡状态，而出现木旺乘土的现象。

异常情况：木 ──乘──→ 土　　　相乘次序：金──→木──→土──→水──→火──→金
　　　(过度亢进)　　(正常水平)

"相克"和"相乘"是有区别的，前者是正常情况下的制约关系，后者是正常制约关系遭到破坏的异常相克现象。前者为生理现象，后者为病理表现。近代人习惯将相克与反常的相乘混同，病理的木乘土，也称木克土。

b. 五行相侮：侮，即欺侮、反侮，有恃强凌弱之意。相侮是指五行中的任何一行本身太过，使原来克它的一行，不仅不能去克它，反而被它所克制，即反克，又称反侮。相侮仍然从两个方面理解，以木为例：一是当木过度亢盛时，金不仅不能去克木，反而被木所克制，使金受损，这叫木反侮金。二是当木过度衰弱时，不仅金来乘木，而且土也乘木之衰而反侮之。

习惯上把土反侮木称之为"土壅木郁"（图1.7）。

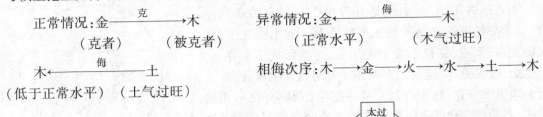

正常情况：金————克————→木
　　　　（克者）　　　　（被克者）

木←————侮————土
（低于正常水平）　（土气过旺）

异常情况：金←————侮————木
　　　　　（正常水平）　　　（木气过旺）

相侮次序：木——→金——→火——→水——→土——→木

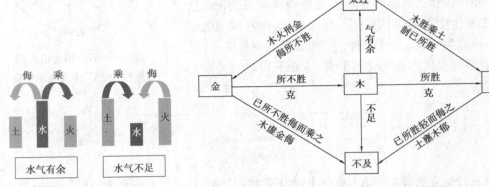

图1.7　乘侮示意图　　　　　　　图1.8　五行亢害承制示意图

乘侮是一个问题的两个方面，如木有余而金不能对木加以克制，木便过度克制其所胜之土，这叫作"乘"，同时，木还恃己之强反去克制其"所不胜"的金，这叫作"侮"。反之，木不足，则不仅金来乘木，而且其所胜之土又乘其虚而侮之。所以《素问·五运行大论》中"气有余，则制己所胜而侮所不胜，其不及，则己所不胜侮而乘之，已所胜轻而侮之"（图1.8）。

②母子相及：及，即累及、连累之意。五行之间正常协调的平衡关系遭到破坏，引起相生关系的反常叫作母子相及。母子相及包括母病及子和子病犯母。如肝肾亏虚。

a.母病及子：五行中作为母的一行异常，必然影响到子的一行，结果是母子都出现异常。例如，水生木，水为母，木为子。若水不足，无力生木，则导致木的不足，最终是水竭木枯，母子俱衰的水不涵木。母病及子的顺序与相生的顺序相同。

b.子病犯母：五行中作为子的一行异常，会影响到作为母的一行，结果母子都出现异常。例如，木生火，木为母，火为子。若火气太旺，势必耗木气过多，导致木的不足；而木不足，生火无力，火势亦衰，最终是子耗母太过，母子皆不足。子病犯母的顺序与相生的顺序相反。

五行学说应用五行的特性来分析说明动物体脏腑组织器官的五行属性，以五行的生克制化关系来分析脏腑组织器官的各种生理功能及其相互关系，以五行的乘侮和母子相及来阐释脏腑病变的相互影响，并指导临床的辨证论治。五行学说的应用，加强了中兽医学关于动物体以及动物体与外界环境也是一个有机的整体的论证，使中兽医学所采用的整体观念更系统化。

3）说明脏腑的生理功能及其相互关系

（1）说明动物体组织结构的分属：中兽医学在五行配五脏的基础上，采用取类比像的方法，根据脏腑组织的性能、特点，将动物体的组织结构分属于五行，以五脏为中心，配以六腑、五体、五官，外荣于体表组织（如爪、唇、毛）等，形成了以五脏为中心的脏腑组织结构系统，从而为藏象学说奠定了理论基础。

（2）说明脏腑的生理功能及其相互关系：五行学说将动物体的脏腑组织器官分别归属于五行，以五行的特性来说明五脏的生理功能。如木性曲直，条达顺畅，有生发的特性，故肝喜条达而恶抑郁，有疏泄的功能；火性温热，其性炎上，心属火，故心阳有温煦之功，称之为阳中之太阳；土性敦厚，有生化万物的特性，脾属土，脾有消化水谷，运输精微，营养五脏六腑、四肢百骸，为气血生化之源；金性清肃，收敛，肺属金，故肺具清肃之性，肺气有肃降之能；水性润下，有寒润、下行、闭藏的特性，肾属水，故肾主闭藏，有藏精、主水等功能。

（3）说明脏腑之间的相互关系：五行学说对五脏五行的分属，不仅阐明了五脏的功能和特性，而且还运用五行生克制化的理论，来说明脏腑生理功能的内在联系。五脏之间既有相互资生、相互促进的关系，也有相互制约的关系。

①五脏相互资生、相互促进关系：如木生火，即肝木济心火，肝藏血功能正常有助于心主血脉功能的正常发挥。火生土，即心火温脾土，心主血脉功能正常，血能营脾，脾才能发挥主运化、生血、统血的功能。土生金，即脾土助肺金，脾能益气，化生气血，转输精微以充肺，促进肺主气的功能，使之宣肃正常。金生水，即肺金养肾水，肺主清肃，肾主藏精，肺气肃降有助于肾藏精、纳气、主水之功。水生木，即肾水滋肝木，肾藏精，肝藏血，肾精可化肝血，以助肝功能的正常发挥。这种五脏相互资生的关系，就是用五行相生理论来阐明的。

②五脏相互制约关系：如心属火，肾属水，水克火，即肾水能制约心火，如肾水上济心阴，使心火不亢。肺属金，心属火，火克金，即心火能制约肺金，如心火之阳热，可抑制肺气清肃之太过。肝属木，肺属金，金克木，即肺金能制约肝木，如肺气清肃太过，可抑制肝阳的上亢。脾属土，肝属木，木克土，即肝木能制约脾土。如肝气条达，可疏泄脾气之壅滞。肾属水，脾属土，土克水，即脾土能制约肾水，如脾土的运化，能防止肾水的泛滥。这种五脏之间的相互制约关系，就是用五行相克理论来说明的。

五脏中每一脏都具有生我、我生、克我、我克的关系。五脏之间的生克制化，说明每一脏在功能上有他脏之资助，不至于虚损，又能克制另外的脏腑，使其不致过亢。本脏之气太盛，则有他脏之气制约；本脏之气虚损，则又可由他脏之气补之。如脾（土）之气，其虚，则有心（火）生之；其亢，则有肝木克之；肺（金）气不足，土可生之；肾（水）气过亢，土可克之。这种生克关系把五脏紧紧联系成一个整体，从而保证了机体内环境的对立统一。

（4）说明动物体内外环境的统一：事物属性的五行归类，除了将动物体的脏腑组织结构分别归属于五行外，同时也将自然的有关事物和现象进行了归属。例如，动物体的五脏、六腑、五体、五官等，与自然界的五方、五季、五味、五色等相应，这样就把动物体与自然环境统一起来。

4）说明五脏病理的传变规律

（1）发病：五脏外应五时，所以六气发病的规律一般是主时之脏受邪发病。由于五脏各以所主之时而受病，当其时者，必先受之。所以，春天的时候，肝先受邪；夏天的时候，心先受邪；长夏的时候，脾先受邪；秋天的时候，肺先受邪；冬天的时候，肾先受邪。主时之脏受邪发病，这是一般的规律，但是也有所胜和所不胜之脏受病的。气候失常，时令未到而气先至，属太过之气；时令已到而气未至，属不及之气。太过之气的发病规律，不仅可以反侮其所不胜之脏，而且还要乘其所胜之脏；不及之气的发病规律，不仅所胜之脏妄行而反侮，即使是我生之脏，亦有受病的可能。这是根据五行所胜与所不胜的生克乘侮规律而推测的。这种发病规律的推测,虽然不能完全符合临床实践,但它说明了五脏疾病的发生,受着自然气候变化的影响。

(2)传变:由于动物体是一个有机整体,内脏之间又是相互资生、相互制约的,因而在病理上必然相互影响。本脏之病可以传至他脏,他脏之病也可以传至本脏,这种病理上的相互影响称之为传变。从五行学说来说明五脏病变的传变,可以分为相生关系传变和相克关系传变。

①相生关系传变:包括"母病及子"和"子病犯母"两个方面。

a. 母病及子:母病及子系病邪从母脏传来,侵入属子之脏,如水不涵木,即肾阴虚不能滋养肝木,其临床表现在肾,则为肾阴不足,多见腰膝酸软、四肢无力、遗精等;在肝,则为肝之阴血不足,多见形体消瘦、四肢乏力、肢体麻木或蠕动,甚则震颤抽搐等的"水不涵木"证。《难经》谓之"从后来者为虚邪",即病从生我之脏而来。

b. 子病犯母:又称"子盗母气"。子病犯母系病邪从子脏传来,侵入属母之脏,即先有子脏的病变,后有母脏的病变。如心火亢盛而致肝火炽盛,有升无降,最终导致心肝火旺。心火亢盛,则现心烦或狂躁谵语、口舌生疮、舌尖红赤疼痛等症状;肝火偏旺,则现烦躁不安、目赤肿痛、怒目而视等症状。"心肝火旺"证,肝为母,心为子,其病由心及肝,由于传母,病情较重。《难经》谓之"从前来者为实邪",即病从我生之脏传来。

②相克关系传变:包括"相乘"和"反侮"两个方面。

a. 相乘:相克太过为病,如木旺乘土,即肝木克伐脾胃,由于肝气横逆,疏泄太过,影响脾胃,导致消化机能紊乱,肝气横逆,出现烦躁不安、胸闷胁痛等症状;及脾则肚腹胀痛、厌食、大便溏泄或不调等脾虚之候;及胃则表现为纳呆、嗳气、吞酸、呕吐等胃失和降之证。由肝病传脾,称肝气犯脾,由肝病传胃,称肝气犯胃。《难经》谓之"从所不胜来者为贼邪",即从克的一方而来。

b. 相侮:又称反侮,是反克为害,如木火刑金,由于肝火偏旺,影响肺气清肃,临床表现既有胸胁疼痛、烦躁不安、脉弦数等肝火过旺之证,又有咳嗽、咳痰,甚或痰中带血等肺失清肃之候;肝病在先,肺病在后。病邪从被克脏器传来,此属相侮规律传变,生理上既制约于我,病则其邪必微,其病较轻,故《难经》谓"从所胜来者为微邪"。

5)用于指导疾病的诊断

动物机体是一个有机整体,动物体内脏功能活动及其相互关系的异常变化,可以反映到体表相应的组织器官,出现色泽、声音、形态、脉象等诸方面的异常变化。因此,在临床诊断疾病时,就可以通过望、闻、问、切四诊所获得的资料,根据五行的所属及其生克乘侮的变化规律,来推断病情。

(1)确立五脏病变部位:五行学说认为,动物体的五脏六腑与肢体官窍之间存在着五行属性联系,脏腑的各种功能活动及其异常变化可反映于体表的相应组织器官。《元亨疗马集》中提出的"察色应症",便是以五行分属四时,代表五脏分旺四季,又以相应五色(青、黄、赤、白、黑)的舌色变化来判断疾病的病健和预后。如肝木旺于春,口色桃色者平,白色者病,红者和,黄者生,黑者危,青者死等。又如《安骥集·清浊五脏论》中所说的"肝病传于南方火,父母见子必相生;心属南方丙丁火,心病传脾祸未生;……心家有病传于肺,金逢火化倒销形;肺家有病传于肝,金能克木病难痊",即是根据疾病相生、相克的传变规律来判断预后。

（2）推断病变的预后：从脉色之间的生克关系来判断疾病的预后。如肝病色青见弦脉，为色脉相符，如果不得弦脉反见浮脉则属相胜之脉，即克色之脉（金克木）为逆；若得沉脉则属相生之脉，即生色之脉（水生木）为顺。

6）用于指导疾病的防治

五行学说在治疗上用于药物、针灸、精神等疗法，主要表现在以下几个方面：

（1）控制疾病传变：应用五行子母相及和乘侮规律，可以判断五脏疾病的发展趋势。一脏受病，可以波及他脏，如肝脏有病可以影响到心、肺、脾、肾等脏。他脏有病亦可传给本脏。因此，在治疗时，除对所病之脏进行治疗外，还应考虑到其他有关脏腑的传变关系。《难经·七十七难》说"见肝之病，则知肝当传之于脾，故先实其脾气"，即肝病传脾为相乘传变，在肝病未传之前，先健脾胃，脾胃功能旺盛，则病不传。

（2）确定治疗原则和方法：五行学说不仅用以说明动物体的生理活动和病理现象，综合四诊，推断病情，而且还用于确定治疗原则和制订治疗方法。

①根据相生规律确定治疗原则：应用相生规律来治疗疾病，多属母病及子和子盗母气。其基本治疗原则是补母和泻子，所谓"虚则补其母，实则泻其子"（《难经·六十九难》）。补母即"虚则补其母"，用于母子关系的虚证。泻子即"实则泻其子"，用于母子关系的实证。如肝火炽盛，有升无降，出现肝实证时，肝木是母，心火是子，这种肝之实火的治疗，可采用泻心法，泻心火有助于泻肝火。用于母子关系的实证。根据相生关系确定的治疗方法，常用的有以下几种：

滋水涵木法　滋水涵木法是滋养肾阴以养肝阴的方法，又称滋养肝肾法、滋补肝肾法、乙癸同源法。适用于肾阴亏损而肝阴不足，甚者肝阳偏亢的"水不涵木"证。

益火补土法　益火补土法是温肾阳而补脾阳的一种方法，又称温肾健脾法、温补脾肾法，适用于肾阳虚致脾阳不振之证。动物表现为畏寒怕冷，耳鼻四肢不温，纳减腹胀，泄泻，浮肿等。这里必须说明，就五行生克关系而言，心属火、脾属土。火不生土应当是心火不生脾土。但是，我们所说的"火不生土"多是指命门之火（肾阳）不能温煦脾土的脾肾阳虚之证。

培土生金法　培土生金法是用补脾气益肺气的方法，又称补养脾肺法，适用于脾胃虚弱，不能滋养肺脏而肺虚脾弱之候。该证表现为久咳不已，痰多清稀，或痰少而黏，食欲减退，大便溏薄，四肢无力，舌淡脉弱等。

金水相生法　金水相生法是滋养肺肾阴虚的一种治疗方法，又称补肺滋肾法、滋养肺肾法。金水相生是肺肾同治的方法，有"金能生水，水能润金之妙"（《时病论·卷之四》）。适用于肺虚不能输布津液以滋肾，或肾阴不足，精气不能上滋于肺，而致肺肾阴虚者，表现为咳嗽气逆，干咳或咳血，音哑，骨蒸潮热，口干，盗汗，遗精，腰酸腿软，四肢无力，体瘦毛焦，舌红苔少，脉细数等。

肝火泻心法　清心火以治肝火炽盛的方法；肝火炽盛，有升无降，出现肝实证时，肝木是母，心火是子，这种肝之实火的治疗，可采用泻心法，泻心火有助于泻肝火。适用于心肝火旺证。

心火泻胃法　心火泻胃法是指用泻胃火的方法治疗胃火上熏的心火旺证。

②根据相克规律确定治疗原则:临床上相克规律的异常而出现的病理变化,虽有相克太过、相克不及和反克之不同,但可分强弱两个方面,即克者属强,表现为功能亢进,被克者属弱,表现为功能衰退。因而,在治疗上同时采取抑强扶弱的手段,并侧重在制其强盛,使弱者易于恢复。另一方面强盛而尚未发生相克现象,必要时也可利用这一规律,预先加强被克者的力量,以防止病情的发展。

抑强:用于相克太过。如肝气横逆,犯胃克脾,出现肝脾不调,肝胃不和之证,称为木旺克土,用疏肝、平肝为主。或者木本克土,反为土克,称为反克,亦称反侮。如脾胃壅滞,影响肝气条达,当以运脾和胃为主。抑制其强者,则被克者的功能自然易于恢复。

扶弱:用于相克不及。如肝虚郁滞,影响脾胃健运,称为木不疏土。治宜和肝为主,兼顾健脾,以加强双方的功能。

应用五行生克规律来治疗,必须分清主次。或是治母为主,兼顾其子;治子为主,兼顾其母。或是抑强为主,扶弱为辅;扶弱为主,抑强为辅。但是又要从矛盾双方来考虑,不得顾此失彼。根据相克规律确定的治疗方法,常用的有以下几种:

抑木扶土法　抑木扶土法是以疏肝健脾药治疗肝旺脾虚的方法。疏肝健脾法、平肝和胃法、调理肝脾法属此法范畴,适用于木旺克土之证,临床表现为肚腹胀满,食欲减退,肠鸣腹泻,或腹痛便秘,嗳气,矢气等。

培土制水法　培土制水法是用温运脾阳或温肾健脾药以治疗水湿停聚为病的方法,又称敦土利水法、温肾健脾法。适用于脾虚不运、水湿泛滥而致水肿胀满之候。若肾阳虚衰,不能温煦脾阳,则肾不主水,脾不制水,水湿不化,常见于水肿证,这是水反克土。治当温肾为主,兼顾健脾。所谓培土制水法,是用于脾肾阳虚,水湿不化所致的水肿胀满之证。如以脾虚为主,则重在温运脾阳;若以肾虚为主,则重在温阳利水,实际上是脾肾同治法。

佐金平木法　佐金平木法是清肃肺气以抑制肝木的一种治疗方法,又称泻肝清肺法。临床上多用于肝火偏盛,影响肺气清肃之证,又称"木火刑金"。动物表现为躁动不安,咳嗽,痰中带血,脉弦数等。

泻南补北法　泻南补北法即泻心火滋肾水,又称泻火补水法、滋阴降火法,交通心肾法。适用于肾阴不足,心火偏旺,水火不济,心肾不交之证。因心主火,属南方丙丁火;肾主水,属北方壬癸水,故称本法为泻南补北法,这是水不制火时的治法。但必须指出,肾为水火之脏,肾阴虚亦能使相火偏亢,出现遗精、不孕等,也称水不制火,这种属于一脏本身水火阴阳的偏盛偏衰,不能与五行生克的水不克火混为一谈(图1.9)。

(3)指导脏腑用药:中药以色味为基础,以归经和性能为依据,按五行学说加以归类。例如:青色、酸味入肝;赤色、苦味入心;黄色、甘味入脾;白色、辛味入肺;黑色、咸味入肾。这种归类是脏腑选择用药的参考依据。

(4)指导针灸取穴:在针灸疗法上,针灸学将十二经四肢末端的穴位分属于五行,即井、荥、俞、经、合五种穴位属于木、火、土、金、水。临床根据不同的病情,以五行生克乘侮规律进行选穴治疗。

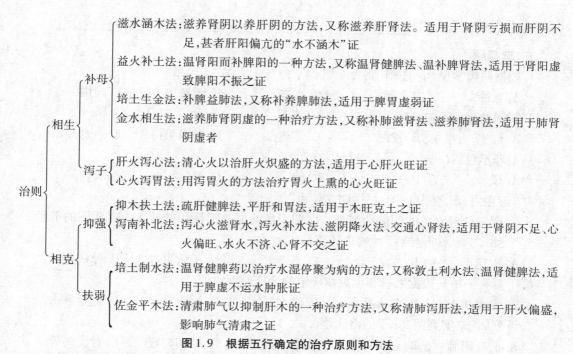

图 1.9　根据五行确定的治疗原则和方法

（5）指导情志疾病的治疗：精神疗法主要用于治疗情志疾病。情志生于五脏，五脏之间有着生克关系。我们可以参照人的理解，在生理上人的情志变化有着相互抑制的作用，在病理上和内脏有密切关系，故在临床上可以用情志的相互制约关系来达到治疗的目的。如"怒伤肝，悲胜怒……喜伤心，恐胜喜……思伤脾，怒胜思……忧伤肺，喜胜忧……恐伤肾，思胜恐"（《素问·阴阳应象大论》），即所谓以情胜情。动物也有着情志，我们要能理解它们并让它们配合我们的治疗。

复习与思考

一、名词解释

1.阳病治阴；　2.阴病治阳；　3.壮水之主，以制阳光；　4.益火之源，以消阴翳；　5.阴胜则寒；　6.阳胜则热；　7.阴盛则阳病；　8.阳盛则阴病；　9.五行；　10.相生；　11.相乘；　12.滋水涵木；　13.泻南补北法；　14.制化。

二、填空题

1.阴阳的基本内容有_____、_____、_____、_____。

2.疾病发生是由于_____，从而出现偏盛偏衰的结果。

3.五行的相生关系在《难经》里喻为_____。

4.在五行的相生关系中任何一行都有"克我"和"我克"两方面的关系，《内经》中称之为"_____"和"_____"。

5.根据相生关系确定的治疗原则是_____和_____。

6.五行相生的次序是_____、_____、_____和_____。

7.五行相侮的次序是_____、_____、_____、_____和_____。

三、选择题

1.根据阴阳学说,下例属阳的是(　　　)。

　　A.寒凉　　　　B.凝集　　　　C.兴奋　　　　D.闭藏　　　　E.向内

2.属阳的症状不包括(　　　)。

　　A.红赤　　　　B.苍白　　　　C.发热　　　　D.呼吸粗糙　　E.声息高昂

3.阳邪不包括(　　　)。

　　A.风　　　　　B.热　　　　　C.湿　　　　　D.暑　　　　　E.火

4."阴在内,阳之守也;阳在外,阴之使也"说明了(　　　)。

　　A.阴阳的对立　B.阴阳的消长　C.阴阳的互根　D.阴阳的转化　E.阴阳的平衡

5."见肝之病,知肝传脾"的病理传变是(　　　)。

　　A.木克土　　　B.木乘土　　　C.土侮木　　　D.子病犯母　　E.母病及子

6.下列哪一项是根据五行相生规律确定的治疗原则?(　　　)

　　A.抑木扶土　　B.益火补土　　C.滋水涵木　　D.泻南补北　　E.佐金平木

7.下列属于"实则泻其子"的治法是(　　　)。

　　A.肝旺泻肺　　B.心实泻脾　　C.肝火泻心　　D.肺实泻肾　　E.肾实泻脾

8.下列哪项归属于五行中的"水"?(　　　)

　　A.恐　　　　　B.皮毛　　　　C.脉　　　　　D.怒　　　　　E.肉

9.下列哪项不是"克"的异常?(　　　)

　　A.反克　　　　B.反侮　　　　C.相乘　　　　D.相侮　　　　E.制化

10.下列不属于母子关系的是(　　　)。

　　A.木和土　　　B.土和金　　　C.金和水　　　D.水和木　　　E.木和火

(11—13题为多选题)

11.五行学说中"土"的特性是(　　　)。

　　A.承载　　　　B.条达　　　　C.生化　　　　D.舒畅　　　　E.受纳

12.用五行的特性归类事物和畜体,属于火的有(　　　)。

　　A.小肠　　　　B.苦　　　　　C.喜　　　　　D.南方　　　　E.目

13.根据五行学说推断,下列哪些征象可作为肝病的诊断依据?(　　　)

　　A.青色　　　　B.喜食酸　　　C.目干涩　　　D.被毛脱落　　E.蹄甲干枯

四、问答题

1.怎样理解"壮水之主,以制阳光;益火之源,以消阴翳"?

2.试述阴阳学说在中兽医中的应用。

3.试述阴阳与动物机体的组织机构和生理功能。

4.试述五行学说在中兽医中的应用。

5.试用五行学说说明五脏之间的生理和病理关系。

6.什么是五行?五行的特性有哪些?

7.什么是相生?相克?制化?

8.什么是滋水涵木法?

9. 什么是金水相生法?

10. 何谓子复母仇?

11. 何谓母病及子? 子病犯母?

12. 将五行与自然界和动物体进行五行属性归类。

 案例分析

案例1

一病牛,前一天下午淋雨后,出现被毛逆立,鼻流清涕,鼻镜湿润,耳鼻四肢不温,时有咳嗽,口舌淡白,舌苔薄白,脉象浮紧。三天后,体温41.5 ℃,高热稽留,鼻流浊涕,鼻镜干燥,大便干,小便短赤,咳嗽连连,汗出,舌红苔黄,脉象洪数。治疗后症状仍然未减,今天早上出现大汗淋漓,体温骤降至36.3 ℃,四肢厥冷,舌质青紫,脉微弱欲绝。

1. 本病证3个阶段中,说出各个阶段是什么证(阴证、阳证、寒证、热证、虚证、实证)。

2. 试用阴阳转化的理论来分析本证的病机。

案例2

一母犬,带幼犬在公路上玩耍中,幼崽不慎被车碾压死亡,该母犬在惊恐和失去幼崽之后,出现不安、忧郁、离群、畏惧等情志失常的表现。主诉,近来不爱吃狗粮,其他食物也不爱吃,时而不安,肠鸣腹泻。查:该犬精神恍惚,躁动不安,肠音增强,肛门附近有粪便,舌淡、苔白,脉象弦。

导致该病因的发病机理是什么?请用五行学说来解释,并说明本病证的治疗原则。

项目2　脏腑(藏象)

✎ 【学习目标】

1. 了解藏象的含义；
2. 理解脏腑、奇恒之腑的含义及其区别；
3. 重点掌握脏腑的生理功能及其与躯体官窍的关系；
4. 掌握脏腑之间的关系及其在生理病理上的意义；
5. 初步掌握精气血津液的生成、功能、运动形式和主要病理表现；
6. 了解脏腑与精气血津液之间的相互关系。

✎ 【技能目标】

应用藏象学说解释中兽医脏腑与西兽医脏器的不同。

2.1　脏腑的基本概念

脏腑,就是内脏及其功能的总称,是动物体的重要组成部分。脏腑学说是研究动物体各脏腑器官的生理活动、病理变化及其相互关系的学说,是中兽医学基础理论的重要组成部分。古人称脏腑为"藏象"(《素问·六节脏象论》)。

2.1.1　藏象学说的含义

藏象学说是中兽医基础理论的核心内容之一。"藏象"一词,首见于《素问·六节脏象论》。藏者,藏也,是指隐藏于体内的脏腑器官,即内脏。象者,形象、现象,一是形象,指脏腑的解剖形态;二是取类比象,指脏腑的生理病理反映于外的征象。《黄帝内经·素问集注·卷二》说:"象者,像也。论脏腑之形象,以应天地之阴阳也。"如《医宗必读·改正内景脏腑图》中"心象尖圆,形如莲花"。又如《黄帝内经·素问》(王冰注)中"象,谓所见于外,可阅者也"。"象,形象也,藏居于内,形见于外,故曰藏象"(《类经·藏象类》)。藏象是动物体系统现象与本质的统一,是动物体脏腑的生理活动及病理变化反映于外的征象。藏象学说是研究脏腑器官的形态结构、生理活动规律及其相互关系的学说。中兽医学据此作为判断动物体健康与否和诊断、治疗疾病的依据。

2.1.2　藏象学说的特点

1)以五脏为中心的整体观

以五脏为中心的整体观认识方法,内属脏腑、外联肢节的经络联系方法和阴阳五行的思想归类方法。

2)脏腑概念的综合观

中兽医学的脏腑不仅仅是西兽医学的某个组织器官的功能及其实质,还是脏腑生理解剖以及本身在机体中的作用。脏腑与脏器名称大致相同,但是中兽医学的一个脏腑功能可能包括了西兽医学的好多个脏器的功能,西兽医学的一个脏器功能也同样包括中兽医学的多个脏腑的功能。

3)司外揣内的联想观

藏象学说通过外界的变化来揣定内在脏腑的生理病理,如舌诊的依据:心少阴之别系舌本,脾连舌本散舌下,肝络于舌本,肾循喉咙挟舌本,胃上焦出于胃口上于舌,三焦内颣入系舌本。

4)以常衡变的相对观

论述生理时以病理为反证,阐述病理时以生理为依据的以常衡变观。例如:脾胃生理病理关系,草慢与不食则表明脾不运化;胃气不降则食入即吐等。

2.1.3　藏象学说的内容

《素问·六节藏象论》中"帝曰:藏象何如? 岐伯曰:心者,生之本,神之变,其华在面,其充在血脉,为阳中之太阳,通于下气。肺者,气之本,魄之处也,其华在毛,其充在皮,为阳中之太阴,通于秋气。肾者,主蛰,封藏之本,精之处也,其华在发,其充在骨,为阴中之少阴,通于冬气。肝者罢极之本,魂之居也,其华在爪,其充在筋,以生血气,其味酸,其色苍,此为阳中之少阳,通于春气。脾、胃、大肠、小肠、三焦、膀胱者,仓廪之本,营之居也,名曰器,能化糟粕,转味而入出者也;其华在唇四白,其充在肌,其味甘,其色黄,此至阴之类通于土气。凡十一脏取决于胆也"。

五脏,即心、肝、脾、肺、肾合称五脏。六腑,即胆、胃、小肠、大肠、膀胱、三焦合称六腑。奇恒之府,即脑、髓、骨、脉、胆、胞宫六者合称奇恒之府。五脏主"藏精气",即生化和贮藏气血、津液、精气等精微物质,主持复杂的生命活动。所以《素问·五脏别论》中"五脏者,藏精气而不泻也,故满而不能实"。满,指精气盈满;实,指水谷充实。满而不能实,就是说五脏贮藏的都是精气,而不是水谷或废料。六腑者"传化物",即受纳和腐熟水谷,传化和排泄糟粕,主要是对饮食物起消化、吸收、输送、排泄的作用。所以说:"六腑,传化物而不藏,故实而不能满也。"六腑传导、消化饮食物,经常充盈水谷,而不贮藏精气,因传化而不藏,故虽有积实而不能充满。但是,所谓五脏主藏精气,六腑传化糟粕,只是相对地指出脏腑各有所主而已。实际上,五脏中亦有浊气,六腑中亦有精气,脏中的浊气,由腑输泻而出,腑中的精气,输于脏而藏之。奇恒之府,奇者异也,恒者常也。奇恒之府,形态似腑,多为中空的管性器官,故恒于腑;功能似脏,内藏阴精,类似于脏,故称之为"奇恒之府"。所以《素问·五脏别论》说:"脑、髓、骨、脉、胆、女子胞,此六者,地气之所生也,皆藏于阴而象于地,故藏而不泻,名曰奇恒之府"。

形体,广义泛指具有一定形态结构的组织,包括头、胸腹、躯干四肢和脏腑等;狭义则指皮、肉、筋、骨、脉五种组织结构,又称五体。官窍,官指动物体有特定功能的器官,如耳、目、口、唇、鼻、舌,又称五官,它们分属于五脏,为五脏的外候;窍,有孔穴、苗窍之意,是动物机体与外界相通连的窗口。官必有窍,窍多成官,故官窍并称。窍有七窍,七窍指头面部七个孔窍(眼二、耳二、鼻孔二、口)。五脏的精气分别通达于七窍。九窍又称九官,指七窍加前阴和后阴而言。

2.2　五　脏

五脏是指动物体内心、肝、脾、肺、肾的合称。加上心包络又称六脏。但习惯上把心包络附属于心,称五脏即概括了心包络。五脏具有化生和贮藏精气的共同生理功能,同时又各有专司,且与躯体官窍有着特殊的联系,形成了以五脏为中心的特殊系统。其中,心的生理功能起着主宰作用。五脏的主要生理功能是化生和贮藏气血津液、精、神,具有藏而不泻的特点。

2.2.1　心

心位于胸中,其外面有心包膜包裹。心的主要生理功能是主血脉和主神志。心开窍于舌,在液为汗,在体合脉,其华在面,在志为喜。心的经脉下络于小肠,与小肠相表里。

心是脏腑中最重要的器官,在脏腑的功能活动中起主导作用,使之相互协调,为动物机体生命活动的中心。如《灵枢·邪客篇》中"心者,五脏六腑之大主也,精神之所舍也";《安骥集·师皇五脏论》中"心是脏中之君",都指出了心有统管脏腑功能活动的作用。

1) 心的生理功能

(1) 心主血脉。即主血和主脉,心主血脉是指心有推动血液在脉管内运行,以营养全身的作用。故《素问·痿论》中"心主身之血脉"。血液在体内正常运行的三个条件:①动力——心是血液运行的动力(即心气——心律、心率、心力);②脉道——脉是血液运行的通道;③血液——血液的充盈是物质的基础。由于心、血、脉三者密切相关,所以心的功能正常与否,可以从脉象、口色上反映出来。如心气健旺,心血充足,则脉象平和,节律均匀,口色鲜明如桃花色。反之,心气不足,心血亏虚,则脉细无力,口色淡白。若心气不足,血脉瘀滞,则脉涩不畅,脉律不整或有间歇,出现结脉或代脉,口色青紫等症状。

心主血脉的生理功能:一是行血,心有推动血液在脉管内运行,以营养全身的作用;二是生血，心能够将脾上输的水谷精微物质化赤为血，使血液得到不断补充。

（2）心主神志。又称藏神，神有广义、狭义之分，广义的神是指动物体整个生命活动的外在表现。狭义的神是指心所主的神志，又称神明、精神、意识、思维活动。心藏神，是指心为一切精神活动的主宰。如《灵枢·本神篇》中"所以任物者谓之心"。任，即担任、承受之意。《安骥集·清浊五脏论》也有"心藏神"之说。正因为心藏神，心才能统辖各个脏腑，成为生命活动的根本。如《素问·六节脏象论》中"心者，生之本，神之变也"。古人称心为五脏六腑之大主，主明则下安，主不明则十二官危。

心藏神的功能与心主血脉的功能密切相关。因为血液是维持正常精神活动的物质基础，血为心所主，所以心血充盈，心神得养，则动物"皮毛光彩精神倍"。否则，心血不足，神不能安藏，则出现活动异常或惊恐不安。故《安骥集·碎金五脏论》中"心虚无事多惊恐，心痛癫狂脚不宁"。同样，心神异常，也可导致心血不足，或血行不畅，脉络瘀阻。

2）心与肢体窍液的关系

（1）心开窍于舌。舌为心之苗，心经的别络上行于舌，因而心的气血上通于舌，舌的生理功能直接与心相关，心的生理功能及病理变化最易在舌上反映出来。心血充足，则舌体柔软红润，运动灵活；心血不足，则舌色淡而无光；心血瘀阻，则舌色青紫；心经有热，则舌质红绛，口舌生疮。故《素问·阴阳应象大论》中"心主舌……开窍于舌"。《安骥集·师皇五脏论》也说"心者外应于舌"。

（2）在液为汗。什么是汗？《素问·阴阳别论》中"阳加于阴谓之汗"。所谓汗，是指津液在阳气的蒸腾汽化作用下，从汗孔（玄府）排出体外之液体。即汗为津液所化生，津液是血液的重要组成部分，血为心所主，血汗同源，故称"汗为心之液"。心在液为汗，是指心与汗的关系，出汗异常，往往与心有关。如心阳不足，常常引起腠理不固而自汗；心阴血虚，往往导致阳不摄阴而盗汗。又因血汗同源，津亏血少，则汗源不足；而发汗过多，又容易伤津耗血。故《灵枢·营卫生会篇》有"夺血者无汗，夺汗者无血"之说。临床上，心阳不足和心阴血虚的动物，在发汗时应特别慎重。汗多不仅伤津耗血，而且也耗散心气，甚至导致亡阳的病变。

（3）心在体合脉，其华在面。这里的"面"可以理解为动物体表的皮肤和可视黏膜。全身血脉都归属于心，由心所主，故说心在体合脉。华，荣华，光彩之意，即心气的健旺可以从体表的皮肤黏膜反映出来，如心气不足或心血瘀阻，则可视黏膜淡白或紫暗。

心包络

心包络，又称心包或膻中，是心脏的外包膜，有保护心脏的作用。当外邪侵犯心脏时，一般是由表入里，由外而内，先侵犯心包络。如《灵枢·邪客篇》中"故诸邪之在于心者，皆在于心之包络"。实际上，心包络受邪所出现的病证与心是一致的。如热性病出现神昏症状，虽称为"邪入心包"，而实际上是热盛伤神，在治法上可采用清心泄热之法。由此可见，心包络与心在病理和用药上基本相同。

2.2.2 肺

肺位于胸中,左右各一,上连气道。肺的主要功能是主气、司呼吸,主宣发和肃降,通调水道,肺朝百脉,主治节,外合皮毛,肺开窍于鼻,在液为涕,在志为忧(悲)。肺的经脉下络于大肠,与大肠相表里,由于肺位最高,居于胸中,其色银白,故肺为华盖,百病受邪先受肺;肺不耐寒热,易受邪侵,又有肺为娇脏之说。

1)肺的生理功能

(1)肺主气、司呼吸。主,主持;司,司管之意;肺主气,是指肺有主宰一身之气的生成、出入与代谢的功能。《素问·六节脏象论》中"肺者,气之本";《安骥集·天地五脏论》中:"肺为气海"。肺主气,包括主呼吸之气和一身之气两个方面。

①主呼吸之气:肺为动物体内外气体交换的场所,通过肺的呼吸作用,机体吸入自然界的清气,呼出体内的浊气,吐故纳新,实现机体与外界环境间的气体交换,以维持动物体正常的生命活动。《素问·阴阳应象大论》中所说"天气通与肺"便是此意。若肺主气的功能正常则气道畅通,呼吸均匀,呼吸调匀,病邪犯肺,则咳嗽、气喘、流涕等。

②一身之气:肺具有主持和调节全身各脏腑经络之气的作用,即通过肺的呼吸,而参与气的生成和气机的调节。《素问·五脏生成篇》中"诸气者,皆属于肺"。肺主一身之气,体现在以下两个方面:

一是气的生成,特别是宗气的生成。宗气由水谷精微之气与肺所吸入的自然界之清气,在元气的作用下而生成,由自然界之清气、先天之精气和水谷生化之精气三者构成。聚于胸中(膻中),上走息道出喉咙行呼吸,贯心脉助心行血,下行入丹田,资先天之气。

二是调节全身气机,宗气是促进和维持机体机能活动的动力,它一方面维持肺的呼吸功能,进行吐故纳新,使体内外的气体得以交换;另一方面,由肺入心,推动血液运行,并宣发到身体各部,以维持脏腑组织的机能活动,故有"肺朝百脉"之说。血液虽然由心所主,但必须依赖肺气的推动,才能保持其正常运行。

肺主气的功能正常,则气道通畅,呼吸均匀;若病邪伤肺,使肺气壅阻,引起呼吸功能失调,则出现咳嗽、气喘、呼吸不利等症状;若肺气不足,则出现体倦无力、气短、自汗等气虚症状(图2.1)。

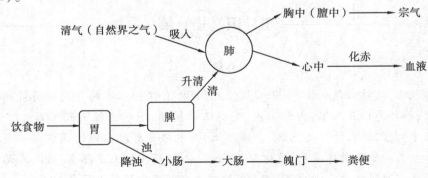

图2.1　气血生化示意图

(2)肺主宣发和肃降。宣发,即宣通、布散,是指肺气向上的宣升、向外的布散;肃降,即清肃、下降,是指肺气的清洁、通降。肺主宣发和肃降,实际上是指肺气的运动具有向上、向外宣发和向下、向内宣降的双向作用。

肺主宣发的生理功能有三个方面:一是肺朝百脉,将脾传输至肺的津液和水谷精微之气布散全身,内至脏腑、经络,外达皮毛;二是百脉朝肺,百脉将代谢后的浊气朝会于肺,通过肺的宣发作用,将体内的浊气排出体外;三是肺主皮毛,宣发卫气,以发挥其温分肉和司腠理开合将代谢后的津液化成汗液排出体外。《灵枢·决气篇》中"上焦开发,宣五谷味,熏肤、充身、泽毛,若雾露之溉,是谓气"就是指肺的宣发作用。若肺气不宣而壅滞,则引起胸满、呼吸不畅、咳嗽、皮毛焦枯等症状。

肺主肃降的生理功能也有三个方面:一是通过肺的下降作用,吸入自然界清气;二是将脾转输至肺的津液和水谷精微向下布散全身,并将代谢产物和多余水液下输于肾和膀胱,排出体外;三是肃清肺和呼吸道内的异物,以保持呼吸道的清洁和畅通。肺居上焦,以清肃下降为顺;肺为清虚之脏,其气宜清不宜浊,只有这样才能保持其正常的生理功能。若肺气不能肃降而上逆,则引起咳嗽、气喘、呼吸短促、尿少、水肿等症状。

(3)肺主行水、通调水道。通,即疏通;调,即调节;水道,是水液运行和排泄的通道。肺主行水,通调水道,是指肺的宣发和肃降对体内水液的输布、运输和排泄起着疏通和调节的作用。通过肺的宣发,将津液与水谷精微物质布散到全身,来营养全身,并通过宣发卫气而司腠理的开合,调节汗液的排泄。通过肺的肃降,将津液和水谷精微不断向下输送,代谢后的水液经肾的气化作用,化为尿液由膀胱排出体外。宣发作用使水液迅速布散到全身,古人称之"若雾露之溉"。故《素问·经脉别论》中"饮入于胃,游溢精气,上输于脾,脾气散精,上归于肺,通调水道,下输膀胱,水精四布,五经并行"。肺的行水、通调水道的功能,是肺宣发和肃降共同作用的体现,若肺的宣降功能失常,就会影响到机体的水液代谢,出现水肿、腹水、胸水以及泄泻等症。由于肺参与了机体的水液代谢和调节,故有"肺主行水"之说。又因肺居于胸中,肺为华盖,位置较高,故有"肺为水之上源"。所以说"肺为水之上源,肺气行则水行"(《血证论·肿胀》)。

(4)肺朝百脉,主治节。

①肺朝百脉是指全身的血液都通过百脉朝会于肺,经过肺的呼吸,进行体内外清浊之气的交换,然后再将富含自然界清气的血液通过肺朝百脉输送到全身的过程。

②肺主治节。即治理、调节,是指肺与心相互配合共同对全身起着一定的规律治理调节的作用。实际上是对肺的生理功能的高度概括。《素问·灵兰秘典论》中"肺者,相傅之官,治节出焉"。治理调节的作用有四个方面:一是治理调节呼吸运动,使肺主呼吸的功能正常,有节奏地一呼一吸;二是调节全身气机,调节全身气机,使全身气的升降出入正常;三是治理调节血液运行,辅助心脏调节和推动血液的正常运行;四是治理调节津液代谢,通过宣发、肃降,治理调节全身水液代谢。

2)肺与肢体窍液的关系

(1)肺合皮毛,为一身之表。皮毛即皮肤、汗孔、被毛等组织,皮毛为一身之藩篱,是机体抵御外邪侵袭的外部屏障。肺合皮毛,是指肺与皮毛不论在生理或是病理方面都有着极为密切的关系。①皮肤汗孔开阖与肺呼吸相关:皮肤汗孔具有散气的作用,参与呼吸调节,而有"宣发肺气"的功能;《黄帝内经》把汗孔称作"玄府",又叫"气门"。②肺宣发卫气和气血津液濡养全身皮毛;卫气卫护肌肤,抵御外邪;皮毛有赖于肺气的温煦,才能润泽,否则就会憔悴枯槁。如《灵枢·脉度篇》中"手太阴气绝,则皮毛枯焦。太阴者行气温于皮毛者也,故气不荣则皮毛焦"。③皮肤作为肺的屏障御邪护肺:肺经有病可以反映于皮毛,而皮毛受邪也可传之于肺。如肺气虚的动物,不仅易汗,而且日久可见皮毛焦枯或被毛脱落;而外感风寒,也可影响到肺,肺气不宣,出现咳嗽、流鼻涕等症状。故《素问·咳论》中"皮毛者,肺之合也,皮毛先受邪气,邪气以从其合也"。

（2）开窍于鼻。鼻为肺之窍,有司呼吸和主嗅觉的功能。肺气正常则鼻窍通利,嗅觉灵敏。故《灵枢·脉度篇》中"肺气通于鼻,肺和则鼻能知香臭矣"。同时,鼻为肺的外应,如《安骥集·师皇五脏论》中"肺者,外应于鼻"。在病理方面,如外邪犯肺,肺气不宣,常见鼻塞流涕,嗅觉不灵等症状。又如肺热壅盛,常见鼻翼扇动等。鼻为肺窍,鼻又可成为邪气犯肺的通道,如湿热之邪侵犯肺卫,多由鼻窍而入。此外,喉是呼吸的门户和发音器官,又是肺脉通过之处,其功能也受肺气的影响,肺有异常,往往引起声音嘶哑、喉痹等病变。

（3）在液为涕。涕,即鼻涕,是鼻黏膜的分泌物,有润泽鼻窍的作用。鼻为肺窍,故其分泌物亦属于肺。如《素问·宣明五气篇》中"五脏化液……肺为涕"。肺气正常与否,常可以通过鼻涕的变化反映出来。肺气正常,则鼻涕润泽鼻窍而不外流;若肺受邪气,则鼻涕的分泌和性状均会发生变化。如肺受风寒之邪,则鼻流清涕;肺受风热之邪,则鼻流黄浊脓涕;肺败,则鼻流黄绿色腥臭脓涕;肺受燥邪,则鼻干无涕。

（4）肺的生理特性。①肺为五脏之华盖。肺位于胸腔,居五脏的最高位置,通过气管、喉、鼻直接与外界相通。②肺为娇脏,不耐寒热。肺为清肃之脏,外合皮毛,开窍于鼻,直通天阳之气。气候异常六淫外邪,皆可从口鼻、皮毛而入,犯肺而影响肺气的通利。肺不耐寒热,易于受邪,故称之为娇脏。③肺气与秋气相应。肺气旺于秋。肺于秋季、西方、燥、金、白色、辛味等有内在的联系,燥易伤肺之津液,使肺失清肃而出现口干、鼻腔干燥等症状。

2.2.3　脾

脾位于腹内,属中焦,五行中属土,阴阳中为"阴中之至阴"通于长夏,旺于四时之末。其主要生理功能为主运化,升清,生血,统血,主肌肉四肢。脾开窍于口,其华在唇,在志为思,在液为涎。脾的经脉络于胃,与胃相表里。

1）脾的生理功能

（1）脾主运化。运,指运输;化,即消化、吸收。脾主运化,是指脾有消化、吸收、运输营养物质及水液的功能。脾主运化的功能,主要包括两个方面:一是运化水谷精微;二是指运化水液。

①运化水谷:指对水谷（草料）的消化吸收,转输和散布作用,上输于肺,在由肺注入心脉,输送全身,营养五脏六腑、四肢百骸、皮毛、筋肉等,称之"后天之本""气血生化之源"。脾的这种消化、吸收和转输有赖于脾气、脾阳的充足,脾的这种功能才健旺,被称为"脾气健运"。脾气健运,其运化水谷的功能旺盛,全身各脏腑组织器官才能得到充分的营养,以维持正常的生命活动。反之,脾失健运,水谷运化功能失常,就会出现腹胀、腹泻、精神倦怠、消瘦、营养不良等症。

②运化水液:又称运化水湿,即脾有吸收、输布和调节水液代谢的作用。脾在运化水谷精微的同时,也把水液运送到全身以滋养濡润全身脏腑组织器官,又把各组织器官利用后的水液,及时地转运到相应的脏腑器官,排出体外,从而维持体内的水液代谢平衡。若脾运化水湿的功能失常,就会出现水湿停滞的各种病症,如停留肠道则为泄泻,停于腹腔则为腹水,溢于肌肤表则为水肿,水湿聚集则成痰饮。故《素问·至真要大论》中"诸湿肿满,皆属于脾"。故有"脾为生痰之源,肺为贮痰之器"之说。

(2)脾主升清。升,指上升和输布;清,指精微物质。脾主升清包括两个方面的含义:一是精微物质上升输于心肺;二是维持内脏器官的恒定,使内脏器官处于恒定的位置。脾主升清即脾不但化生精微物质,而且将水谷精微等物质吸收并上输于肺,在通过心肺的作用化生气血,以营养全身。若脾气不升反而下陷,除可导致久泻久利外,还可引起内脏垂脱诸证,如脱肛、子宫脱出等。

(3)脾主生血统血。生血,因脾为"后天之本""气血生化之源",中焦受气取汁,变化而赤是谓血。统,有统摄、约束、固定作用。脾主统血,是指脾有统摄血液在脉中正常运行,不致溢出脉外的功能。《难经·四十二难》所说的"脾……主裹血,温五脏",即是指脾统血的功能。裹血,就是包裹、统摄血液,不使其外溢。脾之所以能统血,全赖脾气的固摄作用。脾气旺盛,固摄有权,血液就能正常地沿脉管运行,而不致外溢;否则,脾气虚弱,统摄乏力,气不摄血,就会引起各种出血性疾患,尤以慢性出血为多见,如长期便血等。脾气虚弱,不能生血,则导致贫血,动物表现为体瘦毛焦,神疲乏力,可视黏膜淡白无华。

2)脾与肢体窍液的关系

(1)脾开窍于口,其华在唇。口腔是消化道的最前端,饮食摄入的门户;与食欲有着直接联系。脾气旺盛,则食欲正常。故《灵枢·脉度篇》中"脾气通于口,脾和则能知五谷矣"。若脾失健运,则动物食欲减退,甚至废绝。故《安骥集·碎金五脏论》中"脾不磨时马不食"。其华在唇,脾的经络与唇相通,唇是脾的外应。因此,口唇可以反映出脾运化功能的盛衰。若脾气健运,营养充足,则口唇鲜明光润如桃花色;脾不健运,脾气衰弱,则食欲不振,营养不佳,口唇淡白无华;脾有湿热,则口唇红肿;脾经热毒上攻,则口唇生疮。

(2)在液为涎。涎,即口津,是唾液中较为清稀的部分,是口腔分泌的液体,具有湿润口腔,帮助食物吞咽和消化的作用。《素问·宣明五气篇》中"五脏化液……脾为涎";《安骥集·师皇五脏论》中"脾者外应于唇,唇即生涎,涎即润其肉"。脾的运化功能正常,则津液上注于口而为涎,以辅助脾胃之消化,且不溢出口外;若脾胃不和,则涎液分泌增加,发生口涎自出等现象;若脾气虚弱,气虚不能摄涎,则涎液自口角而出;若脾经热毒上攻,则口唇生疮,口流黏涎。

(3)脾主肌肉四肢。指脾可为肌肉四肢提供营养,以确保其健壮有力和正常发挥功能。肌肉的生长发育及丰满有力,主要依赖脾所运化水谷精微的濡养。四肢又称"四末",也就是四肢末端的简称。同样,四肢需要脾胃运化功能生成的精微物质来濡养。故《素问·痿论》中"脾主身之肌肉"。脾气健运,营养充足,则肌肉丰满有力,否则就肌肉痿软,动物消瘦。故《元亨疗马集·定脉歌》中"肉瘦毛长戊己(脾)虚"。

(4)脾的生理特性。①脾喜燥恶湿。脾为"太阴湿土之脏",体阴而阳,脾没有燥就不能运化水湿,以调节体内水液代谢的平衡。它与胃喜润构成燥润相济的统一体,同时润(湿)又是脾的主要致病因素,临床常常出现"湿困脾土""脾虚生湿"等证。②四季脾旺,脾主长夏。"四季脾旺"(《元亨疗马集》)、"脾不主时"(《素问》)不是说脾与自然界四季无关,而是与自然界的关系非常密切,一年四季无论何时何季都需要脾来运化水料草精微。脾主长夏,脾气旺于长夏,与长夏相应,长夏指农历六月,脾的生理功能活动与六月的阴阳变化相互适应。

2.2.4　肝

肝位于腹腔右季肋部,有胆附于其下(马属动物只有胆管,而无胆囊)。肝的主要生理功能是藏血,主疏泄,主筋。肝开窍于目,其华在爪,在志为怒,在液为泪。肝的经脉络于胆,与胆相表里。

1)肝的生理功能

(1)肝主疏泄。疏,即疏通;泄,即发泄、宣泄。肝主疏泄,是指肝具有保持全身气机疏通调达,通而不滞,散而不郁的作用。气机即气的一种运动形式,是机体脏腑功能活动基本形式的概括。气机调畅,升降出入正常,是维持内脏生理活动的前提。"肝喜条达而恶抑郁",全身气机的舒畅、条达与肝的疏泄功能密切相关,肝的疏泄功能,主要体现在以下六个方面。

①促进消化:肝气疏泄是保持脾胃正常消化功能的重要条件。一是从五行的角度看,木能疏土,肝的疏泄能使脾胃的升降协调;二是肝能分泌胆汁、排泄胆汁,以促进消化吸收。若肝气郁结,疏泄失常,影响脾胃,可引起黄疸、食欲减退、嗳气、呕吐、肚腹胀满等消化功能紊乱。

②调畅气机:气机,即气的升降出入运动。升降出入是动物体之气不停运动的基本形式,也是对动物体脏腑功能活动基本形式的概括。肝的疏泄功能正常,则气机调畅,气血和调,经络通利,脏腑组织的活动也就正常协调。反之,如果肝的疏泄功能减退,升发不足,通达受阻,从而形成气机不畅,气机郁结的病理变化,出现目齿肿痛,躁动不安等病理表现。气升太高,则血随气逆,而导致呕吐、咯血等血从上逆的病理变化,甚至导致昏迷、休克。

③调畅血液运行:肝的疏泄功能直接影响到气机的调畅,气机的调畅才能充分发挥心主血脉,肺助心行血,脾统摄血液,从而保证血液的正常运行。气为血之帅,气行则血行,气滞则血瘀。若肝失条达,肝气郁结,则见气滞血瘀,症瘕;若肝气太盛,血随气逆,影响到肝藏血的功能,可见呕血、衄血。

④调节情志:动物的精神活动,除"心藏神"外,与肝气有密切关系。《灵枢·本神》说"肝藏血,血舍魂"。肝疏泄功能正常,也是保持精神活动正常的必要条件。如肝气疏泄失常,气机不调,可引起精神活动异常,出现躁动或精神沉郁,肝脉瘀阻等症状。

⑤通调水液代谢:肝气疏泄还包括疏利三焦,通调水液升降通路的作用。若肝气疏泄功能失常,气不调畅,可影响三焦的通利,引起水肿、胸水、腹水等水液代谢障碍的病变。

⑥调节生殖机能:肝的疏泄功能与动物的生殖繁育有着密切的关系。一是肝的疏泄能够调节冲任二脉。二是中医学认为"女子以肝为先天",如母畜的不育不孕症,采用疏肝法治疗(逍遥散);肾藏精,肝主疏泄,藏泄互用。肝的疏泄正常能够调节雄性动物生殖机能,如相火妄动证采用泻肝的方法治疗(龙胆泻肝汤)。

(2)肝藏血。肝有贮藏血液及调节血量的功能。当动物休息或静卧时,机体对血液的需要量减少,一部分血液则贮藏于肝脏;而在使役或运动时,机体对血液的需要量增加,肝脏便输出所藏的血液,以供机体活动所需。故前人有"动则血行于诸经,静则血归于肝脏"之说。肝血供应的充足与否,与动物耐受疲劳的能力有着直接的关系。当动物使役或运动时,若肝血供给充足,则可增加对疲劳的耐受力,否则便易于产生疲劳,故《素问·六节脏象论》中"肝者,罢极之本",这表明肝有消除疲劳和耐受疲劳的作用。肝藏血的功能失调主要有两种情况:一是肝血不足,血不养目,则发生目眩、目盲;或血不养筋,则出现筋肉拘挛或屈伸不利。二是肝不藏血,则可引起动物不安或出血。肝的阴血不足,还可引起阴虚阳亢或肝阳上亢,出现肝火、肝风等证。

2)肝与肢体窍液的关系

(1)开窍于目。目主视觉,肝有经脉与之相连,其功能的发挥有赖于五脏六腑之精气,特别是肝血的滋养。如《素问·五脏生成论》中"肝受血而能视"。《灵枢·脉度篇》中"肝气通于目,肝和则能辨五色矣。"由于肝与目关系密切,故肝的功能正常与否,常常在目上得到反映。若肝血充足,则双目有神,视物清晰;若肝血不足,则两目干涩,视物不清,甚至夜盲;肝经风热,则目赤痒痛;肝火上炎,目赤肿痛,角膜生翳。肝风内动,两目上翻。

(2)在液为泪。泪从目出,故泪为肝之液,有润泽眼睛,保护眼睛,排除眼内异物的作用,但不会溢出目外。如《安骥集·师皇五脏论》中"肝者外应于目,目即生泪,泪即润其眼"。当异物侵入目中时,则泪液大量分泌,起到清洁眼球和排除异物的作用。在病理情况下,如肝之阴血不足,则泪液减少,两目干涩;肝经风热,则两目流泪生眵。如《安骥集·碎金五脏论》中"肝盛目赤饶眵泪,肝热睛昏翳膜生,肝风眼暗生碧晕,肝冷流泪水泠泠"。

(3)主筋,其华在爪。筋,即筋膜,即肌腱和韧带,是联系关节、约束肌肉、主司运动的组织。肝主筋,是指肝有为筋提供营养,以维持其正常功能的作用。肝主筋的功能与"肝藏血"有关,筋需要肝血的滋养,才能正常发挥其功能。故《素问·经脉别论》中"食气入胃,散精于肝,淫气于筋"。肝血充盈,筋得到充分的濡养,其活动才能正常。若肝血不足,血不养筋,可出现四肢拘急,或萎弱无力,伸屈不灵等症。若邪热劫津,津伤血耗,血不营筋,可引起四肢抽搐,角弓反张,牙关紧闭等肝风内动之证。

"爪为筋之余""其华在爪",爪甲亦有赖于肝血的滋养,故肝血的盛衰,可引起爪甲(蹄)荣枯的变化。肝血充足,则筋强力壮,爪甲(蹄)坚韧;肝血不足,则筋弱无力,爪甲(蹄)多薄而软,甚至变形而易脆裂。故《素问·五脏生成篇》中"肝之合筋也,其荣爪也"。

(4)"肝为刚脏""体阴而用阳"。肝以血为体,以气为用,气为阳,血为阴,阳主动而阴主静,故肝体阴而用阳。体阴,肝本体为阴,一是肝居膈下右侧;二是肝藏血、藏属阴。用阳,一是生理上肝主疏泄、性喜条达;二是内寄相火、其气主升主动。

2.2.5　肾

肾位于腰部,脊柱两侧,左右各一,《素问·脉要精微论》中"腰者,肾之府"。肾藏精,主命门之火,主水,主纳气,主骨、生髓、通于脑。肾开窍于耳,司二阴,在液为唾,在志为恐。肾有经脉络于膀胱,与膀胱相表里。

1) 肾的生理功能

(1) 肾藏精。"精"是一种精微物质,肾所藏之精即肾阴(真阴、元阴),是构成动物体的基本物质,也是动物机体生命活动的物质基础,包括先天之精和后天之精两个方面:①先天之精:源于先天,禀受于父母,与生俱来,为生命的物质基础,胚胎的原始物质,主生育繁殖,故又称"生殖之精"。②后天之精:水谷之精,源于后天,由脾胃所化生,营养和促进机体生长发育,是维持机体生命活动的物质基础。由五脏六腑化生,故又称"脏腑之精"。

先天之精和后天之精,同归于肾,融为一体,相互依存,相互资生和促进。肾藏精,是指精的产生、贮藏及转输均由肾所主。肾所藏之精化生肾气,肾精和肾气两者合称精气。通过三焦,输布全身,促进机体的生长发育和生殖。

精气的功能和作用:①生长发育:动物从幼龄到老龄,机体的旺盛到衰老。②生育繁殖:机体生长发育成熟,即肾精化生"天癸",雌性动物排卵,雄性动物排精,反之则阳痿、滑精、宫冷不孕等证都与肾有直接关系。③参与血液生成:肾藏精,精能生髓,精髓可以化血。"血即精之属也,但精藏于肾,所蕴不多,而血富于冲,所至皆是"(《景岳全书·血证》)中"夫血者,水谷之精微,得命门真火蒸化"(《读医随笔·气血精神论》)。故有血之源头在于肾之说。所以,在临床上治疗血虚常用补益精髓之法。④抵御外邪侵袭:肾精具有抵御外邪而使动物不发生疾病的作用。"足于精者,百病不生,穷于精者,万邪蜂起"(《冯氏锦囊秘录》)。《素问·金匮真言论》中"藏于精者,春不病温",精充则生命力强,卫外固密,适应力强,邪不易侵。反之,精亏则生命力弱,卫外不固,适应力弱,邪侵而病,冬不藏精,春必病温,肾精这种抵御外邪的能力属正气范畴,与"正气存内,邪不可干""邪之所凑,其气必虚"的意义相同。

肾阴与肾阳,肾阴是指肾本脏的阴液(包括肾脏之精),又称元阴、真阴、真水,为动物机体一切阴液的根本,是肾阳活动的物质基础,对机体各个脏腑组织起着滋养、濡润作用。肾阳,又称元阳、真阳,是动物机体一切阳气的根本,为先天之真火,寓于命门之中,是机体热能源泉,为肾生理活动的动力,对机体各个脏腑组织起着推动温煦作用。肾阴和肾阳是机体各脏阴阳的根本,它们的关系是肾中阴阳犹如水火一样内寄于肾,故前人又有"肾为水火之宅"。肾的阴精是化生肾之阳气的物质基础(精化生),肾之阳气是产生肾之阴精的内在动力(气生精)。二者互相资生、互相助长、互相依存、互相制约,从而维持动物生理的动态平衡。

(2) 肾主水液。指肾脏具有主持全身水液代谢,调节体内水液平衡的作用,是由肺、脾、肾三脏共同完成的,其中肾的作用尤为重要。肾主水的功能,主要靠肾阳对水液的气化来完成实现。这种肾主持和调节水液代谢的作用称为肾的"气化"作用。水液进入胃肠,由脾上输于肺,肺将清中之清的部分输布全身,而清中之浊的部分则通过肺的肃降作用下降于肾,肾再加以分清泌浊,将浊中之清经再吸收上输于肺,浊中之浊的无用部分下注膀胱,排出体外。如肾阳不足,命门火衰,气化失常,就会引起水液代谢障碍,发生水肿、胸水、腹水等症(图2.2)。

(3) 肾主纳气。纳,有固纳、摄纳之意。肾主纳气,是指肾有摄纳肺吸入之清气,使呼吸深沉平稳。呼吸虽由肺所主,但吸入之气必须下纳于肾,才能使呼吸调匀,故有"肺主呼气,肾主纳气"之说。肺司呼吸,为气之本;肾主纳气,为气之根。只有肾气充足,元气固守于下,才能纳气正常,呼吸均匀调和;若肾气虚,根本不固,纳气失常,就会影响肺气的肃降,出现呼多吸少、吸气困难的喘息之证。

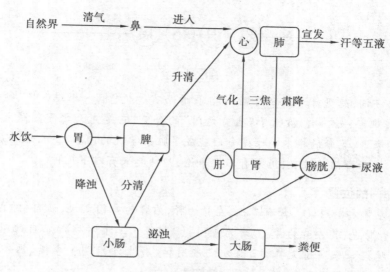

图 2.2　水液代谢示意图

2) 肾与肢体窍液的关系

(1) 肾主骨、生髓、通于脑、其华在发。骨,骨骼,支持形体和保护作用,参与运动。肾主管骨骼,滋生和充养骨髓、脊髓和脑髓。肾所藏之精有生髓的作用,髓充于骨中,滋养骨骼,骨赖髓而强壮,这也是肾的精气促进生长发育功能的一个方面。若肾精充足,则髓的生化有源,骨骼得到髓的充分滋养而坚强有力;若肾精亏虚,则髓的化源不足,不能充养骨骼,可导致骨骼发育不良,甚至骨脆无力等症。髓由肾精所化生,有骨髓和脊髓之分。脊髓上通于脑,聚而成脑。故《灵枢·海论》中"脑为髓之海"。脑主持精神活动,又称"元神之府"。脑需要依靠肾精的不断化生才能得以滋养,否则就会出现呆痴,呼唤不应,目无所见,倦怠嗜卧等症状。"齿为骨之余",故齿也有赖肾精的充养。肾精充足,则牙齿坚固;肾精不足,则牙齿松动,甚至脱落。

"发为血之余",《素问·五脏生成论》中"肾之和骨也,其荣发也"。动物被毛的生长,其营养来源于血,而生机则根源于肾。肾精充足,则被毛生长正常且有光泽;肾气虚衰,则被毛枯槁,甚至脱落。

(2) 肾开窍于耳、司二阴。肾的上窍是耳。耳为听觉器官,其功能的发挥,有赖于肾精的充养。肾精充足,则听觉灵敏。《灵枢·脉度篇》中"肾气通于耳,肾和则耳能闻五音矣"。若肾精不足,可引起耳鸣、耳聋等。故《安骥集·碎金五脏论》中"肾壅耳聋难听事,肾虚耳似听蝉鸣"。肾的下窍是二阴。二阴,即前阴和后阴。前阴有排尿和生殖的功能,后阴有排泄粪便的功能。虽前阴与生殖有关,但仍由肾所主;排尿虽在膀胱,但要依赖肾阳的气化;若肾阳不足,则可引起尿频、阳痿等症。粪便的排泄虽通过后阴,但也受肾阳温煦作用的影响。若肾阳不足,阳虚火衰,可引起粪便秘结;若脾肾阳虚,可导致粪便溏泻(五更泄泻)。

(3) 在液为唾。唾为口津,自口腔分泌,有帮助食物吞咽和消化的作用。《素问·宣明五气论》中"五脏化液……肾为唾",认为唾的分泌与肾相关。唾与涎,均为口津,二者的区别在于涎自口角流出;唾生于舌下,从口中唾(吐)出。临床上,口角流涎多从脾论治,唾液频吐多从肾论治。

命 门

命门一词,始见于《黄帝内经》,指眼睛而言。《灵枢·根结》中"命门者,目也"。自《难经》始,命门被赋予"生命之门"的含义,它是先天之气蕴藏之所在,机体生化的来源,生命的根本。于是命门就成了脏象学说的内容之一,遂为历代医家所重视。关于命门的位置,历来有不少争论,归纳起来有以下几种。

1)命门的位置

(1)左肾右命门说。肾有二枚,左肾为肾,右肾为命门之说,始自《难经》。"肾两者,非皆肾也,其左者为肾,右者为命门"(《难经·三十六难》)。自此以后,晋·王叔和《脉经》,宋·陈无择《三因方》,严用和《济生方》,明·李梴《医学入门》等均遵此说。《元亨疗马集》云"左肾右命门"。

(2)两肾总号命门说。明·虞抟否定左为肾右为命门之说,明确指出"两肾总号为命门",曰:"夫两肾固为真元之根本,性命之所关,虽为水脏,而实为相火寓乎其中,愚意当以两肾总号命门"(《医学正传》)。明·张景岳认为"肾两者,坎外之偶也;命门一者,坎中之奇也。以一统两,两而包一。是命门总乎两肾,而两肾皆属于命门。故命门者,为水火之府,为阴阳之宅,为精气之海,为死生之窦"(《类经附翼·求正录》)。这一学说认为两肾俱为命门,并非在肾之外另有一个命门。

(3)两肾之间为命门说。以命门独立于两肾之外,位于两肾之间,实以明·赵献可为首倡。他根据《素问·刺禁论》中"七节之旁,中有小心",认为"此处两肾所寄,左边一肾属阴水,右边一肾属阳水,各开一寸五分,中间是命门所居之官,其右旁即相火也,其左旁即天一之真水也"(《医贯》)。这种论点一直影响到清代,如陈修园《医学三字经》、林佩琴《类证治裁》、张路玉《本经逢原》、黄宫绣《本草求真》等均宗此说。

(4)命门为肾间动气说:此说虽然认为两肾中间为命门,但其间非水非火,而只是存在一种原气发动之机,同时又认为命门并不是具有形质的脏器。

2)命门的功能

明代以前,在《难经·三十九难》中"命门者……其气与肾通"之说的影响下,把命门的功能笼统地包括在"肾气"概念之中,认为命门的功能与肾的功能有相同之处。直到明代,命门学说得到进一步发展。综合前人的论述,对命门的功能有以下几种认识。

(1)命门为原气所系,是生命活动的原动力。"命门者,精神之所含,原气之所系也"(《难经·八难》)。

(2)命门藏精舍神,与生殖功能有密切关系。"命门者,精神之所舍也;公畜藏精,母畜系胞"。说明命门是机体藏精舍神之处。

(3)命门为水火之宅,包括肾阴、肾阳的功能。"命门为元气之根,水火之宅,五脏之阴非此不能滋,五脏之阳气,非此不能发"(《景岳全书·传忠录·命门余义》)。"命门之火,谓之元气,命门之水,谓之元精"(《类经附翼·求正录》)。可见,张景岳认为命门的功能包括了肾阴、肾阳两方面的作用。

(4)命门内寓真火,为机体阳气之根本。"命门者,先天之火也……心得命门而神明有主。如可以应物:肝得命门而谋虑,胆得命门而决断,胃得命门而受纳,脾得命门而转输,肺得命门而治节,大肠得命门而传导,小肠得命门而布化,肾得命门而作强,三焦得命门而决渎,膀胱得命门而收藏,无不借命门之火而温养也"(《石室秘录》)。这种观点把命门的功能,称为命门真火,或命火,也就是肾阳,是各脏腑功能活动的根本。所以周省吾则进一步强调"命门者,人身之真阳,肾中之元阳是已,非另是一物"(《吴医汇讲》)。

纵观历代医家对命门的认识:从形态言,有有形与无形之争;从部位言,有右肾与两肾之间之辨;从功能言,有主火与非火之争。但对命门的主要生理功能,以及命门的生理功能与肾息息相通的认识是一致的。我们认为肾阳,亦即命门之火,肾阴,亦即张景岳所谓"命门之水"。肾阴,亦即真阴、元阴;肾阳,亦即真阳、元阳。古人言命门,无非是强调肾中阴阳的重要性。

2.3　六　腑

六腑,是指胆、胃、小肠、大肠、膀胱、三焦的总称。饮食物入口,通过食道入胃,经胃的腐熟,下传于小肠,经小肠的分清泌浊,其清者(精微、津液)由脾吸收,转输于肺,而布散全身,以供脏腑经络生命活动之需要;其浊者(糟粕)下达于大肠,经大肠的传导,形成大便排出体外;而废液则经肾之气化而形成尿液,渗入膀胱,排出体外。饮食物在消化吸收排泄过程中,须通过消化道的七个要冲,即"七冲门",意为七个冲要门户,"唇为飞门,齿为户门,会厌为吸门,胃为贲门,太仓下口为幽门,大肠小肠会为阑门,下极为魄门,故曰七冲门也"(《难经·四十四难》)。

六腑的生理特性是受盛和传化水谷,具有通降下行的特性。"六腑者,传化物而不藏,故实而不能满也。所以然者,水谷入口,则胃实而肠虚。食下,则肠实而胃虚"(《素问·五脏别论》)。每一腑都必须适时排空其内容物,才能保持六腑通畅,功能协调,故有"六腑以通为用,以降为顺"之说。突出强调"通""降"二字,若通或降得太过或不及,均属于病态。

2.3.1　胆

胆居六腑之首,又隶属于奇恒之府,其形呈囊状,附于肝(马有胆管,无胆囊)。胆属阳属木,与肝相表里,肝为脏属阴木,胆为腑属阳木。胆贮藏排泄胆汁,主决断,调节脏腑气机。

1)贮藏和排泄胆汁

胆汁,别称"精汁""清汁",来源于肝脏。"肝之余气,泄于胆,聚而成精"(《脉经》)。胆汁由肝脏形成和分泌出来,然后进入胆腑贮藏、浓缩之,并通过胆的疏泄作用而入小肠。胆汁"感肝木之气化而成,入食后小肠饱满,肠头上逼胆囊,使其汁流入小肠之中,以融化食物,而利传渣滓。若胆汁不足,则精粗不分,粪色白洁而无黄"(《难经正义》)。若肝胆的功能失常,胆的分泌与排泄受阻,就会影响脾胃的消化功能,而出现厌食、腹胀、腹泻等消化不良症状。若湿热蕴结肝胆,以致肝失疏泄,胆汁外溢,浸渍肌肤,则发为黄疸,可视黏膜黄染、小便黄为特征。胆气以降为顺,若胆气不利,气机上逆,则可出现呕吐黄绿苦水等。

2)主决断

胆主决断,指胆在精神意识思维活动过程中,具有判断事物、作出决定的作用。胆主决断对于防御和消除某些精神刺激的不良影响,以维持和控制气血的正常运行有着重要的作用。故曰"胆者,中正之官,决断出焉"(《素问·灵兰秘典论》)。精神心理活动与胆之决断功能有关,胆能助肝之疏泄以调畅情志。肝胆相济,则情志和调稳定。气以胆壮,邪不可干。胆气虚弱,在受到精神刺激的不良影响时,表现为胆怯易惊、善恐、失眠、多梦等精神情志病变,常可从胆论治而获效。故曰"胆附于肝,相为表里,肝气虽强,非胆不断。肝胆相济,勇敢乃成"(《类经·脏象类》),中兽医学可以参考。

3)调节脏腑气机

胆合于肝,助肝之疏泄,以调畅气机,则内而脏腑,外而肌肉,升降出入,纵横往来,并行不悖,从而维持脏腑之间的协调平衡。胆的功能正常,则诸脏易安,故有"凡十一脏取决于胆"(《素问·六节脏象论》)之说,即所谓"十一脏皆赖胆气以为和"(《杂病源流犀烛》)。阴为阳基,阳为阴统,阳主阴从,即阴之与阳,阳为主导。胆为阳木,而肝为阴木,阳主阴从,故谓"十一脏取决于胆"。

2.3.2 胃

胃是容纳食物的器官,反刍动物的胃为四个。其外形屈曲,上连食道,下通小肠。主受纳腐熟水谷,为水谷精微之仓、气血之海,胃以通降为顺,与脾相表里,脾胃常合称为后天之本。胃与脾同居中土,但胃为燥土属阳,脾为湿土属阴。

1)胃主受纳水谷

受纳是接受和容纳之意。胃主受纳是指胃接受和容纳水谷的作用,故称胃为"太仓""水谷之海"。《安骥集·天地五脏论》中"胃为草谷之腑"。"胃司受纳,故为五谷之府"(《类经·脏象类》),若胃的受纳功能失调,而出现食少、纳呆、厌食、肚腹胀满等症状。

2)胃主腐熟水谷

腐熟是指饮食物经过胃的初步消化,形成食糜的过程。"中焦者,在胃中脘,不上不下,主腐熟水谷"(《难经·三十一难》)。胃接受由口摄入的饮食物并使其在胃中短暂停留,依靠胃的腐熟作用,将水谷变成食糜,其精微物质由脾之运化而营养周身,未被消化的食糜则下行于小肠,不断更新,形成了胃的消化过程。如果胃的腐熟功能低下,就出现肚腹疼痛、嗳腐吐酸等食滞胃脘之候。

3）胃主通降

胃主通降与脾主升清相对。胃主通降是指胃的气机宜通畅、下降。"凡胃中腐熟水谷，其滓秽自胃之下口，传入小肠上口"（《医学入门·脏腑》）。饮食物入胃，经过胃的腐熟，初步进行消化之后，必须下行入小肠，再经过小肠的分清泌浊，其浊者下移于大肠，然后变为粪便排出体外，从而保证了胃肠虚实更替的状态。这是由胃气通畅下行作用而完成的。故曰："水谷入口，则胃实而肠虚；食下，则肠实而胃虚"（《素问·五脏别论》）。"胃满则肠虚，肠满则胃虚，更虚更满，故气得上下"（《灵枢·平人绝谷》）。胃之通降是降浊，降浊是受纳的前提条件。所以，胃失通降，便会发生食欲不振，水谷停滞，肚腹胀满等症；若胃气不降反而上逆，则出现嗳气、呕吐等症。胃气的功能状况，对于动物体的强健以及判断疾病的预后都至关重要。故《中藏经》中"胃气壮，五脏六腑皆壮也"。此外，还有"有胃气则生，无胃气则死"之说。临床上，也常常把"保胃气"作为重要的治疗原则。所以，胃气不降，不仅直接导致中焦不和，影响六腑的通降，甚至影响全身的气机升降，从而出现各种病理变化。

中医学非常重视"胃气"，认为"人以胃气为本"。胃气强则五脏俱盛，胃气弱则五脏俱衰，有胃气则生，无胃气则死。所谓胃气，其义有三：一是指胃的生理功能和生理特性。胃为水谷之海，有受纳腐熟水谷的功能，又有以降为顺，以通为用的特性。这些功能和特性的统称，谓之胃气。由于胃气影响整个消化系统的功能，直接关系到整个机体的营养来源。胃气的盛衰，关系到机体的生命活动和存亡，在机体生命活动中，具有十分重要的意义。所以在临床治病时，要时刻注意保护胃气。二是指脾胃功能在脉象上的反映，即脉有从容和缓之象。因为脾胃有消化饮食，摄取水谷精微以营养全身的重要作用，而水谷精微又是通过经脉输送的，故胃气的盛衰有无，可以从脉象表现出来。临床上有胃气之脉以和缓有力，不快不慢为其特点。三是泛指机体的精气。"胃气者，谷气也，荣气也，运气也，生气也，清气也，卫气也，阳气也"（《脾胃论·脾胃虚则九窍不通论》）。胃气可表现在食欲、舌苔、脉象和面色等方面。一般以食欲如常，舌苔正常，面色荣润，脉象从容和缓，不快不慢，称之为有胃气。临床上，往往以胃气之有无作为判断预后吉凶的重要依据，即有胃气则生，无胃气则死。所谓保护胃气，实际上保护脾胃的功能。临证处方用药应切记"勿伤胃气"，否则胃气一败，百药难施。

2.3.3　小肠

小肠居腹中，上接幽门，与胃相通，下连大肠，包括回肠、空肠、十二指肠。主受盛化物和泌别清浊。与心相表里，属火属阳。

1）受盛化物

小肠主受盛化物是小肠主受盛和主化物的合称。受盛，接受，以器盛物之意。化物，变化、消化、化生之谓。小肠的受盛化物功能主要表现在两个方面：一是小肠盛受了由胃腑下移而来的食糜，起到容器的作用，即受盛作用；二指经胃初步消化的饮食物，在小肠内必须停留一定的时间，并由小肠对其进一步消化和吸收，将水谷转化为可以被机体利用的营养物质，精微由此而出，糟粕由此下输于大肠，即"化物"作用。在病理上，小肠受盛功能失调，传化停止,则气机失于通调,滞而为痛,表现为腹痛等。如化物功能失常,可以导致消化、吸收障碍,表现为腹胀、腹泻、便溏等。

2)泌别清浊

泌别清浊即分清别浊。清,即精微物质。浊,即代谢产物。所谓泌别清浊,是指小肠对承受胃初步消化的饮食物,在进一步消化的同时,并随之进行分别水谷精微和代谢产物的过程。体现为三个方面:一是将小肠消化的饮食物分别为水谷精微和食物残渣两部分;二是将水谷精微吸收,把食物残渣糟粕,通过阑门传送到大肠,形成粪便,经肛门排出体外;三是将剩余的水分经肾气化作用渗入膀胱,形成尿液,经尿道排出体外。吸收营养物质的同时也吸收大量的水液,故有"小肠主液"之说。

小肠的受盛化物和泌别清浊,即消化吸收过程,是整个消化过程的最重要阶段。在这一过程中,食糜进一步消化,将水谷化为清(即精微含津液)和浊(即糟粕,含废液)两部分,前者赖脾之转输而被吸收,后者下降入大肠。小肠的消化吸收功能,在脏象学说中,往往把它归属于脾胃纳运的范畴内。脾胃纳运功能,实际上包括了现代生理学的部分内容。

2.3.4 大肠

大肠居腹中,其上口在阑门处接小肠,其下端紧接肛门,包括结肠和直肠。主传化糟粕和吸收津液。五行中属金、阴阳中属阳。

1)传导糟粕

传导是指大肠接受由小肠下移的饮食残渣,再吸收其中剩余的水分和养料后,使之形成粪便,经肛门排出体外,属整个消化过程的最后阶段,故有"传导之腑""传导之官"之称。所以大肠的主要功能是传导糟粕,排泄大便。大肠的传导功能,主要与胃的通降、脾之运化、肺之肃降以及肾之封藏有密切关系。如大肠传导失常,就会出现大便秘结或泄泻。若湿热蕴结于大肠,大肠气滞,又会出现腹痛、里急后重、下痢脓血等。

2)主津液

大肠接受由小肠下注的饮食物残渣和剩余水分之后,将其中的部分水液重新再吸收,使残渣糟粕形成粪便而排出体外。大肠重新吸收水分,参与调节体内水液代谢的功能,称为"大肠主津"。大肠的病变多与津液有关。如大肠虚寒,无力吸收水分,则水谷杂下,出现肠鸣、腹痛、泄泻等。大肠实热,消烁水分,肠液干枯,肠道失润,又会出现大便秘结不通之症。机体所需之水,绝大部分是在小肠或大肠被吸收的,故"大肠主津,小肠主液"。

2.3.5 膀胱

膀胱又称净腑、水府、玉海、脬、尿胞。位于后腹部,在脏腑中,居最后。主贮存尿液及排泄尿液,与肾相表里,在五行属水,其阴阳属性为阳。

1)贮存尿液

在机体津液代谢过程中,水液通过肺、脾、肾三脏的作用,布散全身,发挥濡润机体的作用。其被机体利用之后,即是"津液之余"者,下归于肾。经肾的气化作用,升清降浊,清者回流体内,浊者下输于膀胱,变成尿液。故有"津液之余者,入胞胕则为小便","小便者,水液之余也"(《诸病源候论·膀胱病候》),说明尿为津液所化生,如果津液缺乏,则小便短少;反之,小便过多也会丧失津液。

2)排泄小便

尿液贮存于膀胱,达到一定容量时,通过肾的气化作用,使膀胱开合适度,则尿液可及时地从尿道(溺窍)排出体外。膀胱病变可出现小便不利或癃闭,以及尿频、尿急、遗尿、小便不禁等证。

2.3.6　三焦

三焦是脏象学说中的一个特有名称。三焦是上焦、中焦、下焦的合称,为六腑之一;从部位上来说,膈以上为上焦(包括心、肺等脏),脘腹部相当于中焦(包括脾、胃等脏腑),脐以下为下焦(包括肝、肾、大小肠、膀胱等脏腑)。如《安骥集·清浊五脏论》中"头至于心上焦位,中焦心下至脐轮,脐下至足下焦位"。三焦是脏腑中最大的腑,无与匹配,又称"孤府"。三焦有名无形。三焦为五脏六腑全部功能的总称,其生理功能是通行元气、疏通水道和运行水液。

1)通行元气

元气(又名原气)是动物体最根本的气,根源于肾,由先天之精所化,天之精所养,为机体脏腑阴阳之本,生命活动的原动力。元气通过三焦而输于五脏六腑,充沛于全身,以激发、推动各个脏腑组织的功能活动。三焦能够通行元气,元气为脏腑气化活动的动力。因此,三焦通行元气的功能,关系到整个机体的气化作用。

2)运行水谷

"三焦者,水谷之道路"(《难经·三十一难》),三焦在通行元气的同时将水谷精微物质运送到全身。《素问·灵兰秘典论》中"三焦者,决渎之官,水道出焉"。说明三焦有疏通水道,运行水液,全身的水液与三焦为通道,才能正常的升降出入;其中,上焦之肺,为水之上源,以宣发肃降而通调水道;中焦之脾胃,运化并输布津液于肺;下焦之肾、膀胱,蒸腾汽化,使水液上归于脾肺,再参与体内代谢,下形成尿液排出体外。三焦为水液的生成敷布、升降出入的道路。三焦气治,则脉络通而水道利。三焦在水液代谢过程中的协调平衡作用,称为"三焦气化"。若三焦气化不利,水道不通,则出现尿少、水肿、痰饮等病症。

3)三焦的特点

(1)上焦如雾:上焦如雾是指上焦主宣发卫气,敷布精微的作用。上焦接受来自中焦脾胃的水谷精微,通过心肺的宣发敷布,布散于全身,发挥其营养滋润作用,若雾露之溉。故称"上焦如雾"。

(2)中焦如沤:中焦如沤是指脾胃运化水谷,化生气血的作用。胃受纳腐熟水谷,由脾之运化而形成水谷精微,以此化生气血,并通过脾的升清转输作用,将水谷精微上输于心肺以濡养周身。因为脾胃有腐熟水谷、运化精微的生理功能,故喻之为"中焦如沤"。因中焦运化水谷精微,故称"中焦主化"。

（3）下焦如渎:下焦如渎是指肾、膀胱、大小肠等脏腑主分别清浊,排泄废物的作用。下焦将饮食物的残渣糟粕传送到大肠,变成粪便,从肛门排出体外,并将体内剩余的水液,通过肾和膀胱的气化作用变成尿液,从尿道排出体外。这种生理过程具有向下疏通、向外排泄之势,故称"下焦如渎"。因下焦疏通二便,排泄废物,故又称"下焦主出"。

奇恒之府

脑、髓、骨、脉、胆、胞宫,总称为奇恒之府。奇,异也;恒,常也。其功能似脏,主藏阴精;形态似腑,多为中空的管性器官。其中除胆为六腑之外,其余的都没有表里配合,也没有五行的配属,但与奇经八脉有关。"脑、髓、骨、脉、胆、女子胞,此六者,地气之所生也,皆藏于阴而象于地,故藏而不泻,名曰奇恒之府"(《素问·五脏别论》)。"其脏为奇,无所与偶,而至有恒不变,名曰奇恒之脏"(《黄帝内经·素问·注证发微》)。

1)脑

脑又名髓海、头髓。其外为头面,内为脑髓,是精髓和神明高度汇集之处,为元神之府。头为诸阳之会,为清窍所在之处,机体清阳之气皆上出清窍。

（1）主精神意识思维:精神活动,包括思维意识和情志活动等,都是客观外界事物反映于脑的结果。

（2）主感觉运动:眼耳口鼻舌为五脏外窍,皆位于头面,与脑相通。视、听、言、嗅、动等,皆与脑有密切关系。脑为元神之府,散动觉之气于筋而达百节,为周身连接之要领,而令之运动。脑统领肢体,与运动紧密相关。脑髓充盈,身体轻劲有力。否则,其功能失常,不论虚实,都会表现为听觉失聪,视物不明,嗅觉不灵,感觉异常,运动失调。

2)髓

髓是骨腔中的一种膏样物质,为脑髓、脊髓和骨髓的合称。髓由先天之精所化生,由后天之精所充养,有养脑、充骨、化血之功。髓的生理功能如下。

（1）充养脑髓:髓以先天之精为主要物质基础,赖后天之精的不断充养,分布骨腔之中,由脊髓而上引入脑成为脑髓。脑得髓养,脑髓充盈,脑力充沛,则元神之功旺盛,耳聪目明,身体强壮。先天不足或后天失养,以致肾精不足,不能生髓充脑,可以导致髓海空虚,出现视物不清、腰膝酸软、四肢无力或幼畜发育迟缓、个体矮小、运动迟钝等症状。

（2）滋养骨骼:髓藏骨中,骨赖髓以充养。精能生髓,髓能养骨,故曰"髓者,骨之充也"(《类经·脏象类》)。肾精充足,骨髓生化有源,骨骼得到骨髓的滋养,则生长发育正常,才能保持其坚刚之性。若肾精亏虚,骨髓失养,就会出现骨骼脆弱无力,或发育不良等。

(3)化生血液:精血可以互生,精生髓,髓亦可化血。"肾生骨髓,髓生肝"(《素问·阴阳应象大论》);"骨髓坚固,气血皆从"(《素问·生气通天论》)。可见,古人已认识到骨髓是造血器官,骨髓可以生血,精髓为化血之源。因此,血虚证,常可用补肾填精之法治之。

3)骨

骨泛指动物机体的骨骼。骨具有贮藏骨髓,支持形体、保护内脏和主管运动的功能。

4)脉

在中兽医学中,脉有多种含义,一指脉管,又称血脉、血府,是气血运行的通道。"夫脉者,血之府也"(《灵枢·决气》),属五体范畴。二指脉搏和脉象。运行气血,传递信息的功能。

5)胞宫

胞宫又名子宫,位于骨盆腔中。其主要功能是主发情和孕育胎儿。《灵枢·五音五味篇》中"冲脉、任脉,皆起于胞中",可见胞宫与冲、任二脉相连。机体的生殖功能由肾所主,故胞宫与肾关系密切。肾气充盛,冲、任二脉气血充足,动物才会正常发情,发挥生殖及营养胞胎的作用。若肾气虚弱,冲、任二脉气血不足,则动物不能正常发情,或发生不孕症等。此外,胞宫与心、肝、脾三脏也有关系,因为动物的发情及胎儿的孕育都有赖于血液的滋养,需要以心主血、肝藏血、脾统血功能的正常作为必要条件。一旦三者的功能失调,便会影响胞宫的正常功能。

2.4 脏腑之间的关系

动物体是以五脏为中心,以六腑相配合,以精气血津液为物质基础,通过经络使脏腑密切联系,外连五官九窍、四肢百骸,构成一个有机的整体,此即五脏一体观。五脏是机体生命的中心,与机体各组织器官和生命现象相联系。如胆、胃、小肠、大肠、膀胱、三焦等六腑,为五脏之表;脉、皮、肉、筋、骨五体,为五脏所主;面、毛、唇、爪、发五华,为五脏所荣;舌、鼻、口、目、耳及二阴五官九窍,为五脏所司;喜、忧、思、怒、恐五志,为五脏所生;神、魄、意、魂、志五神,为五脏所藏;汗、涕、泪、涎、唾五液,为五脏所化;等等,它们又与五脏一起分属于五行,并按照五行生克制化、乘侮胜复及五行互藏的规律而运动变化。

2.4.1 脏与脏之间的关系

1)心与肺的关系

(1)心肺同居上焦。心肺在胸腔,心主一身之血,肺主一身之气;心主行血,肺主呼吸。

这就决定了心与肺之间的关系,实际上就是气和血的关系。

(2)心主血脉,上朝于肺。肺主宗气,贯通心脉,两者相互配合,保证气血的正常运行,维持机体各脏腑组织的新陈代谢。所以说,气为血之帅,气行则血行;血为气之母,血至气亦至。气属阳,血属阴,血的运行虽为心所主,但必须依赖肺气的推动。积于肺部的宗气,必须贯通心脉,得到血的运载,才能敷布全身。

(3)肺朝百脉,助心行血。肺朝百脉,助心行血,是血液正常运行的必要条件,只有正常的血液循行,才能维持肺主气的功能正常进行。由于宗气具有贯心脉而司呼吸的生理功能,从而加强了血液循行和呼吸之间的协调平衡。因此,宗气是连接心之搏动和肺之呼吸两者之间的中心环节。心与肺,血与气,是相互依存的。气行则血行,血至气亦至。若血无气的推动,则血失统帅而瘀滞不行;气无血的运载,则气无所依附而涣散不收。因此,在病理上,肺的宣肃功能失调,可影响心主行血的功能,而致血液运行失常。反之,心的功能失调,导致血行异常时,也会影响肺的宣发和肃降,从而出现心肺亏虚,气虚血瘀证等。

2)心与脾的关系

心主血而行血,脾主生血、统血,所以心与脾的关系,主要是主血与生血、行血与统血的关系。心与脾的关系主要表现在血的生成和运行,以及心血养神与脾主运化方面的关系。

(1)血液的生成方面。心主血脉而又生血,脾主运化为气血生化之源。心血赖脾气转输的水谷精微以化生,而脾的运化功能又有赖于心血的不断滋养和心阳的推动,并在心神的统率下维持其正常的生理活动。故曰"脾之所以能运行水谷者,气也。气虚则凝滞而不行,得心火以温之,乃健运而不息,是为心火生脾土"(《医碥·五脏生克说》)。脾气健运,化源充足,则心血充盈;心血旺盛,脾得濡养,则脾气健运。

(2)血液运行方面。血液在脉内循行,既赖心气的推动,又靠脾气的统摄,方能循经运行而不溢于脉外。所谓"血所以丽气,气所以统血,非血之足以丽气也,营血所到之处,则气无不利焉,非气之足以统血也,卫气所到之处,则血无不统焉,气为血帅故也"(《张聿青医案》)。可见血能正常运行而不致脱陷、妄行,主要靠脾气的统摄。所以有"诸血皆运于脾"之说。若心血不足或心神失常,就会引起脾的运化失健,出现食欲减退,肢体倦怠等症;相反,若脾气虚弱,运化失职,也可导致心血不足或脾不统血,出现心悸、易惊或出血等症。

3)心与肝的关系

心主血,肝藏血;心主神志,肝主疏泄,调节精神情志。所以,心与肝的关系,主要是主血和藏血,主神明与调节精神情志之间的相互关系。心与肝之间的关系,主要表现在血液和神志两个方面。

(1)血液方面。心主血,心是一身血液运行的枢纽;肝藏血,肝是贮藏和调节血液的重要脏腑。两者相互配合,共同维持血液的运行。所以说"肝藏血,心行之"(王冰注《黄帝内经·素问》)。全身血液充盈,肝有所藏,才能发挥其贮藏血液和调节血量的作用,以适应机体活动的需要,心亦有所主。心血充足,肝血亦旺,肝所藏之阴血,具有濡养肝体制约肝阳的作用。所以肝血充足,肝体得养,则肝之疏泄功能正常,使气血疏通,血液不致瘀滞,有助于心主血脉功能的正常进行。

(2)神志方面。心主神志,肝主疏泄。动物的精神、意识和思维活动,虽然主要由心主宰,但与肝的疏泄功能亦密切相关。血液是神志活动的物质基础。心血充足,肝有所藏,则肝之疏泄正常,气机调畅,气血和平,神志正常。肝血旺盛,制约肝阳,使之勿亢,则疏泄正常,使气血运行无阻,心血亦能充盛,心得血养,神志活动正常。由于心与肝均依赖血液的濡养滋润,阴血充足,两者功能协调,才能精神饱满,神志活动正常。心与肝在病理上的相互影响,主要反映在阴血不足和神志不安两个方面,表现为心肝血虚和心肝火旺等证。若心血不足,肝血可因之而虚,导致血不养筋,出现筋骨酸痛、四肢拘挛、抽搐等症;反之,肝血不足,也可影响心的功能,出现心悸、怔忡等症。其次,肝主疏泄、心藏神两者亦相互联系,相互影响。如肝疏泄失常,肝郁化火,可以扰及心神,出现心神不宁、狂躁不安等症;反之,心火亢盛,也可使肝血受损,出现血不养筋或血不养目等症。

4)心与肾的关系

心居胸中,属阳,在五行属火;肾在腹中,属阴,在五行属水。心肾之间相互依存,相互制约的关系,称之为心肾相交,又称水火相济。心肾这种关系遭到破坏,形成的病理状态,称之为心肾不交。心与肾之间,在生理状态下,是以阴阳、水火、精血的动态平衡为其重要条件的。具体体现在以下三个方面。

(1)水火既济。从阴阳、水火的升降理论来说,在上者宜降,在下者宜升,升已而降,降已而升。心位居于上而属阳,主火,其性主动;肾位居于下而属阴,主水,其性主静。心火必须下降于肾,与肾阳共同温煦肾阴,使肾水不寒。肾水必须上济于心,与心阴共同涵养心阳,使心火不亢。肾无心之火则水寒,心无肾之水则火炽。心必得肾水以滋润,肾必得心火以温暖。在生理条件下,心火不断下降,以资肾阳,共同温煦肾阴,使肾水不寒;同时,肾水不断上济于心,以资心阴,共同濡养心阳,使心阳不亢。这种阴阳相交,水火相济的关系,称为"水火既济""心肾相交"。在病理情况下,若肾水不足,不能上滋心阴,就会出现心阳独亢或口舌生疮的阴虚火旺之证;若心火不足,不能下温肾阳,以致肾水不化,就会上凌于心,出现"水气凌心"的心悸症。

(2)精血互生。心主血,肾藏精,精和血都是维持动物体生命活动的必要物质。精血之间相互资生,相互转化,血可以化而为精,精亦可化而为血。精血之间的相互资生为心肾相交奠定了物质基础。

(3)精神互用。心藏神,为动物体生命活动的主宰。肾藏精,精舍志,精能生髓,髓汇于脑。积精可以全神,使精神内守。神赖血养,志须精舍,心神肾精,精神互用。

5)肺与脾的关系

脾主运化,为气血生化之源;肺司呼吸,主一身之气。脾主运化,为胃行其津液;肺主行水,通调水道所以,脾和肺的关系,主要表现在气和水之间的关系。脾和肺的关系主要表现于气的生成和津液的输布两个方面。

(1)气的生成方面。肺主气,司呼吸而摄纳自然界之清气,脾主运化而化生水谷之精气,上输于肺,两者结合化为宗气。肺的生理活动需脾运化的水谷精微来充养,脾所化生的水谷之气,又必须赖肺气的宣降才能敷布全身。因此,肺气的盛衰在很大程度上取决于脾气的强弱,故有"肺为主气之枢,脾为生气之源"之说。

(2)水液代谢方面。肺主行水而通调水道,脾主运化水湿,为调节水液代谢的重要脏器。动物体的津液由脾上输于肺,通过肺的宣发和肃降而布散至周身及下输膀胱。脾之运化水湿赖肺气宣降的协助,而肺之宣降靠脾之运化以资助。脾肺两脏互相配合,共同参与水液代谢过程。如果脾失健运,水湿不化,聚湿生痰而为饮、为肿,影响及肺则肺失宣降而喘咳。其病在肺,而其本在脾。故有"脾为生痰之源,肺为贮痰之器"之说。反之,肺病日久,又可影响于脾,导致脾运化水湿功能失调。常表现为脾肺两虚、痰湿阻肺之候等。

6)肺与肝的关系

肝主升发,肺主肃降,肝升肺降,气机调畅,气血流行,脏腑安和,所以二者关系到动物体的气机升降运动。肝和肺的关系主要体现于气机升降和气血运行方面。

(1)气机升降。"肝生于左,肺藏于右"(《素问·刺禁论》)。肺居膈上,其气肃降;肝居膈下,其气升发。肝从左而升,肺从右而降,"左右者阴阳之道路也"(《素问·阴阳应象大论》)。肝从左升为阳道,肺从右降为阴道,肝升才能肺降,肺降才能肝升,升降得宜,出入交替,则气机舒展机体精气血津液运行以肝肺为枢转,肝升肺降,以维持动物体气机的正常升降运动。肝气升发,肺气肃降,二者协调,则机体气机升降运行畅通无阻。如肝气升发太过而上逆,影响肺气的肃降,则出现胸满喘促等症;若肝阳过亢,肝火过盛则灼伤肺津,可引起肺燥咳嗽等肝火犯肺(又名木火刑金)证。若肺失肃降,则影响肝之升发,可出现胸胁胀满等症。

(2)气血运行。肝肺的气机升降,实际上也是气血的升降。肝藏血,调节全身之血;肺主气,治理调节一身之气。肺调节全身之气的功能又需要得到血的濡养,肝向全身各处输送血液又必须依赖气的推动。总之,全身气血的运行,虽赖心所主,但又须肺主治节及肝主疏泄和藏血作用的制约,故两脏对气血的运行也有一定的调节作用;若肺气虚弱,气虚血涩,则致肝血瘀滞,可引起肢体疼痛、视力减退等症。

7)肺与肾的关系

肺属金,肾属水,金生水,故肺肾关系称之为金水相生,又名肺肾相生。肺为水上之源,肾为主水之脏;肺主呼气,肾主纳气。所以肺与肾的关系,主要表现在水液代谢和呼吸运动两个方面,即气和水两个方面。但是,金能生水,水能润金,故又体现于肺阴与肾阴之间的关系。

(1)呼吸方面。肺主呼气,肾主纳气。动物体的呼吸运动,虽然由肺所主,但需要肾的纳气作用来协助。只有肾气充盛,吸入之气才能经过肺之肃降,而下纳于肾。肺肾相互配合,共同完成呼吸的生理活动。所以说,"肺为气之主,肾为气之根"。若肾气不足,肾不纳气,则出现呼吸困难,呼多吸少,动则气喘的病证;若因肾阴不足而致肺阴虚弱,则出现虚热、盗汗、干咳等证。同样,肺的气阴不足,亦可影响到肾,而致肾虚之证。

(2)水液代谢方面。肺为水之上源,肾为主水之脏。在水液代谢过程中,肺与肾之间存在着标和本的关系。肺主行水而通调水道,水液只有经过肺的宣发和肃降,才能使精微津液布散到全身各个组织器官中去,浊液下归于肾而输入膀胱。所以说"小便虽出于膀胱,而实则肺为水之上源"。肾为主水之脏,有气化升降水液的功能,又主开阖。下归于肾之水液,通过肾的气化,使清者升腾,通过三焦回流体内;浊者变成尿液而输入膀胱,从尿道排出体外。肺肾两脏密切配合,共同参与对水液代谢的调节。但是,两者在调节水液代谢过程中肾主水液的功能居于重要地位。所以说"其本在肾,其标在肺"。

(3)阴液方面。肺与肾之间的阴液也是互相资生的。肺属金,肾属水,金能生水,肺阴充足,输精于肾,使肾阴充盛,保证肾的功能旺盛。水能润金,肾阴为一身阴液之根本,肾阴充足,循经上润于肺,保证肺气清宁,宣降正常。

8)肝与脾的关系

肝主疏泄,脾主运化;肝藏血,脾生血统血。因此,肝与脾的关系主要表现为疏泄与运化、藏血与统血之间的相互关系。肝与脾的关系具体体现在消化和血液两个方面。

(1)消化方面。肝主疏泄,分泌胆汁,输入肠道,帮助脾胃对饮食物的消化。所以,脾得肝之疏泄,则升降协调,运化功能健旺。所以说"木能疏土而脾滞以行"(《医碥·五脏生克说》)。脾主运化,为气血生化之源。脾气健运,水谷精微充足,才能不断地输送和滋养于肝,肝才能得以发挥正常的作用。总之,肝之疏泄功能正常,则脾胃升降适度,脾之运化也就正常了;所谓"土得木而达",反之则"土壅木郁"。若肝气郁滞,疏泄失常,就可引起脾不健运,出现食欲不振、肚腹胀满、腹痛、泄泻等"木不疏土"之证。反之,若脾失健运,水湿内停,日久蕴热,湿热郁蒸于中焦,导致肝的疏泄不利,胆汁不能溢入肠道,横溢肌肤而形成黄疸的"土壅木郁"之证。此外,还有肝木乘脾(又名木旺乘土)而肝脾不调,肝胃不和之证。

(2)血液方面。血液的循行,虽由心所主持,但与肝、脾有密切的关系。肝主藏血,脾主生血统血。脾之运化,赖肝之疏泄,而肝藏之血,又赖脾之化生。脾气健运,血液的化源充足,则生血统血机能旺盛。脾能生血统血,则肝有所藏,肝血充足,方能根据动物体生理活动的需要来调节血液。此外,肝血充足,则疏泄正常,气机调畅,使气血运行无阻。所以肝脾相互协作,共同维持血液的生成和循行。

9)肝与肾的关系

肝藏血,肾藏精;肝主疏泄,肾主闭藏。肝肾的阴液、精血之间相互资生,其生理功能皆以精血为物质基础,而精血又同源于水谷精微,且又同具相火,所以肝肾之间的关系称为肝肾同源、精血同源。又因脏腑配合天干,以甲乙属木、属肝,壬癸属水、属肾,所以肝肾同源又称"乙癸同源"。因肝肾之间,阴液互相滋养,故精血相生。肝与肾的关系主要表现在精血相互资生和相互转化的关系。

(1)阴液互养。肝在五行属木,肾在五行属水,水能生木。肝主疏泄和藏血,体阴而用阳。肾阴能涵养肝阴,使肝阳不亢,肝阴又可资助肾阴的再生。在肝阴和肾阴之间,肾阴是主要的,只有肾阴充足,才能维持肝阴与肝阳之间的动态平衡。就五行学说而言,水为母,木为子,这种母子相生关系,称为水能涵木。如肾阴不足可引起肝阴不足,阴不制阳而致肝阳上亢,出现痉挛、抽搐等"水不涵木"之证。

(2)精血互生。肝藏血,肾藏精,精血相互资生。在正常生理状态下,肝血依赖肾精的滋养。肾精又依赖肝血的不断补充,肝血与肾精相互资生相互转化。精与血都化源于脾胃消化吸收的水谷精微,故称"精血同源"。在病理上,精血的病变亦常常互相影响。如肾精亏损,可导致肝血不足;肝血不足,也可引起肾精亏损。

(3)同具相火。相火是与心之君火相对而言的。一般认为,相火源于命门,寄于肝、肾、胆和三焦等。故曰"相火寄于肝肾两部,肝属木而肾属水也。但胆为肝之府,膀胱者肾之府。心包者肾之配,三焦以焦言,而下焦司肝肾之分,皆阴而下者也"(《格致余论·相火论》)。由于肝肾同具相火,所以称"肝肾同源"。

(4)藏泄互用。肝主疏泄,肾主闭藏,二者之间存在着相互为用、相互制约、相互调节的关系。肝之疏泄与肾之闭藏是相反相成的。肝气疏泄可使肾气闭藏而开合有度,肾气闭藏又可制约肝之疏泄太过,也可助其疏泄不及。这种关系主要表现在母畜排卵和公畜排精的生理功能方面。

因此,肝与肾之间的病理影响,主要体现于阴阳失调、精血失调和藏泄失司等方面。临床上,肝或肾不足,或相火过旺,常常肝肾同治,或用滋水涵木,或补肝养肾,或泻肝肾之火的方法,就是以肝肾同源理论为依据的。此外,肝肾同源又与肝肾之虚实补泻有关。故有"东方之木,无虚不可补,补肾即所以补肝;北方之水,无实不可泻,泻肝即所以泻肾"(《医宗必读·乙癸同源论》)。

10)脾与肾的关系

脾为后天之本,肾为先天之本,脾与肾的关系是后天与先天的关系。后天与先天是相互资生、相互促进的。脾与肾在生理上的关系主要反映在先后天相互资生和水液代谢方面。

(1)先后天相互资生。脾主运化水谷精微,化生气血,为后天之本;肾藏精,主命门真火,为先天之本。"先天为后天之根"(《医述》)。脾的运化,必须得肾阳的温煦蒸化,始能健运。"脾为后天,肾为先天,脾非先天之气不能化,肾非后天之气不能生"(《傅青主女科·妊娠》)。肾精又赖脾运化水谷精微的不断补充,才能充盛。故曰"脾胃之能生化者,实由肾中元阳之鼓舞,而元阳以固密为贵,其所以能固密者,又赖脾胃生化阴精以涵育耳"(《医门棒喝》)。这充分说明了先天温养后天,后天补养先天的辩证关系。总之,脾胃为水谷之海,肾为精血之海。肾所藏之精,需脾运化水谷之精的滋养才能充盈;脾的运化,又需肾阳的温煦,才能正常发挥作用。若肾阳不足,不能温煦脾阳,可引发腹胀、泄泻、水肿等症;而脾阳不足,脾不能运化水谷精气,则又可引起肾阳的不足或肾阳久虚,出现脾肾阳虚之症,主要表现为体质虚弱,形寒肢冷,久泻不止,肛门不收,或四肢浮肿。

(2)水液代谢方面。脾主运化水湿,须有肾阳的温煦蒸化;肾主水,司开阖,使水液的吸收和排泄正常。但这种开阖作用,又赖脾气的制约,即所谓"土能制水"。脾肾两脏相互协作,共同完成水液的新陈代谢。

2.4.2　腑与腑之间的关系

胆、胃、大肠、小肠、膀胱、三焦六腑的生理功能虽然不同,但它们都是化水谷、行津液的器官。六腑之间必须相互协调,才能维持其正常的"实而不满"、升降出入的生理状态。由于六腑传化水谷,需要不断地受纳排空,虚实更替,故有"六腑以通为顺"。正如《灵枢·平人绝谷篇》中"胃满则肠虚,肠满则胃虚,更虚更满,故气得上下"。一旦腑气不通或水谷停滞,就会引起各种病症,治疗时常以使其畅通为原则,故前人有"腑病以通为补"之说。六腑在病理上相互影响,如胃有实热,津液被灼,必致大便燥结,大肠传导不利。而大肠传导失常,肠燥便秘也可引起胃失和降,胃气上逆,出现嗳气、呕吐等症。又如胆火炽盛,常可犯胃,可出现呕吐黄水等"胃失和降"之症,而脾胃湿热,熏蒸于胆,胆汁外溢,则出现黄疸等症。

2.4.3　脏与腑的关系

脏与腑的关系可以归纳六点:①阴阳关系,脏属阴,腑属阳。②表里关系,脏为里,腑为表。③经脉络属关系,即属脏的经脉络于所合之腑,属腑的经脉络于所合之脏。④相连关系,如胆附肝,脾与胃以膜相连,肾与膀胱由输尿管相通。⑤气化相通,脏行气于腑,腑输精于脏。如胃的纳谷需脾气的运化,膀胱的排尿赖肾的气化作用等。腑输精于脏,五脏主藏精气,有赖六腑的消化、吸收、输送水谷精微,需六腑传化物的功能活动相配合。⑥病理相关,如肺热壅盛,肺失肃降,可致大肠传导失职而大便秘结等。反之,大肠热结,腑气不通,亦可影响肺气宣降,导致咳嗽、喘促等。

1)心与小肠的关系

心主血脉,为血液循行的动力和枢纽;小肠为受盛之府,承受由胃腑下移的饮食物进一步消化,分清别浊。心火下移于小肠,则小肠受盛化物,分别清浊的功能得以正常地进行。小肠在分别清浊过程中,将清者吸收,通过脾气升清而上输心肺,化赤为血,使心血不断地得到补充。病理上,心与小肠相互影响,心火可下移于小肠,"心主于血,与小肠合,若心家有热,结于小肠,故小便血也"(《诸病源候论·血病诸候》)。小肠实热亦可上熏于心。

2)肺与大肠的关系

肺主气,行水,大肠主传导,主津,故肺与大肠的关系主要表现在传导和呼吸方面。肺气的清肃下降正常,有利于大肠发挥其传导功能,使大便排出通畅。大肠传导功能正常,糟粕下行,有利于肺气的肃降。肺与大肠在病理上相互影响,主要表现在肺失宣降可以导致排便困难,如肺气虚的气虚便秘,肺热下移大肠的泄泻和大肠传导功能失调,导致肺失宣降,如大肠实热,腑气不通,肺失宣降而出现咳喘。

3)脾与胃的关系

脾与胃在五行属土,位居中焦,以膜相连,经络互相联络而构成脏腑表里配合关系。脾胃为后天之本,在饮食物的受纳、消化、吸收和输布的生理过程中起主要作用。脾与胃之间的关系,具体表现在纳与运、升与降、燥与湿几个方面。

(1)纳运相协。胃的受纳和腐熟,是为脾之运化奠定基础;脾主运化,消化水谷,转输精微,是为胃继续受纳提供条件。两者密切合作,才能完成消化饮食、输布精微,发挥供养全身作用。所以说"脾者脏也,胃者腑也,脾胃二气相为表里,胃受谷而脾磨之,二气平调则谷化而能食"(《诸病源候论·脾胃诸病候》)。"胃司受纳,脾主运化,一运一纳,化生精气"(《景岳全书·脾胃》)。

(2)升降皆因。脾胃居中焦,为气机上下升降之枢纽。脾的运化功能,不仅消化水谷,而且还能吸收和输布水谷精微。脾主升清(水谷精微物质),脾将水谷精微物质上输送到心肺,并借助心肺的作用以供养全身。所以说"脾气主升"。胃主受纳腐熟,以通降为顺。胃将受纳的饮食物初步消化后,向下传送到小肠,并通过大肠使糟粕浊秽排出体外,从而保持肠胃虚实更替的生理状态,所以说"胃气主降"。升降各自有因,故升降皆因。脾胃健旺,升降相因,是胃主受纳、脾主运化的正常生理状态。升为升清,降为降浊。

(3)燥湿相济。脾为阴脏,以阳气用事,脾阳健则能运化,故性喜燥而恶湿。胃为阳腑,赖阴液滋润,胃阴足则能受纳腐熟,故喜润而恶燥。故曰"太阴湿土,得阳始运,阳明燥土,得阴自安。以脾喜刚燥,胃喜柔润故也"(《临证指南医案·卷二》)。燥湿相济,脾胃功能正常,饮食水谷才能消化吸收。胃津充足,才能受纳腐熟水谷,为脾之运化吸收水谷精微提供条件。脾不为湿困,才能健运不息,从而保证胃的受纳和腐熟功能不断地进行。由此可见,胃润与脾燥的特性是相互为用、相互协调的。因此,脾胃在病变过程中,往往相互影响三个方面,主要表现在纳运失调、升降反常和燥湿不济(图2.3)。

$$脾与胃的生理关系\begin{cases}纳运相协\begin{cases}胃主受纳——为脾受盛水谷\\脾主运化——为胃输布精微\end{cases}\\升降皆因\begin{cases}脾主升清——上输水谷精微\\胃主降浊——下降胃中食糜\end{cases}\\燥湿相济\begin{cases}脾为湿土——喜燥而恶湿\\胃为燥土——喜润而恶燥\end{cases}\end{cases}$$

图2.3　脾与胃的生理关系示意图

4）肝与胆的关系

肝位于右胁,胆附于肝。肝与胆在五行均属木,经脉又互相络属,构成脏腑表里肝与胆在生理上的关系,主要表现在消化功能和精神情志活动方面。

（1）消化功能方面。肝主疏泄,分泌胆汁;胆附于肝,贮藏、排泄胆汁。共同配合使胆汁疏泄到肠道,以帮助脾胃消化吸收。所以,肝的疏泄功能正常,胆才能贮藏排泄胆汁,胆之疏泄正常,胆汁排泄无阻,肝才能发挥正常的疏泄作用。

（2）精神情志方面。肝主疏泄,调节精神情志;胆主决断,与之勇怯有关。肝胆两者相互配合,相互为用,精神意识思维活动才能正常进行。故曰"胆附于肝,相为表里,肝气虽强,非胆不断,肝胆相济,勇敢乃成"(《类经·脏象类》)。肝与胆在病变过程中主要表现在胆汁疏泄不利和精神情志异常两个方面。中兽医学可以参考应用。

5）肾与膀胱的关系

肾为水脏,膀胱为水腑,在五行同属水。两者密切相连,经络上互相络属,构成脏腑阴阳、表里相合的关系。肾司开合,为主水之脏,主津液,开窍于二阴,膀胱贮存尿液,排泄小便;而为水腑。膀胱贮存和排泄的功能,有赖于肾的气化作用,肾气充足,膀胱开阖有度,膀胱贮存和排泄的功能正常;反之,肾气不足,膀胱开阖失司,则出现小便不利、尿多、尿失禁等。

肾与膀胱在病理上的相互影响,主要表现在水液代谢和膀胱的贮尿和排尿功能失调等方面。如肾阳虚衰,气化无权,影响膀胱气化,则出现小便不利、癃闭、尿频尿多、小便失禁等。

复习与思考

一、名词解释

1.藏象；　2.五脏；　3.六腑；　4.奇恒之腑；　5.神；　6.天癸；　7.汗；　8.心主血脉；9.肺主一身之气；　10.肺朝百脉；　11.脾主升清；　12.气化；　13.先天之本；　14.后天之本；　15.三焦。

二、填空题

1.五脏者,藏精气而不泻,故＿＿＿＿＿＿＿；六腑者,传化物而不藏,故＿＿＿＿＿＿。

2. 肺主行水的生理功能是通过肺气的＿＿＿＿＿＿＿和＿＿＿＿＿＿＿来实现的。

3. 脾主运化包括＿＿＿＿＿＿＿和＿＿＿＿＿＿＿两个方面。

4. 肝藏血是指肝具有＿＿＿＿＿＿＿和＿＿＿＿＿＿＿的功能。

5. 胃的生理功能有＿＿＿＿＿＿＿和＿＿＿＿＿＿＿的功能。

6. 胃的生理特点是＿＿＿＿＿＿＿和＿＿＿＿＿＿＿。

7. 阳加于阴谓之＿＿＿＿＿＿＿。

8. 肾藏精包括＿＿＿＿＿＿＿和＿＿＿＿＿＿＿。

9. 脾胃的生理关系是＿＿＿＿＿＿＿、＿＿＿＿＿＿＿和＿＿＿＿＿＿＿。

10. 三焦的生理特点是＿＿＿＿＿＿＿、＿＿＿＿＿＿＿和＿＿＿＿＿＿＿。

三、选择题

1. "先天之本"指的是（　　　）。

　　A. 心　　　　　B. 肝　　　　　C. 脾　　　　　D. 肺　　　　　E. 肾

2. "后天之本"指的是（　　　）。

　　A. 心　　　　　B. 肝　　　　　C. 脾　　　　　D. 肺　　　　　E. 肾

3. 能够使血液运行于脉管中不至于外溢的脏腑是（　　　）。

　　A. 心　　　　　B. 肝　　　　　C. 脾　　　　　D. 肺　　　　　E. 肾

4. 不属于奇恒之俯的是（　　　）。

　　A. 胆　　　　　B. 骨　　　　　C. 髓　　　　　D. 三焦　　　　E. 脉

5. 既是六腑又是奇恒之腑的是（　　　）。

　　A. 胆　　　　　B. 骨　　　　　C. 髓　　　　　D. 三焦　　　　E. 脉

6. 肺之液为（　　　）。

　　A. 汗　　　　　B. 涕　　　　　C. 泪　　　　　D. 涎　　　　　E. 唾

7. 脾之液为（　　　）。

　　A. 汗　　　　　B. 涕　　　　　C. 泪　　　　　D. 涎　　　　　E. 唾

8. 被称为"水之上源"的脏腑是（　　　）。

　　A. 心　　　　　B. 肝　　　　　C. 脾　　　　　D. 肺　　　　　E. 肾

9. "水谷之海"指的是（　　　）。

　　A. 脾　　　　　B. 胃　　　　　C. 大肠　　　　D. 膀胱　　　　E. 三焦

10. 水火既济说的是哪几脏的关系？（　　　）

　　A. 心与肾　　　B. 肝与肾　　　C. 肺与肾　　　D. 肝与脾　　　E. 心与脾

11. 被称为"孤腑"的是（　　　）。

　　A. 三焦　　　　B. 膀胱　　　　C. 脾　　　　　D. 胃　　　　　E. 胆

12. 筋之余是（　　　）。

　　A. 骨　　　　　B. 齿　　　　　C. 发　　　　　D. 爪　　　　　E. 唇

13. 血之余是（　　　）。

　　A. 骨　　　　　B. 齿　　　　　C. 发　　　　　D. 爪　　　　　E. 唇

14. 六腑中主受盛化物的是（　　　）。

　　A. 胃　　　　　B. 大肠　　　　C. 小肠　　　　D. 三焦　　　　E. 胆

15. 六腑中主泌别清浊的是(　　　)。

    A. 胃　　　　　　　B. 大肠　　　　　C. 小肠　　　　　　D. 三焦　　　　E. 胆

16. 脾为气血生化之源的机理是(　　　　)。

    A. 脾主运化水湿　　　　　　B. 脾主运化水谷　　　　　　　C. 脾主统血

    D. 脾主升清　　　　　　　　E. 以上均不是

17. 与气生成关系最密切的脏腑是(　　　　)。

    A. 肺、脾、肾　　　　　　　B. 肺、脾、心　　　　　　　C. 肺、脾、肝

    D. 脾、肾、心　　　　　　　E. 肝、脾、肾

四、问答题

1. 何谓藏象？五脏六腑的区别是什么？

2. 为什么说"肺为水之上源"？

3. 试述脾胃的关系。

4. 脾主升清如何理解？

5. 脾的生理功能和生理特点有哪些？

6. 肝的生理功能和生理特点有哪些？

7. 怎样理解"肝体阴而用阳"？

8. 如何理解小肠受盛化物和分清别浊？

9. 为何说脾为"后天之本""气血生化之源"？

10. 怎样理解"肺朝百脉"？

11. 试述五脏各自的生理功能。

12. 肝主疏泄的生理功能有哪些？

 案例分析

案例 1

    一水牛,出现跛行半年多经过当地治疗未愈而来就诊。查:体温38.5 ℃,左前肢腕关节肿胀、疼痛,腰部僵硬,上下坡困难,诊断为风湿病。采用中西医结合治疗后而愈。翌年冬天又发病,主诉:不耐使役,动则气喘、出汗,右前肢不灵活。查:心脏听诊有吹风样杂音,可视黏膜淡白,舌质紫暗,舌尖有瘀斑,苔白厚腻,尾根脉细涩而结代。

    1. 你认为该牛的病变部位在哪一个脏？其依据是什么？

    2. 试用藏象学说解释病牛每一个症状的发病机制。

案例 2

一黄牛,不吃,当地兽医采用安乃近、青链霉素和芒硝等治疗后仍然不吃而来就诊。症见病牛不吃,反刍减少,瘤胃蠕动音减弱,触诊瘤胃松软无力,口流清涎,耳鼻四肢不温,排便稍稀,舌淡苔白,脉象细弱。诊断为前胃迟缓,属××证,采用温中行气、化湿健脾法,方用香砂六君子汤加味:木香 20 g、砂仁 20 g、姜半夏 30 g、陈皮 40 g、党参 40 g、白术 40 g、茯苓 50 g、槟榔 40 g、炙甘草 10 g 为末开水冲调一次灌服而愈。

1. 该牛的病变部位与哪些脏腑有关?其依据是什么?
2. 应用藏象学说分析和解释病牛每一个症状的发病机制。

案例 3

一博美母犬,5 岁,体重 2.9 kg,近一个月来出现躁动不安,食欲减退。查:体温 39.5 ℃,腹围增大,触诊有波动感,X 线和 B 超提示子宫蓄脓和积液,舌质红、苔黄腻,脉象弦细数。手术切除双侧子宫,双侧子宫长约 20 cm×10 cm,内含大量脓汁和液体。

1. 该犬的病变部位与哪些脏腑有关?其依据是什么?
2. 应用肝主疏泄、调理冲任二脉等解释病犬每一个症状的发病机制。

案例 4

一猪群,多头发病,个别体温升高至 41.5 ℃,R60～120 次/min,呼吸困难,哮鸣声,腹式呼吸,咳嗽,严重时出现连续痉挛性咳嗽。死亡病猪解剖发现肺部尖叶、心叶、中间叶、膈叶虾肉样实变。3 个月后,其中一头反复咳嗽,呼吸困难,成猪坐式呼吸,咳声低微,动则气喘汗出,躁动不安,泡沫性鼻液,鼻盘干燥,鼻盘及口唇青紫,四肢不温,后肢浮肿,舌体胖大、色淡,苔白滑,脉象沉细无力。

1. 你认为该猪的病变部位在哪一个脏?其依据是什么?又涉及哪些脏?
2. 试用藏象学说理论分析其病因病机,解释每一个症状的发病机制。
3. 结合该病案讨论"肺为娇脏不耐寒热""肺为水之上源""相傅之官"的临床意义。

项目3 精气血津液

精气血津液是构成动物机体和维持动物机体生命活动的基本物质。精是指动物体内一切有用的精微物质，是构成和维持动物机体生命活动的最基本物质之一。气是构成动物机体和维持动物机体生命活动的最基本物质，是动物体内活力很强、运行不息且无形可见的极细微物质。血是运行于脉管中富有营养的红色液体，是构成动物机体和维持动物机体生命活动的基本物质之一。津液是动物体内一切正常水液的总称。精气血津液，既是脏腑经络组织器官生理活动的产物，又是脏腑经络组织器官生理活动的物质基础。因此，精气血津液与脏腑经络组织器官的生理和病理有着十分密切的关系。

3.1　精

3.1.1　精的含义

精是指动物体内一切有用的精微物质，是构成和维持动物机体生命活动的最基本物质之一。《素问·金匮真言论》中"夫精者，身之本也"。精包括先天之精和后天之精。禀受于父母，充实于水谷之精，而归藏于肾者，谓之。由饮食物化生的精，称为水谷之精，谓之后天之精；水谷之精输于五脏六腑等组织器官，便称为五脏六腑之精。

1) 先天之精
先天之精即生殖之精。禀受于父母，与生俱来，为生殖繁育，构成胚胎体的原始物质，生命的基础。如《灵枢·决气》中"两神相搏,合而成形,常先身生,是谓精"。

2)后天之精

后天之精即水谷之精,脏腑之精。饮食物入胃,通过脾胃的运化及脏腑的生理活动,化为精微,并转输到五脏六腑,故称为五脏六腑之精。

3)一切精微物质的总称(广义之精)

精泛指体内一切液态精华物质,是精、气、血、津液、髓等的统称。"精有四:曰精也,曰血也,曰津也,曰液也"(《读医随笔·气血精神论》)。精是构成动物体和维持生命活动的一切精微物质的总称。

4)生殖之精(狭义之精)

生殖之精即雄性动物的精子和雌性动物的卵子,是胚胎的原始物质,生命的根本,具有繁衍后代的重要功能。生殖之精,即肾藏之精,是促进机体生长、发育和生殖功能的基本物质。

5)精指机体正气

如《素问·通评虚实论》中"邪气盛则实,精气夺则虚";又如《类经·疾病类》中"邪气有微甚,故邪盛则实;正气有强弱,故精夺则虚"。

3.1.2　精的生成

先天之精源于先天,禀受于父母,为生命的物质基础,胚胎的原始物质,主生育繁殖,故又称"生殖之精"。后天之精即水谷之精,源于后天,由脾胃所化生,营养和促进机体生长发育,是维持机体生命活动的物质基础。由五脏六腑化生,故又称"脏腑之精"(图 3.1)。

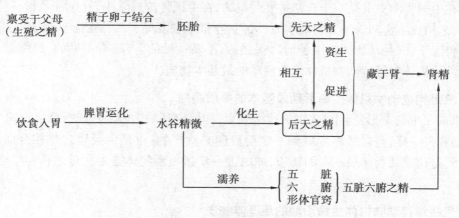

图 3.1　精的生成示意图

3.1.3　精的生理功能

1)繁衍生命(生殖繁育)

生殖之精与生俱来,为生命起源的原始物质,具有生殖以繁衍后代的作用。这种具有生殖能力的精称之为天癸。精是繁衍后代的物质基础,肾精充足,则生殖能力强;肾精不足,就会影响生殖能力。故补肾填精是临床上治疗生殖机能障碍的重要方法。

2)生长发育

动物体之生始于精,由精而成形,精是胚胎形成和发育的物质基础。动物出生之后,赖肾精的充养,才能维持正常的生长发育。随着精气由盛而衰的变化,从幼龄到成年,呈现出生、长、壮、老、死的生命运动规律。肾精不足则动物出现生长发育障碍。

3)生髓化血

肾藏精,精生髓,脑为髓海。故肾精充盈,则脑髓充足而肢体行动灵活,耳目聪敏。精生髓,髓可化血。精足则血充,故有精血同源之说。

4)濡润脏腑

动物以水谷(饲水饲料)为本,受水谷之气以生;饮食经脾胃消化吸收,转化为精,水谷精微不断地输于五脏六腑等全身各组织器官之中,起着滋养作用,维持机体的正常生理活动。其剩余部分则归藏于肾,贮以备用,肾中所藏之精,既贮藏又输泄,如此生命不息。故有"久病必穷及肾"之说,所以,疾病后期常补益肾之阴精以治疗。

3.2 气

3.2.1 气的基本概念

气在中国哲学史上是一个非常重要的范畴,在中国传统哲学中,气通常是指一种极细微的物质,是构成宇宙和天地万物的本原。《内经》继承和发展了气一元论学说,后人并将其应用到中兽医学,气是动物体内一种活力很强的、不断运动的、肉眼看不见的、极细微的物质,是构成动物机体和维持动物机体生命活动的最基本物质。

1)气是构成动物机体生命活动最基本的物质基础

《素问·宝命全形论》中"人以天地之气生,四时之法成""天地合气,命之曰人"。就是说,动物和人一样,是自然界发展到一定阶段的必然产物,也是由天地之气相合而产生的。天地之气是构成动物体最基本的物质,同时进一步指出动物体是由父母之精相结合而直接形成的。

2)气是维持动物机体生命活动的最基本物质

动物是自然界发展到一定阶段的必然产物,自然界中存在着人类和动物赖以生存的物质条件,动物的生命活动不但要从自然界摄取清气(呼吸之气),还必须摄入营养物质(水谷之气)才能维持正常的生命活动。与此同时,气是不断运动的,机体的生命活动实际上就是体内气的运动和变化。如机体内外气体的交换,营养物质的消化、吸收和运输,血液的运行,津液的输布和代谢,体内代谢物的排泄等,都是通过气的运动来实现的。所以说,气是维持动物机体生命活动的最基本物质。

综上所述,气是真实存在于动物体内的至精至微的物质,是生命活动的物质基础,负载着生命现象。正如《医门法律·明胸中大气之法》说:"惟气以形成,气聚则形存,气散则形亡""气聚则生,气散则死"。机体生命所赖,唯气而已,气聚则生,气散则死。

3.2.2 气的生成

动物体之气,就生命形成而论,"生之来谓之精",有了精才能形成不断发生升降出入的气化作用的机体,则精在气先,气由精化。其中,先天之精可化为先天之气;水谷之气与肺吸入的自然界的清气相合形成后天之气。先天之气与后天之气相合而为机体一身之气。

1)气的来源

气的来源主要有两个方面,一是先天之精气,这种精气先身而生,是生命的基本物质,禀受于父母,故称之为先天之精。《灵枢·本神》中"生之来谓之精"。动物始生,先成精,没有精气就没有生命。先天之精气是构成胚胎的原始物质,是动物体之气的重要组成部分。二是后天之精气,后天之精来源于饮食物中的营养物质和存在于自然界的清气。因为这类精气是动物出生之后从后天获得的,故称后天之精气。呼吸之清气是动物体通过本能的呼吸运动所吸入的自然界的新鲜空气,古人称清气、天气、呼吸之气。所以《素问·阴阳应象大论》中"天气通于肺"。水谷之精气又称谷气、水谷精微,是饮食物中的营养物质,是动物体赖以生存的基本物质。动物摄取饮食物后,经过胃的腐熟,脾的运化,将饮食物中的营养成分化生为能被动物体利用的水谷精微,输布于全身,滋养脏腑,化生气血,成为动物体生命活动的主要物质基础。所以《素问·平人气象论》中"人以水谷为本,故人绝水谷则死"。

2)气的生成过程

机体的气,从其本源看,是由先天之精气(禀受于父母,而藏于肾中)、水谷之精气(饮食之中)和自然界之清气三者相结合而成的。气的生成有赖于全身各脏腑组织的综合作用,与肺、脾胃和肾等脏腑的关系尤为密切。

(1)肺为气之主。肺为体内外气交换的场所,通过肺的呼吸吸入自然界的清气,呼出体内的浊气,实现体内外气的交换。肺通过不断的吸清呼浊,吐故纳新,弃旧迎新,保证了自然界的清气源源不断地进入体内,参与机体新陈代谢的正常进行。动物体通过肺的呼吸运动,把自然界的清气吸入于肺,与脾胃所运化的水谷精气,在肺内结合而积于胸中的上气海(膻中)一起,形成宗气。宗气走息道以行呼吸,贯心脉而行气血,通达内外,周流全身,以维持各脏腑组织的正常生理功能,从而又促进了全身之气的生成。若肺主气的功能失常,吸入自然界的清气减少,则宗气的生成不足,而导致一身之气衰少。

(2)脾胃为气血生化之源。脾主运化,胃主受纳,一纳一运,生化精气。脾升胃降,纳运相协,将饮食物化生为水谷精气,靠脾之转输和散精作用,把水谷精气上输于心肺,再由肺通过经脉而布散全身,以营养五脏六腑、四肢百骸,维持正常的生命活动。脾胃为后天之本,在气的生成过程中,脾胃的腐熟运化功能尤为重要。

(3)肾为生气之根。肾有贮藏精气的作用,肾的精气为生命之根。肾所藏之精,包括先天之精和后天之精。实际上,先天之精和后天之精在肾脏中是不能截然分开的。肾精的盛衰,除先天之外,和后天之精的充盈有着密切关系。肾对精气不断地贮藏,又不断地供给,循环往复,生生不已。所以说"肾者,主受五脏六腑之精而藏之,故五脏盛乃能泻,是精藏于肾而又非生于肾也"。肾所藏的先天之精气充盛,不仅给全身之气的生成奠定了物质基础,而且还能促进后天之精的生成,使五脏六腑有所禀受而气不绝。若肾精不足,肾气不盈,则气血生化无源而衰少(图3.2)。

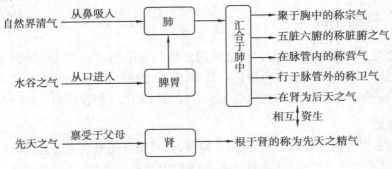

图3.2 气的生成与分布示意图

3.2.3 气的生理功能

气是构成和维持动物体生命活动的物质基础,对于动物体具有十分重要的多种生理功能,主要有以下几个方面。

1)推动作用

气的推动作用是指气具有激发和推动作用。气是活力很强的精微物质,能促进机体的生长发育以及激发各脏腑、经络等组织器官的生理功能,能推动血液的生成、运行,以及津液的生成、输布和排泄等。

2)温煦作用

气的温煦作用是指气有温暖作用,故《难经·二十二难》中"气主煦之"。气是机体热量的来源,是体内产生热量的物质基础。其温煦作用是通过激发和推动各脏腑器官生理功能,促进机体的新陈代谢来实现的。动物体的体温,依赖于气的温煦作用得以维持恒定;机体各脏腑组织器官正常的生理活动,依赖于气的温煦作用得以进行;血和津液等液态物质,依赖于气的温煦作用才能环流于周身而不致凝滞。气的温煦作用是通过阳气的作用而表现出来的,若阳气不足,则会因产热过少而引起耳、鼻、四肢不温的寒证;若阳气过盛,则会因产热过多而引起耳、鼻、四肢俱热,即体温偏高的热证。故有"气不足便是寒""气有余便是火"之说。维持动物机体生命活动的阳气称之为少火,所以《素问·阴阳应象大论》中"少火生气"。阳气对机体的生长、衰老、死亡至关重要,"阳气者,若天与日,失其所,则折寿而不彰"(《素问·生气通天论》)。

3)防御作用

气的防御作用是指护卫肌肤、抵御外邪,维护机体健康的作用。机体的机能总称正气。中兽医学用气的观点解释病因和病理现象,用"正气"代表机体的抗病能力,用"邪气"表示一切致病因素,用正气不能抵御邪气的侵袭来说明疾病的产生。故有"正气存内,邪不可干"(《素问·刺法论》),"邪之所凑,其气必虚"(《素问·评热病论》)。气的防御作用主要体现在以下三个方面。

（1）护卫肌表，抵御外邪。皮肤是动物机体的藩篱，具有屏障作用。肺合皮毛，肺宣发卫气于皮毛。《医旨绪余·宗气营气卫气》中"卫气者，为言护卫周身，温分肉，肥腠理，不使外邪侵袭也"。卫气行于脉外，达于肌肤，而发挥防御外邪侵袭的作用。

（2）正邪交争，驱邪外出。邪气侵入机体之后，机体的正气奋起与之抗争，正盛邪去，邪气被驱除体外，则不发病或发病轻微，或不治而愈，易治。如《伤寒论·辨太阳病脉证并治》中"太阳之为病，脉浮，头项强痛而恶寒"。

（3）自我修复，恢复健康。在疾病之后，邪气已微，正气未复，此时正气足以使机体阴阳恢复平衡，则使机体病愈而康复。总之，气的盛衰决定正气的强弱，正气的强弱则决定疾病的发生、发展与转归。如卫气不足而表虚易于感冒，用玉屏风散以益气固表；体弱不耐风寒而恶风，汗出，用桂枝汤调和营卫，均属重在固表而增强皮毛的屏障作用。

4）固摄作用

气的固摄作用是指气对血、津液、精等液态物质的稳固、统摄，以防止其无故流失的作用。机体阴阳平衡标志着健康，平衡失调意味着生病。但是，中兽医学中的阴阳学说认为，在机体阴阳的对立互根的矛盾关系中，阳为主而阴为从，强调以阳为本，阳气既固，阴必从之。如《素问·生气通天论》中"凡阴阳之要，阳密乃固。……阳强不能密，阴气乃绝"。机体中的阳气是生命的主导，若失常而不固，阴气就会耗伤衰竭，引起疾病甚至死亡。所以，气的固摄作用，简言之，实为机体阳气对阴气的固密调节作用。气的固摄作用具体表现为以下四个方面。

（1）气能摄血，约束血液，使之循行于脉中，而不至于逸出脉外。

（2）气能摄津，约束汗液、尿液、唾液、胃肠液等，调控其分泌或排泄量，防止其异常丢失。

（3）固摄精液，使之不因妄动而频繁遗泄。气不固精，则导致遗精、滑精、早泄。

（4）固摄脏腑经络之气，使之不过于耗失，以维持脏腑经络的正常功能活动。

5）营养作用

气的营养作用是指气为脏腑功能活动提供营养物质的作用。具体表现在以下三个方面。

（1）动物机体以水谷为本，水谷精微为化生气血的主要物质基础，气血是维持全身脏腑经络机能活动的基本物质。因此说，水谷精气为全身提供生命活动所必需的营养物质。

（2）气通过卫气以温养肌肉、筋骨、皮肤、腠理。所谓"卫气者，本于命门，达于三焦，以温肌肉、筋骨、皮肤"《读医随笔·气血精神论》。

（3）气通过经络之气，起到输送营养、濡养脏腑经络的作用。故有"其流溢之气，内溉脏腑，外濡腠理"（《灵枢·脉度》）。

6）气化作用

气化，在不同的学术领域有不同的含义。在中国古代哲学上，气化是气的运动变化，即阴阳之气的变化，泛指自然界一切物质形态的一切形式的变化。气化的含义有二，一是指自然界六气的变化，二是指动物体内气的运行变化。气化是在气的作用下，脏腑的功能活动，精气血津液等不同物质之间的相互化生，以及物质与功能之间的转化，包括了体内物质的新陈代谢，以及物质转化和能量转化等过程。如营气在心肺的作用下化为血液。简言之，机体的生命活动全恃气化,气化是生命活动的本质所在。

3.2.4　气的运动

气的运动形式称为气机。运动是气的根本属性。气的运动是自然界一切事物发生、发展、变化的根源,故称气的运动为气机。气化活动是以气机升降出入运动为具体体现的。气机升降出入运动就是气的交感作用。动物机体是一个不断发生着升降出入的气化作用的机体。升降出入是机体维持生命活动的基本过程,诸如呼吸运动、水谷的消化吸收、津液代谢、气血运行等,无不赖于气的升降出入运动才能实现。升降出入存在于一切生命过程的始终。"死生之机,升降而已"(《素问·六微旨大论》),是对生命规律的高度概括。

3.2.5　气的分类

动物体的气,从整体而言,是由肾中精气、脾胃化生而来的水谷精气和肺吸入的清气,在肺、脾胃、肾等脏腑的综合作用下而生成的,并充沛于全身而无处不到。由于气的组成以及来源、在机体分布的部位及其作用的不同,而有不同的名称,如呼吸之气、水谷之气、五脏之气、经络之气等。但就其生成及作用而言,主要有元气、宗气、营气、卫气四种。

1) 元气

元气又称原气、真气、真元之气。元气是动物体最根本、最原始、源于先天而根于肾的气,是动物体生命活动的原动力,包括元阴、元阳之气。因元气来源于先天,故又称先天之气。

(1)元气的生成:元气根于肾,由肾精所化生。元气源于先天之精,又赖后天水谷精气的滋养。李东垣《脾胃论·脾胃虚实传变论》中"元气之充足,皆由脾胃之气无所伤,而后能滋养元气。若胃气之本弱,饮食自倍,则脾胃之气即伤,而元气亦不能充"。总之,元气根源于肾,由先天之精所化生,并赖后天之精以充养。如《灵枢·刺节真邪论》中"真气者,所受于天,与谷气并而充身也"。

(2)元气的分布:元气发于肾间(命门),通过三焦,沿经络系统和腠理间隙循行全身,内而五脏六腑,外而肌肤腠理,无处不到,以作用于机体各部分。"命门为元气之根,为水火之宅"(《景岳全书·传忠录·命门余义》)。

(3)元气主要功能:是构成动物机体和维持动物机体生命活动的原始物质,推动机体的生长和发育,温煦和激发各脏腑、经络等组织器官生理功能活动,为机体生命活动的原动力。

2) 宗气

宗气又名大气,如《靖盦说医》中"膻中者,大气之所在也,大气亦谓之宗气"。形成于肺,聚于胸中者,谓之宗气;宗气在胸中积聚之处,称作"上气海",又名膻中。

(1)宗气的生成:宗气是由肺吸入的清气与脾胃化生的水谷精气结合而成,其形成于肺,聚于胸中。如《灵枢·邪客篇》中"宗气积于胸中,出于喉咙,以贯心脉,而行呼吸焉"。

(2)宗气的分布:宗气积聚于胸中,贯注于心肺之脉,其向上出于肺,循喉咙而走息道,经肺的作用而布散于胸中上气海。其向下赖肺之肃降而蓄于丹田(下气海),并注入后肢阳明。

所以《灵枢·刺节真邪》中"宗气留于海,其下者,注于气街;其上者,走于息道"。

（3）宗气的主要功能。

①走息道而司呼吸:宗气上走息道,推动肺的呼吸,即"助肺司呼吸"。所以凡声息强弱,均与宗气的盛衰有关。故临床上对声音低微、呼吸微弱,脉软无力之候,称肺气虚弱或宗气不足。

②贯心脉而行气血:宗气贯注入心脉之中,帮助心脏推动血液循行,即"助心行血",所以气血的运行与宗气盛衰有关。由于宗气具有推动心脏的搏动、调节心率和心律等功能。所以临床上通常以心搏动和脉搏状况,来测知宗气的盛衰。

③与动物机体的视觉、听觉、声息、肢体活动等机能相关,如《读医随笔·气血精神论》中"宗气者,动气也。凡呼吸、言语、声音,以及肢体运动,筋力强弱者,宗气之功用也"。呼吸及声音的强弱、视觉、听觉、肢体的活动能力等都与宗气的盛衰有关;宗气充盛,则机体有关生理活动正常;若宗气不足,则呼吸少气,心气虚弱,甚至引起血脉凝滞等病变。故《灵枢·刺节真邪论》中"宗气不下,脉中之血,凝而留止"。

3）营气

营气是行循于脉管中的富有营养作用的气。因其富有营养,故称为营气。由于营气与血行于脉中,而又能化生血液,故"营血"并称。如《灵枢·营卫生会篇》中"谷入于胃,以传于肺,五脏六腑皆以受气,其清者为营,……营在脉中,……营周不休"。营气与卫气相对而言,属于阴,故又称为"营阴"。

（1）营气的生成:营气是由来自脾胃化生的水谷精微和肺吸入的自然界清气相结合而成。宗气是营卫之所合,其中运行于脉中者,即为"营气"。所以《素问·痹论》中"营者,水谷之精气也,和调于五脏,洒陈于六腑"。

（2）营气的分布:营气出于中焦(脾胃),通过十二经脉和任督二脉而循行于全身,贯五脏而络六腑。

（3）营气的主要功能:

①化生血液:营气经肺注入脉中,成为血液重要组成的成分之一。营气"上注于肺脉,乃化而为血"(《灵枢·营卫生会》)。

②营养全身:营气循脉流注全身,为脏腑、经络等生理活动提供营养物质。营运全身上下内外,流行于中而滋养五脏六腑,布散于外而浇灌皮毛筋骨。

4）卫气

卫气是行于脉外之气。卫气与营气相对而言,属于阳,故又称"卫阳"。《素问·痹论》中"卫者,水谷之悍气也"。卫,有"护卫、保卫"之义。

（1）卫气的生成:卫气是由水谷精微和肺吸入自然的清气所化生,为慓疾滑利,活动力强,流动迅速的部分。所以《灵枢·营卫生会》中"受气于谷,谷入于胃,以传与肺,五脏六腑,皆以受气。其清者为营,浊者为卫。营在脉中,卫在脉外。营周不休,五十而复大会。阴阳相贯,如环无端"。

（2）卫气的分布:卫气行于脉外,敷布全身,在内散于胸腹,温养五脏六腑;在外布于肌表皮肤,温养肌肉,润泽皮肤,滋养腠理,启闭汗孔,保卫肌表,抗御外邪。故《灵枢·本藏篇》中"卫气者,所以温分肉,充皮肤,肥腠理,司开合者也"。若卫气不足,肌表不固,外邪就可乘虚而入。

（3）卫气的主要功能：表现在防御、温煦和调节三个方面：一是护卫肌表，防御外邪入侵。故有"卫气者，为言护卫周身，温分肉，肥腠理，不使外邪侵犯也"。二是温养脏腑、肌肉、皮毛：卫气可以保持体温，维持脏腑进行生理活动所适宜的温度条件；卫气对肌肉、皮肤等的温煦，使肌肉充实，皮肤润滑。三是调节控制肌肤腠理的开合、汗液的排泄，卫气通过调节肌腠的开合来调节机体的水液代谢和体温，以维持动物体内与外部环境的平衡。若卫气虚弱，不能固表，则容易引起动物感冒、自汗等。

3.3 血

3.3.1 血的基本概念

血是循行于脉中的富有营养的红色的液态物质，是构成动物机体和维持动物机体生命活动的基本物质之一。血主于心，藏于肝，统于脾，布于肺，根于肾，有规律地循行于脉管之中，在脉内营运不息，充分发挥营养和滋润全身的生理效应。

3.3.2 血的生成

1）水谷精微化血

血液主要来源于水谷精微，脾胃是血液的生化之源。如《灵枢·决气篇》中"中焦受气取汁，变化而赤，是谓血"。即是说脾胃接受水谷精微之气，并将其转化为营气和津液，再通过气化作用，将其变化为红色的血液。《景岳全书》中"血者，水谷之精气也，源源而来，而实生化于脾"。由于脾胃所运化的水谷精微是化生血液的基本物质，故称脾胃为"气血生化之源"。

2）营气化血

营气入于心脉有化生血液的作用。如《灵枢·邪客篇》中"营气者，泌其津液，注之于脉，化以为血"。

3）肾精化血

如《张氏医通》中"气不耗，归精于肾而为精，精不泄，归精于肝而化清血"。即认为肾精与肝血之间，存在着相互转化的关系。因此，临床上血耗和精亏往往相互影响。

4）津液化血

《灵枢·邪客》中"营气者，泌其津液，注之于脉，化以为血"。津液可以化生为血，不断补充血量，以使血液满盈，以及"津亦水谷所化，其浊者为血，清者为津，以润脏腑、肌肉、脉络，使气血得以周行通利而不滞者此也"。

3.3.3　血的生理功能

1）营养滋润全身

血的营养作用是由其组成成分所决定的。血循行于脉内,是其发挥营养作用的前提;血沿脉管循行于全身,为全身各脏腑组织的功能活动提供营养。《难经·二十二难》说"血主濡之"。全身各部无一不是在血的濡养作用下而发挥功能的。如鼻能嗅,眼能视,耳能听,喉能发音,四肢的运动等都是在血的濡养作用下完成的。所以,血液充盈,则口色红润,皮肤与被毛润泽,筋骨强劲,肌肉丰满,脏腑坚韧;若血液不足,则口色淡白,皮肤与被毛枯槁,筋脉拘急,肌肉消瘦,脏腑脆弱。

2）神志活动的物质基础

血的这一作用是古人通过大量的临床观察而认识到的,无论何种原因形成的血虚或运行失常,均可以出现不同程度的神志方面的症状。心血虚、肝血虚,常有惊悸、不安等,失血甚者还可出现躁动不安、癫狂、昏迷等神志失常的状况。可见血液与神志活动有着密切关系,所以《灵枢·营卫生会》说"血者,神气也"。血是机体精神活动的主要物质基础。若血液供给充足,则动物精神活动正常。否则,就会发生精神紊乱的病症。故《灵枢·平人绝谷篇》中"血脉和利,精神乃居"。

3.4　津　液

3.4.1　津液的概念

津液是动物体内一切正常水液的总称。津是构成动物体和维持动物体生命活动的基本物质之一。液包括各脏腑组织器官的正常体液和分泌物,胃液、肠液、唾液、关节液等,习惯上也包括代谢产物中的尿、汗、泪等。津液以水分为主体,含有大量营养物质。在体内,除血液之外,其他所有正常的水液均属于津液范畴。津液广泛地存在于脏腑、形体、官窍等器官组织之内和组织之间,起着滋润濡养作用。同时,津能载气,全身之气以津液为载体而运行全身并发挥其生理作用。津与液虽同属水液,但在性状、功能及其分布部位等方面又有一定的区别。一般地说,性质清稀,流动性大,主要布散于体表皮肤、肌肉和孔窍等部位,并渗入血脉,起滋润作用者,称为津;其性较为稠厚,流动性较小,灌注于骨节、脏腑、脑、髓等组织器官,起濡养作用者,称之为液(表3.1)。

表3.1　津与液的区别

区　别	津	液
属性	阳	阴
性状	轻清稀薄,流动性大	重浊黏稠,流动性小

续表

区　别	津	液
分布	皮肤、肌肉	关节,孔窍,脑腔
作用	濡润肌肉,充养皮肤	利关节,濡孔窍,充脑髓

3.4.2　津液的代谢

1)津液的生成

津液的生成、输布和排泄,是一个涉及多个脏腑,由多个脏腑共同参与的复杂的生理活动过程。津液来源于饮食物,通过脾胃、小肠和大肠消化吸收饮食中的水分和营养而生成。《素问·经脉别论》中"饮入于胃,游溢精气,上输于脾,脾气散精,上归于肺,通调水道,下输膀胱,水精四布,五经并行",就是对津液代谢过程的简要概括。

2)津液的输布

津液的输布主要是依靠脾、肺、肾、肝、心和三焦等脏腑生理功能的综合作用而完成的。

(1)心主血脉:津液和血液在心的推动下运行全身,从而营养全身。

(2)脾气散精:脾主运化水谷精微,通过其转输作用,一方面将津液上输于肺,由肺的宣发和肃降,使津液输布全身而灌溉脏腑、形体和诸窍。另一方面,又可直接将津液向四周布散至全身,即脾有"灌溉四旁"之功能,所谓"脾主为胃行其津液"(《素问·厥论》)的作用。

(3)肺主行水:肺主行水,通调水道,为水之上源,肺接受从脾转输而来的津液之后,一方面通过宣发作用将津液输布至机体上部和体表,另一方面通过肃降作用将津液输布至肾和膀胱以及机体下部。

(4)肾主津液:《素问·逆调论》中"肾者水脏,主津液"。肾对津液输布起着主宰作用,主要表现在两个方面:一是肾中阳气的蒸腾汽化作用,推动胃的游溢精气、脾的散精、肺的通调水道,以及小肠的分别清浊等生理功能,推动着津液的输布;二是由肺下输至肾的津液,在肾的气化作用下,清者蒸腾,经三焦上输于肺而布散于全身,浊者化为尿液注入膀胱。

(5)肝主疏泄:肝主疏泄,使气机调畅,三焦气治,气行则津行,促进了津液输布环流。

(6)三焦决渎:三焦为"决渎之官",气为水母,气能化水布津,三焦对水液有通调决渎之功,是津液在体内流注输布的通道。

津液的输布虽与五脏皆有密切关系,但主要是由脾、肺、肾和三焦来完成的。脾将胃肠而来的津液上输于肺,肺通过宣发肃降功能,经三焦通道,使津液外达皮毛,内灌脏腑,输布全身。

3)津液的排泄

津液的排泄与津液的输布一样,主要依赖于肺、脾、肾等脏腑的综合作用,其具体排泄途径有以下三种。

(1)汗和呼气:肺气宣发,将津液输于体表皮毛,被阳气蒸腾而形成汗液,由汗孔排出体外。肺主呼吸,肺在呼气时也带走部分津液(水分)。

（2）尿液：为津液代谢的最终产物，其形成虽与肺、脾、肾等脏腑密切相关，但尤以肾为最。肾之气化作用与膀胱的气化作用相配合，共同形成尿液并排出体外。肾在维持人体津液代谢平衡中起着关键作用，所以说："水为至阴，其本在肾。"

（3）粪便：大肠排出的水谷糟粕所形成的粪便中亦带走一些津液。腹泻时，大便中含水多，带走大量津液，易引起伤津而脱水。

3.4.3 津液的生理功能

1）滋润濡养

津液以水为主体，具有很强的滋润作用，富含多种营养物质，具有营养功能。津与液，津之质最轻清，液则清而晶莹，厚而凝结。精、血、津、液四者在动物体内，血为最多，精为最重，而津液之用为最大。内而脏腑筋骨，外而皮肤毫毛，莫不赖津液以濡养。津液是随卫气的运行敷布于体表、皮肤、肌肉等组织间，起到润泽和温养皮肤、肌肉的作用，如《灵枢·五癃津液别篇》中"温肌肉、充皮肤，为其津"。

2）化生血液

津液经孙络渗入血脉之中，成为化生血液的基本成分之一。津液使血液充盈，并濡养和滑利血脉，而血液环流不息。津液进入脉中，起到组成和补充血液的作用，故《灵枢·痈疽》中"中焦出气如露，上注溪谷，而渗孙脉，津液和调，变化而赤为血"。

3）调节阴阳

在正常情况下，动物体阴阳之间处于相对的平衡状态。津液作为阴精的一部分，对机体的阴阳平衡起着重要的调节作用。脏腑之阴的正常与否，与津液的盛衰是分不开的。动物体根据体内的生理状况和外界环境的变化，通过津液的自我调节使其机体保持正常状态，以适应外界的变化。如寒冷的时候，皮肤汗孔闭合，津液不能借汗液排出体外，而下降入膀胱，使小便增多；夏暑季节，汗多则津液减少下行，使小便减少。当体内丢失水液后，则多饮水以增加体内的津液。

4）排泄废物

津液在其自身的代谢过程中，能把机体的代谢产物通过汗、尿等方式不断地排出体外，使机体各脏腑的气化活动正常。若这一作用受到损害和发生障碍，就会使代谢产物潴留于体内，而产生痰、饮、水、湿等多种病理产物。

3.5 精气血津液的关系

精气血津液是构成和维持动物体生命活动的基本物质，均有赖于脾胃化生的水谷精微不断的补充，它们之间相互渗透、相互促进、相互转化，在生理功能上又存在着相互依存、相互制约和相互为用的密切关系。

3.5.1　气与血的关系

气属阳,主动,主煦之;血属阴,主静,主濡之。这是气与血在属性和生理功能上的区别。但两者都源于脾胃化生的水谷精微和肾中精气,在生成、输布(运行)等方面关系密切,故《难经本义》中"气中有血,血中有气,气与血不可须臾相离,乃阴阳互根,自然之理也"。《难经·二十二难》中"气主煦之,血主濡之"。气和血的关系可概括为"气为血之帅""血为气之母"。

1)气能生血

气能生血,一方面是指气(特别是水谷精微之气)是化生血液的原料;另一方面是指气化作用是化生血液的动力,从摄入的饮食物转化成水谷精微,到水谷精微转化成营气和津液,再到营气和津液转化成赤色的血,无一不是通过气化作用来完成的。气旺则血充,气虚则血少。临床治疗血虚时,常于补血药中配以补气药,就是取补气以生血之意。

2)气能行血

血属阴而主静,气属阳而主动。血的运行必须依赖气的推动,故有"气为血帅""气行则血行,气滞则血瘀"之说。一旦出现气虚、气滞,就会导致血行不利,甚至引起血瘀等证。故临床上治疗血瘀证时,常在活血化瘀药中配以行气导滞之品。

3)气能摄血

血液能正常循行于脉中而不致溢出脉外,全赖气对血的统摄。若气虚,气不摄血,则可引起各种出血之证。故临床上治疗出血性疾病时,常在止血药中配以补气药,以达到补气摄血的目的。

4)血能生气

气存血中,血不断地为气的生成和功能活动提供水谷精微;水谷精微是全身之气的生成和维持其生理功能的主要物质基础。而水谷精微又赖血以运之,借以为脏腑的功能活动不断地供给营养,使气的生成与运行正常地进行。所以血盛则气旺,血衰则气少。

5)血能载气

《血证论·阴阳水火气血论》中"守气者即是血""载气者,血也"。气存于血中,赖血之运载而达全身。血为气之守,气必依附于血而静谧。否则,血不载气,则气将飘浮不定,无所归附。故气不得血,则散而无所附。所以在临床上,每见大出血之时,气亦随之而涣散,形成气随血脱之证。

3.5.2　气与精的关系

1)气能摄精

气能摄精是指气对精具有封藏和控制以防止无故丢失的作用。气能摄精,实际是肾的封藏作用。气聚则精盈,气弱则失精,若肾气亏虚,封藏失职,则表现为早泄、遗精、滑精、生殖功能低下。

2）精依气生

精的生成有赖于气的运动和气化作用。精有先天之精和后天之精：先天之精依靠肾气的化生；后天之精依靠脾气的滋长生化不止，源泉不竭。故《类经》中"精依气生……元气生则元精产"。

3）精对气的作用

精能化气，精是化生气的物质基础，精藏于肾，可化生为肾之元气，元气为诸气之本，升腾而布达全身以促进机体的生长发育和生殖，推动和调节各脏腑的功能活动。如《类经》中"精化为气，元气由精而化也"。

3.5.3　气与津液的关系

气属阳，津液属阴，这是气和津液在属性上的区别，但两者均源于脾胃所运化的水谷精微，在其生成和输布过程中有着密切的关系。在病理上气病即水病，水病即气病。所以在治疗上，治气即是治水，治水即是治气。

1）气能生津（液）

气是津液生成与输布的物质基础和动力。津液源于水谷精气，而水谷精气赖脾胃之腐熟运化而生成。气推动和激发脾胃的功能活动，使中焦之气机旺盛，运化正常，则津液充足。津液的生成、输布和排泄均离不开气的作用。故三焦之气失职，则津液停聚而为湿、水、肿。如太阳蓄水证，水热互结于膀胱，气化不行，津液不布，则口渴而小便不利，治以五苓散，助气化而散水邪，膀胱津液得以化气，升腾于上，敷布于脏腑而还为津液，不生津而渴自止。所以气旺则津充，气弱则津亏。

2）气能行津（液）

气能行津是指气的运动变化是津液输布和排泄的动力。气的升降出入运动作用于脏腑，表现为脏腑的升降出入运动。脾、肺、肾、肝等脏腑的升降出入运动完成了津液在体内的输布、排泄过程，如《血证论·阴阳水火气血论》中"气行水亦行"。当气的升降出入运动异常时，津液输布、排泄过程也随之受阻。反之，由于某种原因，使津液的输布和排泄受阻而发生停聚时，则气的升降出入运动亦随之失调。由气虚、气滞而导致的津液停滞，称作气不行水；由津液停聚而导致的气机不利，称作水停气滞。两者互为因果，可形成内生之水湿、痰饮，甚则水肿等病理变化。临床上治疗水肿是采用行气与利水并用。

3）气能摄津（液）

气能摄津是指气的固摄作用控制着津液的排泄。体内的津液在气的固摄作用控制下维持着一定的量。若气的固摄作用减弱，则体内津液任意经汗、尿等途径外流，出现多汗、多尿、遗尿等，如临床用黄芪来益气固表止汗。

4）津（液）可化气

《程杏轩医案续录》中"水可化气"；《血证论·阴阳水火气血论》中"气生于水"。水谷化生的津液，通过脾气升清散精，上输于肺，再经肺之宣降通调水道，下输于肾和膀胱。在肾阳的蒸腾下，化而为气，升腾敷布于脏腑，发挥其滋养作用，以保证脏腑组织的正常生理活动,故《素问·经脉别论》中"水精四布,五经并行"。

5)津(液)能载气

津液是气的载体,气必须依附于津液而存在,否则就将涣散不定而无所归。因此,津液的丢失,必导致气的耗损。如暑病伤津耗液,不仅口渴喜饮,且津液虚少无以化气,而见精神不振、四肢无力等气虚证。若汗、呕吐、泄泻太过,使津液大量丢失,则气亦随之而外脱,形成"气随液脱"之危候,故《金匮要略心典·痰饮篇》中"吐下之余,定无完气"。

3.5.4 血与精的关系

血和精都来源于水谷精微物质,精能化血,血能生精,精血互生,故有"精血同源"之说。《读医随笔·气血精神论》中"精者,血之精微所成"。血液流于肾中,与肾精化合而成为肾所藏之精。由于血能生精,血旺则精充,血亏则精衰。临床上每见血虚之候往往有肾精亏损之征。肾藏精,精生髓,髓养骨,如《素问·生气通天论》中"骨髓坚固,气血皆从"。精髓是化生血液的重要物质基础。精足则血足,所以肾精亏损可导致血虚。临床治疗再生障碍性贫血,用补肾填精之法而获效。以补肾为主治疗血虚,就是以精可化血为理论依据的。

3.5.5 血与津液的关系

血和津液同为液态物质,在性质上均属于阴,都是以营养、滋润为主要功能和作用,其来源相同,又能相互渗透转化,故二者的关系非常密切。津液是血液的组成部分,如《灵枢·痈疽篇》中"津液和调,变化而赤为血"。而血的液体部分渗于脉外,可成为津液,故有"津血同源"之说。若出血过多,可引起耗血伤津的病证;而严重的伤津脱液,又可损及血液,引起津枯血燥。临床上有血虚表现的病证,一般不用汗法,而对于多汗津亏者,也不宜用放血疗法。故《灵枢·营卫生会篇》中"夺血者无汗,夺汗者无血";《伤寒论》中"亡血家不可发汗"。

复习与思考

一、名词解释

1.气; 2.血; 3.精; 4.津液; 5.宗气; 6.营气; 7.卫气; 8.先天之精; 9.后天之精。

二、选择题

1.构成动物机体最基本的物质是(　　)。

　　A.津液　　　　B.水谷精微　　　C.气　　　　　　D.血　　　　　　E.以上均不是

2."吐下之余,定无完气"的理论依据是(　　)。

　　A.气不行水　　B.气能行津　　　C.气能摄津　　　D.气能生津　　　E.津能载气

3.在治疗血虚病畜时,可加入补气药,其机理是(　　)。

　　A.血能载气　　B.气能生血　　　C.气能行血　　　D.气能摄血　　　E.血能养气

4.具有慓疾滑利特性的气是( )。

    A.宗气   B.真气   C.营气   D.卫气   E.中气

三、问答题

1.宗气是怎样生成的？其分布和生理作用如何？

2.血是怎样形成的？

3.何谓气机？气的运动形式是什么？

4.气的生理功能有哪些？

5.简述津液的区别。

6.简述精的含义、生成及生理功能。

 案例分析

    案例1

    某牛场,一奶牛高热稽留,体温升高至41 ℃,精神沉郁,被毛逆立,呼吸脉搏加快,恶寒怕冷,喜卧地,食欲减退或消失。几周后出现贫血、黄疸、消瘦、被毛粗乱,视黏膜苍白,伴有出血点,排恶臭带黏液的黑褐便,肩前淋巴肿大明显,移动性差。舌淡白,苔薄白,脉象细弱无力。

    1.本病是什么病证？是怎么发生的？请你用气血的理论解释有关的症状及其发病机制。

    2.结合本病的实际情况,论述气与血之间的关系。

    案例2

    一枣骝马,淋雨受凉后出现恶寒发热,被毛逆立,耳鼻四肢不温,鼻头发凉,咳嗽,继之出现面部、眼睑、全身及四肢水肿,少尿,食少纳呆。查:耳鼻四肢不温,肢体浮肿,按之凹陷。尿检查:尿蛋白(+ + +),舌质淡胖,舌苔白腻,双兔脉沉细。

    1.病马是怎么发生水肿的？其病位主要在哪些脏腑？

    2.应用藏象学说和津液代谢理论解释其发病的病因病机、症状和体征。

项目4　经络学说

【学习目标】

1. 掌握什么是经络；
2. 熟悉经络系统的组成；
3. 掌握十二经脉的命名、名称、走向及交接规律；
4. 基本掌握十二经脉的流注次序；
5. 掌握经络的生理、病理、诊断、治疗方面的作用。

【技能目标】

1. 熟悉经络系统的组成；
2. 掌握十二经脉的命名、名称、走向及交接规律。

经络学说是中兽医学基础理论的重要组成部分，是研究动物机体生理功能和病理现象的依据，对于辨证、用药以及针灸治疗都具有重要的指导意义。《灵枢·经脉》中"经脉者，所以能决死生，处百病，调虚实，不可不通"。清代喻嘉言也说"凡治病不明脏腑经络，开口动手便错"。可见掌握经络学说的重要性。

4.1　经络的基本概念

4.1.1　经络的含义

经络是动物体内经脉和络脉的总称，是机体联络脏腑肢节、沟通内外上下、运行全身气血、感应传导信息、调节机能平衡的通路，是动物体组织结构的重要组成部分。经，即经脉，有路径的意思，是经络系统的主干，纵行于体内，分布较深，有一定的循行路线；络，即络脉，有网络之意，是经脉的分支，分布较浅，纵横交错，网络全身。经络在体内纵横交错，内外连接，遍布全身，无处不至，把动物体的脏腑、器官、组织都紧密地联系起来，形成一个有机的统一体。

经络学说是研究机体经络系统的组织结构、生理功能、病理变化及其与脏腑关系的学说,是中兽医学理论体系的重要组成部分。

4.1.2　经络的组成

经络系统主要由经脉系统和络脉系统两大系统组成。其中,经脉是经络系统的主干,除分布在体表一定部位外,还深入体内连属脏腑;络脉是经脉的细小分支,一般多分布于体表,有十五别络、浮络、孙络;联系"经筋"和"皮部"(图4.1)。

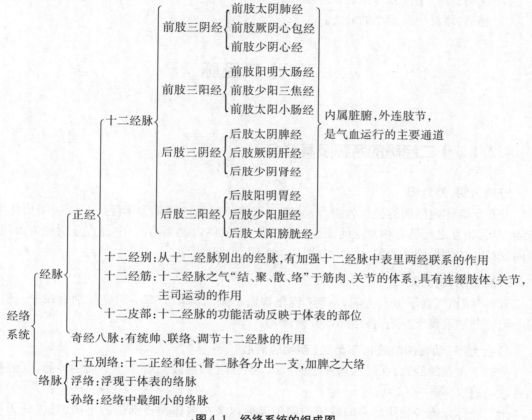

图 4.1　经络系统的组成图

1)经脉系统(正经和奇经两部分组成)

(1)正经:①十二经脉:前肢三阴经、后肢三阴经、前肢三阳经、后肢三阳经,共四组,每组三条经脉,合称十二经脉。②十二经别:是十二经脉各别出的一条较大分支,它们分别起于四肢,循行于体内,联系脏腑。十二经别不仅可以加强十二经脉中相为表里的两经之间的联系,而且因其联系了某些正经未循行到的器官与形体部位,从而补充了正经之不足。③十二经筋:是十二经脉之气"结、聚、散、络"于筋肉、关节的体系,具有连缀肢体、关节,主司运动的作用。④十二皮部:十二经脉在体表一定部位上的反应区。全身的皮肤是十二经脉的功能活动反映于体表的部位,所以把全身皮肤分为十二个部分,分属于十二经,称为"十二皮部"。

（2）奇经八脉：奇异于正经，有八脉，故奇经八脉，即督脉、任脉、带脉、阴跷脉、阳跷脉、阴维脉、阳维脉，合称奇经八脉。奇经八脉有统率、联络和调节全身气血盛衰的作用。

2）络脉系统

络脉是经脉的细小分支，多数无一定的循行路径。络脉包括十五别络、浮络、孙络等。

（1）十五别络：别络有本经别走邻经之意，共有十五支，包括十二经脉在四肢各分出的络，躯干部的任脉络、督脉络及脾之大络。十五别络的功能是加强表里阴阳两经的联系与调节作用。

（2）浮络：浮行于浅表部位而常浮现的络脉。

（3）孙络：络脉中最细小的分支。

4.2 十二经脉

4.2.1 十二经脉的名称及其命名

1）内为阴，外为阳

分布于肢体内侧面的经脉为阴经，分布于肢体外侧面的经脉为阳经。一阴一阳衍化为三阴三阳，相互之间具有相对应的表里相合关系，即肢体内侧面的前、中、后，分别称为太阴、厥阴、少阴；肢体外侧面的前、中、后分别称为阳明、少阳、太阳。

2）脏为阴，腑为阳

脏者"藏精气而不泻"，为阴；六腑"传化物而不藏"，为阳。每一阴经分别隶属于一脏，每一阳经分别隶属于一腑，各经都以脏腑命名。

3）上为手（动物的前肢），下为足（动物的后肢）

分布于上肢的经脉，在经脉名称之前冠以"手"字（即前肢）；分布于下肢的经脉，在经脉名称之前冠以"足"字（即后肢）。

十二经脉根据各经所联系的脏腑的阴阳属性以及在肢体循行部位的不同，具体分为手三阴经、手三阳经、足三阴经、足三阳经四组。分布于四肢内侧的（上肢是指屈侧）称为阴经，属脏；分布于四肢外侧（上肢是指伸侧）的称阳经，属腑（表4.1）。

表4.1　十二经脉名称分类表

循行部位 （阴经行于内侧，阳经行于外侧）		阴经 （属脏络腑）	阳经 （属腑络脏）
前肢	前缘	太阴肺经	阳明大肠经
	中线	厥阴心包经	少阳三焦经
	后缘	少阴心经	太阳小肠经

续表

循行部位 （阴经行于内侧,阳经行于外侧）		阴经 （属脏络腑）	阳经 （属腑络脏）
后肢	前缘	太阴脾经	阳明胃经
	中线	厥阴肝经	少阳胆经
	后缘	少阴肾经	太阳膀胱经

4.2.2　十二经脉的走向和交接规律

1）十二经脉的走向规律

一般来说,前肢三阴经,从胸部开始,循行于前肢内侧,止于前肢末端;前肢三阳经,由前肢末端开始,循行于前肢外侧,抵达于头部;后肢三阳经,由头部开始,经背腰部,循行于后肢外侧,止于后肢末端;后肢三阴经,由后肢末端开始,循行于后肢内侧,经腹达胸。即"手之三阴,从胸走手;手之三阳,从手走头;足之三阳,从头走足;足之三阴,从足走腹"(《灵枢·逆顺肥瘦》)。这是对十二经脉走向规律的高度概括。前肢三阳经止于头部,后肢三阳经又起于头部,所以称头为"诸阳之会"。后肢三阴经止于胸部,而前肢三阴经又起于胸部,所以称胸为"诸阴之会"。

2）十二经脉的交接规律

（1）阴经与阳经交接:阴经与阳经（表里关系）在四肢衔接。如手太阴肺经与手阳明大肠经;手少阴心经与手太阳小肠经;手厥阴心包经与手少阳三焦经在前肢相交接;足阳明胃经与足太阴脾经;足太阳膀胱经与足少阴肾经;与足厥阴肝经与足少阳胆经在后肢相交接。

（2）阳经与阳经交接:同名的手足三阳经在头面相交接。如阳明大肠经与足阳明胃经。

（3）阴经与阴经交接:阴经与阴经在胸腹相交接。如足太阴经与手少阴经交接于心中,足少阴经与手厥阴经交接于胸中,足厥阴经与手太阴经交接于肺中。

总之,十二经脉的循行,凡属六脏（五脏加心包）的经脉称为"阴经",多循行于四肢内侧及胸腹。上肢内侧者为手三阴经,由胸走手;下肢内侧者为足三阴经,由足走腹（胸）。凡属六腑的经脉称为"阳经",多循行于四肢外侧及头面、躯干。上肢外侧者为手三阳经,由手走头;

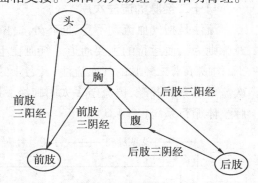

图 4.2　十二经脉走向和交接规律示意图

下肢外侧者为足三阳经,由头走足:阳经行于外侧,阴经行于内侧。如图 4.2。

3）十二经脉的分布和表里关系

（1）十二经脉的分布规律:十二经脉在体表的分布是有一定规律的。①头面部。手三阳经止于头面,足三阳经起于头面,手三阳经与足三阳经在头面部交接,所以有"头为诸阳之会"。十二经脉在头面部的分布规律:阳明在前,少阳在侧,太阳在后。②躯干部。十二经脉在躯干部分布的一般规律是:足三阴与足阳明经分布在胸、腹部(前),手三阳与足太阳经分布在肩胛、背、腰部(后),手三阴、足少阳与足厥阴经分布在腋、胁、侧腹部(侧)。③四肢。四肢分布的一般规律:阴经分布在四肢的内侧面,阳经分布在外侧面。

(2)十二经脉的表里关系:手足三阴、三阳十二经脉,通过经别和别络相互沟通,组成六对,"表里相合"关系,即"足太阳与少阴为表里,少阳与厥阴为表里,阳明与太阴为表里,是足之阴阳也。手太阳与少阴为表里,少阳与心主(手厥阴心包经)为表里,阳明与太阴为表里,是手之阴阳也"。相为表里的两经,分别循行于四肢内外侧的相对位置,并在四肢末端交接;又分别络属于相为表里的脏腑,从而构成了脏腑阴阳表里相合关系。十二经脉的表里关系,不仅由于相互表里的两经的衔接而加强了联系,而且由于相互络属于同一脏腑,因而使互为表里的一脏一腑在生理功能上互相配合,在病理上可相互影响。在治疗上,相互表里的两经的腧穴可以交叉使用(表4.2)。

表4.2　十二经脉表里关系表

循行部位 (阴经行于内侧,阳经行于外侧)		阴经 (属脏络腑)	阳经 (属腑络脏)
前肢	前缘	太阴肺经	阳明大肠经
	中线	厥阴心包经	少阳三焦经
	后缘	少阴心经	太阳小肠经
后肢	前缘	太阴脾经	阳明胃经
	中线	厥阴肝经	少阳胆经
	后缘	少阴肾经	太阳膀胱经

4)十二经脉的流注次序

流注是指气血流动不息,向各处灌注的意思。经络是动物机体气血运行的通道,而十二经脉则为气血运行的主要通道。气血在十二经脉内流动不息,循环灌注,分布于全身内外上下,构成了十二经脉的气血流注,又名十二经脉的流注。其流注次序:从手太阴肺经开始,依次流至足厥阴肝经,再流至手太阴肺经。这样就构成了一个"阴阳相贯,如环无端"的十二经脉整体循行系统(图4.3)。

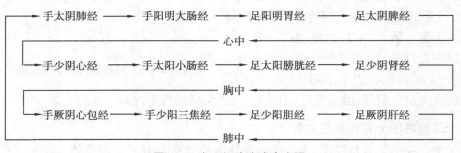

图4.3　十二经脉流注次序图

4.3　奇经八脉

1）奇经八脉

奇者,异也;因其异于正经,故称"奇经",而有八脉,即任脉、督脉、冲脉、带脉、阴跷脉、阳跷脉、阴维脉、阳维脉,故称奇经八脉。它们既不直属脏腑,又无表里配合。

2）生理功能

（1）进一步加强十二经脉之间的联系。

（2）调节十二经脉的气血。

（3）奇经八脉与肝、肾等脏及胞宫、脑、髓等奇恒之府有十分密切的关系,相互之间在生理、病理上均有一定的联系。

3）奇经八脉的生理特点

（1）奇经八脉与脏腑无直接络属关系。

（2）奇经八脉之间无表里配合关系。

（3）奇经八脉的分布不像十二经脉分布遍及全身,动物体的前肢无奇经八脉的分布。其走向也与十二经脉不同,除带脉外,其余皆由后而前地循行。

其中,任脉行于腹正中线,总任一身之阴脉,称为"阴脉之海"。任脉还有妊养胞胎的作用,故又有"任主胞胎"之说。督脉行于背正中线,总督一身之阳脉,有"阳脉之海"之称。十二经脉加上任、督二脉,合称"十四经脉",是经的主干。冲脉行于颈、腹两侧,经后肢内侧达足或蹄之中心,与后肢少阴经并行。冲脉总领一身气血的要冲,能调节十二经气血,故有"十二经之海"和"血海"之称。因任、督、冲脉,同起于胞中,故有"一源三歧"之说。带脉环行于腰部,状如束带,有约束诸脉的作用。阴维脉和阳维脉,分别具有维系、联络全身阴经或阳经的作用。阴跷脉和阳跷脉,具有交通一身阴阳之气和调节肌肉运动,司眼睑开合的作用。

4.4　经络的主要作用

经络能密切联系周身的组织和脏器,在生理功能、病理变化、药物及针灸治疗等方面,都起着重要作用。

4.4.1　生理方面

1）运行气血,温养全身

动物体的各组织器官,均需气血的温养,才能维持正常的生理活动,而气血必须通过经络的传注,方能通达周身,发挥其温养脏腑组织的作用。故《灵枢·本脏篇》中"经脉者,所有行血气而营阴阳,濡筋骨,利关节者也"。

2)沟通内外上下,联系脏腑肢节

经络既有运行气血的作用,又有联系动物体各组织器官的作用,使机体内外上下保持协调统一。经络内连脏腑,外络肢节,上下贯通,左右交叉,将动物体各个组织器官,相互紧密地联系起来,从而起到了协调脏腑功能枢纽的作用。

3)感应传导信息

经络能够感应接受动物机体内外的各种刺激,并把这种刺激的信息沿经络的循行路线传导至其他部位。针灸时所产生的"得气"现象就是典型的经络感应与传导的体现。另外还有药物的归经。

4)调节机体平衡

经络能运行气血和协调阴阳,使动物体功能活动保持相对平衡。若动物体的气血阴阳失去协调平衡,通过经络系统的自我调节,仍不能恢复正常者,则发生疾病。

4.4.2 病理方面

经络同疾病的发生与传变有着密切的联系,主要表现在以下两个方面。

1)传导病邪

当病邪侵入动物体时,动物体通过经络以调整体内营卫气血等防卫力量来抵抗病邪。若动物体正气虚弱,气血失调,病邪可通过经络由表及里传入脏腑而引发病证。如外感风寒在表不解,可通过前肢太阴肺经传入肺脏,引起咳喘等证。

2)反映病变

脏腑有病,可通过经络反映到体表,临床上可据此对疾病进行诊断。如心火亢盛,可循心经上传于舌,出现口舌红肿糜烂的症状;肝火亢盛,可循肝经上传于眼,出现目赤肿痛、睛生翳膜等症状;肾有病,可循肾经传于腰部,出现腰胯疼痛无力等症状。

4.4.3 治疗方面

1)传递药物的治疗作用

1186年,南宋的张洁古在《珍珠囊》一书中,以经络学说为基础,首先提出了药物归经的理论。认为药物作用于机体,需通过经络的传递,经络能够选择性地传递某些药物,致使某些药物对某些脏腑具有主要作用。例如,同为泻火药,由于被不同的经络传递,则有黄连泻心火,黄芩泻肺火,白芍泻脾火,知母泻肾火,木通泻小肠火,黄芩泻大肠火,石膏泻胃火,柴胡、黄芩泻三焦火,柴胡、黄连泻肝胆火,黄柏泻膀胱火等的区分。据此总结出了"药物归经"或"按经选药"的原则。此外,按照药物归经的理论,在临床实践中还归结出了某些引经药,如桔梗引药上行专入肺经,牛膝引药下行专入肝肾两经等。

2)感受和传导针灸的刺激作用

经络能够感受和传导针灸的刺激作用。针刺体表的穴位之所以能够治疗内脏的疾病,就是借助于经络的这种感受和传导作用。因此,在针灸治疗方面就提出了"循经取穴"的原则,即治疗某一经的病变,就在这一经上选取某些特定的穴位,对其施以一定的刺激,达到调理气血和脏腑功能的目的。如胃热针玉堂血(后肢阳明胃经),腹泻针带脉血(后肢太阴脾经),冷痛针三江血(后肢阳明胃经)和四蹄血(前蹄头属前肢阳明大肠经,后蹄头属后肢阳明胃经)等。总之,经络理论与中兽医临床实践有着紧密的关系,特别是在针灸方面更为突出。根据经络理论,按经选药或循经取穴,通过用药物或针灸的方法治疗动物疾病,往往能取得较好疗效(图4.4)。

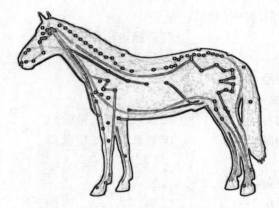

图4.4 马的经络图

复习与思考

一、名词解释

1.经络; 2.奇经八脉; 3.经络学说。

二、填空题

1.经络系统由_____和_____及其联属部分组成。

2.奇经八脉由_____、_____、_____、_____、_____、_____、_____、_____组成。

3.前肢三阳经是指_____、_____、_____。

前肢三阴经是指_____、_____、_____。

4.阴经与阳经在_____交会,阳经与阳经在_____交会,阴经与阴经在_____交会。

5._____行于腹正中线,总任一身之阴脉,称为_____,且有妊养胞胎的作用,故又有"任主胞胎"之说。_____行于背正中线,总督一身之阳脉,故有"_____"之称。_____总领一身气血的要冲,能调节十二经气血,故有_____和"血海"之称。

三、选择题

1.前肢三阳经与后肢三阳经在( )相交。

A. 前肢　　　　　B. 后肢　　　　　C. 头　　　　　D. 胸　　　　　E. 腹

2. 循行于背部的经脉是(　　　)。

A. 后肢太阴经　　　　　　　　B. 后肢少阴经

C. 后肢太阳经　　　　　　　　D. 后肢阳明经

E. 前肢厥阴经

3. 围腰一周,有如束带,约束诸脉的经脉是(　　　)。

A. 督脉　　　　　B. 任脉　　　　　C. 冲脉　　　　　D. 带脉　　　　　E. 跷脉

4. 循行于后肢内则前缘的经脉是(　　　)。

A. 后肢太阴脾经　　　　　　　B. 后肢少阴肾经

C. 后肢厥阴肝经　　　　　　　D. 后肢阳明胃经

E. 后肢太阳膀胱经

5. 奇经八脉中"一源三歧"是指(　　　)。

A. 冲脉、任脉、带脉　　　　　B. 督脉、任脉、带脉

C. 督脉、任脉、冲脉　　　　　D. 督脉、冲脉、带脉

E. 冲脉

6. 三阳经与三阳经交会于(　　　)。

A. 前肢　　　　　B. 后肢　　　　　C. 头　　　　　D. 胸　　　　　E. 腹

7. 循行于前肢外则前缘的经脉是(　　　)。

A. 前肢阳明大肠经　　　　　　B. 前肢太阳小肠经

C. 前肢少阳三焦经　　　　　　D. 前肢太阴肺经

E. 后肢太阳膀胱经

8. 按照十二经脉的流注次序,前肢少阴经交给(　　　)。

A. 前肢阳明经　　B. 前肢少阳经　　C. 前肢太阳经　　D. 前肢太阴经　　E. 足少阳经

9. 前肢太阴经联络的脏腑是(　　　)。

A. 脾　　　　　B. 胃　　　　　C. 大肠　　　　　D. 小肠　　　　　E. 肝

四、问答题

1. 何谓经络? 经络系统包括哪些内容?

2. 何谓奇经八脉? 其生理及生理特点有哪些?

3. 试述十二经脉的流注次序。

4. 简述十二经脉的走向交接及其分布。

案例分析

案例 1

一金毛,7 岁,主诉:半年前,偶尔两后肢不能站立,瘫痪不起,经过当地宠物医院治疗后基本能站立,但是活动仍然不灵活而来就诊。查:该犬体型肥胖,被毛枯焦,少光泽,触诊后肢松软无力,针刺后肢及后部躯干,反应迟钝。电针:百会、腰阳关、环跳、后跟、解溪、六缝等穴位,3 天后痊愈,出院。

试述本病与上述穴位的关系。

案例 2

一母马,吃少量豌豆秸后,腹痛滚转不安,形寒怕冷,耳鼻俱凉,四肢不温,排稀粗粪便,小便清长,头部及髋部可见皮肤破损,口色青白,舌苔白腻,脉象沉迟,直肠检查有 3 个月胎儿。处理:火针双侧关元穴,毫针后海、分水,血针三江穴后而愈。几个月后,顺产一马仔。

试述本病与上述穴位的关系。为何不同穴位的针刺方法不一样?

项目5 病因病机

✎【学习目标】

    1. 掌握病因病机的概念；

    2. 掌握六淫和六气的区别，以及六淫的致病特性；

    3. 能够初步应用病因病机对常见病证进行病因病机的分析。

✎【技能目标】

    学会应用病因病机对常见病证进行病因病机的分析。

5.1 病因病机的基本概念

    病因，即致病因素，就是破坏动物机体生理动态平衡，导致疾病发生的各种原因和条件。病因又称"病源"或"邪气"。根据病因的性质及致病的特点，中兽医学中将其分为外感、内伤和其他致病因素（包括外伤、虫兽伤、寄生虫、中毒、痰饮、瘀血等）三大类。如《元亨疗马集·脉色论》中"风寒暑湿伤于外，饥饱劳役扰于内，五行生克，诸疾生焉"。

    病机，是指各种病因作用于机体，引起疾病发生、发展与转归的机理。中兽医学认为，疾病的发生、发展与变化的根本原因，不在机体的外部，而在机体的内部。也就是说，各种致病因素都是通过动物体内部因素而起作用的，疾病就是正气与邪气相互斗争，发生邪正消长、阴阳失调和升降失常的结果。

    中兽医学认为，动物体是一个有机的整体，在正常情况下动物体脏腑经络、精气血津液之间处于一个相对平衡的状态，以维持动物体的生理活动。当这种相对平衡在某种病因的作用下遭到破坏或失调，又不能经自行调节而恢复时，就会导致疾病的发生。故《素问·调经论》中"血气不和，百病乃变化而生"。疾病的发生、发展和变化，虽然错综复杂，但不外乎是动物体内在的因素和致病的外在因素两个方面，中兽医学分别称为"正气"与"邪气"。"正气"，是指动物体各脏腑组织器官的功能活动，及其对外界环境的适应力和对致病因素的抵抗力，恢复健康和再生的能力。"邪气"，是指一切致病因素。疾病的发生与发展就是"邪正相争"的结果。正气充盛的动物，卫外功能固密，外邪不易侵犯；只有在动物体正气虚弱、卫外不固、正不胜邪的情况下,外邪才能乘虚侵害机体而发病。在正、邪这两方面的因素中,中兽医学特别强调正气是在疾病发生与否的过程中起着主导作用的方面。如《素问·刺法论》和《素问·评热病论》中也分别有"正气存内,邪不可干"和"邪之所凑,其气必虚"之说。又如《元亨疗马集·八邪论》中"真气守于内,精神固于外,其病患安得而有之"。诚然,中兽医重视正气,强调正气在发病中的主导地位,并不排除邪气对疾病发生的重要作用。邪气是发病的必要条件,在一定的条件下,甚至起主导作用。如高温、高压电流、剧毒、枪弹杀伤、毒蛇咬伤等,即使正气强盛,也难免不被伤害。疫疠在特殊情况下,常常成为疾病发生的决定性因素,因而导致了疾病的大肆流行。所以提出了"避其毒气"的主动预防措施,以防止传染病的发生和散播。

动物体的正气盛衰,取决于体质因素和所处的环境及饲养管理等条件。正如《元亨疗马集·正证论》中"马逢正气,疴瘵不生,半在人之所蓄"。一旦饲养管理失调,就会致使正气不足,卫外功能暂时失固。此时如果有外邪侵袭,虽然可以引起动物发病,但由于动物体质及机能状态的不同,即动物体正气强弱的差异,而在发病时间以及所表现出的症状上均有所差异。就发病时间而言,有的感邪即发,有的则潜伏体内待发,亦有重新感邪引动伏邪而发病。就所表现的症状而论,有的表现为虚证,有的表现为实证。如同为外感风寒,体质虚弱,肺卫不固的动物,易患表虚证,病情较重;而体质强壮的动物,则易患表实证,病情较轻。由此可见,动物体正气的盛衰,与疾病的发生与发展均有着密切的关系。

5.2 外感病因

外感病因,是指由外而入,或从皮毛、口鼻侵入机体,引起外感疾病。外感病是由外感病因而引起的一类疾病,一般发病较急,病初多见寒热、肢体酸痛等。外感病因大致分为六淫和疫疠两类。

5.2.1 六淫

1)六淫的基本概念

六淫是指风、寒、暑、湿、燥、火六种外感病邪的统称。

六淫与六气:所谓六气,又称六元,是指风、寒、暑、湿、燥、火六种正常的自然界气候。六气的变化称之为六化。这种正常的气候变化,是万物生长的条件,对于机体是无害的。由于机体在生命活动过程中,通过自身的调节机制产生了一定的适应能力,从而使机体的生理活动与六气的变化相适应。所以,正常的六气一般不易使动物发病。自然界中气候变化都有一定的规律和限度,如果气候变化异常,六气发生太过或不及,或非其时而有其气(如春天当温而反寒,冬季当冷而反热),以及气候变化过于急骤(如暴寒暴暖),超过了一定的限度,使机体不能与之相适应时,就会导致动物体发病。于是导致机体发生疾病的六气便成为"六淫"。但是异常的气候变化,并非使所有的动物都能发病。有的动物能适应这种异常变化就不发病,而有的动物却因不能适应这种异常变化而发病。同一异常的气候变化,对于前者来说是"六淫",后者仍是"六气"。反之,气候变化正常,即使在风调雨顺、气候宜人的情况下,也会有因其适应能力低下而生病。这种正常的"六气"变化对患病动物体来说又是"六淫"了。由此可见,六淫无论是在气候正常还是异常的情况下,都是客观存在的。在这里起决定作用的因素是动物体质的差异、正气的强弱。只有在动物体的正气不足、抵抗力下降时,六气才能成为致病因素,侵犯机体而发病。如图5.1所示。

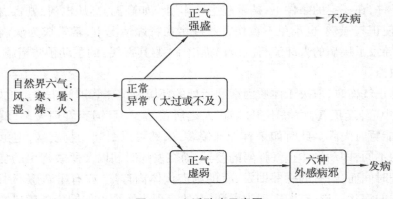

图5.1　六淫致病示意图

2)六淫致病的一般特点

(1)季节性:由于六淫本为四时主气的太过或不及,故容易形成季节性多发病。如春季多风病,夏季多暑病,长夏初秋多湿病,深秋多燥病,冬季多寒病等,这是一般规律。但是,气候变化是复杂的,不同体质对外邪的感受性不同,所以同一季节可以有不同性质的外感病发生。

(2)外感性:六淫为病,多有由表入里的传变过程。六淫之邪多从肌表或口鼻而入,侵犯机体而发病。六淫致病的初起阶段,多以恶寒发热、舌淡苔薄、脉浮为主要临床特征,称为表证。表证不除,由表入里,由浅及深产生传变过程。即使直中入里,没有表证,也都称为"外感病"。所以,称六淫为外感病因。

(3)地域性:放牧或圈舍环境失宜,也能导致六淫侵袭而发病。如久处潮湿环境多有湿邪为病,高温环境多有暑邪、燥热或火邪为害,干燥环境又多有燥邪为病等。

(4)兼挟性:六淫邪气既可单独致病又可相兼为害。其单独使动物致病者,如寒邪直中脏腑而致泄泻,又可因两种以上同时侵犯机体而发病,如风寒感冒、湿热泄泻、风寒湿痹的风湿等。如《素问·痹论》中"风寒湿三气杂至,合而为痹也"。

(5)转化性:六淫致病以后,在疾病发展过程中,不仅可以互相影响,而且在一定条件下,其病理性质可向不同于病因性质的方向转化,如寒邪可郁而化热,暑湿日久又可以化燥伤阴,六淫皆可化火,等等。这种转化与体质有关,机的体质有强弱,气有盛衰,脏有寒热,因此,病邪侵入动物机体,多从其脏气而转化。阴虚体质最易化燥,阳虚体质最易化湿。一般而言,邪气初感不易转化,邪郁日久多能转化。

从现代医学角度看,六淫为病,除了气候因素外,还包括了生物(如细菌、病毒等)、物理、化学等多种致病因素作用于机体所引起的病理反应。

临床上除六淫邪气引起的病证之外,还可因机体脏腑本身机能失调而产生类似于风、寒、湿、燥、火的病理现象。因疾病由内而生,故称为"内生五邪",即内风、内寒、内湿、内燥、内火五种。其所引起的病证与外感五邪症状相近,故在相应的病因中一并叙述。

3）六淫致病的性质及其特点

（1）风邪。风具有轻扬开泄、善动不居的特性,为春季的主气,但终岁常在,四时皆有。故风邪引起的疾病虽以春季为多,但不限于春季,其他季节均可发生。相对于外风而言,风从内生者,称为"内风"。内风的产生与心、肝、肾三脏有关,特别是与肝的功能失调有关,也称"肝风"。《素问·至真要大论》中"诸风掉眩,皆属于肝"。风邪的性质和致病特征:风性轻扬开泄,善行数变,风胜则动,为百病之长。

①风为阳邪,其性轻扬开泄:风为阳邪,其性轻扬升散,具有升发、向上、向外的特性。所以风邪致病,易于伤上部、易犯肌表、腰部等。肺为五脏六腑之华盖,伤于肺则肺气不宣,出现鼻塞、流涕、咳嗽等。风邪上扰头面,则出现头项强痛、面部麻痹、口眼歪斜等。正如《素问·太阴阳明论》中"伤于风者,上先受之"。风性开泄,是指风邪易使皮毛腠理疏泄而开张,出现汗出、恶风的症状。

②风性善行数变:善行是指风邪具有风善动不居,易行而无定处的特点。如风疹、荨麻疹之发无定处,此起彼伏;风湿的行痹(风痹)之四肢关节游走性疼痛等。数变是指风邪致病具有变化无常和发病急骤的特性。如风疹、荨麻疹之时隐时现,癫痫之猝然昏倒、不省人事等。

③风性主动:风性主动是指风邪致病具有动摇不定的特征。常表现为眩晕、震颤、四肢抽搐、角弓反张、直视上吊等症状,故称"风胜则动"。如外感热病中的"热极生风",内伤杂病中的"肝阳化风"或"血虚生风"等证,均有风邪动摇的表现。故《素问·阴阳应象大论》中"风胜则动"。

④风为百病之长:风邪是外感病因的先导,寒、湿、燥、热等邪往往都依附于风而侵袭机体。如风寒证、风热证、风湿、暑风、风燥,与火合则为风火等。所以,临床上风邪为患较多,又易与六淫诸邪相合而为病,故称风为"百病之长,六淫之首"。《素问·生气通天论》中"风者,百病之使也"。又《素问·风论》中"风者,百病之长也"。

⑤常见风证及其治则:如图 5.2 所示。

（2）寒邪。寒为冬季的主气,但四季皆有。寒邪有外寒和内寒之分。外寒由外感受,多由气温较低,保暖不够,淋雨涉水,汗出当风,以及采食冰冻的饲草饲料,或饮凉水太过所致。外寒侵犯机体,据其部位的深浅,有伤寒和中寒之别。寒邪伤于肌表,称为"伤寒";寒邪直中于里,伤及脏腑阳气,称为"中寒"。内寒是机体机能衰退,阳气不足,寒从内而生的病证。临床上常见的病证有伤寒、中寒、风寒、寒痹等。风邪的性质和致病特征:寒冷、凝滞、收引。

①寒性阴冷,易伤阳气:寒为阴邪,其性属阴,易伤阳气;阳气本可以制阴,但阴寒偏盛,则阳气不仅不足以驱除寒邪,反为阴寒所伤,故云"阴盛则寒""阴盛则阳病"。所以,寒邪最易损伤动物机体阳气。阳气受损,失于温煦,故全身或局部可出现明显的寒象。如寒邪袭表,卫阳被遏,则现恶寒、发热、无汗等,称之为"伤寒"。寒邪直中于里,损伤脏腑阳气,谓之为"中寒"。如伤及脾胃,则纳运升降失常,以致吐泻清稀,脘腹冷痛;肺脾受寒,则宣肃运化失职,表现为咳嗽喘促,痰液清稀或水肿;寒伤脾肾,则温运气化失调,表现为畏寒肢冷、尿清便溏、水肿腹水等;寒邪直中少阴,心肾阳气受损,则可见恶寒蜷卧、四肢厥冷、下利清谷、精神萎靡、脉微细等。

风证
- 外风
  - 风寒：恶寒发热并见，耳鼻四肢不温，鼻流清涕，舌淡苔薄白，脉象浮紧（治则：疏风散寒，麻黄汤）
  - 风热：发热恶风，咽痛吞咽缓慢，鼻液黄稠，舌红苔薄黄，脉象浮数（治则：疏风清热，银翘散）
  - 风湿
    - 痛痹：关节四肢冷痛，得温痛减（治则：散寒祛风除湿，乌头汤）
    - 行痹：关节肿痛，游走不定（治则：疏风散寒除湿，防风汤）
    - 着痹：关节疼痛，固定不移，肢体沉重，缠绵难愈（治则：除湿散寒止痛，薏苡仁汤）
    - 热痹：关节红肿热痛，发热汗出（治则：白虎加苍术汤）
- 内风
  - 热极生风：高热抽搐，角弓反张，神昏目吊，躁动不安（治则：清热熄风，羚羊钩藤汤）
  - 血虚生风：贫血，眩晕站立不稳，蹄甲干枯，肢体麻木，轻则震颤，重则四肢抽搐（治则：养血息风，加减复脉汤）
  - 阴虚动风：形体消瘦，潮热盗汗，四肢蠕动，重则抽搐，口咽干燥，舌红少津，脉弦细数（治则：养阴熄风，大定风珠）

图 5.2　常见风证及其治则

②寒性凝滞，易致疼痛：凝滞，即凝结阻滞。机体气血津液的运行，赖阳气的温煦推动，才能畅通无阻。寒邪侵入机体，经脉气血凝结阻滞，不通则痛，故疼痛是寒邪致病的重要特征。因寒而痛，其痛得温则减，逢寒增剧，得温则气升血散，气血运行无阻，故疼痛缓解或减轻。由于寒邪侵犯的部位不同，所以病状各异。若寒邪客于肌表、凝滞经脉，则肢体疼痛；若寒邪直中胃肠、气机阻滞，则肚腹冷痛、口流清涎。

③寒性收引：收引，即收缩牵引之意。寒性收引是指寒邪具有收缩拘急的特性。《素问·举痛论》中"寒则气收"。寒邪侵袭动物机体，可使气机收敛，腠理闭塞，经络筋脉收缩而挛急；若寒客经络关节，则筋脉收缩拘急，以致拘挛作痛、屈伸不利；若寒邪侵袭肌表，则毛窍收缩、卫阳闭郁，故恶寒发热、无汗、被毛逆立、耳鼻四肢不温。

④常见寒证及其治则：如图 5.3 所示。

寒证
- 外寒
  - 伤寒：（见风证）
  - 中寒：寒邪直中胃肠，气机阻滞，肚腹冷痛，口流清涎，泻粪清冷（治则：温中散寒，橘皮散）
- 内寒
  - 上焦虚寒：畏寒肢冷，短气咳喘，心悸不安，神疲乏力（治则：温肺强心，补阳汤）
  - 中焦虚寒：畏寒肢冷，神疲乏力，四肢不温，肚腹冷痛（治则：温中健脾散寒，理中汤）
  - 下焦虚寒：畏寒肢冷，四肢不温，公畜阳痿，母畜宫寒不孕（治则：温肾补阳，右归饮）

图 5.3　常见寒证及其治则

（3）暑邪。暑为火热之邪，为夏季主气。暑邪有明显的季节性，主要发生在夏至以后、立秋以前。如《素问·热论》中"先夏至日者为病温，后夏至日者为病暑"。暑邪独见于夏令，故有"暑属外邪，并无内暑"之说。暑邪致病有阴阳之分，在炎夏之日，气温过高，或烈日曝晒过久，或圈舍闷热而引起的热病，属阳暑；暑热时节，饮冷受凉所引起的热病，属阴暑。总之，暑月受寒为阴暑，暑月受热为阳暑。暑邪的性质和致病特征：暑为火所化，主升散，且多挟湿。

①暑性炎热，易致发热：暑为火热之气所化生，属阳邪。暑邪伤及动物多表现出一系列阳热症状，如高热、口渴、烦躁、汗出、脉象洪大等，称为伤暑（或暑热）。

②暑性升散，易耗气伤津：暑为阳邪，其性升散，故暑邪侵入机体，多直入气分，使腠理开泄而汗出。汗出过多，不但耗伤津液，引起口渴喜饮、唇干舌燥、尿短赤等症，而且气也随之

而耗,导致气津两伤,出现精神倦怠、四肢无力、呼吸浅表等症。严重者,可扰及心神,出现行如酒醉、神志昏迷等症。

③暑多挟湿:夏暑季节,除气候炎热外,还常多雨潮湿。热蒸湿动,湿气较大,故动物体在感受暑邪的同时,还常兼感湿邪,故有"暑多挟湿"或"暑必兼湿"(《冯氏锦囊秘录》)之说。临床上,除见到暑热的表现外,还有湿邪困阻的症状,如汗出不畅、渴不多饮、身重倦怠、便溏泄泻等。

④常见暑证及其治则:如图5.4所示。

暑证 {
伤暑:身热气喘,多汗口渴,精神沉郁,粪干尿赤,舌红脉数(治则:清热解暑,白虎汤)
中暑:高热神昏,突然倒地,四肢抽搐,行走如醉,汗出如油(治则:清热开窍,紫雪丹,针刺泻血)
暑湿:身热不扬,食欲不振,四肢倦怠,呕吐腹泻,苔腻脉滑(治则:解暑化湿,藿香正气水)
}

图5.4　常见暑证及其治则

(4)湿邪。湿性重浊、黏滞、趋下特征,为长夏主气。湿与脾土相应。夏秋之交,湿热熏蒸,水气上腾,湿气最盛,故一年之中长夏多湿病。湿亦可因涉水淋雨、圈舍潮湿等湿邪所致,四季均可发病,且其伤机体缓慢难察。湿的性质和致病特征:湿为阴邪,阻碍气机,易伤阳气,其性重浊黏滞、趋下。

①湿为阴邪,阻遏气机,损伤阳气:湿性类水,水属于阴,故湿为阴邪。湿邪侵及动物体,留滞于脏腑经络,最易阻滞气机,从而使气机升降失常。湿困脾胃,使脾胃纳运失职,升降失常,故现食欲不振、肚腹胀满、腹痛、里急后重等证候。由于湿为阴邪,阴胜则阳病,故湿邪为害,易伤阳气。脾主运化水湿,且为阴土,喜燥而恶湿,对湿邪又有特殊的易感性,所以脾具有喜燥而恶湿的特性。因此,湿邪侵袭动物体,必困于脾,使脾阳不振,运化无权,水湿停聚,发为泄泻、水肿、小便短少等症。"湿胜则阳微",因湿为阴邪,易于损伤机体阳气,由湿邪郁遏使阳气不伸者,当用化气利湿通利小便的方法,使气机通畅,水道通调,则湿邪可从小便而去,湿去则阳气自通。

②湿性重浊:湿为重浊有质之邪。所谓"重",即沉重、重着之意。故湿邪致病,其临床症状有沉重的特性,如头重身困、四肢酸楚沉重等。若湿邪外袭肌表,湿浊困遏,清阳不能伸展,则头昏沉重、状如裹束;如湿滞经络关节,阳气布达受阻,则可见肌肤不仁、关节疼痛重着、黏着步样等。所谓"浊",即秽浊垢腻之意。故湿邪为患,易于出现排泄物和分泌物秽浊不清的现象。如湿浊在上,则眵多;湿滞大肠,则大便溏泻、下痢脓血黏液;湿气下注,则小便浑浊、带下过多黄白;湿邪浸淫肌肤,则疮疡、湿疹、脓水秽浊等。

③湿性黏滞:"黏"即黏腻,"滞"即停滞,所谓黏滞是指湿邪致病具有黏腻停滞的特性。这种特性主要表现在两个方面:一是症状的黏滞性。如大便粘黏不爽,小便涩滞不畅,以及分泌物黏浊和舌苔黏腻等。二是病程的缠绵性。起病缓慢,病程较长,往往反复发作或缠绵难愈,如风湿。由于湿邪性质的特异性,在疾病的传变过程中,表现出起病缓、传变慢、病程长、难速愈的明显特征。

④湿性趋下:水性就下,湿类于水,其质重浊,故湿邪有下趋之势,易于伤及机体下部。其病多见下部的症状,如水肿多以下肢较为明显。如带下、小便浑浊、泄泻、下痢等,亦多由湿邪下注所致。但是,湿邪浸淫,上下内外,无处不到,非独侵袭机体下部。所谓"伤于湿者,下先受之"《素问·太阴阳明论》,只是说明湿性趋下,易侵阴位,为其特性之一而已。

⑤常见湿证及其治则:如图5.5所示。

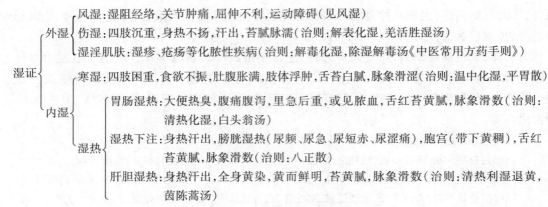

图5.5　常见湿证及其治则

（5）燥邪。燥具有干燥、收敛清肃特性，为秋季主气。秋季天气收敛，其气清肃，气候干燥，水分匮乏，故多燥病。燥气乃秋令燥热之气所化，属阴中之阳邪。燥邪为病，有温燥、凉燥之分。初秋夏热之余气，久晴无雨，秋阳以曝之时，燥与热相结合而侵犯动物体，故病多温燥。深秋近冬之际，西风肃杀，燥与寒相结合而侵犯机体，则病多凉燥。燥与肺气相通。燥邪的性质和致病特征：燥胜则干，易于伤肺。

①燥性干燥，易伤津液：燥邪为病，易伤机体的津液，出现津液亏虚的病变，如口腔干燥，鼻镜干燥，皮毛干枯，眼干不润，粪便干结，尿短少，口干欲饮，干咳无痰等。故《素问·阴阳应象大论》中"燥胜则干"。《素问玄机原病式》中"诸涩枯涸，干劲皴揭，皆属于燥"。

②燥易伤肺：肺为五脏六腑之华盖，喜润而恶燥，称为娇脏。肺主气而司呼吸，直接与自然界大气相通，且外合皮毛，开窍于鼻，燥邪多从口鼻而入。燥为秋令主气，与肺相应，故燥邪最易伤肺。燥邪犯肺，使肺津受损，宣肃失职，从而出现干咳少痰，或痰黏难咯，或痰中带血以及喘息胸痛等。

③常见燥证及其治则：如图5.6所示。

燥证 {
　外燥 { 凉燥：恶寒发热，少汗或无汗，唇干咽燥，皮肤干燥，干咳痰少（治则：宣肺散寒止咳，杏苏散）
　　　　温燥：发热汗出，口干咽痛，干咳少痰，舌红苔黄，脉象滑数（治则：疏风清热止咳，桑菊饮）
　内燥：久病伤阴失血，阴津不足，鼻镜干燥，皮肤干燥，口干咽干，粪干尿少，舌红少苔，脉象细数
　　　　（治则：滋阴润燥，增液承气汤）
}

图5.6　常见燥证及其治则

（6）火邪。火性炎热，旺于夏季，从春分、清明、谷雨，到立夏四个节气，为火气主令。因夏季主火，故火与心气相应。火邪不像暑邪那样有明显的季节性，也不受季节气候的限制。火有生理与病理、内火与外火之分。生理之火是一种维持动物体正常生命活动所必需的阳气，它谧藏于脏腑之内，具有温煦化生作用。这种有益于动物体的阳气称之为"少火"，属于正气范畴。病理之火是指阳盛太过，耗散动物体正气的病邪，这种火称之为"壮火"。病理之火又有内火、外火之分。故《素问·阴阳应象大论》中"少火生气""壮火食气"。火邪的性质和致病特征：燔灼、炎上、耗气伤津、生风动血。

①火性燔灼：燔即燃烧，灼即烧烫。燔灼是指火热邪气具有焚烧、熏灼的特性。故火邪致病，机体以阳气过盛，出现高热、恶热、脉洪数等。

②火性炎上：火为阳邪，其性炎热向上。火邪致病具有明显的炎上特性，其病多表现于

上部。如心火上炎,则见舌尖红赤疼痛,口舌糜烂、生疮;肝火上炎,目赤肿痛;胃火炽盛,齿龈肿痛、齿衄等。

③伤津耗气:火热之邪,蒸腾于内,迫津外泄,消烁津液,使机体阴津耗伤。故火邪致病,其临床表现热象显著外,还往往伴有口渴喜饮、咽干舌燥、小便短赤、大便秘结等津液耗损之症。火太旺而气反衰,阳热亢盛之壮火,最能损伤机体正气,导致全身性的生理机能减退。

④生风动血:火邪易于引起肝风内动和血液妄行。生风:火热之邪侵袭动物体,往往燔灼肝经,劫耗津血,使筋脉失于濡养,而致肝风内动,称为热极生风。临床表现高热、神昏谵语、四肢抽搐、颈项强直、角弓反张、目睛上视等。动血:血得寒则凝,得温则行。火热之邪,灼伤脉络,并使血行加速,迫血妄行,引起各种出血,如吐血、衄血、便血、尿血,以及皮肤发斑、各种出血等。

⑤易致肿疡:火热之邪入于血分,聚于局部,血败腐肉,则发为痈肿疮疡。"痈疽原是火毒生"《医宗金鉴·痈疽总论歌》。"火毒""热毒"是引起疮疡的比较常见的原因,其临床表现以疮疡局部红肿热痛为特征。

⑥易扰心神:火气与心气相应,心主血脉而藏神。故火之邪伤于动物机体,最易扰乱神明,出现狂躁不安,甚至神昏谵语等症。

⑦常见火证及其治则:如图5.7所示。

火证 {
实火 {
心火炽盛:躁动不安,口舌生疮(治则:清心泻火,泻心汤)
肺火壅盛:高热口渴,呼吸喘粗,咳嗽痰(治则:清热泻肺,泻白散)
肝火炽热:高热口渴,目赤肿痛,甚则抽搐(治则:清肝泻火,龙胆泻肝汤)
胃火炽盛:高热口渴,排齿肿痛,口臭(治则:清胃凉血,清胃散)
大肠经火:高热口渴,便秘腹痛、泄泻、痢疾(治则:便秘用大承气汤,泄泻痢疾用白头翁汤)
小肠实热:高热口渴,小便短赤,尿涩痛(治则:清热导赤,导赤散)
膀胱实热:高热口渴,尿频、尿急、尿涩痛(治则:八正散)
}
虚火:体瘦毛焦,潮热盗汗,遗精,舌红少津,脉象细数(治则:滋阴降火,青蒿鳖甲汤)
}

图5.7 常见火证及其治则

5.2.2 疫疠

1)疫疠的基本概念

疫疠是一类具有强烈传染性的病邪,也是一种外感病邪。又名戾气、疫疠之气、毒气、异气、杂气、乖戾之气等。疫疠通过空气和接触传染。疫疠与六淫不同,不是由气候变化所形成的致病因素,而是一种人们的感官不能直接观察到的微小物质(病原微生物),即"毒"邪。疫是指瘟疫,具有传染性的一类疾病。疠是指天地之间的一种不正之气。温病与瘟疫不同,温病为多为外感急性热病的总称,温病无传染性和流行性。

2)疫疠的性质及其致病特点

(1)发病急骤,病情危笃。疫疠之气,其性急速、燔灼,且热毒炽盛。具有发病急骤、来势凶猛、病情险恶、变化多端、传变快的特点,且易伤津、扰神、动血、生风。疠气为害颇似火热致病,具有一派热盛之象,但毒热较火热为甚,不仅热毒炽盛,而且常挟有湿毒、毒雾、瘴气等秽浊之气,故其致病作用更为剧烈险恶,死亡率也高。

(2)传染性强,易于流行。疫疠之气具有强烈的传染性和流行性,可通过口鼻等多种途径在动物群体中传播。疫疠之气致病可散发,也可以大面积流行。因此,疫疠具有传染性强、流行广泛、死亡率高的特点。诸如猪瘟、犬瘟热、犬细小病毒病、禽流感等,实际包括现代医学许多传染病和烈性传染病。

(3)特适性与偏中性。特适性是指疫疠致病的病位与病种的特异性。疫疠作用何腑何脏,发为何病,具有特异性定位的特点。疫疠对机体作用部位具有一定选择性,从而在不同部位上产生相应的病证。疫疠种类不同,所致之病各异。每一种疫疠所致之疫病,均有各自的临床特征和传变规律,所谓"一气致一病"。偏中性是指疫疠的种属感受性。疫疠有偏中于人者,偏中于动物者。偏中于人的,则不传染给动物;偏中于动物的,也不传染给人,如猪瘟不传染给人。即使偏中于动物的,因动物种属不同,也不互相传染,如口蹄疫传染给偶蹄兽,不传染给单蹄兽。

5.3　内伤病因

内伤致病因素,主要包括饲养失宜和管理不当,可概括为饥、饱、劳、役四种。饥饱是饲喂失宜,而劳役则是管理使役不当。此外,动物长期休闲,缺乏适当运动也可以引起疾病,称为"逸伤"。内伤因素,既可以直接导致动物疾病,也可以使动物体的抵抗能力降低,为外感因素致病创造条件。

1)饥

饥是指饮食不足而引起的饥渴。《安骥集·八邪论》中"饥谓水草不足也,故脂伤也"。水谷草料是动物气血生化之源,若饥而不食,渴而不饮,或饮食不足,久而久之,则气血生化乏源,就会引起气血亏虚,表现为体瘦无力,毛焦欣吊,倦怠好卧,成年动物生产性能下降,幼年动物生长迟缓,发育不良等。

2)饱

饱是指饮喂过多所致的一种饱伤。胃肠的受纳及传送功能有一定的限度,若饮喂失调,水草太过或乘饥渴而暴饮暴食,超过了胃肠受纳及传送的限度,就会损伤胃肠,出现肚腹胀满,嗳气酸臭,气促喘粗等症。如马大肚结(胃扩张)、肚胀(肠臌胀)、牛羊瘤胃臌胀等均属于饱伤之类。故《素问·痹论》中"饮食自倍,肠胃乃伤"。《安骥集·八邪论》中"水草倍,则胃肠伤"。

3)劳役

劳役是指劳役过度或使役不当。久役过劳可引起气耗津亏,精神短少,力衰筋乏,四肢倦怠等症。若奔走太急,失于牵遛,可引起走伤及败血凝蹄等。如《素问·痹论》中"劳则气耗"。《安骥集·八邪论》中"役伤肝,役,行役也,久则伤筋,肝主筋"。雄性动物因配种过度而致食欲不振、四肢乏力、消瘦,甚至滑精、阳痿、早泄、不育等,也属于劳伤。

4)逸

逸是指过度闲逸,久不使役或运动不足。合理的使役或运动是保证动物健康的必要条件,长期停止使役或失于运动,可使机体气血蓄滞不行,或影响脾胃的消化功能,出现食欲不振,体力下降,腰肢软弱,抗病力降低等逸伤之证。雄性动物缺乏运动,可使精子活力降低而不育;雌性动物过于安逸,可因过肥而不孕。如难产、胎衣不下等,均与缺乏适当的使役及运动有关。平时缺乏使役或运动的动物突然使役,还容易引起心肺功能失调。

5.4 其他病因

1)外伤

常见的外伤性致病因素有创伤、挫伤、烫火伤及虫兽伤等。创伤往往由锋利的刀刃切割、尖锐物体刺破、子弹或弹片损伤所致。挫伤是因钝性外力作用而导致软组织的损伤,如跌扑、撞击、角斗、蹴踢等。创伤和挫伤均可引起不同程度的肌肤出血、瘀血、肿胀,甚至筋断骨折或脱臼。若伤及内脏、头部或大血管,可导致大失血、昏迷,甚至死亡。烫火伤包括烫伤和烧伤,可直接造成皮肤、肌肉等组织的损伤或烧焦,引起疼痛、肿胀,严重者可引起昏迷甚至死亡。虫兽伤是指虫兽咬伤或螫伤,如狂犬咬伤,毒蛇咬伤,蜂、虻、蝎子的咬螫等。

2)寄生虫

寄生虫分体内、体外。体外寄生虫包括虱、蜱、螨等,寄生于动物体表,除引起动物皮肤瘙痒、揩树擦桩、骚动不安,甚至因继发感染而导致脓皮病外,还因吸吮动物体的营养,引起动物消瘦、虚弱、被毛粗乱,甚至泄泻、水肿等证。体内寄生虫,包括线虫(如蛔虫、蛲虫)、绦虫、吸虫(如血吸虫、肝片吸虫)、血液原虫(如锥虫、梨形虫、球虫)等,它们寄生在动物体的脏腑组织器官及血液中,引起机体发病。

3)中毒

有毒物质侵入动物体内,引起脏腑功能失调及组织损伤,称为中毒。凡能引起中毒的物质均称为毒物。常见的中毒有饲料中毒,有毒植物、霉菌毒素中毒,矿物质中毒,饲料添加不当中毒,农药及化学毒药物中毒,动物性毒物中毒,环境污染性中毒等。

4)痰饮

痰和饮是因脏腑功能失调,致使体内水液代谢发生变化而形成的一种病理性产物——水湿。其中,清稀如水者称饮,黏浊而稠者称痰。痰和饮本是体内的两种病理性产物。

痰饮包括有形痰饮和无形痰饮两种。有形痰饮,视之可见,触之可及,闻之有声,如咳嗽的咯痰、喘息之痰鸣、胸水、腹水等。无形痰饮,视之不见,触之不及,闻之无声,但其所引起的病证,通过辨证求因的方法,仍可确定为痰饮所致,如肢体麻木为痰滞经络,神昏不清为痰迷心窍等。痰不仅指呼吸道所分泌的痰,还包括了瘰疬、痰核以及停滞在脏腑经络组织中的痰。痰的形成,主要是由于脾、肺、肾等内脏的水液代谢功能失调所致。由于脾在津液的运化和输布中起着主要作用,而痰又常出自肺,故有"脾为生痰之源""肺为贮痰之器"之说。痰引起的病证非常广泛,故有"百病多由痰作祟"之说。痰的临床表现多种多样,如痰液壅滞于肺,则咳嗽气喘;痰留于胃,则口吐黏涎;痰留于皮肤经络,则生瘰疬;痰迷心窍,则精神失常或昏迷倒地等。饮多由脾、肾阳虚所致,常见于胸腹四肢。如饮在肌肤,则成水肿;饮在胸中,则成胸水;饮在腹中,则成腹水;水饮积于胃肠,则肠鸣腹泻等病证。常见痰饮病证归纳如图5.8所示。

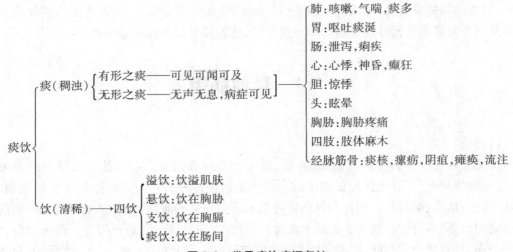

图5.8 常见痰饮病证归纳

5)瘀血

瘀血是指全身血液运行不畅,或局部血液停滞,或体内存在离经之血。瘀血也是体内的病理性产物,瘀血形成后,又会使脏腑组织器官的脉络血行不畅或阻塞不通,引起一系列的病理变化,成为致病因素。

因瘀血发生的部位不同,而有无形和有形之分。无形瘀血,指全身或局部血流不畅,并无可见的瘀血块或瘀血斑存在,常有色、脉、形等全身性症状出现。如肺脏瘀血,可出现咳喘、咳血;心脏瘀血,可出现心悸、气短、口色青紫、脉细涩或结代;肝脏瘀血,可出现腹胀食少、胁肋按痛、口色青紫或有痞块等。有形瘀血,指局部血液停滞或存在着离经之血,所引起的病证常表现为局部疼痛、肿块或有瘀斑,严重者亦可出现口色青紫、脉细涩等全身症状。因此,瘀血致病的共同特点是疼痛,刺痛拒按,痛有定处;瘀血肿块,聚而不散,出现瘀血斑或瘀血点;多伴有出血,血色紫暗不鲜,甚至黑如柏油色。临床表现的共同特点可概括为以下六点:

(1)疼痛:一般多刺痛,固定不移,且多有昼轻夜重的特征,病程较长。

(2)肿块:肿块固定不移,在体表色青紫或青黄,在体内为症积,较硬或有压痛。

(3)出血:血色紫暗或夹有瘀块。

(4)发绀:可视黏膜、口唇、爪甲青紫。

(5)舌质紫暗(或瘀点瘀斑):瘀血最常见、最敏感的指征。

(6)脉细涩沉弦或结代。

6)七情

七情是中医学中人的主要内伤性致病因素,而在中兽医学的典籍中,对此却缺乏论述,其原因可能与过去人们认为动物无情无志,或其大脑信号系统不如人体完善有关。但在兽医临床实践中,时常可见动物尤其是犬、猫等宠物因情绪变化而引发的疾病,与人的七情所伤相近。因此,七情作为一种致病因素,也应引起兽医工作者的注意。

七情,包括人的喜、怒、忧、思、悲、恐、惊七种情志变化。这本是人体对客观事物或现象所作出的七种不同的情志反映,一般不会使人发病。只有突然、强烈或持久的情志刺激,超过人体本身生理活动的调节范围,引起脏腑气血功能紊乱时,才会引发疾病。与人相似,很多种动物都有着丰富的情绪变化,在某些情况下,如离群、失仔、打斗、过度惊吓、环境及主人的变化,以及遭受到主人呵斥、打骂等,都可能会引起动物的情绪变化过于剧烈,从而引发疾病。

七情主要是通过直接伤及内脏和影响气机运行两个方面来引起疾病的。

(1)直接伤及内脏。由于五脏与情志活动有相对应的关系,因此七情太过可损伤相应的脏腑。《素问·阴阳应象大论》将其概括为"怒伤肝、喜伤心、思伤脾、忧伤肺、恐伤肾"。

(2)影响脏腑气机。七情可以通过影响脏腑气机,导致气血运行紊乱而引发疾病。《素问·举痛论》将其概括为"怒则气上,喜则气缓,悲则气消,恐则气下,……惊则气乱……思则气结"。

虽然人们现在尚不十分清楚动物的情志活动,但其作为动物对外界客观事物或现象的反映是肯定存在的,情志的过度变化同样也会引起动物的疾病,必须引起重视。

5.5　病　机

病机就是疾病发生、发展、变化及其转归的机制。病机一词首见于《素问·至真要大论》。中兽医学认为,疾病的发生、发展与变化的根本原因,不在机体的外部,而在机体的内部。也就是说,各种致病因素都是通过动物体内部因素而起作用的,疾病就是正气与邪气相互斗争,发生邪正盛衰、阴阳失调和升降失常的结果。

5.5.1　发病原理

1)正气
正气是指机体对外界的适应能力、抗病能力、驱邪外出的能力,以及自我恢复健康的能力。

2)邪气
邪气是导致机体发病的各种原因和条件。

"正气存内,邪不可干,邪之所凑,其气必虚"(《素问·刺法论》和《素问·评热病论》)。

$$
\text{邪正斗争与发病}\begin{cases}\text{正气强}\longrightarrow\text{不发病}\\\text{正气不足是发病的内在因素}\longrightarrow\text{正气虚}\\\text{邪气是发病的重要条件}\longrightarrow\text{邪气胜}\end{cases}\Big\}\text{发病}
$$

5.5.2　基本病机

1）邪正盛衰

邪正盛衰是指在疾病的发生、发展过程中,致病邪气与机体抗病能力之间相互斗争所发生的盛衰变化。一般来说,邪气侵犯动物体之后,正气与邪气即相互发生作用。一方面,邪气对机体的正气起着破坏和损害的作用;另一方面,正气对邪气起着祛除并恢复其损害的作用。因此,正邪在斗争中双方力量的消长变化,关系着疾病的发生、发展和转归。在疾病的发生方面,如果机体正气强盛,抗邪有力,则能免于发病;如果正气虽盛,但邪气更强,正邪相争有力,机体虽不能免于发病,但所发之病多实证、热证;如果机体体质素虚,正气衰弱,抗病无力,则易于发病,且所发之病多为虚证、寒证。在疾病的发展和转归方面,若正气不甚虚弱,邪气亦不太过强盛,邪正双方势均力敌,则为邪正相持,疾病处于迁延状态;若正气日益强盛或战胜邪气,而邪气日益衰弱或被祛除,则为正胜邪退,疾病向好转或痊愈的方向发展;相反,如果正气日益衰弱,邪气日益亢盛,则为邪盛正虚,疾病向恶化或危重的方向发展;若正气虽然战胜了邪气,邪气被祛除,但正气亦因之而大伤,则为邪去正伤,多见于重病的恢复期。此外,疾病过程中正邪力量对比的变化,还会引起证候的虚实转化和虚实错杂,如邪去正伤,是由实转虚的情况;而病邪久留,损伤正气,或正气本虚,无力祛邪所致痰、食、水、血郁结,则是虚实错杂的证候。

邪正盛衰,邪气盛则实,精气夺则虚,是决定"虚实变化""疾病转归"条件。

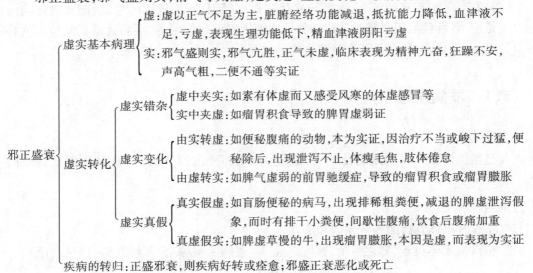

2）阴阳失调

中兽医学认为,动物体内部阴阳两个方面既对立又统一,保持相对平衡状态,维持动物体正常的生命活动。如果阴阳的相对平衡遭到破坏,就会导致阴阳失调,其结果决定了疾病的发生、发展和转归。

在疾病的发生方面,认为疾病是阴阳失调,发生偏盛偏衰所致。在阴阳的偏胜方面,阳胜者必伤阴,故阳胜则阴病而见热证;阴胜者必伤阳,故阴胜则阳病而见寒证。在阴阳的偏衰方面,阳虚则阴相对偏胜,表现为虚寒证;阴虚则阳相对偏胜,表现为虚热证。由于阴阳互根互用,阴损及阳,阳损及阴,最终可导致阴阳俱损。

在疾病的发展方面,由于整个疾病过程,阴阳总是处于不断变化之中,阴阳失调的病变,其病性在一定的条件下可以向相反的方向转化,即出现由阴转阳或由阳转阴的变化。此外,若阳气极度虚弱,阳不制阴,偏盛之阴盘踞于内,逼迫衰极之阳浮越于外,可出现阴阳不相维系的阴盛格阳之证;若邪热极盛,阳气被郁,深伏于里,不能外达四肢,也可发生格阴于外的阳盛格阴之证。严重者,还可以导致亡阴、亡阳的病变。

在疾病的转归方面,若经过治疗,阴阳逐渐恢复相对平衡,则疾病趋于好转或痊愈;否则,阴阳不但没有趋向平衡,反而遭到更加严重的破坏,就会导致阴阳离决,疾病恶化甚至动物死亡。

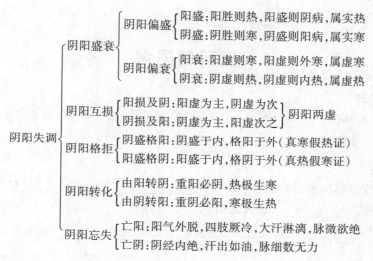

3)升降失常

气机的升降出入是动物体气化功能的基本运动形式,是脏腑功能活动的特点。

在正常情况下,动物体各脏腑的机能活动都有一定的形式。例如,脾主升,胃主降;由于脾胃是后天之本,居于中焦,通达上下,是全身气机升降的枢纽;升则上归心肺,降则下归肝肾;而肝之升发,肺之肃降;心火下降,肾水上升;肺气宣发,肾阳蒸腾;肺主呼吸,肾主纳气,都要脾胃配合来完成升降运动。如果这些脏腑的升降功能失常,即可出现种种病理现象。例如,脾之清气不升,反而下降,就会出现泄泻甚至垂脱之证;若胃之浊阴不降,反而上逆,则出现呕吐、反胃;若肺失肃降,则咳嗽、气喘;若肾不纳气,则喘息、气短;若心火上炎,则口舌生疮;肝火上炎,则目赤肿痛。凡此种种,不胜枚举。虽然病证繁多,但究其病机,无不与脏腑经络以及营卫之气的升降失常有关。

出入失常
- 外感:外邪袭表伤及卫先,邪深入内,由表及里
- 内伤:正气强盛,驱邪外出,由里及表

升降失常
- 升降失常
  - 心火上炎:口舌生疮
  - 肺失宣降:鼻塞,咳喘
  - 脾胃升降失调:呕吐、泄泻
  - 肾不纳气:呼多吸少
  - 肝气上逆:目赤肿痛,头晕目眩
  - 腑气不通:便秘腹痛
  - 气化不行:尿闭
  - 胆气上犯:身目黄疸

复习与思考

一、名词解释

1.六淫; 2.病因; 3.疫疠; 4.正气; 5.邪气; 6.亡阳; 7.亡阴; 8.真寒假热; 9.虚证; 10.实证。

二、填空题

1.风性数变是指风邪致病具有_____、_____的特点。

2.少火是指_____;壮火是指_____。

3.六淫是指_____、_____、_____、_____、_____、_____六种外感病邪的总称。

4.风为_____季的主气,寒为_____季的主气,暑为_____季的主气,燥为____季的主气,火为_____季的主气。

三、选择题

1.引起疾病发生的常见病因,应除外(   )。

A.六气　　　B.饲养　　　C.劳役　　　D.疠气　　　E.六淫

2.六淫的概念是(   )。

A.六种自然气候　　　　　B.六种致病毒气　　　　　C.六种外感病邪

D.风、寒、暑、湿、燥、火　　　E.六气

3.六淫致病具有病程长、难以速愈特点的邪气是(   )。

A.寒邪　　　B.湿邪　　　C.火邪　　　D.风邪　　　E.暑邪

4.易阻气机、损伤阳气的邪气是(   )。

A.风邪　　　B.寒邪　　　C.湿邪　　　D.燥邪　　　E.暑邪

5.六淫中最易致肿疡的是(   )。

A.燥邪　　　B.湿邪　　　C.寒邪　　　D.火邪　　　E.暑邪

6.关于疠气错误的概念是(   )。

A.与六淫致病相同　　　　B.具有强烈的传染性　　　　C.易造成广泛流行

D. 发病急骤、来势凶猛　　　　E. 通过空气和接触传染

7. 疾病发生的内在因素是(　　)。

　　A. 邪胜正负　　B. 邪气亢盛　　C. 正气不足　　D. 正胜邪衰　　E. 正虚邪不盛

8. 疾病的发生是(　　)。

　　A. 邪气亢盛　　B. 邪胜正负　　C. 邪正相搏　　D. 正盛邪负

　　E. 邪气不胜、正气也不虚

9. 阴胜则阳病所出现的病理表现是(　　)。

　　A. 实寒　　　　B. 实热　　　　C. 虚寒　　　　D. 虚热　　　　E. 寒热错杂

10. 真热假寒证的病理是(　　)。

　　A. 阳盛则热　　B. 阴盛则寒　　C. 阳盛格阴　　D. 阴盛格阳　　E. 阴虚则热

11. 真寒假热证的病理是(　　)。

　　A. 阳虚则热　　B. 阳损及阴　　C. 阴盛格阳　　D. 阳盛格阴　　E. 阴盛则寒

12.《素问·太阴阳明论》中"伤于风者,_____先受之"。

　　A. 上　　　　B. 下　　　　C. 肺　　　　D. 肝　　　　E. 内

四、问答题

1. 何谓病因? 病因包括哪些内容?

2. 何谓疫疠? 其致病特点如何?

3. 六气与六淫有何区别?

4. 如何理解"正气存内,邪不可干;邪之所凑,其气必虚"?

5. 何谓瘀血? 何谓痰饮?

6. 何谓病机?

案例分析

案例 1

　　一公青马,9 岁,主诉:平时喂玉米面和稻草,冬季淋雨后发病,咳喘已经有 3 天,在当地治疗后未见好转。查:体温40.8 ℃,脉搏 72 次/min,呼吸 36 次/min,精神沉郁,头低耳聋,食欲废绝,呼吸困难,鼻翼翕动,鼻流浊涕,时而咳嗽,触诊喉及气管咳声连连(人工诱咳＋＋),呼出气热,身热汗出,双肺听诊干湿啰音,听诊两侧肠音尚可,大便干小,小便短赤,口色、结膜红黄,舌红苔黄,脉象洪数。诊断为肺炎,肺热咳喘证。治则:清热宣肺、敛肺止咳平喘。定喘汤加减:麻黄 45 g,杏仁 30 g,炒白果(去壳)50 g,苏子 30 g,生石膏 200 g,桑白皮 40 g,黄芩 60 g,法半夏 30 g,光知母 40 g,百部 30 g,款冬花 40 g,紫菀 30 g,山药 60 g,甘草 20 g,以上共为末,开水冲调一次灌服,3 天后体温38.3 ℃,脉搏 42 次/min,呼吸 10 次/min。

　　1. 试述引起本病的病因是什么? 病在哪些脏腑?

　　2. 试述本病的病机。

案例 2

一骟牛,因感冒发烧,用泻药和解表药后拉稀,不吃已经 3 天。查:体温 39.7 ℃、脉搏 100 次/min,呼吸 30 次/min,被毛逆立,不吃,体瘦毛焦,腹泻、泻粪腥臭水样,流涎,身热汗出,微喘,结膜和舌质红黄,舌面芒刺明显,苔黄,脉象洪数。投以葛根芩连汤:葛根 80 g,黄连 50 g,茯苓 50 g,白术 40 g,甘草 20 g,以上为末开水冲调服一日一剂,4 剂而愈。

1. 引起本病的病因是什么? 病在哪些脏腑?

2. 分析本病的病机。

案例 3

一公黑马,13 岁,主诉:昨天下午 5 时发病,弓腰努责,卧地,当地兽医灌过芒硝等,仍未见好转而来就诊。查:体温 37.5 ℃,脉搏 54 次/min,呼吸 18 次/min,节律不齐。精神欠佳,被毛粗乱,食欲废节,不时弓腰努责,卧地撩大胯,排水样稀便或少许成形的稀软粪球,腹围稍大,口色淡白,舌软无力,脉象细弱。

1. 本病是什么证? 病在哪些脏腑?

2. 分析本病的病机。

模块2
辨证论治基础

BIANZHENG LUNZHI JICHU

项目6 诊 法

诊法即四诊,是望诊、闻诊、问诊、切诊四种诊察疾病方法的简称。其中,察口色与诊脉象是中兽医诊法的特色。望、闻、问、切在临证诊断中各有其独特的作用,但又相互联系不可分割,因此,在诊断过程中,必须把四诊有机地结合起来,并把所获得的资料全面地进行综合、分析,从而作出正确的判断,即所谓"四诊合参"。此外,还要结合四时气候、地理环境和家畜体质强弱等不同情况加以综合考虑。故《元亨疗马集·脉色论》中"察病有巧者,望、闻、问、切也""凡察兽病,先以色脉为主,再令相其行步,听其喘息,观其肥瘦,察其虚实,穷饮喂之多寡,究谷料之有无,然后定夺其阴阳之病"。

四诊运用时要有机结合,以利于全面了解病情也应吸取现代兽医学许多新的诊断方法,使诊断更加准确。

6.1 望 诊

望诊是诊者运用视觉来观察病畜神、色、形、态以及分泌物、排泄物的色质等异常变化,借以了解病理情况的一种诊断方法。望诊为四诊之首,在临证实践中具有重要意义。

在望诊时,不要急于接近病畜,应站在距离病畜适当的地方,对其全身各部进行一般性观察,然后再接近病畜,由前向后,自上而下,从左到右,详细观察,并重点深入,有目的地进行局部望诊,以获得可靠资料,为临床诊断提供依据。望诊的内容很多,大体可分为整体望诊、局部望诊、察口色三个方面。

6.1.1 整体望诊

整体望诊包括望精神、望形体、望动态等。

1）望精神

精神是家畜生命活动的总体现,精是神的物质基础,神是动物生命活动的外在表现,精能化气,气能生神,精充、气足则神旺,精亏、气虚则神衰,多从眼、耳及形态上表现出来。如家畜精神饱满,眼明有神,两耳灵活,呼吸平顺,行动自然,反应敏锐,表示正气充足,即或有病亦不甚严重。若精神不振,头低耳耷,眼闭无光,好卧懒动,行动迟缓,反应迟钝,或眼急惊狂,狂奔乱走,不听使唤,或痴呆不动,麻木不仁表示正气已伤,病情严重,预后可疑。故有"得神者昌,失神者亡"之说。所以观察精神,可判断正气盛衰,病邪深浅。

2）望形体

望形体是观察家畜的体格和营养,以推测疾病的虚实。一般发育正常,骨骼坚实,肌肉丰满,皮毛光润,表示体内气血平和,发病多属新病、实证;若发育不良,躯体瘦弱,毛焦㾓吊,四肢倦怠,表示体内气血不调,正气不足,发病多属久病、虚证。

3）望动态

望动态是观察家畜的动静姿态。由于畜种不同,在正常时表现也各有不同。猪贪食喜卧,行走时常用嘴拱地,不断摆尾;牛除采食外,常侧卧于地,间歇性反刍,舐鼻舐毛;马骡则多立少卧,轮歇后蹄,姿态安静自然。家畜发生疾病时,则表现异常姿态,具体如下。

（1）痛证。病畜表现起卧不安,拱背缩腰,回头顾腹,蹲腰踏地,或前肢刨地,后肢踢腹。马属家畜尚可出现起卧滚转。

（2）寒证。病畜表现形体蜷缩,避寒就温,精神倦怠,二便频繁,行走拘束,两臁颤抖。由于受寒的脏腑不同,其姿态也不一样。

（3）热证。病畜表现头低耳耷,见水急饮,避热就荫,张口掀鼻,呼吸喘粗。由于受热的脏腑不同,其姿态也有不同的表现。

（4）风证。病畜表现痉挛抽搐,狂奔乱走,咬人踢人;或牙关紧闭,尾紧耳直,四肢僵硬,角弓反张,口眼歪斜,不断垂涎;或突然倒地,昏迷不醒,二便失禁;或痴呆站立,头垂于地等姿态。

（5）虚证。病畜表现精神委顿,毛焦㾓吊,四肢无力,喜卧懒动,动则气喘,咔嗽连声等姿态。

（6）危证。病畜表现萎靡不振,喘息低微,汗出无休,步态蹒跚,倒地不起,或四肢划动,头颈贴地等濒死姿态。

此外,许多四肢的病证也可从异常的姿态上表现出来。如俗语所说"敢踏不敢抬,病痛在胸怀;敢抬不敢踏,病痛在蹄甲;踏抬俱敢动、病痛在中部"。就是从异常姿态上总结出来的。

知识拓展

《元享疗马集·点痛论》

　　昂头点,膊头痛。平头点,下栏痛。偏头点,乘重痛。低头点,天臼痛。难移前脚抢风痛。蹄尖着地,掌骨痛。蓦地点脚,攒筋痛。虚行下地,漏蹄痛。垂蹄点,蹄尖痛。悬蹄点,蹄心痛。直腿行,膝上痛。曲腿行,节上痛。昂头点脚,抢头痛。昂头不动,蹄头痛。下坡斜走,胸膈痛。平途窍道,蹄薄痛,向里蹉,外跟痛。向外蹉,里跟痛。点头行,脚上痛。摆头行,膊上痛。拖脚行,雁翅掠草痛。拽脚行,燕子瓦骨痛。蹇脚行,鹅鼻曲尺痛。束脚行,肺把五攒痛。并脚行,胯瓦痛。直脚行,湿气痛。束脚行,肺把五攒痛。并脚行,胯瓦痛。直脚行,湿气痛。蹲腰行,雁翅痛。吊腰行,脊筋痛。收腰不起,内肾痛。难移后脚,肾经痛。咬齿低头,心经痛。喘息不调,肺经痛。急起急卧,脾经痛。口吐清涎,胆经痛。抱胸咬膑,肠结痛。蹲腰踏地,胞转痛。把前把后,传经痛。肠鸣泄泻,冷气痛。直尾行,大肠痛。卷尾行,小肠痛。小便淋沥,胞经痛。一卧不起,筋骨痛。

6.1.2　局部望诊

1)望眼

　　肝开窍于目,五脏六腑之精气皆上注于目。因此,眼的变化,不仅与肝有关,而且与全身五脏六腑都有着密切的关系。健康家畜眼珠灵活,明亮有神,结膜粉红,洁净湿润,无眵无泪。若目赤红肿,流泪生眵,多属肝经风热或肝火上炎。白睛发黄,多为黄疸。眼睑淡白,多为气血亏虚。眼睑浮肿,多为水肿。眼窝下陷,多为津液亏损。目眦赤烂,多为湿热。闪骨外露,多为破伤风。瞳孔散大或缩小,多为中毒和濒死期。

2)望耳

　　耳为肾之外窍,肾之病证多从耳上表现出来。健康动物两耳灵活,听觉正常。若两耳下垂无力,多为肾气亏乏,心气不足,劳役过度或久病重病。若见单耳松弛下耷,兼有嘴眼歪斜,多为歪嘴风(颜面神经麻痹)。若两耳直立,且不灵活,伴有全身肌肉僵直,多为破伤风。两耳歪斜,前后相错,多为失明或耳聋。两耳背部血管暴起并延至耳尖,多为表热证。两耳凉而背部血管缩而不见,多为表寒证。耳根生黄或溃烂,多为肾热。

3)望鼻

　　鼻为肺之外窍,故肺之病证多从鼻上表现出来。鼻液的性状对判断病性病位有一定意义。鼻流清涕为外感风寒。鼻流浓涕为外感风热。浊涕腥臭为鼻渊。鼻液灰白污秽,腥臭难闻,多为肺痈。鼻孔开张,鼻翼翕动,兼有气促喘为肺经实热。

牛鼻镜干热无汗,多为感受热邪。鼻汗不成珠,时有时无,多为感冒或热性病初期。鼻镜干热无汗而有裂纹或鼻冷,则多见于百叶干和其他重病后期。

4)望口唇

口唇为脾之外应,唇的变化多与脾经有关。健康动物口唇端正,运动灵活。若口唇歪斜,为歪嘴风。口唇肿痛、糜烂,多为脾胃有热。上唇揭起多为脾寒。唇紧牙闭多为风证。口唇下垂多见中毒或病危。

5)望饮食

健康家畜食欲旺盛。当发生疾病时,可使饮、食欲发生异常。见水急饮,多为热证或津伤。见水不喝或喜饮温水为寒证。见水急喝,但口不能开,多为风证。饮水从鼻中返出多为咽喉肿胀。食欲减退多为新病轻浅;食欲废绝,多为病重;采食不敢下咽,多为牙齿疾患或咽喉肿痛。如病畜食欲逐渐增加,多为疾病好转的表现。

6)望反刍

反刍是牛、羊、骆驼的生理现象,采食0.5 h或1 h后出现反刍,每次持续30~90 min,每口咀嚼40~60次,每昼夜反刍4~8次。如反刍迟缓或次数减少多为宿草不转、百叶干、脾胃虚弱等证。在疾病过程中,反刍恢复,预后良好;反刍停止,多为病重的表现。

7)望呼吸

出气为呼,入气为吸,一呼一吸,谓之一息。健康家畜的呼吸动作是胸腹同时起伏活动,呼吸平顺,协调自如,马、骡为8~16次/min,牛为10~30次/min,猪为10~20次/min,羊为12~20次/min。呼吸慢而低微多属虚证、寒证;呼吸快而粗大属实证、热证。呼多吸少为肾不纳气。腹式呼吸,多属胸部痛证。胸式呼吸,多为腹部疼痛。张口掀鼻,吸气短而呼气长,或呼吸微弱,气不接续或呼吸深而迟缓,时快时慢,多为危象,预后不良。

8)望胸腹

健康家畜的胸腹大小适中,左右对称。牛因瘤胃偏向左侧,常在采食后左侧较右侧稍微突出。母畜怀孕后,左右不对称,不可视为病态。若胸前明显肿胀多为胸黄。胸围膨大,左侧膁窝胀满,多为气滞肚胀。腹底脐边肿胀,界限明显多属肚黄。腹大下垂,膁窝凹陷,多为宿水停脐。

9)望粪尿

家畜粪尿的数量、颜色、气味、形态等,不同种类的动物有所不同,但对于某一种动物来说是比较恒定的,当然也随饲料及管理的情况而有差别。一般来说,粪便干燥,尿液短赤多为实热。粪便稀溏,尿液清长为虚寒。粪下赤白,排出不畅多为大肠湿热。粪便中混有血液为便血,便初见血,血色鲜红系近端(直肠或肛门)出血;血液混杂在粪球之中,粪色暗红或黑色系远端(胃、小肠及大肠前部)出血。尿中带血为血尿,排尿不出为尿闭;滴沥涩痛为淋证。

6.1.3 察口色

察口色是四诊中不可缺少的一部分,也是中兽医独具特色的望诊方法之一。《元亨疗马集·脉色论》中"凡察兽病,先以色脉为主",又有:"口色,验疾之所也"。这说明察口色在诊断中占有极其重要的地位。察口色就是观察口腔各有关部位的色泽,以及舌苔、口津、舌形等的变化,以诊断脏腑病证的方法。口色是气血的外荣,其变化反映着气血的盛衰和脏腑的虚实。通过察口色能辨别病性的寒热虚实,病情的轻重缓急和判断疾病的预后。

察口色的部位和方法,需根据动物种类不同而有所侧重。牛羊主要看口腔底部的黏膜,如卧蚕、舌底,而以舌底为主;猪、马、犬、猫主要看舌。前人认为,五脏在口色上各有相应部位:舌色应心,唇色应脾,金关(左卧蚕)应肝,玉户(右卧蚕)应肺,排齿应肾,口角应三焦。而舌色又可按舌的不同部位与不同脏腑相应,即舌尖反映心肺病变;舌中反映脾胃病变;舌根反映肾与膀胱病变;舌边反映肝胆病变。但这些划分不能孤立看待,须结合其他症状综合考虑。操作方法:检查牛时,需先看鼻镜,然后一手提住鼻圈(或鼻孔),一手拨开嘴唇从口角插入口腔进行检查。猪、羊、犬、猫等中小动物,可用开口器或用棍棒撬开口腔检查。

各种家畜正常口色是舌质淡红,鲜明光润,微有舌苔。正如《元亨疗马集·脉色论》中"舌如莲花鲜明润,唇似桃花色更辉"。因畜种、气候等因素,家畜正常口色也有差异,如猪比马稍红,马比牛羊稍红。春季淡红,夏季较鲜红,秋季淡红微黄,冬季淡红偏白。所谓"春如桃花夏似血,秋如莲花冬似雪"中的"似血""似雪"就是偏红、偏白的意思。

家畜患病以后表现出来的口色变化,叫作病色;有病口色主要从舌质、舌苔、口津、舌体形态等方面进行观察。下面主要介绍舌质、舌苔的变化。

1)舌质(包括口腔其他有关部位)颜色

(1)白色。主虚、寒。多为气血不足、阳气衰弱的表现。淡白为气血虚。苍白为气血极度虚弱。青白为脾胃虚寒。

(2)红色。主热证。多为感受热邪或阴虚火旺所致。微红见于轻型热证。鲜红为热在气分。深红为热入营血或阴虚火旺。舌尖红是心火上炎。舌边红是肝胆有热。

(3)黄色。主湿。多由肝、胆、脾的湿热所引起。黄而鲜明为阳黄。黄而晦暗为阴黄。

(4)青色。主寒、痛、风。多为感受寒邪及疼痛的象征。青白为脏腑虚寒。青黄为内寒挟湿。青紫为寒极、肝风内动或气血瘀滞。青紫兼口津干燥晦暗者为气滞血瘀,兼口津滑利者为里寒极盛。

(5)黑色。真正的黑色在临证中并不多见,一般指青紫而灰暗。黑而有津者为寒极,黑而无津者为热极。皆属危重病候。

2)舌苔

舌苔是舌面上浮垢,也称苔垢,它的生存有三个主要因素:一是由胃气熏蒸而成;二是由邪浊上升而成;三是由饲料残屑和脱落上皮细胞等堆积而成。健康家畜舌苔薄白,稀疏均匀,光泽而润。舌苔的变化,可反映胃气的强弱、病邪的深浅、病性的寒热和病势的进退。疾病时舌苔的变化,可从苔色、苔质两方面进行观察。

(1)苔色。主要有白苔、黄苔和灰黑苔。①白苔:主表证、寒证。苔薄白而滑多为外感风寒。苔白滑而腻多为内有寒湿。苔白中带黄,多为病邪化热,由表入里,表示病情发展。②黄苔:主热证。微黄薄苔,多为外感风热;苔黄而燥,多为胃热伤津。苔黄而腻,多为湿热,黄色越深,表示里热越重。③灰黑苔:多主热证,亦主寒湿证或虚寒证。多见于疾病的严重阶段,但应注意与吃草料等染色相区别。舌苔灰黑而干,属热炽伤阴。苔灰黑而润,多属阳虚寒盛。

（2）苔质。指舌苔的有无、厚薄、润燥、腐腻等变化。

①有无：舌苔由无到有，表示胃气恢复，病情减轻。舌苔由有到无，说明胃气虚衰，病情发展。

②厚薄：舌苔薄，表示病情较轻，病邪浅表。舌苔厚，表示病邪深重或内有积滞。

③润燥：舌苔湿润，表示津液未伤。若苔面水分过多，多为水湿内停。舌苔干燥，是津液已耗，多属高热伤津，或阴虚液亏。

④腐腻：腐苔，是苔质疏松而厚，如豆渣样，多为胃有实热或胃肠积滞。腻苔，是苔质致密而细腻，不易刮除，多属湿浊内停。

总之，观察舌苔的厚薄，可知病邪的深浅；舌苔的润燥，可知津液的盛衰；舌苔的腐腻，可知积滞和湿浊的情况；舌苔的有无，可知胃气的强弱和病情的发展趋势。

6.2 闻 诊

闻诊是通过听觉和嗅觉了解病畜声音和气味变异的一种诊察方法。包括听声息和嗅气味两个方面。

6.2.1 听声息

1）叫声

健康动物叫声洪亮、清脆，往往在恋群、觅仔、找母、饥饿、挣扎等情况下发出各种叫声。家畜患病后叫声的高低宏微常有变化。若叫声高亢，多属阳证、实证或病轻；叫声低微，多属阴证、虚证或病重；叫声怪异，多为邪毒攻心，病较难治。如声音嘶哑无力，多预后不良。

2）咳嗽

健康动物一般不咳嗽。咳嗽是肺经病的一个重要特征。凡咳声低沉无力，多属虚证，常见于劳伤久咳。咳声高亢有力，多为实证，常见于外感咳嗽。白天咳嗽频繁为阳咳，比较容易治疗。夜间咳嗽频繁为阴咳，治疗比较困难。咳而有痰为湿咳，咳而无痰为干咳。咳嗽连声、微弱无力、鼻流脓涕、气如抽锯，多属重证。

3）呼吸

健康动物呼吸平和，一般不易听到声音。患病后呼吸会发生相应的变化。若呼吸加快，声音粗大多为实证、热证；呼吸微弱，声音低沉，动则气喘，多为虚证、寒证。呼吸困难而促迫，甚则气如抽锯，多为病势重危。

4）呻吟

动物发出呻吟声，常为剧痛或病重痛苦的表现。马骡多见于冷痛、结症、肠变位、肺痛等；牛羊见于百叶干、创伤性网胃心包炎等；孕畜则为胎动腹痛。

5）肠音

肠音即肠蠕动时发生的声音。健康动物的肠音可将耳贴近腹壁或借助听诊器听到。小肠音如流水,大肠如远方雷声,有一定的节律。若肠音增强,肠鸣如雷,多属虚寒证,见于胃寒、冷肠泄泻等证。肠音减弱或停止,多为胃肠积滞或便秘,多属实热证。

6)嗳气

嗳气是反刍兽特有的一种正常生理功能,是反刍动物在健康情况下,胃气上逆而发生的一种声音,牛羊大约每两分钟嗳气1次,每小时嗳气20~40次。若嗳气减少,多为脾胃虚弱;嗳气增加,且有恶臭味,多为胃腑食滞;嗳气停止,多为病重的表现。马骡嗳气多为大肚结。

7)磨牙

磨牙是动物牙齿摩擦所发出的声音。一般见于心肝、肾经有病及脏腑疼痛表现。此外,有异食恶癖及虫积者,也可出现这一症状。

6.2.2 嗅气味

1)口气

健康动物口内无异臭。若气味酸臭,多为胃有积滞或胃热。气味腐臭多为口、舌生疮或齿龈溃烂。

2)鼻气

健康动物鼻无特殊气味。若鼻孔呼出臭气和鼻流臭涕,多为肺经病证。故有"气味臭烘烘,一定是肺痈"的说法。若一侧流豆腐渣样恶臭黏涕为脑颡,流黏稠腥臭涕者也可见于羊的鼻蝇幼虫病。

3)粪便

动物的粪便平常都有一定的气味。在某些胃肠疾病过程中,粪便的气味会发生异常变化。若臭味不显,粪便清稀,多为脾胃虚寒;粪便气味酸臭,多属伤食;若粪便腥臭难闻,属于湿热证,常见于肠黄、痢疾。

4)尿液

在各种家畜中,马属动物的尿味较为浓烈,其他动物尿的气味较小。若尿液熏臭混浊,浓稠短少,多为湿热下注。尿液清长而气味不重者,多为虚寒之证。尿气腥臭,且颜色暗紫,多为尿血证。

5)其他

危重病畜、某些瘟病、农药中毒、代谢疾病等,常出现特异气味。

6.3 问 诊

问诊是兽医人员通过询问畜主或饲养员对家畜病情进行调查了解的一种方法。问诊虽然对疾病的诊断有其重大意义,但还必须结合望、闻、切诊进行综合分析,才能得出正确的判断。

1）问发病及诊疗经过

从发病时间以推测其疾病新久虚实,一般是新病多实,病久多虚。突然发病,病势急迫,常为瘟疫或中毒。由轻转重为病情在发展,由重变轻为趋向好转。若病情突然转剧,多为预后不良。询问是否进行过诊断治疗,曾诊断为何种病证及用药情况,疗效如何,以便为进一步辨证施治提供线索。

2）问饲养管理及使役

了解饲料的种类、来源、品质、调剂、喂法;厩舍保暖、防暑、通风、光照、饲槽、畜体卫生以及产奶量、肉用畜增重、幼畜的发育及役用畜的使役量、使役方法等情况,以便推论其病因病机。

3）问防疫情况

了解预防免疫接种情况及其免疫期,必要时还可了解疫苗的产地和批号,有助于排除某些传染病发生的可能性。

4）问既往病史及繁殖配种情况

了解以往发生过的疾病情况,有助于现病诊断。如有过破伤,可能引起破伤风。有些疾病,如马腺疫、猪丹毒、羊痘等患过之后不再复发此病。公畜配种过于频繁,易患肾阳亏虚;母畜产前易患胎动不安,产后易发胎衣不下等证。

问诊歌诀

家畜有病不能言,病史要向畜主问;询问病史要详细,虚作假诉要避免。

一问发病若干日,急性慢性便可知。

二问使役与负重,是否驾力逆气伤。

三问饲喂多少料,饥饱原因是一项。

四问粪尿量与色,胃肠有寒或有热。

五问呼吸与咳嗽,肺经有病便可得。

六问母畜有无孕,处方下药能安全。

七问曾否治疗过,经过情况是好坏。

八问放牧与管理,有无角斗与摔跌。

九问气候有无变,曾否暴晒与雨淋。

十问周围和同群,瘟疫是否在流行。

询问之时问得好,处方施治疗效高。

6.4 切 诊

切诊是靠手指的感觉,在家畜体表或体内不同部位上进行切、按、触、摸、叩,以了解病变的一种诊察方法。如脉象的盛衰,体表的寒热,局部肿胀的性质,肠道的变化,卵巢及胎儿的发育情况等,一般都需要通过切诊才能了解。但也须结合其他三诊进行综合归纳分析,判断病证。切诊包括切脉和触诊两个方面。

6.4.1 切脉

切脉又叫脉诊,是诊者用手指切按病畜一定部位的动脉,根据脉象了解和推断病情的一种诊断方法。脉象是脉搏搏动时的形象。通过动脉搏动的显现部位(深、浅)、速率(快、慢)、强度(有力、无力)、节律(整齐与否,有无歇止)、流利度(滑、涩)及波幅(大、小)等几个方面得出的总的概念,叫作脉的体状或脉象。血脉是气血运行的通路,气血循经脉输布全身,以营养各脏腑和组织,维持正常的机能活动。由于经脉与全身各部的关系极为密切,所以当机体某部发生病变时,必然会影响气血的运行,而在脉象上发生相应的变化。

1)切脉部位
切脉部位因畜种不同而异。

(1)尾脉。即尾根腹面近肛门三节尾椎间的尾中动脉,用于牛、骆驼。

(2)股内脉。即股内侧的股动脉,用于猪、羊、犬。

(3)双凫脉。即颈基部的颈总动脉,用于马属动物。

(4)颌下脉。即下颌骨下缘的颌外动脉,用于马属动物、牛。

(5)臂内脉。即前臂内侧正中沟上端的正中动脉,用于马、牛、羊、猪、犬、猫。

以上脉位,除尾脉外,其余都是左右两侧对称的,由远心端至近心端,把手指按压的部位,分别命名为寸、关、尺。双凫脉则命名为左凫上、中、下三部,右凫风、气、命三关。并且分别配应五脏六腑(尾脉只分应上、中、下三焦)。配应脏腑如下表(表6.1)所示。

表6.1 脉位配应脏腑表

部　位	左			右		
	上部(寸)	中部(关)	下部(尺)	风关(寸)	气关(关)	命关(尺)
脏	心	肝	肾	肺	脾	命门
腑	小肠	胆	膀胱	大肠	胃	三焦

2)切脉方法
(1)尾脉。切脉时,诊者站在病畜正后方,一手将尾略向上举,另一手的食、中、无名指的指端腹面放在脉管上,拇指可放在尾根的背面协同保定。

(2)股内脉。切脉时,诊者蹲在病畜的侧后方,一手轻握被诊肢,另一手的手指由膝关节上部缓慢伸入股内侧,触及股动脉后推压定位。

(3)双凫脉。切脉时,诊者站在病畜侧方,一手按扶鬐甲,另一手的食、中、无名指放在对侧的颈动脉上推压定位。

(4)颔下脉。切脉时,诊者站在病畜头侧,一手握住笼头或鼻环,另一手的无名、中、食指顺序由颔外动脉切迹处向内布指。

(5)臂内脉。切脉时,诊者站或蹲在病畜的胸侧,一手按扶鬐甲,另一手的手指由肘后缓慢伸入臂内,在正中动脉上布指。

在具体方法上,切脉部位要与心脏尽量保持在同一水平上。布指间隔要均匀,依脉位而灵活处置,双凫宜疏,颔下宜密,股内和臂内居中。指法上有三指总按、一指单按、举按寻等内容。三指平布同时用力按脉叫总按;一指用力,其余二指微微提起,按察一部脉则叫单按;轻按在皮肤上叫举,也叫浮取或轻取;重按于筋骨间叫按,也叫沉取或重取;指力不轻不重,还可亦轻亦重,委曲求之叫寻,不轻不重也叫中取。此外,三部脉出现异常时,还须移挪指位,内外推寻。

切脉时,要注意环境安静;待病畜停立宁静,呼吸平和,气血调匀后进行;诊者要调匀呼吸,全神贯注,仔细体会;每次诊脉时间一般不少于 3 min。

3)脉象

脉象是指动脉脉体和搏动的征象。通过手指切按,以分辨其部位深度、频率速度、搏动强度、充盈度、流利度、紧张度、搏动节律等,从而得出一个总的印象。脉象一般可分为平、反、易三大类。

(1)平脉(正常脉象)。其脉象表现为不浮不沉,不大不小,至数恒定,和缓从容,节律均匀。以和缓从容、节律均匀最为要领。

健康动物的脉象也可随季节气候和家畜的年龄、性别与体况等因素的变化与差异,从而有一定限度的变化。如春季脉稍弦,夏季脉稍洪,秋季脉稍浮,冬季脉稍沉。故前人将正常脉象总结为"春弦夏洪秋毛冬石"。此外,幼畜脉象偏数而软,老畜则偏虚;膘肥的脉偏沉,体瘦的则偏浮;孕畜可见滑脉;剧烈运动和使役后,则脉数有力。这些皆非病脉,仍属正常脉象的范围。

各种家畜脉搏的至数,中兽医是以诊者一息(即一呼一吸)来计算的(表6.2)。

表6.2　家畜脉搏至数

畜别	每息至数	每分钟次数
马骡	3	36～44
驼	4	32～52
牛	4	40～60
猪	5	60～80
羊	5	70～80
犬	5～6	70～120

(2)反脉(病脉)。是指异于正常脉象的脉。病脉有许多种,形象各异,但其中的有些脉象,又具有共同特征,故一般多以浮、沉、迟、数、虚、实六种脉象为纲,归纳成六大类,即六

纲脉。

浮脉:脉象——脉位浅表,轻取即得,重按反而不显。主病——表证。有力为表实,无力为表虚。多见于外感、久病体虚及某些热性病初期。

沉脉:脉象——脉位低沉,轻取不应,重按始得。主病——里证。有力为里实,无力为里虚。多见于脏腑积滞引起的腹痛、结症等证。

迟脉:脉象——脉来迟慢,一息不及正常脉次。主病:寒证——有力为寒实,无力为虚寒。多见于寒性腹痛、腹泻、湿痹等证。

数脉:脉象——脉来急数,一息超过正常脉次。主病——热证。有力为实热,无力为虚热。多见于各种热性病证。

虚脉:脉象——三部脉举之无力,按之空虚。主病——虚证(气血两虚)。多见久病、重病后期及脏腑气血虚弱等证。

实脉:脉象——三部脉举按皆有力。主病——实证。多见新病邪盛之高热、痰食积聚等证。

(3)易脉(绝脉、败脉、怪脉、危重脉)。是指病畜脏气将绝,胃气枯竭时出现的脉象。

屋漏脉:脉在筋肉之间,如屋漏残滴,良久一滴,即脉搏极迟,溅起无力。为胃气荣卫将绝。

雀啄脉:脉在筋肉之间,连连急数,三五不调,止而复作,如雀啄食。主脾气已绝。

虾游脉:脉在皮肤,来则隐隐其形,时而跃然而去,如虾游冉冉,忽而一跃。主死。

鱼翔脉:脉在皮肤,头定尾摇,似有似无,如鱼在水中游动。为三阴寒极,亡阳于外的表现。

弹石脉:脉在筋骨之间,如指弹石,辟辟凑指,毫无柔和软缓之象。主肾气竭绝。

解索脉:脉在筋肉之间,乍疏乍密,如解乱索,即时快时慢,散乱无序。主肾与命门之气皆亡。

釜沸脉:脉在皮肤,浮数之极,至数不清,如釜中沸水,浮泛无根。为三阳热极,阴液枯竭之候,主脉绝,见于濒死期。

6.4.2 触 诊

触诊是用手直接触按病畜的可触有关部位,以探查疾病的一种诊断方法。通过触诊可感知其寒热温凉,软硬虚实,肿胀疼痛等,结合其他诊法,以判断病情、病位、病性。

1)温度

温度的变化,是动物发生疾病的重要标志,查体温是诊断过程必不可少的措施。一是用体温计在肛门内测量体温,二是用手触摸口、鼻、耳、皮肤等局部温度。

(1)体温计测体温。临床实践中,借助体温计测体温较客观准确。以下是各种畜禽正常体温。

牛 37.5~39.5 ℃　　　羊 38~39 ℃　　　　猪 38~39.5 ℃　　　马 37.5~38.5 ℃

犬 37.5~39 ℃　　　　猫 38.5~39.5 ℃　　　鸡 40.5 ℃

一般来说,体温升高,多见于热证、实证。体温在常温以下,多见于重危病证。

（2）触温。

口温：健畜口内温和而湿润。如口温增高,口津干燥,多为热证。口温较低,津多滑利,多为寒证。冰凉为寒极;燥热为热极。

鼻温：健畜鼻端温和,呼出气体均匀温润。如鼻头发热,呼气较热,多为热证。鼻头发凉,多为寒证。冰凉者,属寒盛阳衰重证。

耳温：健畜耳根温热,耳尖较凉。如耳根耳尖皆热,属热证。耳根耳尖皆凉,多为寒证。若耳尖时冷时热,多为感冒或半表半里证。耳根冰凉则为阳气衰败,病属危重。

角温：健康牛羊的角根微热,角尖微凉,从角根处反握,三指微温者为正常。若热度超过2寸(约为4指),多为热证。若角根发凉,则多为寒证。角根冰冷者多属重病。

2）摸肌肤

（1）皮毛。健畜皮毛温润光亮。若皮毛干燥为津亏,湿润为汗出。偏热者属热证;初按热甚而按久反轻者为表热;久按热甚者则属里热。偏冷者属寒证。肌肤濡软喜按不拒者多为虚证。患处硬痛拒按者多为实证。轻按即痛,病在浅表。重按方痛,病在深部。

（2）肿疡。重按凹陷不起,多属水肿。按之凹陷,举手即起,有捻发音,多为气肿。疮痈硬肿不热属寒证。肿硬热痛为热证。根盘平塌漫肿为虚证。根盘收束高隆为实证。肿处坚硬多属无脓。边硬顶软多已成脓。

（3）四肢。健畜四肢温度比躯体的温度略低。若四肢发热,直至蹄部,表示里热炽盛,多为气分热证。四肢发凉,多为气血不足或阴寒过盛。四肢冰凉,多为阳虚或危重之证。

3）按胸腹

（1）触胸部。触诊胸部,对诊断胸壁及胸腔疾病有重要意义。若患畜胸廓拒按,表示胸内疼痛,常见于胸肺疾病。一侧拒按,多为胸壁损伤。若病牛拒绝触压剑状软骨部,胸前水肿,下坡斜走,多为创伤性网胃心包炎。

（2）触膁腹。牛羊左膁满胀,压痕良久不能消失,多属宿草不转。压之有弹性,叩之有鼓音,多为瘤胃气胀。马骡右膁胀满,叩之如鼓响,多为肠胀。按压下腹有波动感,摇晃时有拍水音,多为腹腔积水。猪羊腹痛,重按可触及坚硬粪块,多为大便秘结。

4）谷道入手

谷道入手包括直肠检查和按压破结。它对大家畜既是诊察方法,又是治疗措施。在临证中对大肠、小肠、脾、胃、肾、膀胱、子宫、卵巢等病变的诊断和治疗,以及产科上的发情鉴定、妊娠检查等方面都具有极其重要的意义。

复习与思考

一、名词解释

1.四诊合参; 2.假神; 3.脉诊; 4.脉象; 5.谷道入手。

二、填空题

1.望诊包括_____、_____、_____三个方面。

2. 中医诊断的基本原则是_____、_____、_____。

3. 舌苔的润燥主要反映体内_____和_____情况。

4. 脉诊中的三部是指_____,三候是指_____。

5. 脉有神气的主要特征是指_____、_____。

6. 正常舌象的特征是_____。

7. 舌红苔黄燥,见于_____。

8. 舌苔的薄厚主要反映_____。

9. 在五色主病中,黄色的主病是_____。

10. 观察舌象了解体内津液情况,主要依据_____。

三、简答题

1. 简述正常舌象的特征及望舌的主要内容(或舌象分析要点)。

2. 何谓假神?假神与重病好转如何鉴别?

3. 猪、牛、马的切脉部位和方法是什么?

4. 问诊的主要内容及注意事项有哪些?

5. 白苔、黄苔的主证及临床意义是什么?

 案例分析

> 一公牛,体重 450 kg,营养上等,已发病 2 天。证见水草减少,鼻镜无汗,不吃精料,常呈喷射状拉稀,如稀粥状,褐色,混有大量黏液和少量的黏膜与血液。
>
> 请分析其症状,辨析病因。

项目7　辨　证

🖊 【学习目标】

1. 理解证候的概念,什么是辨证;

2. 重点理解和掌握阴阳五行的基本内容;

3. 掌握阴阳五行学说在中兽医学中的应用。

🖊 【技能目标】

1. 能熟练应用阴阳五行学说解释自然界;

2. 能熟练应用阴阳五行学说阐述动物生理与病理。

证,即证候,是对疾病发展过程中某一阶段病因、病位、病机、病性、邪正双方力量对比等方面情况的概括。辨证,是以脏腑、气血津液、经络、病因等理论为基础,以四诊所获取的资料为依据,认识疾病、诊断疾病的过程。

中兽医的辨证方法,主要包括八纲辨证、脏腑辨证、卫气营血辨证等。就其内容来说,八纲辨证为总纲,是从各种辨证方法的个性中概括出来的共性;脏腑辨证是各种辨证的基础,主要应用于内伤杂症,以辨别患病的脏腑;而卫气营血辨证,则主要针对外感热性病,用于确定病邪属于哪个阶段。这些辨证方法,各有其特点和侧重,但在临床实践中又相互联系、相互补充。

7.1　八纲辨证

八纲,就是表、里、寒、热、虚、实、阴、阳八个辨证的纲领。

八纲辨证,就是将四诊所收集到的各种病情资料进行分析综合,对疾病的部位、性质、正邪盛衰等加以概括,归纳为八个具有普遍性的证候类型。

尽管疾病的临床表现错综复杂,但基本上都可用八纲加以归纳。疾病的类别,不外阴证、阳证;疾病部位的深浅,不外表证、里证;疾病的性质,不外热证、寒证;邪正的盛衰,不外实证、虚证。因此,八纲就是把疾病的证候分为四个对立面,成为四对纲领,用以指导临床治疗。其中,阴阳两纲又可以概括其他六纲,即表、热、实证为阳,里、寒、虚证为阴,所以阴阳又是八纲的总纲。

7.1.1 表里

表里是辨别疾病病位深浅、病情轻重及病势进退的两个纲领。一般来说,病邪侵犯肌表而病位浅者属表,病在脏腑而病位深者为里。

1)表证

《元亨疗马集·八证论》中"夫表者,一身之外也,皮肤为表,六腑亦然"。表证病位在肌表,病变较浅,多由皮毛受邪所引起。表证常具有起病急、病程短、病位浅的特点。

表证的一般症状表现是舌苔薄白,脉浮,恶风寒(被毛逆立、寒战)。又因肺合皮毛,故表证又常有鼻流清涕、咳嗽、气喘等症状。表证多见于外感病的初期阶段,主要有风寒表证和风热表证两种。

表证的治疗宜采用汗法,又称解表法,根据寒热性质的不同,或辛温解表,或辛凉解表。

2)里证

《元亨疗马集·八证论》中"夫里者,一身之内也,诸内为里,五脏亦然"。相对表证而言,里证病位在脏腑,病变较深。多见于外感病的中、后期或内伤诸病。里证的形成大致有三种情况:一是表邪不解,内传入里;二是外邪直接侵犯脏腑;三是饥饱劳役及情志因素影响气血的运行,使脏腑功能失调。

因里证的病因复杂,病位广泛,故症状繁多。临证时,应进一步辨别疾病所在的脏腑,病性的寒热,病势的盛衰(虚实),具体内容将在脏腑辨证中介绍。

里证的治疗不能一概而论,须根据病证的寒热虚实,分别采用温、清、补、消、泻诸法。

3)表里出入

包括表邪入里和里邪出表两个方面。

(1)表证入里。指先有表证,然后出现里证,并且表证随之消失,即表证转化为里证。多因机体抵抗力下降,或邪气过盛,或护理不当,或误治、失治等因素所致。如外感风热之邪,形成表热证,若因误治或失治,则表邪不解而向里形成里热证。表证入里一般见于外感病的初、中期阶段,是病情由浅入深,病势发展的反映。

(2)里邪出表。指在里之病邪,有向外透达之势,是邪有出路的好趋势,一般对病情好转有利。如痘疹类疾病,热毒内闭则痘疹不出而见发热、喘促、烦躁,若热毒外透,则痘疹出而热退喘平;外感温热病中,高热烦渴之里热证,随汗出而热退身凉。

7.1.2 寒热

寒热是辨别疾病性质的两个纲领。是用以概括机体阴阳盛衰的两类证候,一般地说,寒证是机体阳气不足或感受寒邪所表现的证候,热证是机体阳气偏盛或感受热邪所表现的证候。所谓"阳盛则热,阴盛则寒""阳虚则寒,阴虚则热"。辨别寒热是治疗时使用温热药或寒凉药的依据,所谓"寒者热之,热者寒之"。

1)寒证

《元亨疗马集·八证论》中"夫寒者,冷也,阴胜其阳也"。故寒证就是"阴胜其阳"的证候,或为阴盛,或为阳虚,或阴盛阳虚同时存在。引起寒证的病因:一是外感风寒,或内伤阴冷;二是内伤久病,阳气耗伤,或在内伤阳气的同时,又感受了阴寒邪气。

寒证的一般症状是口色淡白,口津滑利,舌苔白,脉迟,尿清长,粪稀,鼻寒耳冷,四肢发凉等。有时还有恶寒,被毛逆立,肠鸣腹痛的症状。常见的寒证有外感风寒、寒滞经脉、寒伤脾胃等。

"寒者热之",故治疗寒证宜采用温法,根据病情,或辛温解表,或温中散寒,或温肾壮阳。

2)热证

《元亨疗马集·八证论》中"夫热者,暑也,阳胜其阴也",故热证就是"阳胜其阴"的证候,或阳盛,或阴虚,或阳盛阴虚同时存在。引起热证的病因也主要有两个方面:一是外感风热,或内伤火毒;二是久病阴虚,或在阴虚的同时,又感受热邪。

热证的一般症状表现是口色红,口津减少或干黏,舌苔黄,脉数,尿短赤,粪干或泻痢腥臭,呼出气热,身热。有时还有目赤、气促喘粗、贪饮、恶热等症状。常见的热证有燥热、湿热、虚热、火毒疮痈等。临证时,须辨清其为表热还是里热、实热还是虚热、气分热还是血分热等。

"热者寒之",故治疗热证宜用清法,根据病情或辛凉解表,或清热泻火,或壮水滋阴。

3)寒热转化

寒证与热证,有着本质的区别,但在一定的条件下,寒证可以转热,热证可以转寒。

(1)寒证化热。疾病本为寒证,后出现热证,随热证的出现而寒证消失。多因失治、误治,寒邪从阳化热,致使机体的阳气偏盛所致。例如,外感风寒,出现恶寒重,发热轻,苔薄白,脉浮紧的表寒证;若误治、失治,致使寒邪入里化热,则出现不恶寒,反恶热,口渴贪饮,舌红苔黄,脉数的里热证,这就是由寒证转化为热证的证候。

(2)热证转寒。疾病原属热证,后出现寒证,随寒证的出现而热证消失。多因误治、失治,损伤了机体的阳气,致使机体机能衰退所致。例如,高热病畜,因大汗不止,阳从汗泄,或吐泻过度,阳随津脱,最后出现体温降,四肢厥冷,脉微欲绝的虚寒证,便是热证转化为寒证的证候。

寒证、热证的相互转化,反映着邪正盛衰的情况。由寒证转化为热证,表示机体正气尚盛;由热证转化为寒证,则代表机体邪盛正虚,正不胜邪。

4)寒热真假

当病情发展到寒极或热极的时候,有时会出现一些与其病理本质相反的"假象"症状与体征,如"寒极生热""热极生寒",即所谓真寒假热、真热假寒。

(1)真热假寒。即内有真热而外见假寒的证候。临床多表现四肢厥冷,恶寒甚或寒战,苔黑,脉沉迟等似为阴寒证的表现,但体温极高,苔黑而干,脉虽沉,按之却数而有力,更见口渴贪饮,口臭息粗,尿短赤,舌红等里实热的证候。这种情况下,四肢厥冷,恶寒甚或寒战,苔黑,脉沉迟就是假寒的现象,而内热才是疾病的本质。此为邪热内盛,阳气郁闭于内而不能布达于外及四肢而形成的阳盛于内,拒阴于外的阴阳格拒现象。

(2)真寒假热。即内有真寒而外见假热的证候。临床常表现为体表发热,苔黑,脉浮大或数等颇似阳热证的表现,但因其本质为阳气虚衰,故有体表虽热但不烫手,苔虽黑却湿润滑利,脉虽大却按之无力,更有尿液清长,粪便稀薄,或下利清谷等里虚寒的证候。这种情况下,体表发热,苔黑,脉浮大或数就是假热的现象,而内寒才是疾病的本质。此为久病而阳气虚衰,阴寒内盛,逼迫虚阳浮游于上、格越于外。

7.1.3 虚实

虚实是辨别畜体的正气强弱和病邪盛衰的两个纲领。一般而言,虚证是正气不足的证候,而实证则是邪气亢盛有余的证候。故《素问·通评虚实论》中"邪气盛则实,精气夺则虚"。

1) 虚证

《元亨疗马集·八证论》中"夫虚者,劳伤之过也,真气不守,卫气散乱也",故虚证是对机体正气虚弱所出现的各种证候的概括。形成虚证的原因主要是劳役过度,或饮喂不足;或老弱体虚,大病、久病之后;或病中失治、误治等,均可使畜体的阴精、阳气受损而致虚。此外,先天不足的动物,其体质也往往出现虚热。

虚证的一般症状表现是口色淡白,舌质如绵,无舌苔,脉虚无力,头低耳聋,体瘦毛焦,四肢无力。有时还表现出虚汗、虚喘、粪稀或完谷不化等症状。在临证中,常将虚证分为气虚、血虚、阴虚、阳虚等类型。

"虚则补之",故治疗虚证宜采用补法,或补气,或补血,或气血双补;或滋阴,或助阳,或阴阳并济。

2) 实证

《元亨疗马集·八证论》中"夫实者,结实之谓也,停而不动,止而不行也"。这里指的是病邪结聚和停滞,是比较狭义的实证。广义来讲,凡邪气亢盛而正气未衰,正邪斗争比较激烈而反映出来的亢奋证候,均属于实证。引起实证的原因有两个方面:一是感受外邪;二是内脏机能活动失调,代谢障碍,以致痰饮、水湿、瘀血等病理产物停留体内。

实证的具体症状表现因病位和病性等的不同,有很大差异。但就一般症状而言,常见高热,烦躁,喘息气粗,腹胀疼痛,拒按,大便秘结,小便短少或淋漓不通,舌红苔厚,脉实有力等。

"实则泻之",故治疗实证宜采用泻法,除攻里泻下之外,还包括活血化瘀、软坚散结、涤痰逐饮、平喘降逆、理气消导等法。

3) 虚实转化

疾病的过程就是正邪斗争的过程,正邪斗争在证候上的反映,主要表现为虚实转化。

(1)实证转虚。先有实证,后出现虚证,随虚证的出现而实证消失。多因误治、失治,损伤津液、正气而致。例如,便秘或结症的动物,本为实证,若因治疗不当或泻下峻猛,则会发生结去后而泄泻不止,继而出现体瘦毛焦,倦怠喜卧,口色淡白,舌体如绵,脉细而无力的现象,这便是由原来的实证转化为了虚证。

(2)虚证转实。先有虚证,后出现实证,随实证的出现虚证消失。例如,外感风寒表虚证,可以转化为汗出而喘的肺热实证。

临床上由虚转实比较少见,多见的是先有虚证,后出现虚实错杂证。例如,患畜先有脾胃虚弱,此时又过食不易消化的草料,则可出现草料停滞胃肠,肚腹胀满,以及向纵深发展而形成结症,这便是虚中挟实证。

4)虚实真假

虚实真假指疾病发展到严重阶段时,动物所表现出的症状与疾病本质不相符的情况,主要有真实假虚和真虚假实两证。

(1)真实假虚。指本质为实证,反见某些虚羸现象的证候。如伤食动物常表现为精神倦怠,食欲减退,泄泻等,似属脾虚泄泻,但强迫其运动过后,精神反而好转,按摩腹部疼痛剧烈,或拒按。泄泻是虚象,但此畜泄后精神反而好转,说明其体内有实,而且实是疾病的本质,虚是假象。

(2)真虚假实。指本质为虚证,反见某些实盛现象的证候。如脏腑虚衰,气血不足,运化无力,而出现腹部胀满,呼吸喘促,二便闭涩等。但仔细观察,则可发现虽腹部胀满而有时缓解,或内无肿块而喜按,虽喘促而气短息弱,粪便虽闭而腹部不甚硬满,且脉必无力,舌体淡胖,并有形体消瘦、精神倦怠等症,故知本质属虚,实只是假象。

7.1.4 阴阳

阴阳是概括病证类别的两个纲领。临床上,疾病虽然错综复杂,但均可分为阴证和阳证两种。《素问·阴阳应象大论》中"善诊者,察色按脉,先别阴阳"。由此可见,阴阳是辨证的基本纲领。

1)阳证

阳证是邪气盛而正气未衰,正邪斗争亢奋的表现,多见于里证的实热证。阳证在临床上的主要表现是精神兴奋,狂躁不安,口渴贪饮,耳鼻肢热,口舌生疮,尿液短赤,舌红苔黄,脉象洪数有力,腹痛起卧,气急喘粗,粪便秘结等。在外科疮痈方面,凡红、肿、热、痛明显,脓液黏稠发臭者,均系阳证的表现。

2)阴证

阴证是阳虚阴盛,机能衰退,脏腑功能下降的表现,多见于里证的虚寒证。阴证在临床上的主要表现是体瘦毛焦,倦怠肯卧,体寒肉颤,怕冷喜暖,口流清涎,肠鸣腹泻,尿液清长,舌淡苔白,脉沉迟无力。在外科疮黄方面,凡不红、不热、不痛,脓液稀薄而少臭味者,均系阴证的表现。

3)亡阴证

亡阴证是阴液衰竭出现的一系列证候。临床上主要表现为精神兴奋,躁动不安,汗出如油,耳鼻温热,口渴贪饮,气促喘粗,口干舌红,脉数无力或脉大而虚。多见于大出血或脱水,或热性病的经过中。治宜益气救阴。

4)亡阳证

亡阳证是阳气将脱所出现的一系列证候。临床上主要表现为精神极度沉郁,或神志呆痴,肌肉颤抖,汗出如水,耳鼻发凉,口不渴,气息微弱,舌淡而润或舌质青紫,脉微欲绝。多见于大汗、大泻、大失血、过劳等患畜。治宜回阳救逆。

大热、大汗、大泻、大失血均可引起亡阴、亡阳。阴阳互根,阴液耗损,阳则无所依附而散越;阳气衰亡,阴则无以化生而耗竭。故亡阴与亡阳往往同时存在,或稍有先后之差。

正证与邪证

正证与邪证来源于八证论。八证论是中兽医学辨证的基本方法,其把家畜健康状况和极其复杂的疾病证候归纳为表证与里证、寒证与热证、虚证与实证、正证与邪证八类证候,用以辨别家畜无病或有病,并指导临床治疗。其中表证和里证,寒证和热证,虚证和实证的含义与八纲辨证完全相同。不同在于,八纲辨证用阴证和阳证来说明疾病的类别,又用阴阳两纲来概括其他六纲,即表、热、实为阳,里、虚、寒为阴;而八证论中的正证和邪证是辨别家畜健康和疾病状态的两个纲领。

正证:是家畜正常无病的健康状况。《元亨疗马集·八证论》中"夫正者,端正也,无偏无倚,无太过、无不及也",又有"马牛有此精神爽,尿清粪润口中红,脉平色正无疴瘵,气血调和脏腑宁"。

邪证:是与正证相对而言,泛指畜体有病。《元亨疗马集·八证论》中"夫邪者,所偏之谓也,太过不及也。真元散乱,邪疫相侵,故为邪",又有"正气不足,客气太胜是也。客气乘虚而入者,故成其患也"。说明了疾病的发生,是由于正气不足,并受到邪气的侵袭所致。同时指出了邪证是包括了家畜外感内伤所引起的一切疾病。

中兽医学中用正证和邪证作为辨别动物健康和疾病状况的两个纲领,是因为动物不同于人,它没有语言,病痛不能自行陈述,其有病无病,真病假病,必须靠医者从各个方面的体征和表现来鉴别和判断。因此,辨证首先要辨清动物有病无病,这对于兽医工作者具有重要的临床实际意义。

根据以上分析可知,八纲辨证和八证论各有所长,两者并不矛盾,而是互为补充。辨邪正是辨其有无疾病,辨阴阳则是在有病(邪证)的情况下对疾病的一种分类,它同辨表里、寒热、虚实一样,是对辨邪正的深入。具体说来,就是首先以正证和邪证辨别家畜无病或有病,如果有病,则以阴证和阳证辨别疾病证候的类别,进而以表证和里证,寒证和热证,虚证和实证辨别病位、病性、邪正的盛衰,只有这样才能从千变万化的病情中找出病证的实质来。

7.2 脏腑辨证

脏腑辨证,是根据脏腑的生理功能、病理表现,对疾病进行分析归纳,判断疾病病机、部位、性质和正邪盛衰状况进行的一种辨证方法。

八纲辨证是分析、归纳各种证候的类别、部位、性质、正邪盛衰等关系的纲领。如果要进一步分析疾病的具体病理变化,就必须落实到脏腑上来,用脏腑辨证的方法加以辨别,脏腑辨证是各种辨证方法的基础和核心。当然,在临床实践中,脏腑辨证也必须与八纲、气血津液等辨证方法有机地结合起来,才能对脏腑气血阴阳、寒热虚实的变化作出较全面的概括,为论治提供依据。

7.2.1 心与小肠病辨证

心的病证有虚实。虚证多由久病伤正,禀赋不足等因素,导致心气心阳受损,心阴、心血亏耗;实证多由痰阻、火扰、寒凝、瘀滞、气郁等引起。

心的病变主要表现为血脉运行失常及神志改变等方面。例如,心悸,神昏,脉结代或促等症常是心的病变。小肠的病变主要反映在清浊不分,传输障碍等方面,如尿液失常,大便溏泄等。

1)心气虚、心阳虚与心阳暴脱证

心气虚证,是指心脏功能减退所表现的证候。多由久病体虚,暴病伤正,误治、失治,老龄脏气亏虚等均可引起此证。心阳虚证,是指心阳气虚衰所表现的证候。凡心气虚甚,寒邪伤阳,汗下太过等均可引起此证。心阳暴脱证,是指阴阳相离,心阳骤越所表现的证候。

【临床表现】主症为心悸,气短,自汗,运动后尤甚。若兼见倦怠喜卧,舌质淡,舌体胖嫩,苔白,脉细弱,为心气虚;若兼见形寒肢冷,耳鼻四肢不温,舌淡或暗紫,脉微细,为心阳虚。除有心阳虚症状外,兼见汗出如水,四肢厥冷,口唇青紫,呼吸微弱,脉微欲绝,则是心阳暴脱的危象。

【证候分析】心气虚衰,则运血无力,故心悸;心气不足,胸中宗气运转无力则气短;劳役耗气,故稍事运动后症状加重;气虚卫外不固则自汗;气虚运血无力,不能上荣则舌淡苔白;血行失其鼓动则脉虚无力。若病情进一步发展,气虚及阳,阳虚不能温煦肢体,故兼见形寒肢冷,耳鼻四肢不温;舌淡胖或青紫,是阳虚寒盛之征;阳虚无力推动血行,脉道失充,则脉象微细。若心阳衰败而暴脱,阳气衰亡不能卫外则冷汗淋漓;不能温煦肢体故四肢厥冷。心阳衰,宗气骤泄,故呼吸微弱;阳气外亡,无力推动血行致络脉瘀滞,所以口唇青紫;心神失养涣散,致神志模糊,甚则昏迷。

【治法】补益心气,温补心阳,安心神,回阳救逆。方用养心汤加减;心阳虚者加附子。

2)心血虚与心阴虚证

心血虚证,是指心血不足,不能濡养心脏所表现的征候。心阴虚证,是指心阴不足,不能濡养心脏所表现的征候。二者常则久病耗损阴血,或失血过多,或阴血生成不足等因素引起。

【临床表现】心悸、躁动易惊为心血虚与心阴虚的共有症。若兼见可视黏膜苍白,舌色淡白,脉细弱等症为心血虚;若见低热不退或午后潮热,盗汗,舌红少津,脉细数为心阴虚。

【证候分析】血属阴,心阴心血不足,则心失所养,致心动不安,出现心悸;神失濡养,致心神不宁,出现易惊;血与阴又同中有异,故血虚不能上荣,则见可视黏膜苍白,舌色淡白,不能充盈脉道则脉象细弱。阴虚则阳亢,虚热内生,故低热不退;夜晚则阳气入阴,营液受蒸则外流而为盗汗;虚热上炎则舌红少津或口舌生疮;脉细主阴虚,数主有热,为阴虚内热的脉象。

【治法】心血虚者,宜养血安神;四物汤加减。心阴虚者,宜滋阴安神;补心丹加减。

3) 心火亢盛证

心火亢盛证,是指心火炽盛所表现的证候。多因暑热炎天,管理不当,致热邪积于胸中,或六淫内郁化热所致。

【临床表现】神昏狂躁,高热,大汗,气促喘粗,舌尖红绛,口色赤,粪干尿少,脉洪数。甚则见肌肤疮疡,红肿热痛。

【证候分析】心火内炽,心神被扰,则神昏头低,甚者狂躁不安;心开窍于舌,心火亢盛,循经上炎故舌尖红绛,口色赤;高热,气促喘粗,粪干尿少,脉洪数,均为里热征象。火毒壅滞脉络,局部气血不畅则见肌肤疮疡,红肿热痛。

【治法】清心泻火,养阴安神。方用香薷散或白虎汤加减。

4) 痰迷心窍证

痰迷心窍证,是指痰浊蒙蔽心神表现的证候。多由于气结湿生、湿聚为痰浊,阻遏心窍所致。

【临床表现】神志痴呆,行如酒醉,或突然昏倒,口流痰涎,苔白腻,脉滑。

【证候分析】外感湿浊之邪,湿浊郁遏中焦,酝酿成痰,痰随气升则口流痰涎;上迷心窍,则神识痴呆,行如酒醉,或突然昏倒;舌苔白腻,脉滑是痰浊内盛之象。

【治法】涤痰开窍。寒痰方用导痰汤加减;热痰可用涤痰汤加减。

5) 痰火扰心证

痰火扰心证,是指火热痰浊扰乱心神所表现以心神异常为主症的证候。多因气郁化火,煎熬津液成痰,痰火上绕心神所致。

【临床表现】发热,气粗,眼急惊狂或蹬槽越桩,咬物伤人,口色赤,苔黄腻,脉滑数。

【证候分析】火热之邪亢盛,里热蒸腾,故发热气粗;火势上炎,充斥眼目,故目赤;火热之邪炼液为痰,痰与火结,绕及心神,神志错乱,故见蹬槽越桩、躁狂,咬物伤人等兴奋表现;舌红苔黄腻,脉滑数均为痰火内盛之象。

【治法】清心祛痰,镇惊安神。方用镇心散或朱砂散加减。

6) 小肠实热证

小肠实热证,是指小肠里热炽盛所表现的证候。多由六淫内郁化热或心热下移所致。

【临床表现】口渴喜饮,尿液赤涩,尿道灼痛,尿血,舌红苔黄,脉数。

【证候分析】心与小肠相表里,小肠有分清泌浊的功能,使水液入于膀胱。心热下移小肠,故尿液赤涩,尿道灼痛;热甚灼伤阴络则可见尿血;津为热灼则口渴;舌红苔黄,脉数为里热之征。

【治法】清利小肠。方用导赤散加减。

7) 小肠中寒证

小肠中寒证多因外感寒邪或内伤阴冷所致。

【临床表现】腹痛起卧,肠鸣,粪便稀薄,口内湿滑,口流清涎,口色青白,脉象沉迟。

【证候分析】小肠受寒,寒凝则气滞,气滞则血瘀,气血不通则痛,故腹痛起卧;肠中冷气冲击则肠鸣;小肠受寒则清浊不分,下注大肠,故粪便稀薄;阴寒内盛,津液不伤,加之寒伤阳气,津液不布,故口内滑湿,口流清涎;口色青白,脉象沉迟均为寒之征。

【治法】温阳散寒,行气止痛。方用橘皮散加减。

7.2.2 肝与胆病辨证

肝的病变主要表现在疏泄失常,血不归藏,筋脉不利等方面。病变特点是肝阴、肝血常不足,肝气、肝阳常有余,而以实证为主。肝病变化多端,一是肝病证候常相互转化,二是肝病易侵袭他脏而发病。

1)肝血虚证

肝血虚证是指肝血亏虚所表现的征候。多因脾胃虚弱,血的化源不足,或久病之后肾水不足,肝失濡养,或失血过多所致。

【临床表现】贫血,眼干,视力减退,甚至出现夜盲、内障,或倦怠肯卧,蹄甲干枯皲裂,或眩晕,站立不稳,时欲倒地;或见肢体麻木,震颤,四肢拘挛抽搐,口色淡白,苔白,脉弦细。

【证候分析】肝开窍于目,肝血不足,不能上荣头面,故眼干,视力减退,甚至出现夜盲、内障;肝主筋爪,肝血不足,不能滋养筋爪,故倦怠肯卧,蹄甲干枯皲裂;血虚不能养肝,肝阳上扰,故见眩晕,站立不稳,时欲倒地;血虚不能濡养筋脉,故见肢体麻木,震颤,四肢拘挛抽搐。舌淡苔白脉弦细,为血虚常见之征。

【治法】滋阴养血,平肝明目。方用四物汤加减。

2)肝火上炎证

肝火上炎证是指肝经火盛,气火上逆,而表现以火热炽盛于上为特征的实热证候。多由外感风热或由肝气郁结化火所致。

【临床表现】两目红肿,羞目流泪,睛生翳障,视力障碍,或有鼻衄,躁动易惊,粪干尿赤,口干舌红,苔黄,脉弦数。

【证候分析】肝开窍于目,肝火上炎,故出现一系列眼部病变;肝火上逆,灼伤脉络,迫血妄行而致鼻衄;肝火上扰心神,故躁动易惊;粪干尿赤,口干舌红,苔黄,脉弦数,均为肝经实热之象。

【治法】清肝泻火,祛风散热,明目退翳。方用决明散或龙胆泻肝汤。

3)肝风内动证

肝风内动证是指动物出现眩晕欲扑、抽搐、震颤等具有"动摇不定"特点为主的一类证候。临床上常见肝阳化风、热极生风、阴虚动风、血虚生风四种。

(1)肝阳化风证。肝阳化风证是指肝阳亢逆无制所导致的一类动风证候。多因肝肾之阴久亏,阴不制阳,肝阳上亢,化火生风,风火相煽所致。

【临床表现】神昏似醉,站立不稳,时欲倒地或头向左或向右盘旋不停,偏头直颈,歪唇斜眼,肢体麻木,拘挛抽搐,舌红苔白或腻,脉弦有力。

【证候分析】肝阳上亢,化火生风,鼓动气血伴走于上,蒙蔽清窍,心神受扰,故见神昏似醉,站立不稳,时欲倒地等症状;风窜经络,故有偏头直项,歪嘴斜眼,肢体麻木,拘挛抽搐等症;舌红、苔白腻,脉弦有力,为肝经有热之征。

【治法】滋阴潜阳,平肝熄风。方用镇肝熄风汤加减。

（2）热极生风证。热极生风证是指热邪亢盛引动肝风所表现的证候。多由邪热内盛，热极生风，横窜经脉所致。

【临床表现】高热，四肢痉挛抽搐，颈项强直，甚则角弓反张，神志不清，撞壁冲墙，圆圈运动，舌红或绛，脉弦数。

【证候分析】热邪蒸腾，充斥肌肤，故见高热。热入心包，扰乱心神，故见神志不清，撞壁冲墙，圆圈运动；热灼肝经，津液受损，筋脉骤然失养而见四肢痉挛抽搐，颈项强直，角弓反张，两目上视，牙关紧闭等筋脉挛急的表现。热邪内犯营血，则舌色红绛；脉象弦数，为肝经火热之征。

【治法】清热、熄风、镇痉。方用羚羊钩藤汤加减。

（3）阴虚生风证。阴虚生风证是指阴液亏虚引动肝风表现的证候。多因外感热病后期阴液耗损，或内伤久病，阴液亏虚所致。

【临床表现】形体消瘦，四肢蠕动，午后潮热，口咽干燥，舌红少津，脉弦细数。

【证候分析】阴液枯竭，不能充养肌肉筋骨，故形体消瘦；阴液亏虚，肝脉失养，故四肢蠕动；虚热内蒸，故午后潮热；阴液亏虚不能上润，故口咽干燥；舌红少津，脉弦细而数均是阴虚内热之征。

【治法】滋阴定风。方用大定风珠（生白芍、阿胶、生龟板、干地黄、麻仁、五味子、生麦冬、炙甘草、鸡子黄、鳖甲，《温病条辨》）加减。

（4）血虚生风证。血虚生风证是指血虚筋脉失养所表现的动风证候。多由急慢性出血过多，或久病血虚所引起。该证的临床表现，征候分析详见"肝血虚证"。

4）寒滞肝脉证

寒滞肝脉证是指寒邪凝滞肝脉所表现的证候。多因外寒客于肝经，使气血凝滞而成。

【临床表现】形寒肢冷，耳鼻发凉，外肾硬肿如石如冰，后肢运步困难，口色青，舌苔白滑，脉沉弦或迟。

【证候分析】阴寒内盛，阳气受损，气血失温，故形寒肢冷，耳鼻发凉；肝经绕阴器循少腹，寒湿之邪客于肝经，致使气血凝滞，故外肾硬肿如石如冰；口色青舌苔白滑，脉沉弦均是阴寒内盛之象。

【治法】温肝暖经，行气破滞。方用茴香散（见温里方）加减。

5）肝胆湿热证

肝胆湿热证是指湿热蕴结肝胆所表现的证候。多由感受湿热之邪，或脾胃运化失常，湿邪内生，郁而化热所致。

【临床表现】精神倦怠，食欲不振，舌苔黄腻，尿液短赤或黄而浑浊，粪便干燥或稀软，脉洪数。母畜外阴瘙痒，带下黄赤腥臭，公畜睾丸肿痛灼热，阴囊湿疹。

【证候分析】湿热郁阻，脾胃运化失常，清阳之气不升，故精神倦怠，食欲不振，粪便干燥或稀软；肝脉绕阴器，湿热循经下注，故母畜见带下黄臭，公畜睾丸肿胀热痛；湿热浸淫外阴，成为湿疹，故外阴瘙痒，阴囊湿疹；舌红苔黄腻，脉弦数，均为湿热内蕴肝胆之证。

【治法】清利肝胆湿热。方用茵陈蒿汤或龙胆泻肝汤（见清热方）加减。

7.2.3 脾与胃病辨证

脾胃病证,皆有寒热虚实之不同。脾的病变主要反映在运化、升清功能失职和统摄血液功能的障碍,以及水湿潴留,清阳不升等方面;胃的病变主要反映在食不消化,胃失和降,胃气上逆等方面。

1)脾气虚证

脾气虚证多由畜体素虚,劳役过度或饮喂失调,内伤脾气,以致脾气虚弱。临床上脾气虚可分为三种证型。

(1)脾虚不运证。脾虚不运证是指脾气虚弱,运化失健所表现的虚弱证候,亦称脾失健运证。多因饮食失调,劳役过度,以及其他疾患耗伤脾气所致。

【临床表现】草料迟细,体瘦毛焦,倦怠喜卧,肚腹虚胀,肢体浮肿,尿短,粪稀,口色淡黄,舌苔白,脉缓弱。

【证候分析】脾胃气虚,受纳运化失职,故见草料迟细;脾胃虚弱,清气不升,浊阴不降,故肚腹虚胀;脾气不足,运化水液失健,水湿不运,流注肌肤则见浮肿,流注肠中则粪便稀溏;脾胃为气血生化之源,脾虚不运,日久则气血亏虚,肌肤、心神失去其濡养、温煦,故见体瘦毛焦,倦怠喜卧;舌苔白,口色淡,脉缓弱,是虚的表现;口色黄是湿的表现。

【治法】益气健脾。方用参苓白术散(见补虚方)或香砂六君子汤加减。

(2)脾虚气陷证。脾虚气陷证是指脾气亏虚,升举无力而反下陷所表现的证候,又称脾气下陷证、中气下陷证。多由脾不健运进一步发展而来,或久泄久痢,或劳累过度所致。

【临床表现】久泻不止,脱肛、子宫脱或阴道脱,尿淋漓难尽,并伴有体瘦毛焦,倦怠喜卧,多卧少立,草料迟细,口色淡白,苔白,脉弱等脾气虚症。

【证候分析】脾气上升,能升发清阳和升举内脏,气虚升举无力而下陷,故见久泻不止,脱肛、子宫脱或阴道脱;脾主散精,脾虚气陷致使精微不能正常输布,反而下流膀胱,故见尿液淋漓难尽;体瘦毛焦,倦怠喜卧,口色淡白,脉弱皆为脾气虚弱的表现。

【治法】益气升阳。方用补中益气汤(见补虚方)加减。

(3)脾不统血证。脾不统血证指脾气亏虚,不能统摄血液,而致血溢于脉外为主要表现的证候。又称气不摄血证。多由久病体虚,脾气衰虚,不能统摄血液所致。见于某些慢性出血病和某些热性疾病的慢性病程中。

【临床表现】各种慢性出血,如便血、尿血、皮下出血等。常伴见草料迟细,体瘦毛焦,倦怠喜卧,口色淡白,脉细弱等症。

【证候分析】脾有统摄血液的功能,脾气亏虚,统血无权,则血溢脉外。溢于肠胃,则为便血;渗于膀胱,则见尿血;血渗毛孔而出,则为肌衄;由齿龈而出,则为齿衄。而草料迟细,体瘦毛焦,倦怠喜卧,口色淡白,脉细弱等症,皆为脾气亏虚,运化无权,气虚血少之象。

【治法】益气摄血,引血归经。方用归脾汤加减。

2)脾阳虚证

脾阳虚证是指脾阳虚衰,失于温运,阴寒内盛所表现的虚寒证候,又称脾虚寒证。多由脾气虚发展而来,或过食生冷,或肾阳虚,火不生土所致。

【临床表现】形寒怕冷,耳鼻四肢不温,食欲大减或废绝,肠鸣泄泻,甚者久泻不止,腹痛喜温喜按,口色青白,苔白滑,脉沉迟无力。

【证候分析】脾阳不足,阳虚而生外寒,故见形寒怕冷,耳鼻四肢不温;阳虚脾失健运更甚,故食欲大减或废绝;水湿不化流注肠中,故肠鸣泄泻;阳虚寒凝气滞,不通则痛,故腹痛喜温喜热。口色青白,苔白滑,脉沉迟无力,皆为虚寒盛之征。

【治法】温中健脾。方用理中汤或桂心散加减。

3)寒湿困脾证

寒湿困脾证是指寒湿内盛,中阳受困而表现的证候。又称湿困脾阳证、寒湿中阻证。多由饲喂不当,过食生冷,淋雨涉水,久卧湿地,以及内湿素盛等因素引起。

【临床表现】神疲倦怠,耳耷头低,四肢沉重喜卧,草料迟细,口内黏滑或流清涎,粪便稀薄,尿液不利,或见浮肿,舌苔白腻,脉迟细。

【证候分析】湿困中焦,清阳不升,故见神疲倦怠,草料迟细;湿性重浊黏腻,其性趋下,故寒湿侵犯机体可见耳耷头低,四肢沉重喜卧;湿注肠中,则见粪便稀薄,尿液不利;溢于肌肤,则见浮肿;寒湿属阴邪,阴不耗液,故口内黏滑或流清涎。舌苔白腻,脉迟细,皆为寒湿内盛的表现。

【治法】温中健脾化湿。方用胃苓散加减。

4)胃食滞证

胃食滞证是指食物停滞于胃,不能腐熟所表现的证候。多由暴饮暴食,伤及脾胃,食滞不化,或草料粗硬,不易消化,霉败变质等因素引起。

【临床表现】不食,牛则反刍停止,口内酸臭或嗳气呕吐酸腐食物,肠音低沉,排便迟滞,粪稀软而臭,肚腹胀满,重者前肢刨地,起卧滚转,气促喘粗,口色红,舌苔厚腻,脉滑实。

【证候分析】胃气以降为顺,胃中积食,中焦阻塞,通降失和,故不食,肚腹胀满,腹痛起卧;胃气不降而上逆,故见嗳气吞酸或呕吐酸腐食物,舌苔厚腻,牛则反刍停止;食滞于胃,脾失健运,故粪稀软而臭;母病及子,肺气不降,故气促喘粗;胃气不降,故后期排粪迟滞;湿浊积胃,故舌苔厚腻;积食化热,故口色红,脉象滑实。

【治法】消食导滞。方用曲蘖散(见消导方)加减。

5)胃阴虚证

胃阴虚证是指胃阴不足,胃失濡润,胃失和降所表现的证候。虚热证不明显者,常称胃燥津亏证。多由高热伤阴,津液亏耗所致,见于热性病的后期。

【临床表现】体瘦毛焦,皮肤松弛,食欲减退,口干舌燥,粪便干结,尿少色浓,口色红,苔少或无,脉细数。

【证候分析】热病后期,津液耗伤,失其滋润全身肌表皮毛之功,故见体瘦毛焦,皮肤松弛;胃喜润恶燥,津液亏虚,胃气不降,受纳与腐熟功能障碍,故食欲减退;津液亏虚,胃失濡养,上不能滋润咽喉,故见口干舌燥,下不能濡润大肠,粪便干结,尿少色浓。口舌红,苔少或无,脉象细数均为阴虚燥热的征象。

【治法】滋养胃阴。方用养胃汤加减。

6)胃寒证

胃寒证是指阴寒凝滞胃腑所表现的证候。多由外感风寒,或饮喂失调,如长期过食冰冻草料,暴饮冷水等所致。

【临床表现】形寒怕冷,耳鼻发凉,食欲减退,粪便稀软,尿液清长,口腔湿滑或口流清涎,口色淡或青白,苔白而滑,脉象沉迟。

【证候分析】外感风寒或内伤阴冷,阴盛阳衰,故形寒怕冷,耳鼻发凉;寒伤阳气,胃受纳和腐熟功能失职,故食欲减退;阴寒内盛,津液不伤,加之胃阳受损,津液不化,故口内湿滑,口流清涎,尿液清长,粪便稀软;口色青白,苔白而滑,脉象沉迟,均为阴盛内寒之象。

【治法】温胃散寒。方用桂心散(见温里方)加减。

7)胃热证

胃热证是指胃火内炽所表现的征候。多因气候炎热,失于饮喂,外邪传内化热,或过食谷料,热积于胃,使胃燥失润而成。

【临床表现】耳鼻温热,口干,渴而多饮,食欲减少或食入即吐,或渴喜冷饮,牙龈肿胀,口腔腐臭,口色鲜红,粪球干小,尿短赤,苔黄厚,脉洪数或滑数。

【证候分析】热积胃中,胃失和降,故食欲减少,口臭;热伤津液则渴喜冷饮,粪干尿少,热盛则耳鼻温热;脾开窍于口,应于唇,胃之经脉上络齿龈,胃火上冲,故牙龈肿胀,口臭。舌红苔黄,脉滑数为胃热内盛之象。

【治则】清泻胃火,生津止渴。方用清胃解热散加减。

7.2.4 肺与大肠病辨证

肺的病变,主要表现为气失宣降,或腠理不固及水液代谢方面的障碍,临床上往往出现咳嗽、气喘、胸闷或痛、喉痛、咯血、声音变异、鼻塞流涕等症状,其中以咳喘更为多见。大肠的病变多为传导功能失常,主要表现为便秘与泄泻。

1)肺气虚证

肺气虚证是指肺的机能减弱,其主气司呼吸、卫外功能失职所表现的虚弱证候。多由久咳久喘,耗伤肺气,或由脾、肾气虚,导致肺气虚弱(主要是气的生化不足)所致,故前人有"五脏六腑皆令兽喀,非独肺也"之说。

【临床表现】久咳久喘,咳喘无力,动则喘甚,日渐消瘦,声音低微,或有自汗畏风,易于感冒,神疲体倦,口淡苔薄,脉细弱。

【证候分析】肺主气,司呼吸,肺气不足则咳喘无力;动则耗气,所以动则喘甚;肺气虚则神疲体倦,声音低弱;肺气虚不能宣发卫气于肌表,腠理不固,故自汗畏风,易于感冒。口淡苔薄,脉细弱为气虚之征。

【治法】补肺益气,止咳平喘。方用补肺散加减。

2)肺阴虚证

肺阴虚证是指肺阴不足,虚热内生所表现的证候。若虚热内扰之症不明显,称为津伤肺燥证。多由久病体弱,或邪热久恋于肺,损伤肺阴所致,或热病后期阴津损伤所致,或由于发汗太过而伤及肺阴所致。

【临床表现】干咳无痰,或痰少而黏稠,不易咳出,日轻夜重,口干咽燥,体瘦毛焦,低热不退,或午后潮热,盗汗,粪球干小,尿少色浓,舌红无苔,脉细数。

【证候分析】肺阴不足,虚火内生,灼液成痰,胶固难出,故干咳无痰,或痰少而黏稠,不易咳出;阴液不足,上不能滋润咽喉则口干咽燥,外不能濡养肌肉则体瘦毛焦;阴虚则阳亢,故见低热不退,午后潮热;阴虚若致阳弱,可见盗汗;粪球干小,尿少色浓,舌红无苔,脉象细数,皆为阴虚内热之象。

【治法】滋阴润肺。方用百合固金汤加减。

3)风寒束肺证

风寒束肺证是指风寒之邪外袭,肺卫失宣所表现的证候。多由风寒之邪侵袭肺脏,肺气闭郁而不得宣降所致。

【临床表现】以咳嗽、气喘为主(遇寒加重),兼有发热轻而恶寒重,鼻流清涕,口色青白,舌苔薄白,脉浮紧。

【证候分析】感受风寒,肺气被束不得宣发,故见咳嗽、气喘;风寒犯表,卫气受损,皮毛肌腠失其温煦,故恶寒;肺气失宣,鼻窍通气不畅致鼻流清涕。口色青白,舌苔薄白,脉浮紧为风寒束表之征。

【治法】宣肺散寒,祛痰止咳。方用麻黄汤或荆防败毒散加减。

4)风热犯肺证

风热犯肺证是指风热邪气侵犯肺系,肺卫受病所表现的证候。多由外感风热之邪,以致肺气宣降失常所致。

【临床表现】以咳嗽和风热表证共见为特点。咳嗽、痰稠色黄,鼻流黄涕,耳鼻温热,身热,或咽喉疼痛,触之敏感,口渴贪饮,口色偏红,舌苔薄白或黄白相间,脉浮数。

【证候分析】风热袭肺,肺失清肃则咳嗽。热邪煎津液为痰,故痰稠色黄。肺气失宣,鼻窍津液为风热所熏,故鼻流黄涕。肺卫受邪,卫气抗邪则发热;咽喉为肺之门户,风热上犯,故咽喉疼痛,触之敏感;风热上扰,津液被耗则口渴贪饮;口红,苔黄,脉数主热;苔薄白,脉浮则主表,苔黄白相间,脉浮数并见,均为风热犯肺之征。

【治法】疏风散热,宣通肺气。方用银翘散加减(表热重者);桑菊饮加减(咳嗽重者)。

5)燥邪伤肺证

燥邪伤肺证是指秋令燥邪犯肺耗伤津液,肺表失润所表现的证候。由感受燥热之邪,在表未解,入里伤及肺脏所致。据其偏寒、偏热之不同,又有温燥、凉燥之分。

【临床表现】干咳无痰,咳而不爽,被毛焦枯,口、唇、舌、咽、鼻、皮肤干燥欠润,咯血,或发热、微恶寒,舌红、苔薄白或黄,脉浮数或浮紧。

【证候分析】燥邪犯肺,津液被伤,肺不得滋润而失清肃,故干咳无痰,咳而不爽;伤津化燥,气道失其濡润,所以唇、舌、咽、鼻都见干燥而欠润;肺为燥邪所袭,肺卫失宣,则见发热恶寒;若燥邪化火,灼伤肺络,可见咯血。燥邪伤津则舌红,邪偏肺卫,苔多薄白,燥邪袭肺,苔多黄。脉数为温燥之象;脉紧为凉燥之象。

【治法】清肺润燥养阴。方用清燥救肺汤加减。

6)肺热咳喘证

多因外感风热或因风寒之邪入里郁而化热,以致肺气宣降失常所致。

【临床表现】咳声洪亮,气促喘粗,鼻翼翕动,鼻流浓涕,咽喉肿痛,粪便干燥,尿液短赤,口渴贪饮,口色赤红,苔黄燥,脉洪数。

【证候分析】肺主气,热阻肺气,肺失清肃,肺气上逆,故咳声洪亮,气促喘粗,鼻翼扇动;热盛煎蒸津液为痰,痰随气逆,故鼻流浓涕;喉为肺系,肺热熏蒸,故咽喉肿痛;热邪伤津,故口渴贪饮,尿液短赤;肺与大肠相表里,肺热下移,伤及肠液,故粪便干燥;口色赤红,苔黄燥,脉洪数均为实热之征。

【治法】清肺化痰,止咳平喘。方用麻杏石甘汤或清肺散加减。

7) 大肠湿热证

大肠湿热证是指湿热侵袭大肠所表现的证候。多因外感暑湿或疫疠,饲喂饲料、饮水不洁,以致湿热或疫毒蕴结,下注于肠,损伤气血而成。

【临床表现】发热,腹痛起卧,泻痢腥臭甚至脓血混杂,排粪不畅,尿液短赤,口干舌燥,口色红黄,舌苔黄腻或黄干,脉滑数。

【证候分析】湿热积于肠中,阻滞气机,传导失常,故腹痛起卧,泻痢腥臭;湿热蕴结大肠,伤及气血腐化为脓血,故下痢脓血;热邪伤津,致尿液短赤,口干舌燥;湿重者,苔黄腻;热甚伤津者,苔黄而干;发热,口色红黄,脉象滑数,均为湿热之象。

【治法】清热利湿,调气和血。方用白头翁汤或郁金散加减。

8) 食积大肠证

多因过饥暴食,或草料突换,或久渴失饮,或劳逸失度,或老畜咀嚼不全,致使草料停于肠中,而成此病。

【临床表现】粪便不通,肚腹胀满,回头顾腹,不时起卧,饮食欲废绝,口腔酸臭,尿少色浓,口色赤红,舌苔黄厚,脉象沉而有力。

【证候分析】粪便停滞,聚而成结,阻塞肠腔,故见粪便不通,肚腹胀满;六腑以通为用,草料阻滞肠中,气血不通,不通则痛,故回头观腹,不时起卧;胃喜润恶燥,热伤胃阴,受纳无权,故食欲废绝;结粪停于肠内,浊气上逆,则见口腔酸臭;结粪留滞肠中,化热化燥,故见尿少色浓,口色赤红,舌苔黄厚;脉沉而有力,是肠中有实邪存在之故。

【治法】通便攻下,行气止痛。方用大承气汤加减。

9) 大肠液亏证

大肠液亏证是指津液不足,不能濡润大肠所表现的证候。多因有燥热,使大肠津液亏损,或胃阴不足,不能下润大肠,均可使大肠液亏。

【临床表现】粪球干小而硬,粪便秘结干燥,难以排出,口干咽燥,或伴见口臭,舌红少津,苔黄燥,脉细涩。

【证候分析】大肠液亏,肠道失其濡润而传导不利,故粪便秘结干燥,难以排出。阴伤于内,口咽失润,故口干咽燥。粪便日久不解,浊气不得下泄而上逆,致口臭。阴伤则阳亢,故舌红少津。津亏脉道失充,故脉来细涩。

【治法】润肠通便。方用当归苁蓉汤加减。

10) 大肠寒泻证

多由外感风寒或内伤阴冷(如喂冰冻草料,暴饮冷水)而发病。

【临床表现】耳鼻寒凉,肠鸣如雷,泻粪如水,或腹痛,尿少而清,口色青黄,舌苔白滑,脉象沉迟。

【证候分析】大肠受寒,肠中冷气冲击,故肠鸣如雷;大肠受凉,传送糟粕功能失常,故泻粪如水;寒凝则气滞,气滞则血瘀,气血不通则痛,故腹痛;大肠受寒,吸收水液的功能下降,故尿少而清;口色青黄,舌苔白滑,脉象沉迟均是内有寒湿的表现。

【治法】温中散寒,渗湿利水。方用桂心散或橘皮散加减。

7.2.5 肾与膀胱病辨证

肾的病变主要表现在生长发育、水液代谢和粪尿的异常上。以虚证为多,一般分为肾阴虚和肾阳虚两大类,膀胱的生理功能是储存和排泄尿液,其病变主要表现为排尿异常等。

1) 肾阳虚证

肾阳虚证是指肾脏阳气虚衰表现的证候。多素体阳虚,老弱,久病体虚而肾阳不足所致。根据临床症状及病理变化可分为以下四种证型。

(1) 肾阳虚衰。素体阳虚,或久病伤肾,或劳损过度,或年老体弱,下元亏损,均可导致肾阳虚衰。

【临床表现】形寒肢冷,耳鼻四肢不温,腰痿,腰腿不灵,难起难卧,四肢下部浮肿,粪便稀软或泄泻,尿液稀少,公畜性欲减退,阳痿不举,垂缕不收,母畜宫寒不孕。口色淡,舌苔白,脉沉无力。

【证候分析】命门火衰,不能温煦肌肤,故形寒肢冷,耳鼻四肢不温;腰为肾府,肾主骨,肾阳虚衰,故腰痿,腰腿不灵,难起难卧;肾阳虚衰,气化不足,水液不行,故尿少,泄泻,浮肿;肾主生殖,肾阳不足,命门火衰,生殖机能减退,公畜则性欲减退,阳痿不举,垂缕不收,母畜则宫寒不孕。口色淡,舌苔白,脉沉无力均是肾阳虚衰的虚寒表现。

【治法】温补肾阳。方用肾气散加减。

(2) 肾气不固。多由肾阳素亏,劳役过度,或久病失养,肾气亏耗,失其封藏固摄之权所致。

【临床表现】尿液频数而清,或尿后余沥不尽,甚至遗尿或尿液失禁,腰腿不灵,难起难卧,公畜滑精早泄,母畜带下清稀,胎动不安,舌淡苔白,脉沉弱。

【证候分析】肾与膀胱相表里,肾气衰,则膀胱失约,故见尿液频数而清,甚则尿液失禁;气虚排尿无力,故尿后余沥不尽;肾生髓充脑,肾气不足,精关不固,则见公畜滑精早泄;肾气不足,带脉失固,则见母畜带下清稀;肾气不足,任脉失养,胎元不固,故见胎动不安或流产;舌淡苔白,脉沉弱,是肾气虚的表现。

【治法】固摄肾气。方用缩泉丸(乌药、益智仁、山药)或固精散加减。

(3) 肾不纳气。由于劳役过度,伤及肾气,或久病咳喘,肺虚及肾所引起。

【临床表现】咳嗽,气喘,呼多吸少,动则喘甚,重则咳而遗尿,形寒肢冷,汗出,口色淡白,脉虚浮。

【证候分析】肾主纳气,肾气不足,摄纳无权,气不归元而上逆,故见咳嗽,气喘,呼多吸少;动则气耗,肾气则虚,故咳嗽加剧;严重者,因肾虚水液不能正常气化而致膀胱失约,咳而遗尿;肾气虚,失其温煦之功,故形寒肢冷;肾阳虚,卫阳不固,故汗出;口色淡白,脉虚是肾阳不足的表现,若肾阳虚衰欲脱,则因虚阳外越而出现浮脉。

【治法】补肾纳气。方用人参蛤蚧散(党参、蛤蚧、杏仁、茯苓、贝母、桑白皮、知母、甘草,《卫生宝鉴》)加减。

(4)肾虚水泛。素体虚弱,或久病失养,损伤肾阳,不能温化水液,致水邪泛滥而上逆,或外溢肌肤所致。

【临床表现】体虚无力,腰脊板硬,耳鼻四肢不温,尿量减少四肢腹下浮肿,尤以两后肢浮肿较为多见,严重宿水停脐,或阴囊水肿,或心悸,喘咳痰鸣,舌淡胖,苔白,脉细沉。

【证候分析】肾阳虚衰,不能正常发挥其推动和温煦形体腰肢的作用,故体虚无力,腰脊板硬,耳鼻四肢不温;肾阳不足,不能化气行水,水液内停,故尿量减少;内停之水液外溢,故四肢、腹下或阴囊水肿;内停水湿,上凌于心,心阳受损,则见心悸;水湿上逆犯肺,肺失宣降,则见喘咳痰鸣;舌质淡胖,苔白,脉沉细,是阳虚水泛的表现。

【治法】温阳利水,方用济生肾气丸或真武汤加减。

2)肾阴虚证

肾阴虚证是指肾阴亏损,失于滋养,虚热内生所表现的虚弱证候。因伤精、失血、耗液而成,或急性热病耗伤肾阴,或其他脏阴虚而伤及于肾,或因过服温燥劫阴之药所致。

【临床表现】形体瘦弱,腰胯无力,低热不退或午后潮热,盗汗,粪便干燥,公畜举阳滑精或精少不育,母畜不孕,视力减退,口干、色红、少苔、脉细数。

【证候分析】阴虚不能濡养机体,故形体瘦弱;腰为肾府,肾阴虚不能滋骨养髓,故腰胯无力;肾阴虚不足以制阳则虚热内生,故见低热不退或午后潮热;阴虚而阳弱,卫阳不能固表则见津液外越之盗汗;肾阴虚不能滋润大肠,故粪便干燥;阴虚则阳亢,相火妄动,扰动精室,故举阳滑精,致使精少不育;母畜以血为用,阴虚则血少,血少则不孕;肾阴不足,不能上养眼目,故视力减退;阴液不足,津液不能上濡,故口干;阴虚阳弱,故少苔;口色红,脉细数是阴虚有热之象。

【治法】滋阴补肾。方用六味地黄汤加减。

3)膀胱湿热证

膀胱湿热证是指湿热蕴结膀胱,气化不利所表现的以尿液异常为主症的证候。

【临床表现】尿频而急,尿液排出困难,常作排尿姿势,疼痛不安,或尿淋漓,尿色浑浊,或有脓血,或有砂石,口色红,舌苔黄腻,脉濡数。

【证候分析】湿热下注膀胱,故尿频而急;湿热蕴结,气机被阻,故排尿不畅,疼痛不安,或尿淋漓;湿热煎灼尿液,故尿色浑浊,若损伤血络,则见尿血,甚至带有脓血;湿热,煎熬尿液,日久成石,故尿中带有砂石;口色红,舌苔黄腻,脉濡数,均为湿热内蕴之征象。

【治法】清利湿热。方用八正散或滑石散加减。

7.2.6　脏腑兼病辨证

动物体各脏腑之间是一个有机联系的整体,它们在生理上分工合作,在病理上则相互影响。凡两个或两个以上脏腑同时发病者,称为脏腑兼病。

脏腑兼病,并不等同于两个以上脏器证候的简单相加,而是在病理上有着一定内在联系且又相互影响。因此,辨证时应当注意辨析脏腑之间有无先后、主次、因果、生克等关系,这样才能明确其病理机制,作出恰当的辨证施治。

1)心脾两虚证

心脾两虚证是指由于心血不足、脾虚气弱而表现的心神失养,脾失健运、统血的虚弱证候。多因劳役过度,或饮喂失调,损伤脾胃,脾胃为气血生化之源,脾气虚弱,生血不足,可致心血亏损;或因慢性失血,血亏气耗,渐而导致心脾气血两虚。

【临床表现】病畜出现心悸,易惊恐,频换前肢等心虚的症状,同时又有草料迟细,肚腹虚胀,便溏或皮下出血,倦怠喜卧等脾虚的症状。舌质淡嫩,脉细弱。

【证候分析】心血不足,心神失养,故心悸,易惊恐;脾虚气弱,运化失健,故草料迟细,肚腹虚胀,便溏;脾虚不能摄血,可见皮下出血;倦怠喜卧,舌质淡嫩,脉细弱,皆为气血虚弱之象。

【治法】补益心脾(益火补土)。方用归脾汤加减。

2)肺脾气虚证

肺脾气虚证是指由于脾肺两脏气虚,出现脾失健运,肺失宣降的虚弱证候。多因久病咳喘,耗伤肺气,子病及母;或饮喂失调,脾胃受损,累及于肺所致。临床上以先为脾气虚后又见肺气虚者为多。

【临床表现】病畜既有久咳不止,咳喘无力,鼻液清稀等肺虚的症状,同时又有倦怠喜卧,草料迟细,肚腹虚胀,便溏等脾虚的症状。舌质淡,苔白滑,脉细弱。

【证候分析】肺气虚,宣降失职,气逆于上,则久咳不止,咳喘无力;肺气虚,则水津不布,脾虚则水湿内停,两者皆可导致湿浊内生,湿浊随肺气上逆从肺窍流出,故而鼻流清涕;故痰多而清稀。脾气虚,运化失健,则见草料迟细,肚腹虚胀,便溏;气虚则全身机能活动减退,故倦怠喜卧;舌淡,苔白滑,脉细弱,为气虚之征。

【治法】补脾益肺。方用参苓白术散或六君子汤加减。

3)肺肾阴虚证

肺肾阴虚证是指肺肾两脏阴液亏虚,虚火内扰,肺失清肃而表现的虚热证候。多因燥热耗伤肺阴,病久及肾;或久咳,肺阴亏损,累及于肾;或肾阴亏损,不能滋养肺阴所致。

【临床表现】咳喘无力,干咳连声,昼轻夜重,消瘦,腰胯无力,低热不退,午后潮热,盗汗,公畜举阳滑精,精少不育,母畜不孕,舌红少苔,脉细数。

【证候分析】肺肾两脏阴液相互资生,此谓之"金水相生"。若肺肾阴液亏损,在肺则清肃失职,而呈咳嗽痰少;在肾则腰失于滋养,故见腰胯无力;阴虚火旺,虚火扰动精室,精关不固,故见滑精;阴亏血少,则母畜不孕,阴液既亏,内热必生,故见低热不退,午后潮热,盗汗。舌红少苔,脉细数等阴虚内热之象。

【治法】滋补肺肾。方用六味地黄汤加减。

4)心肾不交证

心肾不交证是指由于心肾水火既济失调所反映的心肾阴虚阳亢证候。多因久病伤阴,或劳损过度等导致肾水亏虚于下,不能上济于心,心火亢于上,不能下交于肾;或因外感热病,致使心阴耗损,心阳亢盛,心火不能下交于肾,造成心肾水火不相济而形成病变。虚阳亢动,上扰心神所致。临床上以肾水不足,不能上滋心阴者最为常见。

【临床表现】心悸,躁动,易惊,腰胯无力,难起难卧,低热不退,午后潮热盗汗,或公畜举阳滑精,精少不育,母畜不孕,粪球干小,口腔干燥,舌红少苔或无苔,脉细数。

【证候分析】心肾阴虚,虚阳偏亢,上扰心神,故见心悸,躁动,易惊;腰为肾府,肾精亏虚,故腰胯无力,难起难卧;虚火内炽,扰动精室,故见滑精;滑精日久,必精少不育;肾精亏乏,冲任二脉不足,故母畜不孕。低热不退,午后潮热盗汗,口腔干燥,为阴虚失润,虚热蕴蒸所致。粪球干小,舌红少苔或无苔,脉细数,亦为阴虚火旺之征。

【治法】滋补肾精,清心安神。方用六味地黄丸合朱砂安神丸加减。

5)肝肾阴虚证

肝肾阴虚证是指由于肝肾阴液亏虚,阴不制阳,虚热内扰所表现的证候。在三焦辨证中属下焦病证。多因久病失治,阴液亏虚,或因温热病日久,肝肾阴液被劫,皆可导致肝肾阴虚。

【临床表现】眩晕,站立不稳,时欲倒地,两眼干涩,夜盲内障,视力减退,腰胯无力,重者难起难卧或卧地不起,公畜可见举阳滑精,母畜发情周期不正常,低热不退,午后潮热,盗汗。舌红少苔,脉细而数。

【证候分析】肝藏血,肾藏精,精血互生,肝肾相互滋养。肝肾阴亏,水不涵木,肝阳上扰,则见眩晕,站立不稳,时欲倒地;肝肾阴虚,眼目失其所养,故两眼干涩,夜盲内障,视力减退;腰失于滋养则腰胯无力,重者难起难卧或卧地不起;虚火扰动精室,精关不固,则见滑精;阴亏不足,冲任失养,故见母畜发情周期失常。低热不退,午后潮热,盗汗,舌红少苔,脉细数均为阴虚内热的表现。

【治法】滋补肝肾。以眩晕、夜盲为主者,可用杞菊地黄丸加减;以腰胯无力或卧地不起为主者,可用虎潜丸(黄柏、知母、龟板、熟地、白芍、锁阳、当归、牛膝、虎骨、陈皮干姜,《医方集解》)加减。

7.3 卫气营血辨证

卫气营血辨证是清代叶天士在伤寒六经辨证的基础上创立的一种用于辨外感温热病的辨证方法。温热病是由温热病邪引起的急性热性疾病的总称,是外感病的一大类别,以发病较急,发展迅速,变化较多,热象偏重,伤阴,伤津与伤血为特征。

叶天士云:"温邪上受,首先犯肺,逆传心包,肺主气属卫,心主血属营。大凡看法,卫之后方言气,营之后方言血。"温热病邪从口鼻而入,首先犯肺,由卫及气,由气入营,由营入血,病邪步步深入,病情逐渐加深。就其病变部位来说,卫分证主表,病在肺与皮毛,治宜辛凉解表;气分证主里,病在胸膈、胃肠和胆等脏腑,治宜清热生津;营分证邪入心营,病在心与包络,治宜清营透热;血分证则邪热已深入肝肾,重在耗血、动血,治宜凉血散瘀。

7.3.1 卫分证

卫分病证,是指温热病邪侵犯肺卫,致使卫外功能失调,肺失宣降所表现的证候。卫分证是温热病的初起阶段,属表热证。

【临床表现】发热重,恶寒轻,咳嗽,咽喉肿痛,口干微红,舌苔薄黄,脉浮数。

【证候分析】温热之邪侵犯肌表,卫气被郁,故见发热重,恶寒轻;卫气被郁则肺气不宣而上逆,故见咳嗽;咽喉为肺之门户,温热之邪上犯,故见咽喉肿痛;热邪耗伤津液,故见口干;温热邪气侵袭卫表,故见口色微红,舌苔薄黄,脉浮数。

【治法】辛凉解表,方用银翘散或桑菊饮加减。

7.3.2 气分证

气分证,是指温热病邪内传脏腑,正盛邪实,正邪相争激烈,阳热亢盛的里热证候。为温热邪气由表入里,由浅入深的极盛时期,因温热之邪所侵袭的脏腑和部位的不同,所反映的证候有多种类型,常见的有温热在肺、热入阳明、热结肠道三种类型。

1)温热在肺

【临床表现】高热,咳嗽,气促喘粗,口色鲜红,舌苔黄燥,脉洪数。

【证候分析】温热之邪入气分,里热已盛,故见高热;里热亢盛,肺失清肃,故见气促喘粗,咳嗽;口色鲜红,舌苔黄燥,脉洪数均为里热炽盛之象。

【治法】清热宣肺,止咳平喘。方用麻杏石甘汤加减。

2)热入阳明

【临床表现】身热,大汗,口渴喜饮,口色鲜红,舌苔黄燥,尿短赤,脉洪大。

【证候分析】热盛于内,并不断向外蒸腾,故见身热,大汗;燥热亢盛,耗伤津液,故见口渴喜饮;口色鲜红,舌苔黄燥,尿短赤,脉洪大均为阳明燥热亢盛之象。

【治法】清热生津。方用白虎汤加减。

3)热结大肠

【临床表现】证型有二:肠燥便秘型见发热,肠燥便干腹痛,尿短赤,口干燥,口色深红,舌苔黄厚,脉沉实有力;肠热下痢型见泻痢频繁,热结旁流,气味腐臭,渴而喜饮,苔黄脉数。

【证候分析】燥热炽盛,结于胃肠,故见发热;热盛伤津,故见肠燥便秘,口干燥,尿短赤;腑气不通,则腹痛不安;肠内燥热迫津下注,故见肠液旁流,呈泄泻状。

【治法】滋阴增液,通便泄热。便秘型可用增液承气汤加减;下痢型葛根芩连汤加减。

7.3.3 营分证

营分病证,是指温热病邪入血的轻浅阶段。营行脉中,内通于心,故营分证以营阴受损,心神被扰的病变为其特点。

营分病证的形成:一是由卫分传入,即温热病邪由卫分不经气分而直入营分,称为"逆传心包";二是由气分传来,即先见气分证的热象,而后出现营分证的症状;三是温热之邪直入营分,即温热病邪侵入机体,致使畜体起病后便出现营分症状。

营分证介于气分证和血分证之间,若疾病由营转气,是病情好转的表现;若由营入血,则病情更加深重。营分证有热伤营阴和热入心包两种证型。

1）热伤营阴

【临床表现】高热不退,夜晚尤甚,躁动不安,呼吸喘促,口干饮少,舌质红绛,斑疹隐隐,脉细数。

【证候分析】热入营血,里热炽盛,心神被扰,故见高热不退,呼吸喘促,躁动不安;热伤营血,夜间阴气复来,正邪相搏有力,故见夜间热甚;营血受损,阴虚内热,故见舌质红绛,脉细数;热邪炙伤血络,血溢脉外,故见斑疹隐隐。

【治法】清营解毒,透热养阴,方用清营汤加减。

2）热入心包

【临床表现】高热神昏或狂躁不安,四肢厥冷或抽搐,舌绛无苔,脉数。

【证候分析】热入营分,里热炽盛,故见高热;热入心包,扰乱心神,故见神昏或狂躁不安;热邪闭遏于内,不能布达四肢,故见四肢厥冷;热邪伤津,筋失所养,故见抽搐;舌绛无苔,脉数是里热炽盛的象征。

【治法】清心开窍。方用清宫汤加减。

7.3.4　血分证

血分病证,是指温热病邪深入阴血,导致动血、动风、耗阴所表现的证候。由气分直入,或由营分而传来,是温病入血的深重阶段。病变累及心、肝、肾三脏。一般多见血热妄行、气血两燔、肝热动风和血热伤阴四种类型。

1）血热妄行

【临床表现】身热,神昏,黏膜、皮肤发斑,尿血便血,口色深绛,脉数。

【证候分析】热扰心神,故见高热神昏;热入血分,血热炽盛损伤脉络,故见皮肤黏膜发斑,尿血,便血;血分有热,故口色深绛,脉数。

【治法】清热解毒,凉血散瘀。方用犀角地黄汤加减。

2）气血两燔

【临床表现】大热,口渴喜饮,狂躁不安,舌红绛,苔焦黄带刺,衄血,便血,发斑,脉洪大而数或沉数。

【证候分析】热毒亢盛,燔气分,故见身大热,脉洪大而数;高热耗损津液,故见口燥,苔焦黄带刺,口渴喜饮;热盛迫血妄行,故见发斑,衄血,便血;热盛入心,故见舌质红绛,脉沉数。

【治法】清热,凉血解毒。方用清瘟败毒饮加减。

3）肝热动风

见脏腑辨证之肝风内动证。

4）血热伤阴

【临床表现】低热不退,精神倦怠喜卧,口干舌燥,舌红无苔,粪干尿赤,脉细数无力。

【证候分析】邪热久留,劫炽肝肾之阴,虚热内扰,故低热不退;耗血伤津,故口干舌燥,舌红,粪干尿赤;血虚不能濡养筋脉,故精神倦怠肯卧;阴精亏耗,故脉细数无力。

【治法】滋阴养液。方用青蒿鳖甲汤加减。

7.3.5　卫气营血的传变规律

卫气营血辨证将温热病传变过程划分为卫、气、营、血四个不同的层次,其传变规律,一般是由浅入深,由表及里,由轻转重,主要有顺传和逆传两种传变方式。

(1)顺传:指温热病邪循卫、气、营、血的次序传变。由卫分开始,渐次内传入气,然后入营,最后入血。标志着邪气步步深入,病情逐渐加重。

(2)逆传:指温热病邪不按上述次序及规律传变。具体表现:一是不循次序传。如卫分证不经气分,而直接传入营分、血分;或发病初期未出现卫分证,即出现气分、营分或血分证等。二是不按规律传。如卫分证未罢,又出现气分证,即"卫气同病";气分证未罢,又出现营、血分证,即"气营(血)两燔"等。反映机体邪热亢盛,传变迅速,正气虚衰,无力抗邪,病情重笃。

上述仅为温热病的一般传变规律,由于温热病邪和机体反映的特殊性,温热病传变过程中证候转化形式是非常复杂的。在温热病整个发生、发展和演变过程中,卫、气、营、血四个阶段切不可孤立地截然划分,临床辨证时要从实际出发,灵活看待,注意其相互联系。

复习与思考

一、选择题(不定项)

1.形成寒证的原因有哪些?(　　)
 A.阴液不足　　　　B.阳气亏虚　　　　C.阴邪致病　　　　D.阴寒内盛

2.面红耳赤、头痛激烈,舌红苔黄,脉弦数,狂躁不安,宜诊为(　　)。
 A.肝阴虚型　　　　B.肝阳上亢型　　　　C.肺热型　　　　D.肝胆湿热型

3.下列哪些为表证的主证?(　　)
 A.恶寒　　　　B.脉浮　　　　C.发热　　　　D.咳嗽
 E.流清涕

4.实热证和阴虚证都可出现的症状有(　　)。
 A.躁动不安　　　　B.发热　　　　C.苔黄　　　　D.舌红
 E.脉数

5.不是寒证与热证的鉴别要点的是(　　)。
 A.寒证口渴喜冷,热证口淡不渴　　　　B.寒证大便泄泻,热证大便秘结
 C.寒证恶寒喜热,热证恶热喜寒　　　　D.寒证舌苔白润,热证舌苔黄干

二、简答题

1.何为八纲辨证?包括哪些内容?
2.脏腑辨证包括哪些内容?
3.简述肺与大肠的主要病证和特点。

案例分析

　　一长白母猪,已发病 5 天,曾用抗生素治疗未见好转,检查:体温41.3 ℃,精神沉郁,可视黏膜发绀,口干舌燥,不食,呼吸 45 次/min,皮温不均,耳边赤红,时而狂躁不安,作无目的走动,仰头摆动,口角有少量白沫,脉象细数。

　　试辨析其病证。

项目 8   防治法则

【学习目标】

1. 掌握疾病的预防原则,树立"预防为主,防重于治"的思想观,理解"未病先防,既病防变"的思想观点。

2. 掌握疾病的治疗原则和治疗方法。

【技能目标】

1. 学会应用中医学来预防动物疾病。

2. 能够应用治疗原则指导治疗疾病。

3. 能够应用八法进行治疗。

8.1   预   防

预防,就是采取一定措施以防止动物疾病的发生与发展,它是兽医的一项重要工作。预防疾病的法则可概括为未病先防和既病防变两个方面。

8.1.1   未病先防

未病先防,就是在未病之前,做好各种预防工作,以防止疾病的发生。

1) 加强饲养管理

加强饲养管理是增强畜体健康,提高防病能力,减少疾病发生的一个重要环节。在这方面,前人积累了不少宝贵经验。饲养方法很多,如饱不急赶,饿不急喂,渴不急饮,饮水和草料不得混有杂物,膘大马,休闲马和夏季要减料等。管理上,厩舍要冬暖夏凉,保持洁净。使役上,要先慢后快和快慢交替使用,役后不立即卸鞍和饮喂,久闲不重役,久役不骤闲,母畜初配不使役,临产不闲拴等,都是行之有效的预防疾病措施。

2) 针药预防

运用针刺和药物预防疾病,是中兽医的传统方法。

（1）放六脉血。六脉指眼脉、鹘脉、胸膛、带脉、肾堂、尾本等穴位。春夏两季，根据需要选择 1～2 个穴位，针刺适量放血，达到病前预防和病后治疗的目的。

（2）灌四季药。春季用茵陈散，夏季用消黄散，秋季用茴香散，冬季用理肺散，每季给家畜灌 1～2 剂，以起到调整阴阳、适应寒暑、扶正祛邪的作用。我国南方称灌太平药，夏秋多用清热祛暑除湿之品，冬春则用散寒祛风除湿之类。由于地域、季节的不同，用药也有一定差异。

（3）药物添加。在畜禽日粮中，添加一定量的中草药，以提高其生活力，或防止某些疾病的发生，古已有之。《淮南子·万毕术》载有麻子捣碎煮羹加盐拌糠中饲猪；《蕃牧纂验方》有四时喂马法，用贯众、皂角二味加入饲料中等方法。近年来，更是中兽医学术界研究的热点之一，并取得了一些可喜的成绩，并将应用于生产和筛选出新药。

此外，还有苍术、雄黄熏烟消毒厩舍，贯众浸泡消毒饮水等预防措施，都有预防疾病的作用。

3）疫病防制

家畜疫病的防制，必须贯彻"预防为主"的方针，对病畜采取隔离，对病死畜采取深埋，焚烧等有效措施。在疫病发生前要认真做到：

（1）做好检疫工作，消除传染来源；改善环境卫生，定期进行消毒。

（2）加强饲养管理，提高抗病能力；定期预防接种，使家畜获得免疫力。

（3）在疫病发生后要立即做到：及时报告疫情；及时作出正确诊断；立即隔离病畜，封锁疫区；进行全面彻底的消毒工作；对病畜要按防疫规则进行认真处理或治疗。

8.1.2 既病防变

未病先防是最理想的积极措施。既病防变也是"治未病"的重要内容，当疾病已经发生，就应给予及时恰当的诊治，防止其发展和传变。

1）早期诊治

在疾病防治过程中，一定要掌握疾病发生发展的规律，做到早期诊断，及时治疗，才能防止其传变。如果不能做到早期诊治，病邪就可能由浅入深，以致侵犯内脏，使病情愈加复杂和深重，治疗也就愈加困难。

2）控制传变

任何疾病都有自身的发展变化规律，治疗时，只有掌握其规律，"先安未受邪之地"，才能控制疾病的传变。如临床上根据肝病传脾的病变规律，常在治肝的同时，配以健脾和胃之品。又如温热病伤及胃阴，病势发展必然要耗及肾阴，故在甘寒养胃的方药中，加入咸寒滋肾之品，才能控制其传变。

8.2 治 则

治则，即治疗疾病的原则，是在整体观念和辨证论治精神指导下制定的，它和一般所说的具体治疗方法不同。治疗原则指导治疗方法，而治疗方法则从属于一定的治疗原则。

8.2.1　扶正与祛邪

疾病的过程可以说是正、邪矛盾双方斗争的过程。治疗疾病的主要目的就是要扶助正气,祛除邪气,调整阴阳偏盛偏衰,保持相对平衡,使疾病向痊愈方面转化。在治疗上就离不开"扶正""祛邪"两种方法。

扶正:是用补益正气的方药及加强病畜护养等方法,以提高机体抵抗力,达到祛除邪气、战胜疾病、恢复健康之目的。扶正以祛邪,适用于以正虚为主要矛盾的病证。临床上常用的益气、养血、滋阴、助阳等治法,都是在扶正的治疗原则指导下,针对动物正虚不同情况而制定出来的。

祛邪:是使用祛逐邪气的方药或用针灸,手术等疗法,以祛除病邪,达到邪去正复之目的。适用于邪盛为主要矛盾的病症。临床上常用的发汗、攻下,清热、消导、化瘀等方法,都是在祛邪的治疗原则指导下,根据动物邪实的不同情况而制定出来的。

扶正祛邪是密切相关的,扶正是为了更好的祛邪,而祛邪又是为了保护正气,故有"扶正即可祛邪,祛邪即可安正"的说法。

临床上情况往往是复杂的,病情简单或是正虚或是邪实时,可单独使用扶正法,或祛邪法。但在很多疾病过程中,邪正虚实往往混杂出现,所以应把两者辨证地结合起来,根据病畜的具体情况,灵活掌握,分别采用"祛邪兼扶正""扶正兼祛邪,先扶正后祛邪,先祛邪后扶正"等治疗方法,才能收到预期的效果。此外,在运用扶正祛邪的原则时,还应注意扶正要防留邪,祛邪要防伤正。在攻邪的时候,必须考虑病畜的正气情况,如祛邪药用量过大、过久亦能损伤正气。同样,在扶正时也要考虑邪气的盛衰,如扶正药用得过早、过量,也能引起留邪。

总之,扶正与祛邪是最基本的治则,证有虚实,治有补泻。"补虚泻实"就是扶正祛邪治疗原则在临床上更具体的应用。

8.2.2　治标与治本

标和本是辨证施治时,用来分析判断病证的各种矛盾,分清轻重缓急,抓住主要矛盾进行治疗的理论和方法。

本是指疾病的本质;标是指疾病的现象。标和本是一个相对概念,用以说明矛盾双方的主次关系。从邪正关系来说,正气是本,邪气是标;从疾病的发生来说,病因是本、症状是标;从病因来说,内因是本,外因是标;从病变部位来说,内脏是本,体表是标;从发病先后来说,先病是本(原发),后病是标(继发)等。疾病矛盾虽错综复杂,均可用标本加以概括。

在疾病过程中,一般来说,本是主要的。辨证施治的一个根本原则,就是要抓住疾病的本质,针对本质进行治疗。这就是我们常说的"治病必求于本"。临证中,疾病过程中矛盾复杂,在一定条件下是可以转化的。有时旧的矛盾没有解决,又会出现新的矛盾,因此,标和本常有主次轻重的不同,治疗就有先后缓急的区别。

"急则治其标",如结症继发肠臌气,气胀严重,病势急剧,应先穿刺放气解除肚胀以治标;肚胀缓解后再破结通肠以治本。

"缓则治其本",一般情况,病势缓而不急,介从本论治。如脾虚泄泻,在泄泻不甚,无伤津脱液的严重症状,只须健脾补虚,使脾虚之本得治,则泄泻之标自除。

临床上还有以扶正治本为主,祛邪治标为辅的标本兼顾法。如脾胃虚弱而致的胃肠食滞,以健脾益胃为主,理气消食导滞为辅。标本俱急,则可"标本同治"。如外感风寒,发热怕冷,无汗属表证,但同时又有四肢发凉,肠鸣泄泻的里证,在这表里俱急情况下,可解表药和温里药同用。

总之,分清疾病标本缓急,是抓主要矛盾,解决主要问题的一个重要原则,应很好地掌握和应用。

8.2.3 正治与反治

正治,又称逆治,是指逆疾病的证候性质而治;反治,又称从治,是顺从疾病的假象而治。临床上,多数疾病的症象与疾病的本质是一致的,如热证表现热象,寒证表现寒象,虚证表现虚象,实证表现实象等,这时就要采用正治法,即所谓"热者寒之,寒者热之,虚则补之,实则泻之"的治疗法则。因此,正治含正规常规之意,是临床常用治法。

有的病情严重,机体不能如常反映邪正相争的情况,病畜表现出某些症状与疾病的性质不符,甚至出现一些假象,如"寒证见热象,热证见寒象,虚见实象,实证见虚象"等。治疗就要透过现象治其本质,采用和疾病症状,性质相同的药物治疗,即顺从疾病症象而治,如"热因热用,寒因寒用,通因通用,塞因塞用"等具体治法。

"热因热用"指用温热药治疗具有热象病证的方法,主要适用于真寒假热证。"寒因寒用"指用寒凉药治疗具有寒象病症的方法,主要适用于真热假寒证。中气不足,脾虚不运而致腹胀,用健脾益气方药治疗则为塞因塞用。食滞而致的腹泻,用消导泻下的药物治疗则为通因通用。

此外,寒剂加热药,热剂加寒药,寒药温服,热药凉服均属反治法范围。

8.2.4 三因制宜

三因制宜,即因时、因地、因畜制宜。同一种疾病,由于家畜个体差异以及所处时令气候和地理环境不同,其表现往往不一,根据不同条件采取相应治疗措施。

1)因时制宜

因时制宜是根据不同季节气候特点,来考虑治疗用药原则,四季气候的变化对畜体的生理、病理都有一定的影响。冬季严寒,畜体腠理致密;夏季炎热,畜体腠理疏松,如同是外感表证,冬季应重用辛温解表药物,使邪从汗解;夏季则不宜太过,采用辛凉解表之法,以防发散过度而耗伤津气。如果是长夏,因其多湿,治疗时应酌加化湿、利湿之品。

2)因地制宜

因地制宜是指根据不同地区的地理环境特点,来考虑治疗用药的原则。不同地区,由于地势高低、气候条件和饲养管理习惯的不同,家畜的生理和病理也不完全相同,所以,治疗用药也应有差别。如我国西北地区,高寒少雨,病多寒燥,故治疗用药宜偏于辛润;东南地区,低湿多雨,病多湿热,故应偏于清化。即使是相同的病症,用药也应考虑地区特点。

3)因畜制宜

因畜制宜是指根据病畜年龄、性别、体质、饲养管理、劳役等不同特点,来考虑治疗用药的原则。如幼畜脏腑娇嫩,老畜,重役畜气血衰少,故多患虚症,或正虚邪实证,邪实当泻,但泻时慎重,不宜峻攻,以免损伤正气。又幼畜生机旺盛,老畜生机减退,此外,母畜有发情、妊娠、分娩等特点,选方用药皆须仔细斟酌。患畜个体的体质等情况不同,即使患同一疾病,选方用药理当有别。

8.3 治 法

治法是根据临床证候,经辨证求因,在确定成因的基础上进行的审因论治而制定的治疗措施,它是辨证论治过程中承上启下的一个重要的环节。中兽医药物治疗疾病的基本方法,过去一般概括为汗、吐、下、和、温、清、补、消,简称"八法"。它是以八纲为基础总结出来的治疗法则,是临床治疗最常用的方法。随着兽医科学的不断发展,临床运用的治疗方法已超过"八法"的范围。现将八法及其配合应用介绍如下。

8.3.1 八法

1)汗法

汗法是通过开泄腠理,促进发汗,疏散外邪,解除表证,使外感邪气由肌表随汗而解的一种治疗方法。临床上凡邪气在皮毛肌肤者,皆宜采用汗法,使邪从外解,既可以控制病邪由表入里的转变,又可以达到祛邪治病的目的。

(1)适应范围。一切外感表证,水肿和疮痈初起,各种传染病的前驱期等。

(2)临床应用。根据病邪性质和畜体气血阴阳盛衰等不同情况,汗法一般分为:①辛温解表。适用于表寒证,多由辛温解表药物组成方剂,具有发汗解表,疏风散寒的作用,以麻黄汤为代表方剂。②辛凉解表。适用于表热证,多由辛凉解表药物组成方剂,具有辛凉解表,疏风散热的作用,以银翘散为代表方剂。③益气解表。适用于气虚外感证,可在解表发汗方药中加入党参、黄芪等益气药,以益气发汗。④滋阴解表。适用于阴虚外感证,阴虚液亏则汗源不足,不易发汗,可在解表方药中配以生地、麦冬等滋阴药,以助滋阴发汗。

(3)注意事项。病不在表者,不可用汗法;汗法之用,以邪去为度,中病辄止,不可发汗太过,宜防伤津耗气;凡表邪已尽,自汗、盗汗、失血、吐泻和热病伤津者均为所忌。

现代研究认为,汗法有促进汗腺分泌,发散体温,改善全身和局部血液循环以及增加肾小球过滤作用等功能。促进汗液分泌,能调节体温及排泄体内泻物,汗液的主要成分是水、氯化钠、钾、硫以及尿素等,故用汗法还可退肿,排泄出尿素,有利于治疗浮肿等。由于汗法能扩张周围小血管,促进循环,有利于排泄出积聚的某些有害产物,因此,汗法尚能治某些皮肤病及风湿证。

2)吐法

吐法又称涌吐法或催吐法,即应用具有涌吐性能的药物,引导病邪或有毒有害物质从口吐出的一种治疗方法。

(1)适用范围。误食有毒食物停留胃脘未被吸收,或过食饲料,停滞胃肠等。

(2)临床应用。主要用于猪、犬、猫误食毒物,病情剧急必吐之症。大家畜常用导胃,洗胃法排出胃内容物。

(3)注意事项。吐法属于急救法之一,使用得当则速效,不当则伤正,故宜慎用;心衰体弱动物不可应用,怀孕、产后以及失血过多的病畜慎用;在某些家畜如马、骡、驴,则因生理特点所决定,不易引起呕吐,一般不要使用。

3)下法

下法,又称泻下法,是运用具有泻下作用的方药,清除胃肠内积滞和体内积水的一种治疗方法。

(1)适用范围。胃肠积(停)滞,痰饮,水湿,气血瘀滞等里实证。

(2)临床应用。攻下法常分为寒下与温下。寒下适用于里热实证,常用于大肠热结的病证,方剂常用大承气汤等。温下,适用于里寒实证,常用于有脾胃阳虚,又有寒结的病证,治宜泻下药加温里药。

润下又称缓下,适用于老弱病畜或产后气血双亏引起的肠燥便秘症,方剂常用当归归苁蓉汤。

逐水法,适用于胸腹水饮积聚,粪尿不通等实证,方剂可用大戟散等。

(3)注意事项。表邪未解,病不在里不可用;病在胃而有呕吐现象者不可用。体虚津枯,怀孕母畜便秘不可峻下;下法以邪去为度,不可过用。

现代研究认为,下法有明显的增加肠蠕动的作用,还有改善血液循环和降低毛细血管通透性的作用。

4)和法

和法又称和解法,是应用具有疏通调和作用的方药,以达到消除病邪、扶助正气为目的的一种治疗方法。

(1)适用范围。邪在少阳半表半里的证候;肝脾不和等。汗、吐、下三法不能用者。

(2)临床应用。①和解表里:适用于病邪在半表半里的少阳证,常用方剂为小柴胡汤。②和解肝脾:适用于性情躁烈,食欲不振,肠鸣粪稀,苔薄白,脉弦细之肝脾不和之证,常用方剂如逍遥散等。③和解脾胃:适用于精神萎靡,食欲减少,嗳气呕吐,排粪粗糙带水的脾胃不和之证,常用方剂如平胃散加减。

(3)注意事项。表邪在表未入少阳经者,禁用和法;病邪已入里的实证,不宜用和法;病属阴寒的三阴证,禁用和法。

5)温法

温法又称祛寒法,是通过祛寒或回阳等作用,使寒去阳复,用于治疗里寒证的一种治疗方法。

(1)适用范围。凡寒邪内侵脏腑所致的实寒证,以及寒从内生之虚寒证。

（2）临床应用。临床上根据寒邪所在部位的不同，以及畜体正气盛衰程度的差异，温法应用时常分为温中祛寒、温经散寒、回阳救逆等治法。①温中祛寒：适用于脾胃阳虚之消化不良，肠鸣腹痛，脉象沉细之证，常用方剂如理中汤。②回阳救逆：用于耳鼻俱凉，四肢冰冷，身出冷汗之虚脱证，常用方剂为四逆汤等。③温经散寒：用于寒气偏盛之气血凝滞，经络不通，关节活动不灵之痹证，常用方剂为独活寄生汤加减。

（3）注意事项。凡阴虚、血虚、津液不足，真寒假热以及血热出血、孕畜皆当忌用。

6）清法

清法又称清热法，是通过清解热邪的作用，以治疗里热证的一种治疗方法。

（1）适用范围。一切湿热症候，不论热在卫、气、营血等，范围甚广。

（2）临床应用。①清热泻火：适用于热在气分之高热，口渴、汗出，脉洪大之里热证，常用方剂为石膏知母汤。②清热解毒：适用于热毒引起的疮、黄、肿、毒等证，常用方剂如消黄散、仙方活命饮等。③清热凉血适用于热入营血之高热神昏、发斑、血热妄行等证，常用方剂为清营汤。④清热燥湿：适用于湿热引起之痢疾，尿液短赤等湿热证，常用方剂为黄连解毒汤、白头翁汤、八正散等。⑤清热解毒：适用于夏季之暑热证，常用方剂为香薷散等。

（3）注意事项。表邪未解，阳气被郁而发热者，禁用；体质素虚，脏腑有寒，粪便稀薄，真寒假热证，气血虚弱而引起的虚热证禁用；多用久用易损伤脾胃，影响消化功能，临床上应注意保护脾胃功能。

现代研究认为，清法一般具有不同程度的抗菌、抑菌、抗炎、解热、镇静以及防止细菌扩散等作用。

7）补法

补法又称补益法，是运用具有滋补强壮作用的方药，补益家畜体质和机能的不足，以消除虚弱证候的一种治疗方法。

（1）适用范围。气、血、阴、阳诸虚证以及正气不足，无力驱邪外出等。

（2）临床应用。临床上有气、血、阴、阳之虚，故补法有补气、补血、滋阴、助阳的区别。①补气：主要适用于气虚所致诸病，常用方剂为四君子汤等。②补血：主要适用于血虚所致诸病，常用方剂为四物汤等。③滋阴：主要适用于阴精或津液不足所致诸病，常用方剂为六味地黄丸等。④助阳：主要适用于阳虚证，尤其是心、脾、肾阳虚所致诸病，常用方剂为肾气丸等。

（3）注意事项。应用补益药，应首先照脾胃，使脾胃运化正常，方能发挥其效果；凡邪气未退，或邪盛正虚者，均宜慎用或禁用，以免造成"闭门留寇"或"误补益疾"之患。

8）消法

消法又称消导法或消散法，是运用消食化滞的方药，消除体内气滞、血瘀、胃中积食、肠中结滞等证的一种治疗方法。

（1）适用范围。气、血、湿、痰、食积等在体内形成的积聚之证。

（2）临床应用。①消食导滞：适用于食滞不化，胃肠积滞之证，常用方剂为曲蘗散等。②化瘀散结：适用于血瘀肿痛、积聚痞块之证，常用方剂为桃红四物汤、血府逐瘀汤等。③行气解郁：适用于气滞之证，常用方剂为逍遥散、越鞠丸等。④行水消肿：适用于水湿积聚之证，常用方剂为五苓散、五皮饮等。

（3）注意事项。消法亦是攻邪,治疗实证,其虽不如下法猛峻,但久用或误用亦能伤正;凡气、血、阴、阳诸虚证,以及脏腑虚弱者皆当慎用或忌用;本法常和补法、下法同用。

8.3.2 八法的配合应用

汗、吐、下、和、温、清、补、消八种治疗方法,各有其适应范围,但临床上动物的病证是错综复杂的,如单用某一疗法就不能收到满意疗效。为了适应病证的变化,必须将八法配合使用,方能提高疗效。

1）汗下并用

病邪在表,宜汗;病邪在里,宜下。如既有表证,又有里证,按照一般的治疗原则,应先解其表,后攻其里。若不先解表,而单独攻里,则会造成里虚,致表邪乘虚而入内,故有"表邪不解,不可攻里"之禁。但在内外壅实,表里俱急的情况下,就不能拘守先表后里的常规,而必须采用汗下并用的方法进行治疗。如动物既有恶寒发热,精神沉郁,食欲减退等表证症状,又有腹部胀满,粪干难下的里证症状,治疗时就应采取既解表又攻里。这就是汗下并用法,也是表里双解法。

2）温清并用

温法和清法本来是互相对立的治疗方法,原则上不能合用,但在某些特殊情况下,两者又有合用的必要。如在疾病过程中出现上寒下热或上热下寒的夹杂症状时,单纯使用温法或清法治疗,就会偏盛一端,易引起病情不良变化而加重,此时,只能采用温清并用的方法治疗。临床同一动物既有肺热,表现气促喘粗,鼻液黏稠,口色鲜红;又有肾寒,表现尿液清长,肠鸣便稀,口流滑涎,即上热下寒证,正确的治疗则须温清并用。其次,在温清并用时,应该分别寒热轻重程度,加以适当的处理。

3）攻补并用

虚证宜补,实证宜攻,此为治疗之常规,但当畜体素虚而感实邪,或体质虽强,而受邪后未能及时治疗,致使病邪深入,变成正虚邪实状态,此时,如单用补法,会使邪气更加固结;如单用攻法,又恐正气不足,易造成心土虚脱之证。因此,在先补后攻或先攻后补均不适宜的情况下,就必须采用攻补并用的治疗方法,使动物转危为安。如气血虚弱,而胃肠坚实等证,可用黄芪、当归补其气血;以大黄、芒硝攻其坚实。在临床运用攻补并用时,应注意详察虚实程度,妥善配合,使攻补恰到好处。

4）消补并用

消补并用是把消导和补益两法结合起来使用的治疗方法。如患病动物脾胃虚弱,消化不良,草料停积胃中,而表现腹满坚实,精神倦怠,食欲废绝,呈现虚实夹杂的证候,则可用党参、白术补脾胃;山楂、枳实、厚朴导滞消满,这就是消补并用的治疗方法。但是,在疾病初期,邪实正盛,久病体衰而无积滞的情况下,则不宜应用。

除上述四种常用配合并用外,还有汗补并用、下补并用、汗下清并用等,临床上应根据辨证及证候情况,灵活使用。

复习与思考

一、名词解释

1.预防； 2.未病先防； 3.正治； 4.反治； 5.八法。

二、填空题

1.《内经》中"治未病"的思想包括 ＿＿＿＿＿＿ 和 ＿＿＿＿＿＿ 两个方面的内容。

2.灌四季药是指 ＿＿＿＿＿＿、＿＿＿＿＿＿、＿＿＿＿＿。

3.三因制宜是指 ＿＿＿＿＿＿、＿＿＿＿＿＿、＿＿＿＿＿。

4.八法是 ＿＿＿＿、＿＿＿＿、＿＿＿＿、＿＿＿＿、＿＿＿＿、＿＿＿＿、＿＿＿＿、
＿＿＿＿。

三、选择题

1."治未病"的指导思想最早见于( )。

 A.《内经》 B.《难经》 C.《司牧安骥集》 D.《伤寒杂病论》

 E.《元亨疗马集》

2."务在先安未受邪之地"体现了哪种原则？( )

 A.治病求本 B.未病先防 C.既病防变   D.急则治标   E.缓则治本

3.中兽医治疗疾病最基本的原则是( )。

 A.扶正祛邪 B.治病求本 C.调整阴阳   D.标本缓急   E.三因制宜

4.以下哪项属于正治法？( )

 A.阴中求阳 B.热者寒之 C.热因热用   D.以寒治寒   E.以补开塞

5.以下哪项属于反治法？( )

 A.阴中求阳 B.虚则补之 C.阳病治阴   D.热因热用   E.实则泻之

6."虚则补之,实则泻之"属于下列哪种治法？( )

 A.急则治标 B.标本兼治 C.攻补兼施   D.正治   E.反治

7."阴虚则热"所出现的虚热证,应采用下列哪种治法？( )

 A.热者寒之 B.热因热用 C.阳病治阴   D.阴病治阳   E.阳中求阴

8."阳虚则寒"所出现的虚寒证应采用下列哪种治法？( )

 A.寒者热之 B.寒因寒用 C.阳病治阴   D.阴病治阳   E.阴中求阳

9.治疗阳虚证时,在补阳剂中适当佐以滋阴药,这种治法是( )。

 A.阳病治阴 B.阴病治阳 C.阴中求阳   D.阳中求阴   E.阴阳双补

10.治疗阴虚证时,在滋阴剂中适当佐以补阳药,这种治法是( )。

 A.阳病治阴 B.阴病治阳 C.阴中求阳   D.阳中求阴   E.阴阳双补

11.疾病的发生是( )。

 A.邪气亢盛   B.邪胜正负   C.邪正相搏

 D.正盛邪负   E.邪气不胜、正气也不虚

四、判断题

1．"先安未受邪之地"是"治未病"的具体治疗原则。（　　）

2．"先安未受邪之地"是"既病防病"的具体治疗原则。（　　）

3．预防疾病就是采取一定的措施防止动物疾病的发生与发展。（　　）

4．扶正就是用补益正气的方药及加强患病动物的护养等方法，以提高机体抵抗力，达到祛除邪气，战胜疾病，恢复健康之目的。（　　）

5．"急则治其标"，如结症继发肠臌气，气胀严重，病势急剧，应先穿刺放气解除肚胀以治标，肚胀缓解后再破结通肠以治本。（　　）

五、问答题

1．预防和治疗疾病的基本原则是什么？

2．何为"标""本"？怎样处理好治标与治本的关系？

3．何为正治与反治？各有哪些治疗方法？

4．在临床实践中，如何正确地应用三因制宜？

5．何为八法？阐述汗法、消法、清法、补法的应用及其注意事项。

 案例分析

　　一黄牛，体瘦毛焦，食欲减少，时好时坏，反刍缓慢，次数减少，左肷部时胀时消，反复发作，腹胀较轻，多于食后臌气，按之上虚下实，粪便稀溏，口色淡白，脉象虚细。今天上午采食了大量蚕豆秸后突然发病，左肷部急剧胀满，突出背脊，腹痛不安，不时起卧，后肢踢腹，回头顾腹，叩击左肷鼓音，按之腹壁紧张；食欲、反刍、嗳气停止；呼吸困难，张口伸舌，呻吟吼叫，口中流涎，肛门突出，四肢张开，站立不稳。

　　1．应该采用什么防治方法？

　　2．怎样应用正治与反治？治标与治本的关系及治疗时段是什么？八法中应用哪些方法？

模块3
常用中草药及方剂

CHANGYONG ZHONGCAOYAO JI FANGJI

项目 9　中草药基础

✒【学习目标】

　　1. 了解中草药的处理方法(采集、保存、炮制);

　　2. 掌握中草药的性能(包括性味、升降沉浮、归经),药物的配伍与禁忌;

　　3. 了解中草药剂型剂量服法。

✒【技能目标】

　　1. 了解中草药的概念及使用注意事项;

　　2. 重点掌握中草药的性能、配伍与禁忌。

9.1　中草药的处理方法

中草药的采集

中药的采集是指对植物、动物和矿物的药用部分进行采摘、挖掘和收集。

药材品质的优劣与采收季节、时间和方法密切相关。因我国地域辽阔,中草药品种多样,尤其是动植物在其生长发育的不同阶段,药用部分所含有效成分的量和质各不相同,药性的强弱有很大差异,临床疗效也不同。《千金方》序中指出:"早则药势未成,晚则盛势已歇。"李杲云:"失其地,则性味少异,失其时,则气味不全。又况新陈之不同,精粗之不等。尚不择而用之,其效不著者,医之过也。"《千金翼方》亦云:"夫药采取,不知时节,不依阴干曝干,虽有药名,终无药实,故不依时采取与朽木不殊,虚费人工,卒无裨益。"这些都说明了按季节、时间,精细采收中药的重要性。

1) 了解中药的生长特性

药用植物的生长、分布与纬度、海拔高度、地势、土壤、水分、气候等地理环境密切相关。采集中药就必须掌握这些特点,了解其生长环境和分布规律。例如,车前草、益母草等多生长在旷野、路边或村旁;菖蒲、半边莲、金钱草等常生长在水中、沟边和沼泽地带;桔梗、栀子、百合等生长在山坡、丘陵地区;半夏、天南星、七叶一枝花常生长在阴凉潮湿的地方;而杜仲、鸡血藤等多生长在高山森林中。

2)掌握采药季节和方法

我国气候条件南北悬殊,各地中药生长发育情况不一,且药用部分又有根、茎、叶、花、果实、种子等不同。因此,采集的时间不可能完全一致,但要尽量选择药用植物有效成分含量最高时采收。植物类药物采收的季节性很强,错过时机,不仅影响药效,而且有些根本就不能做药用,如"三月茵陈五月蒿,六月七月当柴烧",正说明掌握采药时机的重要性,又如丹参,在春季尚未出苗前深挖取根,轻轻抖去附着的泥沙,就地摊晾,然后运回晒至四五成干时,理顺堆放 2～3 日后再行摊晒。当晒至透心时,用火焰燎去须根即得丹参成品。以根条粗壮,表色红带油浸样,断面结实,纤维较少,气味较重者为佳。同时,采集方法与药物的质量也有很大的关系,一定要掌握时机,按时按法采集。根据前人长期的实践经验,其采收时节和方法通常以入药部位的生长特性为依据,大致可以归纳为以下六种情况。

(1)全草类。多在植株充分生长,茎叶茂盛或花朵初开时采收。茎较粗或较高的可用镰刀割去地上部分,如荆芥、益母草、紫苏等;茎细或较矮带根全草入药的可连根拔起,如夏枯草、紫花地丁、蒲公英等;有的在花未开前采收,如薄荷、青蒿等;有的须在初春采其嫩苗,如茵陈。采集时,应将生长苗壮的植株留下一些,以利繁殖。

(2)根和根茎类。多在秋末春初采集,因为这一时期药用部分的有效成分含量高,质量好。古人的经验以阴历二、八月为佳,认为春初"津润始萌,未充枝叶,势力淳浓""至秋枝叶干时,津润归流于下",故"春宁宜早,秋宁宜晚"。秋末以土地封冻之前,植物地上部分尚未枯萎时采挖为好。过早浆水不足,质地松泡;过晚则不易寻找,也不易采挖,如丹参、沙参、天南星等。春初以开冻植物刚刚发芽或露苗时采挖较好,过晚则养分消耗,影响质量。当也有些植物,如半夏、延胡索等要在夏天采收。在采挖过程中必须深挖,尽量将根全部挖出,并注意做到挖大留小、以利来年生长。

又如,苦参以其根入药。在春、冬末长出新芽时均可采集。采集时挖出全株后,去尽地上苗秆部分及芦头、细根根须,然后再依其各自自然生长的形态分割成一根一根的单根,晒干或烘干即成。也可切成椭圆片,斜切,厚 1.5～3 mm,干燥后即成苦参片。

(3)树皮和根皮类。通常在春季或初夏(即清明至夏至)时采集最好。此时植物生长旺盛,不仅质量较佳,而且树皮内养料丰富,植物的液汁较多,形成层细胞分裂迅速,树皮易于剥离,如杜仲、黄柏、厚朴等。但肉桂多在十月采收,因此时油多容易剥离。木本植物生长周期长,应尽量避免伐树取皮或环剥树皮等简单方法,以保护药源。

根皮,则与根和根茎相类似,应于秋后苗枯,或早春萌发前采集,如牡丹皮、地骨皮、苦楝根皮等。采取根皮时,先将根部挖出,然后利用击打法或抽心法取皮。击打法是将新鲜根部洗去泥土后,用木槌击打,使皮部与木部分离,如地骨皮、北五加皮等。抽心法是将洗净的根在日光下晒半天,此时水分大部分蒸发,全部变软,即可将中央的木质部抽出,如牡丹皮等。

(4)叶类。通常在花蕾将开放或正在盛开的时候采摘。此时正当植物生长茂盛的阶段,叶子健壮,有效成分含量较高,药力雄厚,最适采收,如大青叶、枇杷叶、紫苏叶等。荷叶在荷花含苞欲放或盛开时采收者,色泽翠绿,质量最好。有些特定的品种,如霜桑叶,须在深秋或初冬经霜后采集为佳。

(5)花类。一般在含苞未放或刚开放时分批采摘花蕾。过早不但产量少且香气不足,过迟则气味散逸、花瓣脱落和变色,影响药物质量、如菊花、旋覆花等。有些花要求在含苞欲放时采摘花蕾,如金银花、槐花、辛夷等;有的在刚开放时采摘最好,如月季花;而红花则在花冠由黄变红时采收为宜。至于蒲黄之类以花粉入药的,则应在花朵盛开时采收。

(6)果实和种子类。多数果实类药材,当于果实成熟时或将成熟时采收,如瓜蒌、枸杞、马兜铃等;少数品种要求采收未成熟的幼嫩果实,如乌梅、青皮、枳实等。以种子入药的,多在种子完全成熟时采集,如车前子、牛蒡子等;有些干果成熟后很快脱落,或果实开裂,种子散失,最好在果实成熟尚未开裂时采收,如茴香、牵牛子等。

动物类药材因品种不同,采收各异。具体时间,以保证药效和易于获取为原则。如桑螵蛸宜在三月中旬前采收,过迟虫卵便会孵化;鹿茸应在清明后 45 ~ 60 天截取,过时则角化;驴皮在冬至后剥取,其皮厚质佳;对于潜藏在地下的虫类可在夏、秋季活动期捕捉,如蚯蚓、蜈蚣等。也有的没有一定的采取时间,如兽类的皮、骨、脏器等。

至于矿物类,随时都可以采收,也可以结合开矿进行。

3) 中草药的保存

中药如果储藏不当,则会发生虫蛀、霉烂、变色、变味等败坏现象,使药物变质,影响药效,并造成经济损失。因此,储藏药物的库房必须具备一定条件。

首先,必须保持干燥。因为没有水分,许多化学变化就不易发生,微生物也不易生长。

其次,应保持凉爽。因为低温不仅可以防治药材有效成分变化或散失,还可以防止菌类孢子和虫卵的生长繁殖。一般当温度低于 10 ℃时,霉菌和虫卵就不易生长。

再次,要注意避光。凡易受光线作用而引起变化的药物,应储藏在暗处、陶瓷容器或有色玻璃瓶中。

最后,有些药物易氧化变质或挥发,应存放在密闭的容器中,如麝香。

对于剧毒药材,应贴上"剧毒药"标签,按国家规定,设置专人、专处妥善保管。

此外,对每次新到的药材应加以检查。4—9 月为害虫最易活动的时期,更应勤于检查,并注意经常翻晒。

同时,在具体贮药方面,前人总结了很多简易可行的经验,如人参、动物类的药物,与花椒或细辛同放,则不易被虫蛀。牡丹皮与泽泻同放,一则牡丹皮不易变色,二则泽泻不易生虫。把药存放在谷物或石灰缸中,可起到防潮的作用,等等。

下面介绍三种常见的保存方法。

(1)防潮。防潮的方法有多种,如药材量较多,可集中存放在密封箱;如量较少且药材较一般,可存放在冰箱内;但若是较贵重的药材,如虫草、鹿茸等,可先用密封袋封装或防潮纸包裹,放入米缸底部(方法简单,但非常实用)。如果发现药材已经受潮,就应尽快晒干,或者用干净的锅文火烘、炒,除去水分。贵重药材,则可先平铺,盖上防潮纸或干净的薄纸,用高瓦数白炽灯照射除去水分,再用上述保存方法存放即可。

(2)防霉。空气中存在大量的霉菌孢子,而药材的营养含量高,并有一定水分,在适当的温度下,孢子散落药材表面,就会吸收药材养分,萌发菌丝,并分泌酵素,进一步破坏药材。

一般情况下,做好药材的防潮工作,就基本上不会发霉。但在春季,还应减少药材的移动次数,取出药材后应立即封存好,尽可能减少药材周围的空气流动。发现药材有霉变现象,首先应除去菌丝。通常用软毛刷或抹布沾开水擦拭,能沾水的药材也可直接用水洗,不便刷洗的,可混米糠簸动撞去菌丝,再用与除潮相同的方法处理,但应把时间加长,以有效灭除药材表面孢子。

(3)防虫。引起虫蛀的主要是药材原有残存的虫卵,当温度达到一定程度就可以孵化,有些蛀虫无须药材含有水分,可分泌出酶,分解药材内部物质,以得到生长所需的水分,从而引起药材变质。防虫关键是保存前的处理,高温下烘炒能有效杀灭虫卵,但不能炒制的药材,放进冰箱保存也是有效的方法。当药材发现虫蛀,一般情况下药材内部破坏已是较严重了,建议不要再食用。如掰断药材发现虫蛀不严重,除虫后应尽快使用,因为再保存下去还会发生虫害。

4)中草药的炮制

炮制是中兽医用药的一个特点。炮制,又称炮炙、修事或修治,是根据中兽医药理论,对生药按照其不同的药性,依照辨证用药的需要和药物的自身性质,以及调剂、制剂的不同要求所采取的一项传统制药技术,包括对药材的一般修治整理和对部分药材的特殊处理。经炮制后的药物成品,习惯上称为饮片。

中药大都是生药,其中有些药物具有毒性或烈性而不能直接应用;有的因易变质而不利于储存;也有的须经过特定的炮制方法处理,才能充分发挥药效。有的药物炮制时还要加用适当的辅料,同时也十分注意对炮制技术的要求。因此,中药按照不同的药性和治疗要求,而有多种炮制方法。正如《本草蒙筌》中指出:"制药贵在适中,不及则功效难求,太过则气味反失。"这充分说明炮制方法是否得当,与提高药物质量和保证药效有密切的关系。

(1)炮制目的。①清除杂质及非药用部分,保证药物的纯净清洁。②减少或消除药物的毒性、烈性和副作用。③增强药物的疗效或转变药物的性能的作用。④便于制剂、服用和储藏。⑤改变药物作用趋向,引药入经。⑥矫味、矫臭。

(2)炮制方法。①修治。②水制。用水或其他液体辅料处理药材的方法称为水制法。水制的目的主要是清洁药物、软化药物(便于切制)和减低药物的毒性、烈性及不良气味等。常用的有淋、洗、泡、漂、浸、润、水飞等。③火制法。将药物直接或间接用火加热处理的方法称为火制法。其目的是:使药物达到干燥、松脆、焦黄、炭化等,以便应用和储藏。有炙、炒、烘、焙、炮、煨、煅等。④水火共制。将中药通过水、火共同加热,使之由生变熟、某些性能改变、毒性降低、疗效增强,以符合药用要求的炮制方法称为水火共制。一般分为蒸、煮、燀、淬等方法。⑤其他制法。包括发芽、发酵、制霜及法制等加工炮制方法,目的在于改变或缓和药物的原有性能,增加新的疗效,降低或消除药物的毒性或副作用,使药物达到一定的净度,便于粉碎和储存等。

9.2 中草药的性能

中草药的性能,是指其与疗效有关的性味和效能。研究中草药性能及其运用规律的理论,称为药性理论。

中药防治疾病的基本作用不外是祛除病邪,消除病因,扶正固本,恢复或重建脏腑经络功能的协调,纠正阴阳偏盛偏衰的病理现象,使机体在最大限度上恢复到阴平阳秘的正常状态。中药之所以能够针对病情发挥上述基本作用，是由于不同中药各自所具有的若干特性和作用，前人称之为药物的偏性。以药治病，即以药物的偏性纠正疾病所表现的阴阳盛衰。把中药治病的不同性质和作用加以概括，主要有四气五味、升降浮沉、归经、毒性等，统称为中药的性能，简称药性。药性是人们在长期医疗实践中逐步摸索总结出来的，从不同方面说明了中药的作用。熟悉和掌握中药性能，对指导临床用药具有重要的实际意义。

1）性味

《神农本草经·序录》说："药有酸、咸、甘、苦、辛五味，又有寒、热、温、凉四气。"即指出药有四气和五味，表示中药的药性和药味两方面。它对认识各种中药的共性和个性，以及临床用药，都有实际意义。

（1）四气。药物具有的寒、凉、温、热四种不同药性，自古称之为四气，也称四性。其中，寒凉与温热属于两类不同的性质；而寒与凉、温与热则是性质相同，仅在程度上有所差异，凉次于寒，温次于热。此外，尚有一些药物的药性不甚显著，作用比较平缓，称为平性。实际上，它们或多或少偏于温性，或偏于凉性，属微凉或微温，并未越出四气范围，习惯上仍称四气。

药性的寒、凉、温、热，是古人根据药物作用于机体所发生的反应和对于疾病所产生的治疗效果而作出的概括性的归纳，是同所治疾病的寒、热性质相对而言的。凡是能够治疗热性证候的药物，便认为是寒性或凉性；能够治疗寒性证候的药物，便认为是温性或热性。一般说来，寒性和凉性的中药属阴，具有清热、泻火、凉血、解毒、攻下等作用，如石膏、薄荷等；温性和热性的中药属阳，具有温里、祛寒、通络、助阳、补气、补血等作用，如干姜、肉桂等。

《素问·至真要大论》云"寒者热之，热者寒之"，《神农本草经·序录》曰"疗寒以热药，疗热以寒药"，即热证用寒凉药，寒证用温热药，这是中兽医的治病常法，也是临床用药的原则，至于寒热夹杂的病证，则可将与病情相适应的热性药与寒性药适当配伍应用。

（2）五味。中药所具有的辛、甘、酸、苦、咸五味不同药性，称为五味。有些中药具有淡味或涩味，所以实际上不止五种，但是习惯上仍然称五味。前人在长期的临床用药实践中，发现药物的味和它的功用之间有一定联系，即不同味道的药物对疾病有不同的治疗作用，从而总结出了五味的用药理论。《素问·至真要大论》将中药五味的作用简要地归纳为"辛散、酸收、甘缓、苦坚、咸软"。后世医家又进一步发展为"辛能散行、甘能缓补、酸能收涩、苦能燥泻、咸能软下"。

①辛味：有发散、行气、行血等作用。如用于治疗表证的麻黄、薄荷，治疗气血阻滞的木香、红花等都有辛味。②甘味：有补益、和中、缓急等作用。用于治疗虚证的滋补强壮药，如补气的党参、补血的熟地，缓和拘急疼痛或调和药性的甘草、大枣等，皆有甘味。③淡味：有渗湿、利尿的作用，多用于治疗水肿、小便不利等证，如猪苓、茯苓等。④酸味：有收敛、固涩等作用，多用于治疗虚汗、泄泻等证，如山茱萸、五味子涩精敛汗，五倍子涩肠止泻。⑤涩味：与酸味药作用相似，多用于治疗虚汗、泄泻、尿频、滑精、出血等证。如龙骨、牡蛎涩精，赤石脂涩肠止泻。⑥酸味药的作用与涩味药相似但不尽相同。如酸能生津，酸甘化阴等皆是涩味药所不具备的作用。⑦苦味：有泄降、燥湿、坚阴的作用。如大黄通泄，适用于热结便秘；杏仁降泄，适用于肺气上逆的喘咳；栀子清泻，适用于三焦热盛等证。燥湿则多用于湿证。湿证有寒湿、湿热之不同，温性苦味药如苍术，适用于寒湿；寒性苦味药如黄连，适用于湿热。黄柏、知母坚阴，多用于肾阴虚亏、相火亢盛，具有泻火存阴的作用。⑧咸味：有软坚、散结和

泻下等作用,多用于热结便秘、炭核、瘰疬、痞块等证。如泻下通便的芒硝,软坚散结的昆布、海藻等都有咸味。

药味的确定,最初是依据药物的真实滋味,由口尝而知。如黄连、黄柏之苦,甘草、枸杞之甘,桂枝、川芎之辛,乌梅、木瓜之酸,芒硝、食盐之咸等。后来由于将中药的滋味与作用相联系,并以药味来解释和归纳中药的作用,便逐渐地根据药物的作用确定其味。如凡有发表作用的中药,便认为有辛味;有补益作用的中药,便认为有甘味等。由此就出现了本草所载中药的味,与实际味道不符合的情况。例如,葛根味辛、石膏味甘、玄参味咸等,均与口尝不符,因此,药物的味,已不能完全以舌感辨别,它已包括了药物作用的含义。

五味也可归属于阴和阳两大类,即辛、甘、淡味属阳,酸(涩)、苦、咸味属阴,具体列于表9.1。

表9.1　五味属性和作用

属　性	五　味	作　用	药物举例
阴	酸	收敛、固涩	乌梅、诃子等
	苦	清热、燥湿、泄降	黄连、黄柏等
	咸	泻下、软坚	芒硝、海藻等
阳	辛	发散、行气、行血	防风、桂枝等
	甘	缓和、滋补	党参、甘草等
	淡	利尿	茯苓、猪苓等

(3)四气和五味的相互关系。四气、五味是中药性能的主要标志,也是论述药性的主要依据。由于每一种药物都具有性和味,因此必须将两者综合起来。一般说来,药物的气味相同,则常具有类似的作用;气味不同,则作用不同。如同一温性,有麻黄的辛温发汗,大枣的甘温补脾;杏仁的苦温降气,乌梅的酸温收敛,蛤蚧的咸温补肾;同一辛味,有薄荷的辛凉解表,石膏的辛寒除热,砂仁的辛温行气,附子的辛热助阳。尚有一药数味者,其作用范围也相对较广,如当归辛甘温,可以补血活血,行气散寒;天冬甘苦大寒,既能补阴,又能清火。因此,不能把性和味孤立起来看。性与味显示了药物的部分性能,也显示出某些药物的共性。只有认识和掌握每一药物的全部性能,以及性味相同药物之间同中有异的特性,才能全面而准确地了解和使用药物。

2)升降沉浮

升降浮沉,是指药物进入机体后的作用趋向,是与疾病表现的趋向相对而言的。升是上升,降是下降,浮是上行发散,沉是下行泄利的意思。升与浮、降与沉的趋向类似,只是在程度上有所差别,故通常以"升浮""沉降"合称。

由于各种疾病在病机和证候上,常有向上(如呕吐、喘咳)、向下(如泻痢、脱肛),或向外(如自汗、盗汗)、向内(如表证未解)等病势趋向的不同,以及在上、在下、在表、在里等病位的差异。因此,能够针对病情,使用改善或消除这些病证的药物,相对说来也就分别具有升降浮沉的不同作用趋向。药物的这种性能,有助于调整紊乱的脏腑气机,使之归于平顺;或因势利导,祛邪外出。

　　升浮药主上行而向外,属阳,有升阳、发表、祛风、散寒、催吐、开窍等作用;沉降药主下行而向内,属阴,有潜阳、息风、降逆、止吐、清热、渗湿、利尿、泻下、止咳、平喘等功效。此外,个别药物还存在着双向性,如麻黄既能发汗,又可平喘利水。凡病变部位在上、在表者,用药宜升浮不易沉降,如外感风寒表证,当用麻黄、桂枝等升浮药来解表散寒;在下、在里者,用药宜沉降不宜升浮,如肠燥便秘之里实证,当用大黄、芒硝等沉降药来泻下攻里。病势上逆者,宜降不宜升,如肝火上炎引起的双目红肿,羞明流泪,应选用石决明、龙胆等沉降药以清热泻火、平肝潜阳;病势下陷者,宜升不宜降,如久泻脱肛或子宫脱垂,当用黄芪、升麻等升浮药来益气升阳。一般来说,治病用药不得违反这一规律。

　　影响药物升降浮沉的主要因素,有四气五味、质地轻重、炮制和配伍等。

　　(1)升降浮沉与药物四气五味的关系。李时珍说:"酸咸无升,辛甘无降,寒无浮,热无沉",便是对四气五味的升降浮沉所作的概括性归纳,只是此处的"无"应理解为"大多数不"。也就是说,凡味属辛、甘,性属温、热的药物,大多数为升浮药;味属酸、涩、苦、咸,性属寒、凉的药物,大多数为沉降药。

　　(2)升降浮沉与药物质地轻重的关系。一般说来,花、叶及质地轻松的药物,大多升浮,如菊花、薄荷、升麻等;子、实、矿石及质地重坠的药物,大多沉降,如苏子、枳实、磁石等。不过也有例外的,如"诸花皆升,旋覆花独降""诸子皆降,牛蒡子独升"。

　　(3)药物炮制和配伍的影响。药性的升降浮沉,每随炮制或配伍转化。如李时珍云:"升者引之以咸寒,则沉而直达下焦,沉者引之以酒,则浮而上至巅顶。"就炮制而言,生用主升,熟用主降,酒制能升,姜汁炒则散,醋炒则收敛,盐水炒则下行。以药物配伍来说,如少量升浮药物在大队的沉降药物中,便随之下降;少量沉降药物在大队的升浮药物中也能随之上升。还有少数药物可以引导其他药物上升或下降,如张元素说:"桔梗为舟楫之剂,能载药上浮。"朱丹溪云:"牛膝能引诸药下行。"故李时珍曰:"升降在物,亦可在人。"也就是说,药物的升降并不是一成不变的。所以,在临床运用中药这一性能时,除掌握一般原则外,还要知道影响升降浮沉变化的因素,才能针对病情很好地选用中药。

3)归经

　　归经,指中药对机体某部位的选择作用,即主要对某经(脏腑及其经络)或某几经发生明显的作用,而对其他经则作用较小,或没有作用。如同属寒性的药物,都具有清热作用,然有黄连偏于清心热,黄芩偏于清肺热,龙胆偏于清肝热等不同,各有所专。再如,同是补药,也有党参补脾,蛤蚧补肺,杜仲补肾等的区别。因此,将各种药物对机体各部分的治疗作用进行系统归纳,便形成了归经理论。

　　中药归经,是以脏腑、经络理论为基础,以所治具体病症为根据的。由于经络能够沟通畜体的内外表里,因此,一旦畜体发生病变,体表的病证可以通过经络而影响内在脏腑,而脏腑的病变也可以通过经络反映到所属体表。各个脏腑、经络发生病变时所产生的症状是各不相同的,如肺经病变,每见咳嗽、喘气等证;心经病变,每见心悸、神昏等证;脾经病变,每见食滞、泄泻等证。在临床上,将药物的疗效与病因病机以及脏腑、经络联系起来,就可以说明药物和归经之间的相互关系。如桔梗、杏仁能治咳嗽、喘气,则归肺经;朱砂能安神,则归心经;麦芽能消食,则归脾、胃经等。由此可见,药物的归经理论,具体指出了药效之所在,它是从客观疗效观察中总结出来的规律。

至于一药有归数经者,即是其对数经的病变都能发挥作用。如杏仁归肺与大肠经,它既能平喘止咳,又能润肠通便;石膏归肺与胃经,能清肺火和胃火。

但是,在应用中药的时候,如果只掌握其归经,而忽略了四气五味、升降浮沉等性能,那是不够全面的。因为同一脏腑经络的病变,有寒、热、虚、实以及上逆、下陷等不同;同归一经的药物,其作用也有温、清、补、泻以及上升、下降的区别。因此,不可只注意归经,而将入该经的药物不加区分地应用。譬如,同归肺经的中药,黄芩清肺热,干姜温肺寒,百合补肺虚,葶苈子泻肺实。在其他脏腑经络方面,亦是如此。

中药归经理论对于中药的临床应用具有重要指导意义。一是根据动物脏腑经络的病变"按经选药",如肺热咳喘,应选用入肺经的黄芩、桑白皮;胃热,宜选用入胃经的石膏、黄连;肝热或肝火,当选用入肝经的龙胆、夏枯草;心火亢盛,应选用入心经的黄连、连翘。二是根据脏腑经络病变的相互影响和传变规律选择用药,即选用入它经的药物配合治疗。如肺气虚而见脾虚者,在选择入肺经的药物的同时,选择入脾经的补脾药物以补脾益肺(培土生金),使肺有所养而逐渐恢复;又如肝阳上亢而见肾水不足者,在选用入肝经药物的同时,选择入肾经滋补肾阴的药物以滋肾养肝(滋水涵木),使肝有所涵而虚阳自潜。总之,既要全面地了解和掌握中药性能,又要熟悉脏腑、经络之间的相互关系,才能更好地指导临床用药。

9.3 药物的配伍与禁忌

1)配伍

动物疾病是复杂多变的,往往数病相兼,或表里同病,或虚实互见,或寒热错杂,所以在治疗时,就必须适当选用多种药物配合起来应用,才能适应复杂多变的病情,取得良好的治疗效果。配伍就是根据动物病情的需要和药物的性能,有目的地将两种以上的药物配合在一起应用。药物的配伍应用是中兽医用药的主要形式。

两味或两味以上的药味配在一个方剂中,相互之间会产生一定的配伍效应。这种效应有的对动物体有益,有的则有害。根据传统的中药配伍理论,将其归纳为七种,称为药性"七情"。

(1)单行。是指用单味药治病。病情比较单纯,选用一种针对性较强的药物即可获得疗效,如清金散单用一味黄芩治肺热咳嗽,独用蒲公英治疗疮黄肿毒等。

(2)相须。就是将性能功效相似的同类药物配合应用,以起到协同作用,增强药物的疗效。如大黄与芒硝配合应用,能明显地增强泻下通便的作用;石膏与知母配合应用,能明显地增强清热泻火的作用。

(3)相使。就是将性能功效有某种共性的不同类药物配合应用,而以一种药物为主,另一种药物为辅,能提高主要药物的功效。如补气利水的黄芪与利水健脾的茯苓配合应用,大黄能提高黄芩清热泻火的作用。

(4)相畏。就是一种药物的毒性或副作用,能被另一种药物减轻或消除。如生半夏、生南星的毒性能被生姜减轻或消除,所以说生半夏、生南星畏生姜。

(5)相杀。就是一种药物能减轻或消除另一种药物的毒性或副作用。如防风能解砒霜毒,绿豆能减轻巴豆毒性,所以说防风杀砒霜毒,绿豆杀巴豆毒;生姜能减轻或消除生半夏、生南星的毒性或副作用,所以说生姜杀生半夏、生南星的毒。由此可知,相畏、相杀实际上是同一配伍关系的两种不同提法。

(6)相恶。就是两种药物配合应用,能相互牵制而使作用降低甚至丧失药效。如黄芩能降低生姜的温性,莱菔子能削弱人参(或党参)的补气功能。所以说生姜恶黄芩,人参恶莱菔子。

(7)相反。就是两种药物配合应用,能产生毒性反应或副作用。如甘草反甘遂、乌头反半夏。

李时珍在《本草纲目》中曾对此进行过精辟的概括:"独行者,单方不用辅也;相须者,同类不可离也;相使者,我之佐使也;相畏者,受彼之制也;相杀者,制彼之毒也;相恶者,夺我之能也;相反者,两不相合也。凡此七情,合而视之,当用相须相使者良,勿用相恶相反者。若有毒制宜,可用相畏相杀者,不尔不合用也。"实际上,上述七情归纳起来不外乎协同和拮抗两个方面,如图9.1所示。

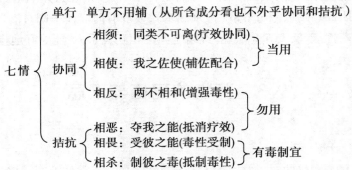

图9.1 "七情"归类

综上所述,药性"七情"除了单行之外,其余六个方面都是药物的配伍关系,用药时需要加以注意,其中相须、相使是产生协同作用而增进疗效,在临床用药时要充分利用,以便使药物更好地发挥疗效;相畏、相杀是有些药物由于相互作用而能减轻或消除原有的毒性或副作用,在应用毒性药或剧烈药时,必须考虑选用;相恶就是有些药物可能互相拮抗而抵消或削弱原有功效,用药时应加以注意;相反是一些本来无毒的药物,却因相互作用而产生毒性反应或强烈的副作用,则属于配伍禁忌,原则上应避免配用。

2)禁忌

在临证用药处方时,为了安全起见,有些药物或配伍关系应当慎用或禁止使用。在长期的医疗实践中,古人积累了许多有关配伍禁忌的经验,主要有"十八反""十九畏"和妊娠禁忌等。

(1)十八反。根据历代文献记载,配伍应用可能对动物产生毒害作用的药物有十八种,故名"十八反"。即:甘草反甘遂、大戟、海藻、芫花;乌头反贝母、瓜蒌、半夏、白蔹、白及;藜芦反人参、沙参、丹参、玄参、细辛、芍药。《元亨疗马集》中有十八反歌诀:"本草明言十八反,遂目从头说与君。人参芍药与沙参,细辛玄参及紫参,苦参丹参并前药,一见藜芦便杀人;白芨白蔹并半夏,瓜蒌贝母五般真,莫见乌头怕乌啄,逢之一反疾如神;大戟芫花并海藻,甘遂以上反甘草,若还吐逆及翻肠,寻常犯之都不好。蜜蜡莫与葱相睹,石决明休见云母,藜芦莫使酒来浸,人若犯之都是死。"还有一个比较简单的歌诀:"本草明言十八反,半蒌贝蔹及攻乌,藻戟遂芫俱战草,诸参辛芍反藜芦。"更便于诵读记忆。

(2)十九畏。历来认为相畏的药物有十九种,配合在一起应用时,一种药物能抑制另一种药物的毒性或烈性,或降低另一药物的功效,习惯上称为"十九畏"(硫黄畏朴硝,水银畏砒霜,狼毒畏密陀僧,巴豆畏牵牛子,丁香畏郁金,川乌、草乌畏犀角,牙硝畏荆三棱,官桂畏赤石脂,人参畏五灵脂)。《元亨疗马集》十九畏歌云:"硫黄原是火中精,朴硝一见便相争;水银莫与砒霜见;狼毒最怕密陀僧;巴豆性烈最为上,偏与牵牛不顺情;丁香莫与郁金见;牙硝难合荆三棱;川乌草乌不顺犀;人参又忌五灵脂;官桂善能调冷气,石脂相见便蹊跷。大凡修合看顺逆,炮爁炙煨要精微。"

上述十八反及十九畏,一般均作为处方用药的配伍禁忌。据研究,当甘草与甘遂合用时,是否有毒与二者的用量配比有关。甘草的用量若与甘遂相等或大于甘遂,则毒性较大。细辛和藜芦配伍,可导致实验动物中毒死亡;而贝母和半夏分别与乌头配伍,则未见明显毒性增强。在古今方剂中,也有一些应用十八反或十九畏的例子。但一般说来,在临证处方时,如果没有充分的把握,还是应该在方剂中避免配伍相反及相畏的药物,以免导致不良后果。

(3)妊娠禁忌。动物妊娠期间,为了保护胎儿的正常发育和母畜的健康,应当禁用或慎用具有堕胎作用或对胎儿有损害作用的药物。属于禁用的多为毒性较大或药性峻烈的药物,如巴豆、水银、大戟、芫花、商陆、牵牛子、斑蝥、三棱、莪术、虻虫、水蛭、蜈蚣、麝香等。属于慎用的药物主要包括祛瘀通经、行气破滞、辛热、滑利等方面的中药,如桃仁、红花、牛膝、丹皮、附子、乌头、干姜、肉桂、瞿麦、芒硝、天南星等。禁用的药物一般不可配入处方,慎用的药物有时可根据病情需要谨慎应用。《元亨疗马集》中载有妊娠禁忌歌:"蚖斑水蛭及虻虫,乌头附子配天雄,野葛水银并巴豆,牛膝薏苡与蜈蚣,三棱代赭芫花麝,大戟蛇蜕黄雌雄,牙硝芒硝牡丹桂,槐花牵牛皂角同,半夏南星与通草,瞿麦干姜桃仁通,硇砂干漆蟹甲爪,地胆茅根都不中。"可供参考。

9.4 剂型、剂量和服法

1)剂型

将方剂制成适宜的形式叫剂型。剂型是根据方药的性质、病情的需要、用药的方法和动物的采食特性等确定的。《神农本草经》中"药性有宜丸者,宜散者,宜水煮者,宜酒渍者,宜膏煎者,亦有一物兼宜者,亦有不可入汤酒者,并随药性,不得违越"。病情不同,所需的剂型也不同,如病急者宜汤,病缓者宜丸;疮疡湿者宜贴,干枯者宜涂膏等。在使用方法上,灌服宜用散剂或汤剂,直肠给药宜用汤剂或栓剂等。不同的动物,采食特性不同,所用剂型也不同,如禽类可用药砂,鱼类多用药饵,等等。现将常用剂型分述如下:

(1)散剂。散剂是将一种或多种药物粉碎后混合均匀而制成的粉末状制剂,具有配制方便、吸收较易、药效较快的特点,是临床上最常用的剂型之一。散剂有内服散剂和外用散剂两种。内服散剂常用开水调成糊状,或加水稍煎,候温灌服;也可混在饲料中喂服。外用散剂一般研成细末或极细末,多用于疮面或患部的掺撒、敷贴,或用于点眼、吹鼻等。《元亨疗马集》和《中华人民共和国兽药典》(2000年版),其中所载的方剂大多为散剂。

(2)汤剂。汤剂又称煎剂、汤液,是将一种或多种中药的饮片加水煎煮后,去渣而得的液体制剂,包括内服汤剂和外用汤剂两种。内服汤剂易于吸收,发挥药效快,适用于急病或重病。当经口灌服困难时,某些内服汤剂也可采用保留灌肠的方法给药。外用汤剂可用于洗治疮疡、洗敷肿痛等。

(3)丸剂。丸剂是将中药粉末或提取物,加适宜赋形剂制成的球形固体制剂,有蜜丸、水丸、糊丸、浓缩丸等多种。蜜丸是将药物粉末以炼制过的蜂蜜为黏合剂制成的丸剂;水丸的辅料为水或黄酒、醋、稀药汁、糖液等;糊丸的辅料为米糊或面糊;浓缩丸是由中药提取物加适当辅料制成。很多内服方剂都可做成丸剂。丸剂易于保存,但大多数吸收缓慢,作用持久,常用于治疗慢性疾病。在兽医临床上,因动物多不能主动吞咽丸药,故给药时需用投丸器,或用水化开灌服。

(4)丹剂。古代丹剂多指含有水银、硫黄等的中药,经过加热升炼而成的剂量小、作用强的一类制剂,如升丹、降丹、樟丹等。丹剂大多都有剧毒,一般只作外用。现代丹剂有时也指某些贵重或功效特殊的方剂,如紫雪丹、无失丹、活络丹等。因此,丹剂没有固定的制剂形态,大多为细粉末状散剂,但也有制成丸剂或锭剂形式的。

(5)流浸膏。流浸膏是将中药用适当溶剂提取后,除去部分溶剂而制成的液体制剂,如大黄流浸膏、远志流浸膏、马钱子流浸膏等。除特别规定外,每毫升流浸膏相当于原材料1g。

(6)浸膏。浸膏是将中药材用适当溶剂提取后,除去所有溶剂而制成的半固体或固体制剂,如甘草浸膏。除特别规定外,每克浸膏相当于原药材2~5g。由于浸膏不含溶剂,没有溶剂固有的副作用,且浓度高,体积小,可制成片剂或丸剂,或直接装入胶囊服用。

(7)软膏。软膏是将药物、药材细粉或药材提取物与适当的基质混合而调制成的一种半固体制剂,如白芨膏、紫草膏等。常用的基质有油脂性、水溶性和乳剂型基质,其中,用乳剂型基质的也称乳膏。

(8)锭剂。锭剂是将中药粉末或提取物加赋性剂制成的一种固体制剂,如保健锭、砒枣锭等。可供外用或内服。

(9)酊剂。酊剂是将中药用规定浓度的乙醇提取加工而成的澄清液体制剂,也可由流浸膏稀释制成。酊剂具有有效成分含量高,用量小,作用快,又能防腐的特点。常用的有马钱子酊、复方龙胆酊等。

(10)片剂。片剂是将一味或多味中药细粉或经加工提炼后,与适宜的辅料混合压制而成的一种圆片状制剂。片剂具有容易控制给药剂量、便于运输、储藏和应用等优点。许多内服方剂均可制成片剂,如大黄碳酸氢钠片、板蓝根片和黄连解毒片等。

(11)冲剂。冲剂是将中药煎剂或浸提液,经浓缩干燥或与适当辅料混合而制成的颗粒状(又称颗粒剂)或粉末状制剂。因其使用时多以水冲服,故称冲剂。冲剂是在汤剂的基础上发展起来的一种新剂型,具有体积小、作用迅速、使用方便、容易储存等特点。

(12)合剂。合剂是将药材用水或溶剂提取、纯化、浓缩而制成的内服液体制剂,又称口服液,如双黄连口服液、杨树花口服液等。

(13)注射剂。注射剂是将中药经提取、配制、灌封、灭菌等步骤制成的液体或粉末状制剂,供注射用。注射剂具有剂量准确、作用迅速、给药方便、药物不受消化液和食物的影响而直接进入动物体组织等优点,是兽医临床上很受欢迎的一种剂型,如穿心莲注射液、柴胡注射液等。

除上述剂型之外,还有胶剂、曲剂、霜剂、搽剂、糖浆剂、露剂、油剂、灸剂、气雾剂、熏烟剂、膜剂、栓剂、海绵剂、胶囊剂、灌注剂,以及用于禽类的药砂,用于鱼类的药饵等多种剂型。

2)剂量

剂量是指每一药物的常用治疗量。药用量的大小,直接关系到治疗的效果和药物对畜体的毒性反应。一般中药的用量安全度比较大,但个别有毒的药物仍须注意。此外,如果药物用量的变化超过一定的范围,还会引起功效的改变,如大黄量小能健胃,量大则泻下。因此,对待中药的剂量必须持严谨的态度。确定药物用量的一般原则如下:

(1)根据药物的性能。凡有毒的、峻烈的药物用量宜小,且应从小量开始使用,逐渐增加,中病即停,谨防中毒发生事故。对质地较轻或容易煎出的药物,可用较小的量,对质地较重或不容易煎出的药物,可用较大的量。此外,新鲜的药物,用量可大些。

(2)根据配伍与剂型。在一般情况下,同样的药物复方配伍时比应用单味药时用量要轻些。汤剂、酒剂等易于吸收的,其用量较不易吸收的散剂、丸剂等要小些。

(3)根据病情的轻重。一般病情轻浅的,用量宜轻;病情较重的,用量可适当增加。

(4)根据动物种类和体型大小。动物种类和体形大小不同,剂量大小差异悬殊。各种动物用药剂量的相对比例如表9.2所示。

表9.2 不同种类动物用药剂量比例

动物种类	体　　重	用药剂量比例
马	体重300 kg左右	1
黄牛	体重300 kg左右	$1 \sim 1^{1/4}$
水牛	体重500 kg左右	$1 \sim 1^{1/2}$
驴	体重150 kg左右	$1/3 \sim 1/2$
羊	体重40 kg左右	$1/6 \sim 1/5$
猪	体重60 kg左右	$1/8 \sim 1/5$
犬	体重15 kg左右	$1/16 \sim 1/10$
猫	体重4 kg左右	$1/32 \sim 1/20$
鸡	体重1.5 kg左右	$1/40 \sim 1/20$
鱼	体重1 kg左右	$1/30 \sim 1/10$
虾蟹	体重1 kg左右	$1/300 \sim 1/200$
蚕	5%熟蚕时,10 000只	$1/20 \sim 1/10$
蜂	每1标准群	$1/100 \sim 1/50$

此外,还要根据动物的年龄、性别以及地区、季节等不同来确定用量。总之,中药的用量并不是一成不变的,应根据临床治疗的具体情况,在全面考虑的基础上进行增减。

3)服药法

根据用药的目的、病患的性质和部位,以及制剂的作用特点等不同,方剂的用法和给药途径多种多样,大体上可分为经口给药和非经口给药两大类。

经口给药又称内服、口服、灌服(流体状制剂)或投服(丸剂、片剂等)以及舐服等。药物作用于胃肠道或经胃肠吸收后发挥治疗作用。用导管经口或鼻插入食道或胃投灌药也属于经口给药。

非经口药是指除经口给药之外的各种给药方式,如注射和注入、敷撒、喷涂、吸入、包埋纳置(如卡耳、肛门或阴道纳栓)、药浴、点眼、吹鼻、灌肠、笼舍熏蒸、鱼虾类水体用药等。

随着我国规模化和集约化畜牧业的发展,群体用药的方式越来越多地被采用。所谓群体用药,就是为了防治群发性疫病,或为了提高动物的生产性能,所采用的批量集体用药。有些动物(如鸡、鱼、蜂、蚕)或群体数量很大,或个体很小,难以逐个给药,也只好采用群体给药法。中药方剂的群体用药,目前较普遍的是饲料添加剂,即将药物拌入饲料中或溶解于饮水中给动物服用。此外,在动物所处的环境(如动物房舍空间、养鱼水体)中施药,使环境中的每个动物都能接触到药物,也是一种群体给药方法。

目前,中药在兽医临床上仍以汤、散剂灌服为主。

(1)灌药的时间。灌药的时间与药物的疗效有一定关系。除急病、重病需尽快地用药外,一般来说,空腹或草前灌服则药物吸收较快,而且可以直接作用于胃肠,这对于胃肠、脾胃病或虫积时,比较适宜;而在饱腹或草后灌药,则药的吸收较慢,因此,对于慢性病或灌服刺激性较大的药物以及补阳药比较合适。

(2)灌服的次数。一般是每天灌服1~2次,但在急症时可灌多次。

(3)药液的温度。一般治热性病的清热药宜凉服,而治寒性病的热性药宜温服。此外,在冬季可稍温,夏季宜稍凉。

(4)煎药器具。以砂锅、瓦罐或搪瓷器为好,但大量煎煮时,也可以用铝锅。

复习与思考

一、选择题

1. 中药的作用包括(　　)。

   A. 药物的治疗作用和不良作用

   B. 药物的副作用

   C. 药物的治疗作用

   D. 药物的不良反应

2. 药性理论的基础是以中医理论为基础,以阴阳、脏腑、经络学说为依据的是(　　)。

   A. 阴阳表里寒热虚实八纲　　　　B. 脏象理论

   C. 脏腑、经络学说　　　　　　　D. 阴阳,脏腑、经络学说

3. 能比较完全说明药物治病基本作用的是(　　)。

   A. 消除病因　　　　　　　　　　B. 扶正祛邪

C.恢复脏腑的正常生理功能　　D.纠正阴阳气血偏盛偏衰的病理现象

E.以上都不是

4.苦能通泻、降泄,还能坚阴、清热燥湿;咸能软坚、泻下。下列哪项是苦味药的作用?（　　）

A.行气、活血　B.软坚、泻下　　C.和中、缓急　D.收敛、固涩　　E.通泄、降泄

5."十九畏"中,人参畏（　　）。

A.细辛　　　B.三棱　　　　C.五灵脂　　　D.赤石脂

6.五味之中,兼有坚阴作用的药味是（　　）。

A.甘味　　　B.苦味　　　　C.咸味　　　D.酸味　　　　E.辛味

7.一种药物能减轻或消除另一种药物的毒性或副作用,称为（　　）。

A.相使　　　B.相恶　　　　C.相畏　　　D.相杀

8.解表药在煎煮时宜（　　）。

A.久煎　　　B.先煎　　　　C.后下　　　D.包煎

9.大黄味苦,能治热结便秘,是取其（　　）。

A.通泄作用　B.燥湿作用　　C.宣泄作用　D.补益作用

10.十八反中,与乌头相反的是（　　）。

A.人参　　　B.半夏　　　　C.砒霜　　　D.甘遂

二、简答题

1.中药的性能包括哪些内容?

2.简述中药"七情"的内容,并举例说明。

3.十八反、十九畏的具体内容是什么?

 案例分析

案例 1

一北京公犬,3 岁,症见患犬精神萎靡不振,不愿活动,表情淡漠,食欲减退甚至废绝;两眼半闭,耳尖、鼻端发凉,眼结膜充血潮红并伴轻度肿胀,羞明流泪,有过多眼屎。体温升高,脉搏增数,呼吸加快,往往伴有咳嗽。病初流水样鼻液,后变浓稠。

请结合中医药基础理论,分析该患犬应该选用何种性味的药物。

案例 2

一母牛,6 月龄腹泻已两周。检查:精神不振,粪稀薄色灰白,鼻汗不成珠,耳根、角根均冰冷,口青白多津,肠鸣如雷,体温 38.4 ℃。

请结合中医药基础理论,分析该患牛应该选用何种性味的药物。

项目 10 常用中草药

10.1　清热药

　　凡是清解热邪,治疗各种里热病证的药物,称为清热药。这类药物多属于寒凉药物,分别具有清热泻火、凉血、燥湿、解毒、解暑、退虚热等功效,根据清热药的主要功能将其分为清热降火、清热凉血、清热燥湿、清热解毒、清热解暑、清虚热六类,临床主要用于动物热病高热、热证出血、热痢、湿热、暑热、虚热等里热病证。在临床应用时,应该分辨热证属于气分还是血分,实热还是虚热,并根据病情决定主次和先后,恰当选药组方。并因证制宜,灵活配伍,若高热而兼有大便燥结,应配攻下药,热证兼尿短赤者,应配利尿药。清热药临床应用十分广泛,现代研究也表明,清热药分别具有抑制体温中枢而解热,抑制和杀灭病原体(包括病毒、细菌、真菌、寄生虫等),增强吞噬细胞的吞噬功能,提高机体的抗病力,改善微循环,促进炎症的吸收,降低血管通透性,防止出血等。

　　这类药多为寒凉药,易伤畜体阳气,对脾胃虚寒、胃纳不佳、虚泻,产后血虚等慎用,或辅以健脾理气等药,使祛邪而不忘扶正。

10.1.1　清热泻火药

　　清热泻火药主要具有清热泻火作用,多入气分,能清气分实热证,适用于急性热病而具有高热、神昏或发狂、尿短赤、口色赤红、舌苔黄燥等证候,如肺热、胃热、暑热引起的实热证。

1）石膏

石膏（*Gypsum Fibrosum*）为一种含结晶水硫酸钙（$CaSO_4 \cdot 2H_2O$），主要产于湖北、甘肃、四川等地，以湖北、安徽产者为佳。粉碎，生用或煅用。

【性味、归经】辛、甘、大寒。入肺、胃经。

【功效】清热泻火，除烦止渴，外用收敛生肌。

【应用】

（1）本品性大寒，具有强大的清热泻火作用，善清气分实热。用于高热不退等实热证，常与知母甘草同用，如白虎汤。

（2）清泄肺热。用于肺热咳嗽、气喘、口渴贪饮等实热证，常配麻黄、杏仁、甘草以增强宣肺止咳平喘作用，如麻杏甘石汤。

（3）清热保津。用于胃火亢盛、胃热口渴等证，常配天花粉、芦根、知母等。

（4）收敛生肌。本品煅后为无水硫酸钙，有清热、收敛、生肌作用，外用于湿疹、烫伤、疮黄溃后不敛及创伤久不收口等，常与黄柏、青黛等配伍。

内服宜生用；外用多火煅研末，亦可生用。

【用量】马、牛 30～120 g，驼 90～180 g，猪、羊 15～30 g，犬、猫 3～5 g，兔、禽 1～3 g。

【禁忌】胃肠无实热者忌用。

【主要成分】生石膏含有结晶水硫酸钙，煅石膏含无水硫酸钙。

2）知母

为百合科植物知母（*Anemarrhena asphodeloides* Bge.）的干燥根茎。以肥大、质硬、表面披金黄色绒毛、断面呈黄色为佳。生用、酒炒、盐炒或炒炭用。主要产于河北、山西、山东等地。

【性味、归经】苦、寒。入肺、胃、肾经。

【功效】清热泻火，滋阴润燥。

【应用】

（1）清热泻火。本品苦寒，既清热泻火，又清肺胃实热，适用于温热病的气分期，证见高热不退、口渴喜饮等。常与石膏、芦根等同用，亦可用于肺热咳喘，可配麻黄、黄芩、桑白皮、贝母等。

（2）滋阴润肺，生津。用于阴虚潮热、肺虚燥咳、热病贪饮等。清虚热，常与黄柏等同入滋阴药中，如知柏地黄汤；润肺燥，常与玄参、麦冬、生地等同用；用治热病贪饮，常与天花粉、麦冬、葛根等配伍。

（3）除湿热。用于下焦湿热小便不利，常配黄柏、海金沙、木通等。

【用量】马、牛 20～50 g，驼 45～100 g，猪、羊 6～15 g，犬 3～8 g，兔、禽 1～2 g。

【禁忌】脾虚泄泻者慎用。

【主要成分】含知母皂苷、黄酮苷、黏液质、糖类、烟酸等。

3）栀子

为茜草科植物栀子（*Gardenia jasminoides* Ellis.）的干燥成熟果实。生用、炒用或炒炭用。主要产于长江以南各地。

【性味、归经】苦、寒。入心、肺、三焦经。

【功效】清热泻火,利湿解毒,凉血止血。

【应用】

(1)清热泻火。本品苦寒,善清心、肺、肝、肾、膀胱、脾胃之火,有"栀子通泻三焦"之说。用于多种火热证,常与黄连、黄柏、黄芩等同用。

(2)清热利湿。清三焦火而利尿,兼清利肝胆湿热。常用于湿热黄疸,多与茵陈、大黄同用,如茵陈蒿汤;湿热尿淋常配木通、瞿麦、前仁等;湿热泻痢配苦参、黄连、白头翁等。

(3)凉血止血。焦栀子适用于凉血止血作用,用于血热妄行,出现鼻血、便血、尿血之症,常与丹皮、黄芩、生地、槐花、地榆等配伍。

(4)消肿止痛。本品研细调面粉或鸡蛋清外敷可治疮疡肿毒。

【用量】马、牛 15~50 g,驼 45~90 g,猪、羊 6~12 g,犬 3~6 g,兔、禽 1~2 g。

【禁忌】脾胃虚寒,食少便溏者慎用。

【主要成分】含栀子素(黄酮类)、果酸、鞣酸、藏红花酸、栀子苷、栀子次苷等。

10.1.2　清热凉血药

清热凉血药多属甘苦、凉寒之品,专入血分,具有清解营分、血分热邪的作用,主要用于温热病邪入营血、阴液亏损或血分实热病证。

1)生地

为玄参科植物地黄(*Rehmannia glutinosa* Libosch.)的新鲜或干燥块根。切片生用。新鲜者,习称鲜地黄;慢慢焙至八成干者,习称生地黄。主要产于河南、河北、东北及内蒙古。全国大部分地区都有栽培。

【性味、归经】鲜地黄甘、苦、寒,生地黄甘、寒。入心、肝、肾经。

【功效】清热凉血,养阴生津。

【应用】

(1)清热凉血。本品具清热凉血作用。用于治血分实热证出现高热口渴多饮,常与黄连、玄参、水牛角等同用,如清营汤;用于血热妄行而致的出血证,常与赤芍、丹皮、侧柏叶、茜草等同用。

(2)养阴生津。用于热病伤津、口干舌红或口渴贪饮,常与麦冬、沙参、玉竹等配伍;用治津亏便秘,多与玄参、麦冬等配伍,如增液汤;用治阴虚内热,多与青蒿、鳖甲、地骨皮等同用。

鲜生地作用与干生地相似,而凉血、生津效果更好。适用于热病伤阴,血热妄行之鼻血、尿血等。鲜品可捣汁服用。

【用量】马、牛 45~60 g,猪、羊 6~12 g,犬 3~6 g,兔、禽 1~2 g。

【禁忌】脾胃虚弱、便溏者不宜用。

【主要成分】含地黄素、梓醇、甘露醇、葡萄糖、维生素 A、氨基酸等。

2)玄参

为玄参科植物玄参(*Scrophularia ningpoensis* Hemsl.)的干燥根,切片生用。主要产于浙江、湖北、安徽、山东、四川、河北、江西等地。

【性味、归经】甘、苦、咸、微寒。入肺、胃、肾经。

【功效】清热凉血,滋阴降火,解毒散结。

【应用】

(1)清热凉血。本品能清热凉血,用于温热病入营血,多与生地、麦冬、黄连、金银花等配伍,如清营汤。

(2)滋阴降火。用于热病伤津口渴及大肠燥结证,配生地、麦冬、芒硝、大黄,如增液承气汤。

(3)解毒散结,用治温热病热毒内盛所致咽喉肿痛,常配生地、银花、连翘等药;用于虚火上炎引起的咽喉肿痛等,常与生地、麦冬等配伍。

【用量】马、牛 15～45 g,驼 30～60 g,猪、羊 6～12 g,犬、猫 2～5 g,兔、禽 1～3 g。

【禁忌】脾虚泄泻者忌用。反藜芦。

【主要成分】含生物碱、挥发性生物碱、糖类、甾醇、氨基酸、脂肪酸等。

3)牡丹皮

为毛茛科植物牡丹(*Paeonia suffruticosa* Andr.)的干燥根皮,生用或炒用。主要产于安徽、山东、湖南、四川、贵州等地。

【性味、归经】苦、辛、微寒。入心、肝、肾经。

【功效】清热凉血,活血化瘀,退虚热。

【应用】

(1)清热凉血。本品苦寒入血分,具有清热凉血作用,适用于热入血分所致的鼻衄、便血、斑疹等,常与生地、赤芍、玄参等同用。

(2)活血化瘀。本品辛散苦泄,入血分而能活血祛瘀,用于瘀血阻滞,跌打损伤等,常与川芎、红花、桂枝、桃仁、当归、赤芍、乳香、没药等配伍。寒凝血瘀者宜酒炙用。

(3)退虚热。本品入肝肾以退虚热。对温热病后期阴液受伤,或邪热未尽,以及肝肾阴亏、骨蒸潮热、五心烦热等,均宜与补阴药及退虚热药合用。

【用量】马、牛 15～45 g,猪、羊 6～12 g,犬 3～6 g,兔、禽 1～2 g。

【禁忌】孕畜忌用。

【主要成分】含牡丹酚原苷、丹皮酚、挥发油、甾醇、生物碱等。

4)赤芍

为毛茛科植物芍药(*Paeonia lactiflora* Pall.)或川赤芍(*Paeonia veitchii* Lynch.)的根。切段生用。主要产于内蒙古、甘肃、山西、贵州、四川、湖南等地。

【性味、归经】苦、微寒。入肝、脾经。

【功效】清热凉血,活血散瘀。

【应用】

(1)清热凉血。本品苦寒泄降,具有清热凉血之功。用于温热病入营血及血热妄行的出血证,配水牛角、生地、丹皮等。用于肝火目赤,配菊花、夏枯草等。

(2)活血祛瘀。本品入血注肝,善行血滞而缓疼痛,清血热而消痈肿。用于疮痈肿痛,配当归、银花、甘草等。用于跌扑损伤瘀血作痛,运动跛行,配乳香、没药、桃仁等用。用于产后血滞疼痛、恶露不行等证,配当归、川芎、益母草、炮姜等用。

【禁忌】中寒腹痛及血虚者忌用。反藜芦。

【用量】马、牛 15～45 g,猪、羊 3～10 g,犬 5～8 g,兔、禽 1～2 g。

【主要成分】含赤芍甲素、乙素、苯甲酸、β-谷甾醇、鞣质、挥发油、脂肪、淀粉、草酸钙、蔗糖等。

10.1.3　清热燥湿药

本类药物多属于苦寒,因苦能燥湿,寒能清热,主要用于湿热内蕴所致的病证,故称为清热燥湿药。

1)黄连

为毛茛科植物黄连(*coptis chinensis* Franch.)、三角叶黄连(*Coptis deltoidea* C. Y. Cheng et Hsiao.)或云连(*Coptis teetoides* C. Y. Cheng.)的干燥根茎。以上三味分别习称味连、雅连和云连。生用、姜汁炒或酒炒用。主要产于四川、云南及我国中部、南部各地。

【性味、归经】苦、寒。入心、肝、胃、大肠经。

【功效】清热燥湿,泻火解毒。

【应用】

(1)清热燥湿。本品苦能燥湿,寒能泄热,凡属湿热诸证,均可应用,尤以肠胃湿热壅滞之证最宜,如肠黄作泻、热痢后重等,为清热燥湿要药。治肠黄可配郁金、诃子、黄芩、大黄、黄柏、栀子、白芍,如郁金散。

(2)清热泻火。本品大苦大寒,泻火作用较强,用治心火亢盛、口舌生疮、三焦积热和衄血等热毒证。治心热舌疮,可与黄芩、黄柏、栀子、天花粉、牛蒡子、桔梗、木通等同用,如洗心散。

(3)清热解毒。用治火热炽盛,常配黄芩、黄柏、栀子,如黄连解毒汤。治疮黄肿毒,常配黄芩、黄柏、栀子、槐花等。

生用清热力较强,炒用能降低其苦寒性,姜汁炙多用于清胃止呕、酒炙多用于上焦热证。

【用量】马、牛 10～30 g,驼 25～45 g,猪、羊 5～9 g,犬 2～5 g,兔、禽 0.5～1 g。

【禁忌】脾胃虚寒,非实火湿热忌用。

【主要成分】含小檗碱及黄连碱、甲基黄连碱、棕榈碱等多种生物碱,其中以小檗碱为主,为 5%～8%。

2)黄芩

为唇形科植物黄芩(*Scutellaria baicalensis* Georgi.)的干燥根,切片生用或酒炒用。主要产于河北、山西、内蒙古、河南及陕西等地。

【性味、归经】苦、寒。入肺、胆、大肠经。

【功效】清热燥湿,泻火解毒,安胎。

【应用】

(1)清热燥湿。本品苦寒燥湿泄热,主要用于湿热泻痢、黄疸、热淋等。治泻痢,常配伍黄连、白头翁、木香、白芍等;治黄疸,多配伍栀子、茵陈等;治湿热淋证,可配伍木通、栀子、生地等。

(2)泻火解毒。本品善清泻上焦实火,尤以清肺热见长。用于肺热咳嗽,可与知母、桑白皮等配伍;用泻上焦实热,常与黄连、大黄、栀子、石膏等同用;用治风热犯肺,与栀子、杏仁、桔梗、连翘、薄荷等配伍。

(3)清热解毒。治疗热毒疮黄等,常与金银花、连翘、地丁草等同用。

(4)清热安胎。本品与白术同用,治疗热盛,胎动不安,朱丹溪谓之"安胎之圣药"。

生用清热燥湿力强,止血安胎多炒用。

【用量】马、牛 15～45 g,猪、羊 6～12 g,犬 3～5 g,兔、禽 1.5～2.5 g。

【禁忌】脾胃虚寒,无湿热实火者忌用。

【主要成分】含黄芩甙、黄芩素、汉黄芩素、汉黄芩甙和黄芩新素等。

3)黄柏

为芸香科植物黄檗(*Phellodendron amurense* Rupr.,关黄柏)或黄皮树(*Phellodendron chinense* Schneid.,川黄柏)的干燥树皮。切丝生用或盐水炒用。主要产于东北、华北、内蒙古、四川、云南等地。

【性味、归经】苦、寒。入肾、膀胱经。

【功效】清热燥湿,泻火解毒,退虚热。

【应用】

(1)清热燥湿。本品苦寒,具有清热燥湿之功。用于多种湿热病证,其清湿热作用与黄芩相似,但以除下焦湿热为佳,用于湿热泄泻、痢疾、黄疸、淋证、尿短赤等。治疗泻痢,可配黄连、白头翁,如白头翁汤。

(2)泻火解毒。本品泻火解毒力强,用于治疗热毒疮疡、湿疹等,单用或复方均可。

(3)退虚热。盐水炒,易入肾经,用于治阴虚发热,常与知母、地黄等同用,如知柏地黄汤。

【用量】马、牛 15～35 g,驼 20～50 g,猪、羊 6～12 g,犬 5～6 g,兔、禽 0.5～2 g。

【禁忌】脾胃虚寒、胃弱者忌用。

【主要成分】含小檗碱 1.4%～4%,并含少量掌叶防己碱、黄柏碱、棕榈碱等多种生物碱,以及脂肪油、黏液质、甾醇类等。

4)苦参

为豆科植物苦参(*Sophora flavescens* Ait.)的干燥根。切片生用。主要产于山西、河南、河北等地。

【性味、归经】苦、寒。入心、肝、胃、大肠、膀胱经。

【功效】清热燥湿,祛风杀虫,利尿。

【应用】

(1)清热燥湿。本品苦寒,苦能燥湿,寒能泄热,用于治湿热所致黄疸、泻痢等。治黄疸,常与栀子、龙胆等同用;治泻痢,常与白头翁、黄连、木香、甘草等配合。

(2)祛风杀虫。用于治湿热蕴结而致的皮肤瘙痒、肺风毛燥、疥癣等证。治肺风毛燥常与党参、玄参等同用;治疥癣,可与防风、蝉蜕、雄黄、枯矾等配合。

(3)清热利尿,本品能到湿热从尿而出,用于治湿热内蕴,尿不利等,常与当归、木通、车前子等同用。

【用量】马、牛 15～60 g,猪、羊 6～12 g,犬 3～8 g,兔、禽 0.3～1.5 g。

【禁忌】脾胃虚寒,食少便溏者忌用。本品苦寒易败胃伤津,不宜过用。不宜与藜芦配伍。

【主要成分】含金雀花碱及苦参碱。

10.1.4 清热解毒药

凡能清热解邪或火邪,解除"热毒"或"火毒"的药物,叫清热解毒药。用于治疗各种热毒病证。本类药多具有抗病毒作用。

1)金银花

为忍冬科植物忍冬(*Lonicera japonica* Thunb.)、红腺忍冬(*Lonicera hypoglauca* Miq.)、山银花(*Lonicera confuse* DC.)或毛花柱忍冬(*Lonicera dasystyla* Rehd.)的干燥花蕾。其藤凌冬不凋,故名忍冬藤;其花黄白相映,故名金银花。生用或炙用。除新疆外,全国均产,主要产于河南、山东等地。

【性味、归经】甘、寒。入肺、脾、胃、大肠经。

【功效】清热解毒,疏散风热。

【应用】

(1)清热解毒。本品甘能解毒,寒能泄热,为清热解毒要药,多用于热毒痈肿,有红、肿、热、痛症状属阳证者,常与紫花地丁、蒲公英、野菊花等入五味消毒饮。治热毒泻痢,常与白头翁、黄芩、白芍等配伍。

(2)疏散风热。本品兼有宣散作用,可用于外感风热与温病初起,常与连翘、荆芥、薄荷、桔梗、牛蒡子等同用,如银翘散。

【用量】马、牛 18~60 g,猪、羊 6~12 g,犬、猫 3~5 g,兔、禽 1~3 g。

【禁忌】虚寒作泻,无热毒者忌用。疮疡、痢疾等虚寒病证慎用。

【主要成分】含绿原酸、异绿原酸、木樨草素等。

【附】忍冬藤

清热解毒效力不及金银花,但祛风活络作用较强。除用于外感风热,还可用治风湿热痹。

2)连翘

为木樨科植物连翘[*Forsythia suspense* (Thunb.) Vabl.]的干燥成熟果实。生用。主要产于山西、陕西、河南等地。

【性味、归经】苦、微寒。入心、肺、胆、脾经。

【功效】清热解毒,消痈散结。

【应用】

(1)清热解毒。本品广泛用于治疗各种热毒和外感风热或温病初起,常与金银花同用,如银翘散。

(2)消痈散结。本品苦寒,清热解毒、开泄宣散,长于消肿散结,常用于治疗疮黄肿毒等,多与金银花、栀子、蒲公英等配伍。前人誉为"疮家圣药"。

(3)透表泄热。本品微辛,能透表泄热,用于外感风热及温病初起,配金银花、薄荷、荆芥、菊花等。

【用量】马、牛 20～45 g,猪、羊 6～12 g,犬 3～6 g,兔、禽 1～2 g。

【禁忌】体虚发热、脾胃虚寒、阴疮经久不愈者忌用。

【主要成分】含连翘酚、齐墩果(醇)酸、皂苷、香豆精类,还有丰富的维生素 P 及少量挥发油。

3)蒲公英

为菊科植物蒲公英(*Taraxacum mongolicum* Hand-Mazz.)、碱地蒲公英(*Taraxacum sinicum* Kitag.)或同属数种植物的干燥全草。生用。各地均产。

【性味、归经】苦、甘、寒。入肝、胃经。

【功效】清热解毒,散结消肿。

【应用】

(1)清热解毒。本品甘能解毒,寒能清热,善清肝热,用于肝热目赤肿痛,单用或配合夏枯草、菊花等。

(2)散结消肿。疮黄肿毒多系热毒壅结于肌肉而成,本品苦寒,既能清热解毒,又能消痈散结作用较强,常用治痈疽疔毒、肺痈、肠痈、乳痈等。治痈疽疔毒,多与紫花地丁、金银花、野菊花等同用;治肺痈,多配鱼腥草、芦根等;治肠痈,多与厚朴、赤芍、紫花地丁、丹皮等配伍;治乳痈,可与金银花、紫花地丁、连翘、通草、穿山甲、路路通等配伍,如公英散。

【用量】马、牛 30～90 g,驼 45～120 g,猪、羊 15～30 g,犬、猫 3～6 g,兔、禽 1.3～5 g。

【禁忌】非热毒实证不宜用。用量过大可引起缓泻。

【主要成分】含蒲公英苦素、蒲公英甾醇、蒲公英素、天冬碱、菊糖、果胶、胆碱等。

4)大青叶

为十字花科草本植物菘蓝(*Isatis tinctoria* L.)的叶。

【性味、归经】苦、寒。入肺经。

【功效】清热解毒,凉血消斑。

【应用】

(1)清热解毒。本品味苦降泄,性寒能清热泻火,以解热毒,为解瘟疫之毒,清心胃经实火热毒的要药。用于疫毒性发热,常配板蓝根、金银花、蒲公英等;细菌性疫毒痢疾,常配白头翁、黄连等;咽喉肿痛,常配玄参、山豆根等;疮黄肿毒,常配银花、蒲公英、赤芍等。

(2)凉血消斑。本品能凉血解毒以消斑,用于急性热病、丹毒斑疹等,常单用或配清热降火和凉血药用。

【用量】马、牛 30～60 g,猪、羊 15～30 g。

【禁忌】脾胃虚寒者慎用。

【主要成分】菘蓝叶含大青叶素 B,马蓝和蓼蓝的叶含靛蓝。

5)白头翁

为毛茛科植物白头翁[*Pulsatilla chinensis*(Bge.)Regel]的干燥根或全草,生用。主要产于东北、内蒙古及华北等地。

【性味、归经】苦、寒。入胃、大肠经。

【功效】清热解毒,凉血止痢。

【应用】

（1）清热解毒，止痢。本品既能清热解毒，又能入血分而凉血，善清胃肠热毒与湿热而止泻，为治痢的要药，主要用于热毒、湿热引起的泻痢、下痢脓血，里急后重等。常与黄连、黄柏、秦皮、苦参、龙胆草等同用，如白头翁汤。

（2）凉血止血。本品入血分，能凉血止血，用于脾胃热盛出血，配栀子、黄芩等；用于湿热流注大肠的粪便带血，配黄柏、苦参、地榆等。

【用量】马、牛 15～60 g，驼 30～100 g，猪、羊 6～12 g，犬、猫 1～5 g，兔、禽 1.3～5 g。

【禁忌】虚寒下痢者忌用。

【主要成分】含白头翁素、白头翁酸等。

10.1.5　清热解暑药

凡能清热解暑，治疗暑证的药物，叫清热解暑药。

1）广藿香

为唇形科植物广藿香[*Pogostemon cablin* (Blaneo) Benth.]干燥全草。主要产于广东、海南及台湾地区。鲜用或生用。

【性味、归经】辛、微温。气芳香。入脾胃，肺经。

【功效】芳香化湿，和胃止呕，发表解暑。

【应用】

（1）芳香化湿，和胃止呕。本品辛温，其气芳香，能化湿醒脾和胃，健胃止呕，多用于脾胃不和少食、呕吐之证，常配苍术、陈皮、厚朴、砂仁等。

（2）发散表邪。善治夏季外感风寒兼有腹泻少食者，常与苏叶、香薷、厚朴等同用。

（3）解暑避浊。本品气香味辛，善解暑邪，常配香薷、佩兰、厚朴等；治牛、马伤暑，常与黄芩、黄连、天花粉等同用，如香薷散。

【用量】马、牛 15～60 g，猪、羊 6～12 g，犬 2～4 g，兔、禽 1～2 g。

【主要成分】藿香含挥发油（0.39%），油中成分为甲基胡椒粉，另含茴香醛、对甲基桂皮醛及茴香醇。

2）香薷

为唇形科多年生草本植物海州香薷（ *Elsholtzia spleudens* Nakai et F. Maekawa）及石香薷[*Mosla chinensis* (Maxim) Kudo]的全草。切段生用。主要产于江西、安徽、河南等地。

【性味、归经】辛、微温。入肺、胃经。

【功效】发汗解表，化湿和中。

【应用】

（1）发汗解表。本品能发汗解表，化湿和中，为解表祛暑湿的要药。治牛、马伤暑，常与黄芩、黄连、天花粉等同用，如香薷散；治疗暑湿，常与扁豆、藿香、厚朴等配伍。

（2）化湿和中。本品味辛，芳香，既能散湿发表，又能和中行水，外能透邪外出，内能引水下出，故用于水肿小便不利，湿盛腹泻，常与白术、苍术、车前、茯苓等同用。

【用量】马、牛 15～46 g，猪、羊 3～12 g，犬 2～4 g，兔、禽 1～2 g。

【主要成分】含香薷酮及半萜烯类化合物等挥发油。

3)青蒿

为菊科植物青蒿(*Artemisia apiacea* Hance.)或黄花蒿(*Artemisia annua* L.)的干燥全草,切段生用。各地均产,尤以重庆西阳等地为好。

【性味、归经】苦、寒。入肝、胆经。

【功效】清热解暑,退虚热。

【应用】

(1)解暑热。本品气味芳香,虽苦寒而不伤脾胃,善解暑泄热、为清热解暑要药。用治外感暑热和温热病等。治外感暑热,常与藿香、佩兰、滑石等配伍;治温热病,常与石膏、黄芩、竹茹等同用。

(2)退虚热。用治阴虚发热,常与生地、知母、丹皮、柴胡、黄芩同用。

【用量】马、牛 30 ~ 60 g,猪、羊 6 ~ 12 g,犬 3 ~ 5 g。

【主要成分】含青蒿酮、侧柏酮、樟脑、青蒿素等。

4)绿豆

为豆科植物绿豆(*Phaseolus radiatus* L.)的种子。

【性味、归经】苦、寒。入心、胃经。

【功效】清热解暑,清心解毒。

【应用】

(1)清热解暑。本品甘寒,长于清热生津,用于暑热证,单用或配伍其他解暑药。

(2)清心解毒。本品用于痈肿热毒,生用或捣烂外敷;民间用以清心解暑和解各种毒,如热毒、疮毒、药毒等。

【用量】马、牛 250 ~ 500 g,猪、羊 30 ~ 60 g,犬 3 ~ 5 g。

【主要成分】含蛋白质、脂肪、钙、磷、铁、胡萝卜素、硫胺素、核黄素、尼克酸。

5)其他清热解暑药

其他清热解暑药如表 10.1 所示。

表 10.1　其他清热解暑药

药　名	性　味	归　经	功　能	主　治	用量参考
芦根	甘、寒	肺、胃	清热生津 止呕利尿	热盛伤津、肺热咳喘、胃热呕逆、排尿涩痛	马、牛 30 ~ 90 g,猪、羊 15 ~ 30 g,犬 5 ~ 6 g
夏枯草	辛、苦、寒	肝、胆	清肝火 散郁结	肝热传眼、目赤肿痛、疮黄、瘰疬	马、牛 30 ~ 90 g,猪、羊 15 ~ 30 g,犬 3 ~ 5 g,兔、禽 1 ~ 3 g
地骨皮	甘、微苦、寒	肺、肾、肝	清热凉血 退虚热	肺热咳喘、血热妄行所致各种出血、阴虚发热	马、牛 15 ~ 50 g,猪、羊 6 ~ 15 g,兔、禽 1 ~ 3 g

续表

药　名	性　味	归　经	功　能	主　治	用量参考
紫草	甘、寒	心、肝	清热透疹解毒凉血	血热出血、毒盛郁滞、痘疮、斑疹透发不畅	马、牛15~45 g，猪、羊5~15 g，兔、禽1~2 g
龙胆草	苦、寒	肝、胆、膀胱	清热燥湿泻肝胆火	湿热黄疸、尿短赤、湿疹、肝经实火、肝经湿热	马、牛15~45 g，猪、羊6~12 g，犬、猫1~5 g，兔、禽1~4 g
三颗针	苦、寒	胃、肝、大肠	清热燥湿泻火解毒	湿热泄泻、痢疾、黄疸、疮黄肿毒、口舌生疮	马、牛60~90 g，猪、羊15~30 g，犬3~5 g，兔、禽1~3 g
山豆根	苦、寒	心、肺	清热解毒利咽喉	热盛、口舌生疮、肺热咳喘	马、牛15~45 g，猪、羊6~12 g，犬3~5 g，兔、禽1~2 g
半枝莲	辛、微苦、平	心、小肠、肺	清热解毒活血祛瘀	咽喉肿痛、肺热咳喘、跌扑损伤、抗癌	马、牛60~120 g，猪、羊30~60 g
紫花地丁	苦、辛、寒	心、肝	清热解毒消痈肿	疮黄肿毒、丹毒、肠痈、蛇毒咬伤	马、牛60~80 g，猪、羊15~30 g，犬3~6 g
鱼腥草	辛、微寒	肺	清热解毒消痈排脓利水通淋	肺痈胸痛、肺热咳嗽、热毒疮疡、湿热淋证	马、牛60~160 g，猪、羊15~60 g，犬3~6 g
黄药子	苦、平、有小毒	心、肺、脾	清热凉血解毒消肿	肺热咳喘、血热出血、疮黄肿毒、毒蛇咬伤	马、牛18~60 g，猪、羊6~15 g，犬3~8 g，兔、禽1~3 g
白药子	苦、辛、寒	肺、心、脾	清热解毒散瘀消肿	肺热咳嗽、咽喉肿痛、疮黄肿毒	马、牛20~60 g，猪、羊6~15 g，犬3~8 g，兔、禽1~3 g
白扁豆	甘、温	脾、胃	补脾化湿消暑止泻	脾虚作泻、暑湿泄泻	马、牛18~60 g，猪、羊6~15 g，犬3~5 g
苦瓜	苦、凉	心、肺、脾经	清热解毒健胃	中暑发热、湿热痢疾、疗疮疖肿、胃热少食	马、牛60~150 g，猪、羊30~60 g，犬3~5 g

10.2　解表药

　　凡能促使发汗、祛邪外出、解除表证的药物，称为解表药。解表药有辛散轻扬的特性，能发散表邪，多用于风寒表证、风热表证、风湿表证、寒湿凝滞肌腠、破伤风证、水肿初起而有表证者、疮疡初起或斑疹未透发者。

使用解表药应注意：应用解表药以病邪在表为原则，若表证未解里证已成，当表里双解，或先表后里；初春温暖时期，家畜肌腠疏松，容易出汗，用量宜轻；寒冬季节，家畜肌腠致密，不易出汗，用量宜重；使用解表药后，不能以家畜有汗无汗为标准，应以体温下降、症状改善为标准，因而不可过汗或反复发汗，以免过汗伤津，克伐正气；患畜体虚、年老、幼畜、孕畜、产后等用量宜轻，必要时应配合扶正药，以扶正祛邪；凡表多虚汗，肺虚咳嗽，吐泻失水，失血伤营，热病伤津，痈疡已溃，斑疹已透者，宜慎用；解表药大多辛散轻扬，含有挥发成分，一般不宜久煎，以免有效成分挥发影响疗效，宜研末开水冲调，候温灌服。

现代药理研究表明，解表药具有发汗、镇痛、解痉、镇咳、抗过敏、收缩鼻黏膜血管、扩张支气管、抗菌或抗病毒等作用。本类药物依据温凉属性的不同，分辛温解表药和辛凉解表药两类。

10.2.1　辛温解表药

辛温解表药味辛性温，辛能发散，温能散寒，具有发散风寒的作用，因此发汗作用较强，临床上适用于外感风寒的表实证。亦可用于风寒束肺，肺气不宣的咳喘或风湿痹痛，疮痈痘疹初期而具有表寒症者。有些辛温解表药，如荆芥、防风，其药性较温和，常用于风热表证，但须配伍辛凉解表药以增强疏散风热的功效。本类药物发汗作用较强，凡热盛伤阴，阴虚阳亢当慎用。

1) 麻黄

为麻黄科(Ephedraceae)植物草麻黄(*Ephedra sinica* Stapf.)、中麻黄(*Ephedra intermedia* Schrenk. et. CA. Mey.)或木贼麻黄(*Ephedra equisetina* Bge.)的干燥草质茎。除去木质茎、残根及杂质，切段，生用或蜜炙用。主要产于山西、内蒙古、河北等地，以山西大同产者为佳。

【性味、归经】辛、苦、温。入肺、膀胱经。

【功效】发汗散寒，宣肺平喘，利水消肿。

【应用】

(1)发汗解表。本品辛温，发散力强，善解肌腠，宣通毛窍，为发汗解表的要药。用于外感风寒表实证，常配桂枝增强发汗功能。如《抱犊集》麻黄细辛汤(麻黄、细辛、葛根、桂枝、薄荷、柴胡、苍术、枳壳、青葱等)治牛外感风寒、浑身冰冷闭症。

(2)宣肺平喘。本品质轻味苦，善于宣畅肺气，止咳平喘。用于外感风寒，肺气失宣的喘咳证，常配杏仁、半夏、苏子、甘草等。用于肺热咳喘，鼻流黄涕，咽喉肿痛，如急性肺炎、支气管炎等病，常配生石膏、桑白皮、黄芩、杏仁等。

(3)利水消肿。本品既能发汗，又能利水。用于水肿而兼有表证者，借发汗利水以消除水肿，可配生石膏、白术、生姜、甘草等。

蜜炙麻黄长于平喘，宜用于喘咳(尤其是肺热喘咳)证。

【用量】马、牛 15 ~ 30 g，猪、羊 6 ~ 12 g，犬 3 ~ 5 g。

【禁忌】表虚多汗、肺虚咳嗽及脾虚水肿者忌用。

【主要成分】含麻黄碱、假麻黄碱等多种生物碱，以及挥发油等。

2）桂枝

为樟科植物肉桂（*Cinnamomum cassia* Presl.）的干燥嫩枝。切成薄片或小段后生用入药。主要产于广西、广东、云南等地，尤以广西为多。

【性味、归经】辛、甘、温。入心、肺、膀胱经。

【功效】发汗解肌，温经通脉，助阳化气。

【应用】

（1）发汗解肌。本品辛温，上行发表，善祛风寒，甘温助阳，调和营卫，透达肌表。用于外感风寒表实无汗证，常配麻黄、杏仁、甘草。外感风寒表实有汗证，配白芍、甘草、生姜，如桂枝汤。

（2）温经通脉。本品辛温，能温经通脉，横走四肢，善祛风寒湿邪。用于风寒湿痹，邪阻经络所致的肌肉关节疼痛，配附子、防风、乌头等。肚腹冷痛，急起急卧，配吴茱萸、干姜、茴香、白芍、甘草等。

（3）通阳化气。本品辛甘温，善通阳化气，温化寒饮，增强膀胱的气化作用，故可用于阳气不行，水湿停留之水肿或痰饮咳喘证。皮肤水肿，配猪苓、茯苓、白术、泽泻。痰饮咳喘，配茯苓、白术、甘草、半夏等。水饮停胃，口流涎沫，如急慢性胃炎，配吴茱萸、白术、干姜、茯苓、半夏、泽泻等，以温胃化饮。

【用量】马、牛 15 ~ 45 g，驼 30 ~ 60 g，猪、羊 3 ~ 10 g，犬 3 ~ 5 g，兔、禽 0.5 ~ 1.5 g。

【禁忌】本品易助热，伤阴、动血。温热病、阴虚火旺及血热妄行所致的出血症忌用；孕畜慎服。

【主要成分】含有挥发油 0.2% ~ 0.9%，主要是桂皮醛和桂皮油，其中桂皮醛 70% ~ 80%。

3）荆芥

为唇形科植物荆芥（*Schizonepeta tenuifolia* Briq.）的全草或花穗。切段生用、炒黄或炒炭用。主要产于江苏、浙江、江西等地。

【性味、归经】辛、微温。入肺、肝经。

【功效】解表散风，透疹，消疮。

【应用】

（1）祛风解表。本品辛温可发散风寒，芳香气清，又能疏散风热。用于风寒表证，配羌活、防风、独活、白芷、细辛等。用于风热表证，配银花、连翘、柴胡、黄芩、防风等。

（2）止血。本品入血分能理血，炒炭能止血，并主归肝经，可用于多种出血证。常配地榆炭、槐花、白芨等研末冲服。

（3）透疹消痈。本品辛散轻扬，擅长透疹。用于痘疹、疮疡等，常配葛根、薄荷、牛蒡子、蝉衣、赤芍等。用于痈肿初起，红肿热痛者，配银花、连翘、赤芍、防风、乳香、栀子等。

【用量】马、牛 15 ~ 60 g，猪、羊 5 ~ 10 g，犬 3 ~ 5 g，兔、禽 3 ~ 5 g。

【主要成分】含右旋薄荷酮、消旋薄荷酮及少量右旋柠檬烯等挥发油。

4）防风

为伞形科植物防风［*Saposhnikovia divaricata*（Turcz.）Schischk.］的干燥根。生用或炒用。主要产于黑龙江、吉林、内蒙古、辽宁等地。

【性味、归经】辛、甘、微温。入膀胱、肝、脾经。

【功效】祛风解表,胜湿解痉,止泻止血。

【应用】

(1)祛风解表。本品辛温,辛能散风寒,温而不燥,性较缓和。性浮上升,又能发散风热。用于外感风寒之表证,配荆芥、羌活、前胡、川芎等。用于外感风热表证,配银花、连翘、柴胡、黄芩等。用于疮疡痈肿初起而兼有表证者,配荆芥、银花、连翘、赤芍、大黄等。亦可配薄荷、荆芥、花椒、苦参、黄柏,煎汤洗患部,如防风汤。

(2)胜湿解痉。本品辛散,善祛风除湿,止痛解痉。用于关节、肌肉疼痛,配羌活、独活、藁本、川芎、蔓荆子、炙甘草等,如羌活胜湿汤。用于破伤风之口眼歪斜、耳竖尾直,配南星、白芷、白附子、羌活等,如玉真散。

(3)止泻止血。本品气味俱薄,性浮而升,炒用止泻,炒炭存性能止血。用于肝郁伤脾之腹痛腹泻,配白芍、白术、陈皮等。用于多种慢性出血证,配地榆炭、荆芥炭、炒槐花、棕炭等。

【用量】马、牛 15 ~ 60 g,驼 45 ~ 100 g,猪、羊 5 ~ 15 g,犬 3 ~ 8 g,兔、禽 3 ~ 5 g。

【禁忌】阴虚火旺及血虚发痉者忌用。

【主要成分】含挥发油、香豆素、色原酮、聚炔、多糖、有机酸等。

10.2.2　辛凉解表药

本类药物性味多辛凉,有疏散风热的功能,发汗作用比较缓和。临床主要用于风热表证、温热病初期、风热目疾及咽喉肿痛等。风热中期,热势较高,宜配清热降火药;热毒偏盛,宜配清热解毒药;风热袭肺,咳喘较重者,宜配清肺化痰药;咽喉红肿,宜配解毒利咽药;汗出不畅,可少佐辛温解表药。

1)柴胡

为伞形科多年生草本植物柴胡(*Bupleurum chinense* DC.)或狭叶柴胡(*Bupleurum scorzonerifolium* Willd.)的根茎或全草。前者习称北柴胡,后者习称南柴胡。北柴胡主要产于辽宁、甘肃、河北、河南等地,南柴胡主要产于湖北、江苏、四川等地。生用、酒炒或醋炒用。

【性味、归经】苦、辛、微寒。入肝、胆、心包、三焦经。

【功效】解表退热,疏肝解郁,升阳举陷。

【应用】

(1)解表退热。本品辛苦微寒,轻清上扬而散,有良好的透表泄热作用。无论风寒表证、风热表证以及半表半里证均适宜。用于外感风寒表实证,配荆芥、防风、紫苏、羌活。用于外感风热表证,配薄荷、葛根、金银花、连翘、黄芩等。用于外感风热病邪入半表半里证,配黄芩、半夏、防风、荆芥等,如小柴胡汤。

(2)疏肝解郁。柴胡芳香疏散,长于疏泄肝胆,调理肝气,为疏肝解郁的要药。常用于肝气郁滞之腹胁疼痛,配当归、白芍、白术等。用于肝胆郁热之黄疸证,配郁金、姜黄、茵陈、栀子等。

(3)升阳举陷。本品轻清,主升浮,有升提作用,用于脾气下陷所致的泻泄、脱肛、子宫垂脱、常配升麻、黄芪、党参、白术等。

【禁忌】气逆不降,阴虚火旺,或虚阳上浮者忌用。

【用量】马、牛 15～45 g,猪、羊 5～10 g,犬 3～5 g,兔、禽 1～3 g。

【主要成分】含挥发油(内有柴胡醇)、脂肪油、植物甾醇、皂苷。茎中含有芦丁。

2)升麻

为毛茛科多年生草本植物大三叶升麻(*Cimicifuga heracleifolia* Kom)、兴安升麻[*Cimicif-uga dahurica*(Turcz.)Maxim.]或升麻(*Cimicifuga foetida* L.)的干燥根茎。切片生用或炙用。主要产于辽宁、黑龙江、湖南、山西等地。

【性味、归经】甘、辛、微寒。入肺、脾、胃、大肠经。

【功效】发表散热,解毒透疹,升阳举陷。

【应用】

(1)解表散热。本品甘辛微寒,轻浮上行,能发散肌表之热,用于外感风热表证。配柴胡、薄荷、银花、菊花等,以发散表热。如以本品配柴胡、葛根、白芷、黄芩、白芍、甘草等,治猪牛风热感冒,有较好的效果。

(2)解毒透疹。用于痘疹初起,配葛根、芍药、甘草,如升麻葛根汤。若痘疹热度偏盛,可再加金银花、连翘、土茯苓,以增强解毒功效。

(3)升阳举陷。本品轻扬上浮,长于升举脾胃下陷之气,常与补益脾气药合用以增强疗效。如用于中气下陷之久泻,久痢脱肛,子宫外脱,常配党参、黄芪、白术、甘草等,如升陷回阳汤、补中益气汤。

【用量】马、牛 15～30 g,驼 30～60 g,猪、羊 6～12 g,兔、禽 1～3 g。

【禁忌】阴虚火旺者忌用。

【主要成分】含苦味素、微量生物碱等。

3)薄荷

为唇形科多年生草本植物薄荷(*Mentha haplocalyx* Briq.)的茎叶。切段生用。主要产于江苏、江西、浙江等地。

【性味、归经】辛、凉。入肺、肝经。

【功效】疏风散热,清利透疹,理气解郁。

【应用】

(1)疏散风热。本品辛凉质轻,轻清凉散,善解风热之邪,用于风热感冒或温热病初起,常配金银花、连翘、冬桑叶、菊花等,如桑菊饮、银翘散。

(2)清利透疹。本品质轻浮,善疏解上焦风热以清利头目,发散透疹。用于风热目赤,配柴胡、桑叶、菊花、夏枯草等。用于咽喉肿痛,配桔梗、荆芥、牛蒡子、菊花等。若热重者,可加板蓝根、山豆根、射干、金银花等。用于痘疹初起,配连翘、蝉蜕、葛根、银花。用于暑湿腹胀、腹泻或呕吐者,配藿香、佩兰、陈皮、厚朴、扁豆等。

(3)理气解郁。本品芳香开郁,能疏气分郁滞。常用于肝气郁结,食欲不振,配柴胡、郁金、青皮等。用于脾胃气滞,少食腹胀,或腹痛、腹泻,配苏梗、枳壳、炒麦芽、炒神曲、炒山楂等。

【用量】马、牛 15～45 g,猪、羊 6～12 g,犬 3～5 g,兔、禽 0.5～1.5 g。

【禁忌】表虚自汗及阴虚发热者忌用。

【主要成分】新鲜薄荷含挥发油 0.8%～1%,干茎叶含 1.3%～2%。主要含薄荷醇、薄荷酮、莰烯、柠檬烯和蒎烯等。

4）牛蒡子

为菊科两年生草本植物牛蒡（*Arctium lappa* L.）的成熟种子。生用或炒用。主要产于河北、东北、浙江、四川、湖北等地。

【性味、归经】辛、苦、寒。入肺、胃经。

【功效】疏散风热，解毒透疹，利咽散结。

【应用】

（1）疏散风热。本品辛散苦泄，善于疏散风热，用于外感风热或温热病初起有表证者。配银花、连翘、薄荷、荆芥等。

（2）解毒透疹。本品外能疏风热，内能解热，为解毒透疹良药。用于痘疹初起，配薄荷、荆芥、蝉蜕、葛根等。用于热毒内盛，痈肿初起，配大青叶、金银花、连翘、蒲公英、赤芍等。

（3）利咽散结。本品辛能利咽散结，用于风热所致的咽喉肿痛，常配金银花、薄荷、连翘、桔梗、板蓝根、玄参等。

【用量】马、牛 15～45 g，猪、羊 6～15 g，犬、猫 2～5 g。

【主要成分】含牛蒡甙、脂肪油、生物碱及维生素 A、维生素 B 等。

5）其他解表药

其他解表药如表 10.2 所示。

表 10.2　其他解表药

药　名	性　味	归　经	功　能	主　治	用量参考
白芷	辛、温	肺、胃、大肠经	祛风解表消肿排脓	外感风寒，疮黄疔毒、风湿	马、牛 15～30 g，猪、羊 5～10 g，犬、猫 3～5 g
生姜	辛、微温	脾、肺、胃经	发散风寒温中止呕解毒	风寒表证，肺寒咳嗽，胃寒吐泻，解半夏、南辛毒	马、牛 15～60 g，猪、羊 5～15 g，犬、猫 1～5 g，兔、禽 1～3 g
葱白	辛、温	肺、胃经	发汗解表散寒通阳	外感风寒初起，四肢厥冷，阴寒腹痛	马、牛 15～46 g，猪、羊 6～9 g
桑叶	苦、甘、寒	肺、肝经	疏风清热清肝明目	风热初起，肺热燥咳，目赤肿痛流泪	马、牛 15～30 g，猪、羊 6～12 g，犬 3～8 g，兔、禽 1～3 g
菊花	辛、甘、苦、微寒	肺、肝	疏风清热解毒明目	风热表证，热病伤津，目赤肿痛，疔疮	马、牛 20～60 g，猪、羊 5～15 g，犬、猫 3～5 g，兔、禽 1～3 g

10.3　泻下药

凡能刺激胃肠引起腹泻,或润滑大肠促进粪便排出,或攻逐水邪消退蓄水的药物,统称泻下药。泻下药有寒、热两性,有苦、甘、咸、辛四味。苦寒能降泄,咸寒能软坚,甘寒能润燥,辛热能开结,分别用于各种原因引起的大便秘结及水邪停滞的多种里实证。

泻下药的主要功用有:

(1)攻积导滞。因能迅速排出肠胃的有形积滞,用于里实结滞证,如宿食、结粪、有毒物质、虫积等。

(2)荡涤实热。泻粪可以泄热,使实热瘀滞通过泻粪而解,常用于各种实热证。如肝胆实热、胃热口渴、齿龈肿痛、目赤肿痛、肺热咳喘、心热舌疮、皮肤痈肿疼痛等。

(3)泻积止痛。"六腑以通为用""痛则不通""通则不痛",故用于腑气不通所致的各种疼痛证。如脾胃气滞的腹胀疼痛,肝气郁滞的胸胁疼痛,或湿热泻痢、里急后重等。

(4)润燥滑肠。用于肠燥津少的大便秘结,或老畜、弱畜或产后母畜的习惯性秘结。

(5)逐水退肿。能使体内水分进入肠道而排出体外,故能消除体内积水或水肿,用于各种蓄水证。

(6)破瘀通经。有的泻下药有破瘀通经作用。在破瘀通经药方中适当加入泻下药能协同取效,故可用于癥瘕和某些蓄血证。

现代药理研究表明:泻下药能加强胆囊收缩,增加胆汁分泌有利于胆结石的排除;能改善局部血液循环,促进组织器官的代谢,有利于炎症的消除,使病态机体恢复正常;能刺激肠黏膜,增加蠕动,一方面促进血液循环和淋巴循环,另一方面能排除水分使胸水腹水消退。此外,有的药物还具抗菌消炎、镇痛解痉、润肠及调整胃肠的作用。

应用泻下药的注意事项:

表证未解的病证不可用泻下药,里实而兼表证者宜表里双解;里证不可缓,若里实应下而失下,常变生他证;里实而正虚,宜攻补兼施,或先攻后补,攻邪不忘扶正;热盛而津液已伤的秘结,不可单纯用攻下药,宜配生津滋阴药,以达"增水行舟"之效;用量适当。泻下药作用峻烈,易伤正气,凡胎前产后、弱畜、血虚者均不宜过量。泻下药分攻下药、润下药、逐水药三种。

10.3.1　攻下药

本类药物多苦咸,性寒,因苦能泻下,咸能软坚,寒能泄热,故适用于实热壅结、宿食停滞,或气滞、血瘀、虫积引起的大便不通、腹胀腹痛等里实证。

苦寒攻下药用于临床,有时并不以攻下积滞为目的。对于某些里实热证,如火热炎上,高热不退,头部充血或出血等,不论有无便结,用苦寒攻下之品,常能导热下行,改善症状,借以达到"釜底抽薪"的目的。若湿热泻痢初起,或里急后重,或食滞泻下,泻而不畅者,酌情配伍攻下药,以攻逐实邪,使邪气除而泻痢自愈,以达"通因通用"之效。另外,在服用某些驱除肠道寄生虫药物过程中,用攻下药,可促进虫体的排除。某些毒物中毒时,为迅速排除毒物,有时亦用攻下药。但非里实热证者,不宜用泻下药。

1) 大黄

为蓼科植物药用大黄(*Rheum officinale* Baill.)、掌叶大黄(*Rheum palmatum* L.)或唐古特大黄(*Rheum tanguticum* Maxim. ex Balf.)的干燥根及根茎。生用,蒸用或酒浸炒用。主要产于四川、甘肃、青海、湖北、云南、贵州等地。

【性味、归经】苦、寒。入脾、胃、大肠、肝、心包经。

【功效】攻积导滞,泻火凉血,清热化湿,活血消瘀。

【应用】

(1)攻积导滞。本品苦寒降泄,气味重浊,为纯阴之品,善于荡涤胃肠湿热积滞,有推陈致新之功。用于实热便秘,腹痛不安,配朴硝、厚朴、枳实等。如《司牧安骥集》中的大黄散(大黄、牵牛子、郁李仁、甘草),治马粪头紧硬、脏腑热秘等。用于食积停滞,肚腹胀大,配焦槟榔、炒麦芽等。用于寒积便秘,配附子、干姜、白术、甘草等。

(2)泻火凉血。本品苦寒泄降,入血分,善泻火凉血解毒。用于热毒内盛所致的疮痈肿毒、咽喉肿痛、齿龈肿痛、口疮舌烂等证而见高热口渴、狂躁不安等,配黄连、黄芩、金银花、栀子、蒲公英等。用于血热妄行,可用炒大黄配槐花等。若系鼻出血,加配白茅根;若系尿血,可再加配瞿麦、大蓟、旱莲草;若系便血者,可再配地榆、荆芥炭等。

(3)清热化湿。本品苦寒,苦能燥湿,寒能泄热,善于清热化湿。用于湿热黄疸,配茵陈、栀子、前仁、黄柏。用于湿热尿淋,配萹蓄、瞿麦、木通、滑石、栀子仁、前仁等。用于湿热带下,配黄柏、土茯苓、白果、苦参、车前子等。

(4)活血祛瘀。本品用酒炒有活血祛瘀之效。用于产后瘀血腹痛,胎衣滞留,或恶露不尽等,常用酒大黄配川芎、红花、桃仁、当归、益母草、牛膝等。用于跌打损伤,瘀血肿痛,用酒大黄配没药、木香、赤芍、郁金等。亦可配乳香共研末,加酒调敷肿痛处,有消肿止痛功效。

(5)解毒敛疮。本品为末外用可涂敷黄水疮、湿疹等。若用大黄切后同石灰粉炒至桃红色,研末为桃花散,撒布创伤,治金创出血有很好的止血敛疮之效。若与地榆末调麻油外涂,可治烫伤或疮疡溃烂等。亦可配甘草粉外用治溃疡病。

入煎剂煎煮时间过久,则泻下成分被破坏,所以欲泻下者,沸水泡服即可用。生大黄长于泻下,酒炙大黄泻下力缓,长于活血祛瘀,酒炙大黄没降清泻力缓,适于上部实热,正大黄炭止血。

【用量】马、牛 20 ~ 90 g,驼 35 ~ 65 g,猪、羊 6 ~ 12 g,犬、猫 3 ~ 5 g,兔、禽 1.3 ~ 5 g。

【禁忌】凡脾胃虚弱、胃肠无积滞、产前产后无湿热者忌用。

【主要成分】含蒽醌类及游离蒽醌衍生物(包括大黄酚、芦荟大黄素、大黄酸、大黄素甲醚、大黄酚),以总蒽醌计算 2% ~ 5.2%。此外尚含鞣质约 5%。另含树脂、鞣酸、碳水化合物、雌激素样物质及其他有机物等。

2) 芒硝

为硫酸盐类矿物芒硝族芒硝,经精制而成的结晶体。为含水硫酸钠。煎炼后结于盆底凝结成块者,称为朴硝;结于上面的细芒如针者,称为芒硝。芒硝与萝卜同煮,待硝溶解后,去萝卜,倾于盆中,冷后所形成的结晶称为玄明粉。主要产于河北、河南、山东、江西、江苏及安徽等地。

【性味、归经】苦、咸、大寒。入胃、大肠经。

【功效】软坚泻下,清热泻火。

【应用】

(1)软坚泻下。本品苦能泄降,咸能软坚,泻下清热,为里热燥结实证之要药。用于胃肠实热积滞所致的便结或食滞等。常配大黄、枳实、厚朴、莱菔子等。如《抱犊集》穿肠散(风化硝、大黄、枳实、青皮、牙皂、山楂、麦芽、厚朴、苍术、蛴螬等)治牛大肠秘结、粪便不通。

(2)清热泻火。本品苦寒,外用有清热泻火、解毒消肿之功。用于皮肤痈肿、湿疹等,单用配成10% ~20%溶液患部热敷,促进痈肿消散,或配其他清热药用。用于咽喉肿痛,配大力子、豆根、黄芩、玄参等。用于口腔溃烂,用元明粉配冰片、硼砂外用。用于目赤肿痛,可用净芒硝与黄连浸汁点眼。

【用量】马 200 ~ 500 g,牛 300 ~ 800 g,羊 40 ~ 100 g,猪 25 ~ 50 g,犬、猫 5 ~ 15 g,兔、禽 2 ~4 g。

【禁忌】孕畜禁用。

【主要成分】本品含硫酸钠80%以上,另含少量的氯化钠、硫酸镁、硫酸钙等无机盐类。

3)番泻叶

为豆科草本状灌木植物狭叶番泻(*Cassia angustifolia* Vahl)或尖叶番泻(*Cassia acutifolia* Delile)的叶。

【性味、归经】甘、苦、寒。入大肠经。

【功效】泻热行滞。

【应用】本品有较强的泻热通便作用,用于热结便秘,单用为末泡开水服,或配大黄、枳实、厚朴等。用于虚结便秘,配当归、肉苁蓉等,如当归苁蓉汤。

【用量】马、牛 18 ~60 g,猪、羊 6 ~15 g,犬 3 ~5 g,兔、禽 1 ~2 g。

【主要成分】本品主含番泻苷甲、乙,及少量游离蒽醌衍生物如芦荟大黄素、大黄酸等;黄酮衍生物山柰酚、山柰甙、异鼠李糖等。

10.3.2　润下药

润下药多系植物种子或果仁,富含油脂,具有润燥滑肠作用,能促进粪便的排除,常用于血虚体弱的秘结症。应用以下药物作润下药,常须辨证配伍增强疗效。若兼阴虚者,配养阴药;兼血虚者,配补血药;兼气滞者,配行气药;若有热盛者,配清热药。

1)火麻仁

为桑科一年生草本植物大麻(*Cannabis sativa* L.)的成熟种仁,去壳打碎生用。主要产于东北、华北、西南等地。

【性味、归经】甘、平。入脾、胃、大肠经。

【功效】润肠通便。

【应用】

润肠通便。本品甘润,能润滑肠道和缓的泻下作用。用于血热伤阴、津枯肠燥便结,配白芍、郁李仁、大黄等。用于习惯性便结,配郁李仁、松子仁、桃仁、蜜等。用于热结便秘,配大黄、芒硝、枳实、厚朴等,如麻仁承气汤。

【用量】马、牛 60~100 g,驼 150~200 g,猪、羊 12~18 g,犬、猫 2~6 g。

【主要成分】含脂肪油、蛋白质、挥发油、植物甾醇、亚麻酸、葡萄糖醛酸、卵磷脂、维生素 E 和 B 等。

2)郁李仁

为蔷薇科植物欧李(*Prunus humilis* Bge.)或郁李(*Prunus japonica* Thunb.)或长柄扁桃(*Prunus pedunculata* Maxim.)的干燥成熟种子。去皮捣碎用。南北各地均有分布,多系野生。主要产于河北、辽宁、内蒙古等地。

【性味、归经】辛、苦、甘、平。入大肠、小肠、脾经。

【功效】润肠通便,利水消肿。

【应用】

(1)润肠通便。本品辛能行气,含油脂,性沉降,有润燥滑肠、降泄下气作用,用于肠燥便结,腹胀腹痛,常配火麻仁、元明粉、杏仁、续随子、松子仁等,如五仁散。

(2)利水消肿。本品辛行苦泄,略有利水退肿之功,用于水肿兼小便不利的病证,常配薏苡仁、茯苓、生姜皮、大腹皮、猪苓等。

【用量】马、牛 18~60 g,猪、羊 6~12 g,犬 3~6 g,兔、禽 1~2 g。

【主要成分】郁李含苦杏仁苷、脂肪油(58.3%~74.2%),郁李并含挥发性有机酸、粗蛋白、维生素、淀粉等。

10.3.3　峻下逐水药

本类药物作用峻猛,能引起强烈腹泻,从而使停积在机体的痰饮水湿进入大肠随粪泻出,其中有的还兼有利尿作用,因而可用于水肿、胸腹积水、痰饮积聚、水盛肺胀等。近代用于晚期血吸虫病所致的腹水症,通过逐水改善症状。本类药物峻烈而具毒性,应"中病即止",不可过用久服,凡应用时多加注意,严格掌握。只在一般药物无效时,可短期使用,否则易损元气。具体应用时,尚需配合扶正药。有人认为,逐水药之所以能起排水作用,是引起无菌性肠炎,大量渗出液排出的结果。若果真如此,我们认为这种损伤性排水实无可取之处。

1)大戟

为大戟科多年生草本植物大戟(*Euphorbia pekinensis* Rupr.)或茜草科植物红芽大戟(*Knoxia valerianoides* Thorel.)的干燥根。前者习称京大戟,后者习称红大戟。切片生用、醋炒或与豆腐同煮后用。主要产于广西、云南、广东等地。

【性味、归经】苦、寒。有毒。入肺、大肠、肾经。

【功效】泻水逐饮,消肿散结。

【应用】

(1)泻水逐饮。京大戟善逐脏腑之水湿,通利二便。用于胸腹积水症,单用有效,也可配芫花、甘遂、大枣等。用于瘤胃食滞,粪便燥结难下,配大黄、芒硝、牵牛子等。如《牛经大全》中大戟散(大戟、甘遂、牵牛子、巴豆、大黄、滑石、黄芪、生猪油)治牛水草胀肚、口中流涎、大便不通。

(2)消肿散结。本品苦泄,攻毒散结,用于热毒壅滞所致的痈肿疮毒等。用红大戟为末,调醋或煎膏,外涂,或配雄黄、山慈菇、朱砂。五倍子等制成锭剂,内服或外用均可。

内服醋制,可降低其毒性。

【用量】马、牛 10 ~ 15 g,猪、羊 2 ~ 6 g,犬 1 ~ 3 g。

【禁忌】孕畜及体虚者忌用。反甘草。

【主要成分】红大戟含游离及结合性蒽醌类。京大戟含大戟甙(多为三萜醇的复合体,又类似巴豆油和斑蝥素的刺激作用,与醋酸作用后,其刺激作用消失)。

2)甘遂

为大戟科多年生草本植物甘遂(*Euphorbia kansui* T. N. Liou. ex. T. P. Wang.)的干燥块根。切片生用,醋炒用,甘草汤炒用或煨用。主要产于陕西、山西、河南等地。

【性味、归经】苦、寒。有毒。入肺、肾、大肠经。

【功效】泻水逐饮,消肿散结。

【应用】

(1)泻水逐饮。本品苦寒泄降,通利二便,攻专逐水,为泻下逐水之峻药,尤其长于泻胸腹之积水。用于水湿壅盛所致的胸腹积水症,配牵牛子、海藻、木香等。用于水肿实证,配牵牛子、商陆等。用于大便秘结,腹胀腹痛等,配大黄、厚朴、枳壳、桃仁、牛膝等,能消除因便结而致的肠腔积液。

(2)消肿散结。本品外用,能治多种湿热肿毒,疮疡等证,单用,亦可与大黄共末,水调或醋调外敷。

甘遂有效成分难溶于水,故不入汤剂,醋制后内服,可降低毒性,外用适量。

【用量】马、牛 10 ~ 15 g,猪、羊 1.5 ~ 6.0 g,犬 0.1 ~ 0.5 g。

【禁忌】体虚及孕畜忌用。反甘草。

【主要成分】含三萜(α-大戟醇、γ-大戟醇、大戟二烯醇等)、棕榈酸、柠檬酸、草酸、鞣酸、树脂、糖、淀粉等。

3)其他泻下药

其他泻下药如表 10.3 所示。

表 10.3 其他泻下药

药 名	性 味	归 经	功 能	主 治	用量参考
番泻叶	甘、苦、寒	大肠	泻热导滞 通便利水	热结便秘、腹痛 起卧、水肿	马、牛 30 ~ 60 g,猪、羊 5 ~ 10 g,犬 3 ~ 5 g,兔、禽 1 ~ 2 g
芫花	甘、寒	肺、大肠、肾经	泻水逐饮 外用杀虫疗疮	胸胁、停饮及水肿、顽癣疮肿	马、牛 15 ~ 25 g,猪、羊 1.5 ~ 6 g,犬 1 ~ 3 g
巴豆	辛、热、有大毒	胃、大肠、肺	泻热导滞 通便利水	热结便秘、腹痛 起卧、水肿	马、牛 30 ~ 60 g,猪、羊 5 ~ 10 g,犬 3 ~ 5 g,兔、禽 1 ~ 2 g

续表

药 名	性 味	归 经	功 能	主 治	用量参考
麻油	甘、寒	大肠	润燥滑肠	肠津枯燥、粪便秘结	马、牛 250 ~ 500 g，猪、羊 90 ~ 120 g，犬 40 ~ 60 g
蜂蜜	甘、平	心、肺胃、大肠	补中、滋燥止痛、解毒	肺燥咳嗽、肠燥便秘、多种疼痛、缓和毒烈之性	马、牛 50 ~ 100 g，猪、羊 20 ~ 50 g，犬 5 ~ 15 g。兔、禽 3 ~ 10 g
商陆	苦、寒	肺、大肠、肾	峻下逐水消痈散结	水肿、宿水停脐、疮痈肿毒	马、牛 15 ~ 30 g，猪、羊 2 ~ 5 g
牵牛子	苦、寒、有毒	肺、肾、大肠	泻下攻积逐水杀虫	水肿、粪便秘结、虫积腹痛	马、牛 15 ~ 35 g，猪、羊 3 ~ 10 g，犬 2 ~ 4 g，兔、禽 0.5 ~ 1.5 g

10.4 　消导药

凡能帮助消化、促进食欲、导行积滞的药物，称消食药。本类药物除消积导滞、宽中除胀外，有些尚具健脾益气之功。常用于饲料停滞胃肠所致的翻胃吐食、食欲减退、大便失常等症。据现代药理研究，消食药大多能促进胃液分泌和胃肠蠕动，增加胃液消化酶，激发酶的活性，防止过度发酵，恢复消化吸收功能，故能开胃消滞而治消化不良症。临床上可单独使用或配伍应用。单纯性料伤食滞可单用；若脾胃不健，宜配健脾益气药；脾胃有寒，配温中散寒药；湿浊内阻，配芳香化湿药；脾胃气滞，配理气药；食滞而兼有大肠热积，配清热攻下药；食滞而化热，配苦寒清热药。纯虚而无食滞者忌用。

1）山楂

为蔷薇科落叶灌木或大乔木植物山楂（*Crataegus pinnatifida* Bge.）或山里红（*Crataegus Pinnatifida* Bge. var. *major* N. E. Br.）的成熟干燥果实。生用或炒用。主要产于河北、江苏、浙江、安徽、湖北、贵州、广东等地。

【性味、归经】酸、苦、微温。入脾、胃、肝经。

【功效】消食化积，活血化瘀。

【应用】

（1）消食化积。本品消食之中兼有行气作用。用于食滞腹胀，腹泻等，常配槟榔、苍术、陈皮等，如消食平胃散（山楂、槟榔、苍术、厚朴、甘草）治马、牛食滞。用于单纯性食滞，配焦神曲、焦麦芽、炒莱菔子、焦槟榔、制大黄等以消食导滞。

（2）活血化瘀。本品入血分，微有辛温之性，为化瘀血之要品，用于产后瘀血腹痛或恶露不尽。《医学衷中参西录》言其"化瘀血而不伤新血。"常配益母草、川芎、当归、白芍、红花、桃仁等药,行瘀止痛。

生山楂长于消食散瘀,炒山楂长于消食健胃、焦山楂长于止泻,山楂炭长于收涩、止泻止血。

【用量】马、牛 18~46 g,猪、羊 10~15 g,犬、猫 3~6 g,兔、禽 1~2 g。

【禁忌】脾胃虚弱无积滞者忌用。

【主要成分】含山楂酸、酒石酸、枸橼酸、苹果酸、抗坏血酸、糖和蛋白质等。

2) 建曲

为面粉和其他药物(青蒿、苍耳、辣蓼、杏仁、赤小豆)混合后经发酵而成的加工品,又名六曲、药曲、神曲。生用或炒黄用。

【性味、归经】甘、辛、温。入脾、胃经。

【功效】消食、健胃。

【应用】本品消食之中兼有解表退热作用。炒焦后又具止泻之功,对食积腹泻可发挥消食与止泻双重作用,用于单纯伤食证,配山楂、麦芽、牵牛子、莱菔子。如神曲散(神曲、麦芽、山楂、牵牛子、木通)治马、牛料伤腹痛。用于外感而有食滞者,配苏叶、生姜、苍术、藿香等。用于脾虚泄泻,配白术、陈皮、山药、焦山楂、炒麦芽。

【用量】马、牛 24~60 g,猪、羊 6~12 g。

【主要成分】本品含乳酸菌及淀粉酶,并含挥发油、苷类等。

3) 麦芽

为禾本科植物大麦(*Hordeum vulgare* L.)的成熟果实经发芽干燥而成,生用或炒黄用。各地均产。

【性味、归经】甘、平。入脾、胃经。

【功效】消食健胃,回乳。

【应用】

(1)消食健胃。本品消食作用较强,并具健脾之效。用于马料伤食滞,肚腹胀痛,配山楂、神曲、枳壳、陈皮、厚朴、青皮、生萝卜、苍术、生大黄。用于脾胃虚寒之食滞,配白术、干姜、党参等。

(2)回乳。单用本品煎服,有回乳作用。

生麦芽消食化积,炒麦芽性温而气香、消食健胃、焦麦芽偏于消食止泻。

【用量】马、牛 20~60 g,猪、羊 10~15 g,犬 5~8 g,兔、禽 1.5~5 g。

【禁忌】哺乳期母畜忌用。

【主要成分】含淀粉酶、转化糖酶、蛋白质分解酶、维生素 B 和维生素 C、脂肪、卵磷脂、麦芽糖、葡萄糖等。

4) 其他消导药

其他消导药如表10.4所示。

表 10.4　其他消导药

药　名	性　味	归　经	功　能	主　治	用量参考
莱菔子	辛、甘、平	肺、脾	祛痰降气 消食除胀	痰涎壅盛,气喘 咳嗽,食积气胀、腹 满泻痢	马、牛 24～60 g,猪、 羊 6～12 g,犬、猫 3～6 g,兔、禽 1～2 g
鸡内金	甘、平	脾、胃、小肠	消食健脾 化石通淋	草料停滞、脾虚 泄泻、砂石淋	马、牛 10～30 g,猪、 羊 3～9 g,兔、禽 1～2 g

10.5　化痰止咳平喘药

凡能消除痰证的药物,称化痰药;能够减轻或制止咳嗽的药物,称止咳药;能够缓解气喘的药物,叫平喘药。痰、咳、喘三者在病机上常互为因果,一般咳嗽每多挟痰,痰多容易引起咳嗽,亦易堵塞肺窍引起气喘。因此,祛痰常能止咳,也能平喘。痰既是一种病理性产物,又是一种致病原因,它可以发生在许多疾病的过程中。

中兽医所称的"痰证",是指脏腑气血失和,水湿、津液凝结成痰所产生的各种病证。现代医学中的急慢性支气管炎、支气管哮喘、咽喉炎、食道炎、脑血管病的后遗症、癫痫等,均认为有痰。咳嗽是许多疾病的一种症状,《元亨疗马集·王良咳嗽论》指出:"五脏六腑,皆令兽咳,非独肺也。"

引起咳嗽的原因,有外感,亦有内伤。外感多因风寒热燥湿,内伤多因肺脾肾的亏损。前人谓"脾为生痰之源,肺为停痰之器",指出了痰、咳与脾、肺二经的关系。无论化痰、止咳、平喘,均是治标之法。临床应用本类药物,须依据病因及其征候表现,采取根治之法,才能收到应有的效果。前人谓"见痰休治痰,见咳休治咳",意在"治病求本"。历代医家认为,治痰的一个重要方面在于调气,故有"善治痰者,下气为上""善治痰者,不治痰而治气,气顺则一身津液亦随气顺矣"等说法。因此,后世医家常在祛痰剂中配伍理气药。现代药理研究表明,本类药物有扩张支气管,促进或抑制黏膜分泌,镇咳、镇吐,抗惊厥、镇静,抗菌、抗病毒,促进病理产物的吸收,使病变组织崩溃溶解,抑制甲状腺机能,补充碘质及抗组织胺等作用。以上药理作用,均能缓解或消除"痰症"产生的各种症状。本类药物依其药性和作用,分为温化寒痰药、清化热痰药和止咳平喘药三种。

10.5.1　温化寒痰药

凡药性温燥的化痰药,叫温化寒痰药。本类药物味辛性温,辛能发散,温能祛寒,故适用于寒痰、湿痰的证候。如痰涎清稀、喉中痰鸣、鼻流清涕、咳嗽气喘,或关节疼痛、阴疽流注等。临床上常与温散寒邪、行气燥湿的药物相配伍。本类药物多辛温燥烈,有一定的刺激性,故热痰咳喘、阴虚燥咳者,宜慎用。

1)半夏

为天南星科多年生草本植物半夏[*Pinellia ternate*(Thunb.)Breit.]的地下块茎。生用或炮制后用。由于炮制方法不同,分姜半夏、法半夏、半夏曲、清半夏几种。原药为生半夏,如用凉水浸泡至口尝无麻辣感,晒干加白矾共煮透,取出切片晾干者为清半夏;如与姜、矾共煮透,晾干切片入药者为姜半夏;以浸泡至口尝无麻辣感的半夏,与甘草煎汤泡石灰块的水混合液同浸泡至内无白心者称法半夏。主要产于四川、湖北、安徽、江苏、山东、福建等地。

【性味、归经】辛、温。有毒。入脾、胃、肺经。

【功效】燥湿化痰,降逆止呕,散结消肿。

【应用】

(1)燥湿化痰。脾为生痰之源,湿聚成痰。本品辛温性燥,燥可祛湿,故为燥湿化痰的要药。用于湿痰咳嗽,配陈皮、茯苓、甘草等,如二陈汤。用于肺寒咳嗽,配生姜、杏仁、麻黄、防风等。如《司牧安骥集》中之半夏散(半夏、防风、升麻)治马肺风吐涎沫,《元亨疗马集》中的半夏散(半夏、升麻、防风、枯矾、生姜、芥面)用于肺寒吐沫。

(2)降逆止呕。本品和胃降逆之功特别显著,对多种呕吐证有良效,常用姜半夏。用于胃寒呕吐,配茴香、生姜、吴茱萸、丁香等。用于胃热呕吐,配黄连、竹茹、陈皮、石膏等。痰饮阻滞之呕吐,如慢性胃炎,配生姜、白术、茯苓、陈皮、砂仁等。

(3)散结消肿。本品生用捣敷,可治疮毒痈肿。

【用量】马、牛15~45 g,驼30~60 g,猪、羊3~10 g,犬、猫1~5 g。

【禁忌】阴虚燥咳、伤津口渴、血证、热痰稠黏及孕畜禁用。反乌头。

【主要成分】本品含植物甾醇、多种氨基酸、生物碱、亚麻油酸、皂苷、淀粉及黏液质。

2)天南星

为天南星科多年生草本植物天南星[*Arisaema erubescens*(Wall.)Schott]、异叶天南星(*Arisaema heterophyllum* Bl.)或东北天南星(*Arisaema amurense* Maxim.)的球状块茎。生用或炙用。由于炮制法不同又分制南星、胆南星两种。主要产于四川、河南、河北、云南、辽宁、江西、浙江、江苏、山东等地。

【性味、归经】天南星:苦、辛、温,有毒;胆南星:苦、凉,入肺、肝、脾经。

【功效】燥湿化痰,祛风止痉。

【应用】

(1)燥湿化痰。本品温燥之性大于半夏,因而以燥湿化痰著称。用于湿痰咳嗽,常配半夏、陈皮、白术、瓜蒌等。用于肺寒吐沫,配防风、枯矾、桔梗、姜半夏、生姜、菖蒲、甘草等。用于肺热咳嗽,配黄芩、瓜蒌、马兜铃、桑白皮、石膏等。

(2)祛风止痉。本品辛开苦泄,善走不守,能祛经络之风痰,故能治风痰阻滞经络所致的中风口紧、口眼歪斜、四肢抽搐和破伤风、癫痫等证。常配防风、羌活、白芷、全蝎、白附子等。如《司牧安骥集》中的天南星散(天南星、全蝎、鳔,用温酒一盏调药末,喷在马耳内,揉出汗,汗出立效)治马破伤风证。

(3)散结消肿。生南星有散结消肿之功,可用以治痈疽痰核肿痛。如《司牧安骥集》中之牡蛎散(天南星、天仙子、砂仁、牡蛎、木鳖子,上药共末,淡醋同调,煎沸热敷)治马袖口阴肿或涂擦肿毒。

【用量】马、牛 15～30 g,猪、羊 3～10 g,犬、猫 1～2 g。

【禁忌】阴虚燥痰及孕畜忌用。

【主要成分】含 β-谷甾醇、三萜皂苷、安息香酸、氨基酸、淀粉及 D-甘露醇等。

10.5.2　清热化痰药

凡药性寒凉有清热化痰作用的药物,称清热化痰药。本类药物有甘寒和咸寒之分。甘寒者,能清热化痰,又能润肺止咳;咸寒者,能清热化痰,又可软坚散结。适用于肺中热痰引起的咳喘,以及痰热所致的癫痫等症。若热邪偏盛常与清热药配伍。本类药物多属寒凉之品,凡脾胃虚寒、寒痰、湿痰等不宜用。

1)瓜蒌

为葫芦科多年生草本植物栝楼(*Trichosanthes kirilowii* Maxim.)或双边栝楼(*Trichosanthes rosthornii* Harms.)的成熟果实及种子,又名栝楼。瓜蒌皮生用或炒用,栝楼仁炒用或去油用霜。主要产于山东、安徽、河南、四川、浙江、江西等地。

【性味、归经】甘、寒。入肺、胃、大肠经。

【功效】清热化痰,宽中散结,滑肠通便。

【应用】

(1)清热化痰。本品甘寒质润而滑,有清润之功。用于热痰喘咳,痰稠不易咳出,配浙贝母、知母、黄芩、冬瓜仁、桑白皮、竹茹、甘草等。用于肺痈咳嗽,鼻流脓涕,配银花、冬瓜仁、鱼腥草、败酱草、鲜芦根、黄芩等。

(2)宽中散结。本品既能清肺之热以涤痰,又能宽中下气以散结,以达利肺气、宽胸膈的目的。用于胸痹痰结等证,可用全瓜蒌配白蔹、半夏等。用于乳痈肿痛未成脓者,配蒲公英、乳香、没药、银花等。

(3)滑肠通便。本品种仁含脂肪油,能润燥滑肠,用于津枯肠燥便秘。用瓜蒌仁配大麻仁、郁李仁、当归、枳壳、蜜等。

【用量】马、牛 30～60 g,猪、羊 10～20 g,犬 6～8 g,兔、禽 0.5～1.5 g。

【禁忌】脾胃虚寒,无实热者忌用。反乌头。

【主要成分】含有三萜皂苷、有机酸、树脂、糖类、色素。瓜蒌仁含脂肪油 26%。其中,饱和脂肪酸占 30%,不饱和脂肪酸(瓜蒌酸为主)约占 66.5%。

2)贝母

为百合科多年生草本植物川贝母(*Fritillaria cirrhosa* D. Don.)或浙贝母(*Fritillaria thunbergii* Miq.)的地下鳞茎,川贝母为乌花贝母和卷叶贝母或甘肃贝母或棱砂贝母的地下鳞茎。浙贝母原产于浙江象山县,称象贝母,又称大贝或尖贝。原药均生用,主要产于四川、浙江、青海、甘肃、云南、江苏、河北等地。

【性味、归经】川贝母:苦、甘、微寒;浙贝母:苦、寒,均入心、肺经。

【功效】清热化痰,润燥散结。

【应用】

(1)清热化痰。本品性寒能清热,为清肺化痰的要药。用于肺热咳嗽,配石膏、黄芩、知母、栝楼、鱼腥草等。用于肺虚咳嗽,配炙冬花、百部、百合、紫菀、秦艽等。如《司牧安骥集》中的贝母散(贝母、知母、杏仁、马兜铃、炙冬花、枇杷叶、秦艽、甘草),治马鼻湿、喘咳、偷瘦慢草等。用于肺燥咳喘,配麦冬、天冬、玉柱、元参、炙冬花、甘草等。用于肺痈咳嗽,鼻流脓涕,配桔梗、鱼腥草。

(2)润燥散结。本品甘润苦降,有润燥散结之效。用于瘰疬、结核,配元参、龙骨、牡蛎、夏枯草、生地、海藻等。用于乳痈,配银花、蒲公英、夏枯草、天花粉等。

【用量】马、牛 15 ~ 30 g,猪、羊 3 ~ 10 g,犬、猫 1 ~ 2 g,兔、禽 0.5 ~ 1 g。

【禁忌】脾胃虚寒及有湿痰者忌用。反乌头。

【主要成分】贝母含川贝母碱、炉贝母碱、青贝母碱等多种生物碱。浙贝母含有浙贝母碱、贝母酚、贝母新、贝母替丁等多种生物碱及浙贝母碱甙、甾醇、淀粉等。

3)桔梗

为桔梗科多年生草本植物桔梗[*Platycodon grandiflorum*(Jacq.)A. DC.]的根。切片生用。主要产于安徽、江苏、浙江、湖北、河南等地。

【性味、归经】苦、辛、平。入肺经。

【功效】开宣肺气,祛痰排脓。

【应用】

(1)开宣肺气。本品辛开苦泄,善于宣通肺气。肺气宣降则咳嗽喘息自止,用治各种咳嗽痰多证。用于外感风寒的咳喘,配杏仁、白前、麻黄、紫苏、防风等。用于外感风热的咳喘,配桑叶、菊花、大力子等。如"理肺止咳散"(桔梗、杏仁、莱菔子、前胡、大力子、百部、薄荷、藿香等)治牛、猪风热咳嗽。

(2)祛痰排脓。用于肺痈咳嗽、鼻流脓涕等证,配瓜仁、杏仁、桃仁、鱼腥草、苇茎、甘草、黄芩等。

【用量】马、牛 15 ~ 45 g,猪、羊 3 ~ 10 g,犬 2 ~ 5 g,兔、禽 1 ~ 1.5 g。

【禁忌】阴虚久咳者忌用。

【主要成分】本品含有桔梗皂苷(水解后产生桔梗皂苷元),与酸共煮再水解生成桔梗苷配糖基与 1 分子乳糖。另含菊糖、植物甾醇等。

10.5.3 止咳平喘药

凡能制止咳嗽、下气平喘的药物,称止咳平喘药。本类药物分别具有宣肺、敛肺、润肺、降气等不同作用,主要用于有咳嗽、喘息的证候。若因风寒所致的咳喘者,配辛温解表药;若因风热所致的咳喘者,配发散风热药;用于肺热咳喘者,配清热药和清肺止咳药;用于肺寒咳喘者,配温肺药;用于肺燥咳喘者,配滋阴润肺药;用于肺虚咳喘者,配补肺药。

1)杏仁

为蔷薇科落叶乔木植物杏(*Prunus armeniaca* L.)、山杏(*Prunus armeniaca* L. var. *Ansu* Maxim.)、西伯利亚杏(*Prunus sibirica* L.)或东北杏[*Prunus mandshurica*(Maxim.)Koehne]的成熟种子。均称苦杏仁,亦称北杏仁。另一品种杏树的种子,外形较苦杏仁稍大,称南杏仁,又称甜杏仁。有的去皮尖,有的不去皮尖,均捣碎用。主要产于我国北方各地。

【性味、归经】苦杏仁:苦、微温,有小毒;甜杏仁:甘、平、无毒,入肺、大肠经。

【功效】止咳平喘,润肠通便。

【应用】

(1)止咳平喘。本品苦降,善宣散肺气以止咳平喘,广泛应用于各种咳嗽气喘证。用于风寒咳喘,配麻黄、桂枝、甘草、白芷、细辛。用于风热咳喘,配桑叶、桑白皮、菊花、银花、大力子等,疏风散热。用于肺热咳喘,配贝母、石膏、金银花、麻黄、黄芩、鱼腥草等清热化痰定喘。用于肺虚久咳,配阿胶、百合、贝母等。如《牛经大全》中的杏仁散(杏仁、贝母、百合、阿胶、栝楼、白矾、桔梗、大力子、甘草)治牛肺伤喘息。

(2)润肠通便。本品富含脂肪,能润燥滑肠,常用于肠燥便秘或产后血虚便秘,配火麻仁、桃仁、郁李仁、油当归等。

【用量】马、牛 25～45 g,猪、羊 5～15 g,犬 3～8 g。

【禁忌】阴虚咳嗽者忌用。

【主要成分】含苦杏仁甙、苦杏仁酶、苦杏仁油等。

2)款冬花

为菊科多年生草本植物款冬(*Tussilago forfara* L.)的花蕾,生用或蜜炙用。主要产于河南、陕西、甘肃、浙江等地。

【性味、归经】辛、温,入肺经。

【功效】润肺下气,止咳化痰。

【应用】本品辛能宣肺开郁,甘能润肺下气,温以散寒温肺,故为化痰止咳良药。用于肺寒痰多咳喘,常与紫菀、麻黄、杏仁、苏子、半夏、甘草等药同用,以宣肺散寒,化痰止咳平喘。用于肺热咳喘,常与知母、黄芩、马兜铃、栝楼、桑白皮等药配伍,以清肺化痰。如《司牧安骥集》中的款冬花散(款冬花、香白芷、杏仁、栝楼根、甜瓜子、川郁金、黄药子、栝楼、白矾、甘草)治马发热咔喘、鼻湿、草慢及草结。用于肺虚久咳久喘,配炙紫菀、百合、炙麻黄、沙参、麦冬、党参等药,养阴止咳平喘。

【用量】马、牛 15～45 g,驼 20～60 g,猪、羊 3～10 g,犬 2～5 g,兔、禽 0.5～1.5 g。

【主要成分】含有款冬醇、植物甾醇、蒲公英黄色素、鞣质、挥发油等。

3)百部

为百部科多年生草本植物蔓生百部[*Stemona japonica*(Bl.)Miq.]、直立百部[*Stemona sessilifolia*(Miq.)Miq.]或对叶百部(*Stemona ruberosa* Lour.)的块根。生用或蜜炙用。主要产于江苏、安徽、山东、河南、浙江、福建、湖北、江西等地。

【性味、归经】甘、苦,平或微温。有小毒。入肺经。

【功效】润肺止咳,灭虱杀虫。

【应用】

(1)润肺止咳。本品甘润不燥,有较好的温润作用,对于新久咳嗽,尤其肺虚久咳用之相宜。用于风寒咳嗽,常配荆芥、紫苏、白芷、细辛、半夏、紫菀、白前、甘草等。用于风热咳嗽,配银花、柴胡、前胡、黄芩、桑叶等。若肺热重加石膏、桑白皮、鱼腥草等,喘急偏盛,加配麻黄、杏仁等。用于肺虚久咳证,配百合、麦冬、泡参、山药、炙冬花、炙麻黄、蜂蜜等。

(2)灭虱杀虫。可用于家畜的体虱、疥癣等,常用20%醇浸液或50%水煎溶液外擦,有一定效果。

阴虚,久咳宜蜜炙用。

【用量】马、牛 15~30 g,猪、羊 3~10 g,犬、猫 3~5 g。

【主要成分】含百部生物碱。

4)其他止咳化痰平喘药

其他止咳化痰平喘药如表10.5所示。

表 10.5　其他止咳化痰平喘药

药　名	性　味	归　经	功　能	主　治	用量参考
旋覆花	苦、辛咸、微温	肺、脾、胃、大肠	降气止呕祛痰平喘	风寒咳嗽、痰饮蓄积、呕吐	马、牛 15~45 g,猪、羊 5~10 g,犬 3~6 g
白芥子	辛、温	肺	温肺祛痰散结止痛	寒痰壅肺咳喘、腹胀、肢体疼痛	马、牛 15~45 g,猪、羊 3~9 g
枇杷叶	苦、平	肺、胃	清肺止咳和胃降逆	肺热咳喘、胃热呕吐	马、牛 30~60 g,猪、羊 10~20 g,兔、禽 1~2 g
桑白皮	苦、寒	肺	泻肺平喘行水消肿	肺热咳喘、水肿实证兼小便不利	马、牛 15~60 g,猪、羊 6~15 g,兔、禽 1~2 g
葶苈子	辛、苦、大寒	肺、膀胱	泻肺行水祛痰定喘	水肿、胸腹积水、肺热咳喘	马、牛 15~30 g,猪、羊 6~12 g,犬 3~5 g
马兜铃	苦、微辛、寒	肺、大肠	清肺降气止咳平喘	肺热咳喘、阴虚久咳	马、牛 15~30 g,猪、羊 3~10 g,犬 2~5 g

10.6　渗湿利水药

凡能通利水道,渗透水湿,促进体内过多的水分通过尿道排泄的药物,叫渗湿利水药。因服后能使小便通畅,尿量增多,故又称为利尿药。本类药物大都具有甘、淡、平或微寒,少数味苦,主入肾和膀胱,又入心、脾、肺。因味甘能调和脾胃,淡能分利水湿,寒能泄热,苦能泻火、燥湿或通泄,所以能广泛用于水邪为患的病症或实热郁滞之病症。

其功能主要有下面四个方面:

第一,利水消肿。用于水湿、饮邪停蓄之水肿或痰饮症。如"五苓散""四苓散"之属。

第二,分利止泻。用于湿胜作泻(湿胜则濡泻),因利小便即可实大便。如寒湿泻、暑湿泻、湿热泻等,如"胃苓汤""二苓平胃散"之属。

第三,利水通淋。用于心火下移或湿热下注的尿淋痛、淋浊、砂石淋、血淋等证。如"八正散""五淋散"之属。

第四,清热利湿。有的利湿而泻热,常用于水湿郁结、湿与热结的病证。如热证小便不利,湿热黄疸、湿疮湿疹等,如"茵陈五苓散"之属。

现代研究表明,渗湿利水药分别具有利尿、排石、利胆、抗菌、抗过敏、强心、止血、镇静、镇痛、扩张血管、改善循环的作用,因而有利于水肿的消除、结石的排出、黄疸的消退,从而改善上述疾病的症状,促进疾病的痊愈。

应用本类药物时须注意以下事项:凡严重的水肿,不可片面地强求利水,应分清是脾虚、肾虚,合理配合补益药,以收相得益彰之效;凡用于湿热病症,常与清热燥湿药并用;脾虚而大便不实,宜配补脾益气药,以补利结合;用于阴伤尿血者,需配养阴、止血药物;渗湿利水药不能久服过量,或反复分利,以免伤津耗液。凡阴津亏损,滑精而无湿者,均宜忌用。

1)茯苓

为多孔菌科真菌茯苓[*Poria cocos*(Schw.)Wolf]的干燥菌核。习惯认为傍附松根而生者为茯苓;抱附松根而生者,谓之茯神;内部色白者,称白茯苓;色淡红者,称赤茯苓;外皮称茯苓皮,均可供药用。晒干切片生用。主要产于云南、安徽、江苏等地。

【性味、归经】甘、淡、平。入脾、心、肺、膀胱经。

【功效】渗湿利水,健脾补中,宁心安神。

【应用】

(1)利水渗湿。本品甘淡渗利,故有利水渗湿之功,用于水邪为患之证。用于肾虚水泛之水肿,配白芍、生姜、附子、白术等。用于湿盛腹泻,小便不利,配猪苓、陈皮、厚朴、苍术、甘草等。用于湿热蕴结尿淋浊,配赤芍、栀仁、当归、甘草等,以清热通淋。

(2)健脾补中。本品味甘入脾,有补益之功,能补脾和中。用于脾虚湿困的少食、便溏,配党参、白术、陈皮、甘草等。用于脾不化湿,水饮内停的痰饮证,配桂枝、白术、甘草以健脾化饮,如苍术甘汤。

(3)宁心安神。习惯上用茯神,今多不分。若以朱砂拌用称"朱茯苓",以增强宁心安神之效。如《元亨疗马集》中的镇心散(人参、白茯苓、白芷、桔梗、童便为引)治马心风惊悸癫狂不宁。朱砂散(朱砂、茯神、黄连、党参、猪胆汁为引)治马心热风邪、狂奔乱走等。又如"茯神散"(茯神、朱砂、雄黄、猪胆汁为引)治马黑汗症。以上均取茯神宁心安神之效。

【用量】马、牛 20~60 g,驼 45~90 g,猪、羊 5~10 g,犬 3~6 g,兔、禽 1.3~5 g。

【主要成分】含有三萜类,如茯苓酸、块苓酸、齿孔酸、松苓酸、松苓新酸。多聚糖类,如茯苓聚糖、β-茯苓聚糖、麦角甾醇、腺嘌呤、组胺酸、蛋白质、卵磷脂、胆碱及钾盐等。

2)猪苓

为多孔菌科真菌猪苓[*Polyporus umbellatus*(Pers.)Fries]的干燥菌核。切片生用。主要产于山西、陕西、河北等地。

【性味、归经】甘、淡、平。入肾、膀胱经。

【功效】渗湿利水。

【应用】本品淡渗利湿效果良好,故能用于水湿为患的多种病症。用于小便不利、水肿等,单用可收效,或配伍茯苓、泽泻、白术、桂枝等,如五苓散。用于寒湿阻滞水湿不分的泄泻,配青皮、苍术、白术、泽泻、陈皮等,如《元亨疗马集》中的猪苓散(猪苓、泽泻、青皮、陈皮、莨菪、牵牛子)治马冷肠泄泻。用于脾虚湿阻之大便溏泻、小便短少或水肿,配白术、泽泻、茯苓等,如四苓散。用于湿热黄疸,尿黄偏于湿盛者,配茵陈、白术、茯苓、泽泻、桂枝等,如茵陈五苓散。用于湿热下注之淋浊或带下症,常配栀子仁、茵陈、苦参、黄柏、石苇、萹蓄等。

【用量】马、牛 25 ~ 60 g,猪、羊 10 ~ 20 g,犬 3 ~ 6 g。

【主要成分】含有粗蛋白、麦角甾醇、可溶性糖分、醚溶性物质、蛋白质等。

3)泽泻

为泽泻科植物泽泻[*Alisma orientalis* (Sam.) Juzep.]的干燥块茎。以麸炒或盐炒用。主要产于福建、广东、江西、四川等地。

【性味、归经】甘、淡、咸、寒。入肾、膀胱经。

【功效】利水渗湿,泻肾火。

【应用】

(1)利水渗湿。本品利水渗湿,用于水湿停滞所致的尿不利、泄泻、水肿,或湿热淋浊之证,如五苓散、四苓散、猪苓散中用泽泻。

(2)泻肾火。本品咸寒入肾,能泻肾及膀胱之热,用于肾虚相火妄动、滑精等证。配知母、黄柏、生地黄等,如六味地黄汤用泽泻。

【用量】马、牛 20 ~ 45 g,猪、羊 10 ~ 15 g,犬 5 ~ 8 g,兔、禽 0.5 ~ 1 g。

【禁忌】无湿及肾虚精滑者禁用。

【主要成分】本品主要含三萜类化合物:泽泻醇 A、泽泻醇 B 及泽泻醇 C-醋酸脂。另含生物碱、胆碱及天门冬酰胺树脂。

4)木通

马兜铃植物东北马兜铃(*Aristolochia manshuriensis* Kom.,关木通)、毛茛科植物小木通(*Clematis armandii* Franch.)或其同属植物绣球藤(*Clematis montana* Buch. Ham.)的干燥藤茎。主要产于湖南、贵州、四川、吉林、辽宁等地。

【性味、归经】苦、寒。入心、肺、小肠、膀胱经。

【功效】清热利水、通利血脉、清心降火。

【应用】

(1)清热利尿。本品苦寒,上能清心降火,下能利水泄热,为清热利湿之上品。用于心热舌疮,配栀子、黄连、黄芩、竹卷心、淡竹叶。用于心热下移的尿血,配生地、甘草、竹卷心等,如导赤散。用于湿热尿淋,配萹蓄、瞿麦、大黄、滑石、栀子等,以泻热通淋。用于水肿实证,配猪苓、赤茯苓、槟榔、苏叶、桑白皮、生姜、葱白,如木通散。

(2)通利血脉。本品有通利之性,善通血脉,下乳汁,利关节。用于乳汁不通或乳汁减少证,配穿山甲、王不留行、当归、黄芪等,如通乳散。用于四肢关节不利,配桂枝、当归、羌活、桑寄生等。

【用量】马、牛 25 ~ 40 g,猪、羊 3 ~ 12 g,犬 2 ~ 4 g。

【禁忌】汗出不止、尿频数者忌用。

【主要成分】含有木通苷。其苷元为常春藤苷元和齐墩果酸。另含马兜铃酸、钙和鞣质等。

5)萹蓄

为蓼科一年生草本植物萹蓄(*Polygonum aviculare* L.)的全草。切碎生用。主要产于山东、安徽、江苏、吉林等地。

【性味、归经】苦、微寒。入膀胱经。

【功效】利水通淋,杀虫止痒。

【应用】

(1)利水通淋。本品苦降下行,专清膀胱湿热,用于湿热下注的尿淋症,配瞿麦、滑石、木通等。如《活兽慈舟》中的泻热治淋汤(瞿麦、萹蓄、滑石、泽泻、前仁、灯芯、知母、贝母、地龙、生地、地榆、大黄),治牛热淋症。

(2)杀虫止痒。可用于蛔虫、蛲虫等,配其他杀虫药,对于皮肤湿疹、阴道滴虫、阴部发痒等,可用鲜萹蓄煎汤外洗。也可配地肤子、土茯苓、苦参、白藓皮等药煎水服。

【用量】马、牛 20~60 g,驼 30~80 g,猪、羊 5~10 g,兔、禽 0.5~1.5 g。鲜品加倍。

【禁忌】无湿热及胎前产后忌用。

【主要成分】含有萹蓄苷。另含大黄素、咖啡酸、绿原酸、对香豆酸、鞣质及钾盐等。

6)其他渗湿利水药

其他渗湿利水药如表 10.6 所示。

表 10.6　其他渗湿利水药

药　名	性　味	归　经	功　能	主　治	用量参考
防己	苦、辛、寒	肺、膀胱	祛风止痛 利水退肿	风湿热痹、风寒湿痹、关节肿痛、四肢水肿、湿热尿淋	马、牛 15~45 g,猪、羊 6~12 g,犬 3~6 g,兔、禽 1~3 g
车前子	甘、寒、淡	肝、肾、膀胱	利水通淋 清肝明目	湿热淋浊、水湿泄泻、小便不利、目赤肿痛、睛生翳障	马、牛 20~30 g,猪、羊 10~15 g,犬、猫 3~6 g,兔、禽 1~3 g
大腹皮	辛、微温	脾、胃、大肠	下气宽中 利水消肿	湿阻气机之胸腹胀满、大便不畅、水肿	马、牛 18~46 g,猪、羊 6~12 g
薏苡仁	淡、甘、微寒	脾、胃、肺、大肠	利水渗湿 健脾止泻 除痹排脓	脾虚水肿、湿热尿淋、肺痈、肠痈、风湿痹痛	马、牛 30~60 g,猪、羊 10~25 g,犬 3~12 g,兔、禽 3~6 g
金钱草	甘、微寒	肝、胆、肾、膀胱	清利湿热 排石退黄 消肿解毒	湿热黄疸、尿淋涩痛、恶疮肿毒	马、牛 120~240 g,猪、羊 60~120 g

10.7　理气药

凡以疏畅气机、消除气滞为主要功效的药物,称理气药(行气药)。其中有的行气作用较强,习惯上又称破气药。行气药大多辛温芳香,因辛则开通,香则走窜,走而不守,开通郁滞,大多适用于肝、肺、脾、胃气机郁滞之证。行气药大多具有疏畅气机,宽中解郁,行气止痛,降逆止呕,降气平喘,理气化痰等作用,临床上常用于以下几种情况。

第一,脾胃病。由于脾胃气滞,升降失司表现出脘腹胀满或疼痛,嗳腐吐食,食欲不振,大便溏泻或秘结腹痛等证。

第二,用于肝胆病。由于肝气郁滞,疏泄失常表现出的乳核硬肿,胸胁胀痛,疝气痞块,发情紊乱等。

第三,肺经病。由于肺气壅滞,肃降失职所表现出的呼吸不利,咳嗽气喘,痰涎壅盛等。

第四,其他。凡补益、消导、化痰、泻下、祛湿、活血等,都宜配合行气药以发挥药效。

现代药理研究表明:理气药有的能兴奋肠管,促进胃肠呈节律性收缩蠕动,以利于肠内气体的排除;有的能降低肠管紧张度,以解除痉挛;有的能调整胃肠的功能,增进食欲。这些都有利于消除上述气滞病证。临床应用时,宜根据具体病证特点,适当选用和配伍应用。如食物停积是脾胃气滞中最常见者,常配消食药和泻下药;若脾胃虚弱,运化无力之气滞,常配健脾益气药;湿邪困脾者,配温中燥湿或苦寒燥湿药;肝气郁滞者,配活血柔肝药;气滞而血瘀者,配活血祛瘀药。

在使用时应注意:不宜过量或持续使用,因行气药多属辛苦香散之品,每易耗伤阴液;煎煮不宜过久,常为末内服,因多含挥发油,以免气味丧失,影响疗效;凡气虚、阴虚者慎用,破气降气之品,对体虚、孕畜慎用。

1)陈皮

为芸香科常绿小乔木橘树(*Citrus reticulate* Blanco)的成熟果皮。生用或炒用。药用以陈久者为佳。主要产于长江以南各地。

【性味、归经】辛、苦、温。入脾、肺经。

【功效】理气健脾,燥湿化痰。

【应用】

(1)理气健脾。本品辛能行滞气,气芳香能健脾胃。用于脾胃气滞所致之肚腹胀大、少食、消化不良等,配苍术、厚朴、甘草等,如平胃散。用于冷气壅遏所致之肚腹胀大、少食、消化不良等,配苍术、厚朴、甘草等,如平胃散。用于冷气壅遏所致的肚腹疼痛,配白术、白芷、桂心等。如《元亨疗马集》中的橘皮散(橘皮、青皮、厚朴、茴香、桂心、细辛、当归、白芷、槟榔)用于胃寒、胃冷吐涎、冷痛等。

(2)燥湿化痰。本品苦能燥湿,湿去则痰消。用于痰湿停滞之喘咳证,配半夏、茯苓、甘草,如二陈汤。用于寒湿腹泻,配苍术、青皮等。如《司牧安骥集》中之二橘散[陈皮、青皮、牵牛子(炒)、莨菪、粟米]治冷肠泄泻,肠鸣如雷。

【用量】马、牛 30~60 g,猪、羊 5~10 g,犬、猫 2~5 g,兔、禽 1~3 g。

【禁忌】阴虚燥热、舌赤少津、内有实热者慎用。

【主要成分】含挥发油(为右旋柠檬烯、柠檬醛等)、黄酮类(为橙皮甙、川陈皮甙等)、肌醇、维生素 B_1。

2)厚朴

为木兰科落叶乔木厚朴(*Magnolia officinalis* Rehd. et Wils.)或凹叶厚朴(*Magnolia officinalis* Rehd. et Wils. Biloba Rehd. et Wils.)的干燥干皮、根皮或枝皮。切片生用或制用。主要

产于四川、云南、福建、贵州、湖北等地。

【性味、归经】苦、辛、温。入脾、胃、肺、大肠经。

【功效】行气燥湿,降逆平喘。

【应用】

(1)行气燥湿。本品味辛能行气以消胀,气香能化湿以散满,苦能燥湿下气以导滞,为行气燥湿的常用药物。用于湿阻中焦,气机不利所致腹胀、腹满或腹泻等证,常配苍术、陈皮等。如《司牧安骥集》中的厚朴散(厚朴、陈皮、青皮、五味子、砂仁、肉桂、麦芽、酒),治马脾虚不磨草、口色黄白等。用于热结便秘所致的腹胀、腹痛,配芒硝、大黄、枳实等,如承气汤。用于食积胃府,证见脘腹胀大,排粪不畅,苔黄厚腻。配枳实、大黄、炒麦芽、炒山楂、莱菔子等。

(2)降逆平喘。本品苦能降泄、下气以平喘咳,用于痰饮咳喘证。配苏子、半夏、杏仁、前胡、陈皮、茯苓等药应用。

【用量】马、牛 15～45 g,驼 30～60 g,猪、羊 5～15 g,犬 3～5 g,兔、禽 1.5～2 g。

【禁忌】脾胃无积滞者慎用。

【主要成分】挥发油(为厚朴醇、四氢厚朴醇、β-桉叶酚等)、生物碱为木兰箭毒碱等。

3)香附

为莎草科多年生草本植物莎草(*Cyperus rotundus* L.)的干燥根茎。去毛打碎用,生用或醋制、炒炭用。我国沿海各地均产。

【性味、归经】辛、微苦、平。入肝、胃经。

【功效】理气解郁,调气止痛。

【应用】

(1)行气解郁。本品辛散,长于疏肝理气,解郁止痛。用于肝郁气滞所致的各种疼痛证,常配栀子、神曲、苍术、川芎等。用于寒凝气滞之腹痛,配高良姜、干姜、小茴、乌药等。用于乳痈初起疼痛,配橘叶、蒲公英、赤芍等。

(2)调经止痛。本品善注肝,调经而止痛,是治产科疾病要药。用于母畜发情周期紊乱,配当归、川芎、益母草。用于宫寒不孕,配艾叶、淫羊藿、阳起石、菟丝子等。用于产后瘀血腹痛,恶露不尽,配桃仁、炮姜、川芎、当归、甘草等。

【用量】马、牛 30～60 g,猪、羊 10～15 g,犬 4～8 g,兔、禽 1～3 g。

【禁忌】本品苦燥,能耗血散气,故血虚气弱者不宜单用。体温过高和孕畜慎用。

【主要成分】含挥发油(香附子烯、香附子醇等)、酚性成分、脂肪酸等。

4)木香

为菊科多年生草本植物木香(*Aucklandia lappa* Decne.)的干燥根。生用或煨用。主要产于云南、四川等地。

【性味、归经】辛、苦、温。入脾、胃、大肠经。

【功效】行气止痛,温胃和中。

【应用】

(1)行气止痛。本品辛散气香而行气止痛,苦泄以温通消胀。用于脾胃气滞所致的肚腹胀痛,配槟榔、厚朴、神曲、枳实、大黄。用于湿热泻痢而有里急后重,配黄连、白芍、黄芩、甘草,如香连散(黄连、吴萸、木香)。

(2)温胃和中。本品气香能健脾胃,温能散寒邪。用于脾胃寒湿泄泻,配干姜、吴萸、苍术、泽泻、厚朴等。用于食滞腹胀,消化不良,配山楂、神曲、槟榔等。如《牛经备要医方》中的和胃消食汤(厚朴、木香、枳壳、槟榔、青皮、山楂、神曲、刘寄奴、木通、甘草)治牛脾虚不磨,宿草不转。用于胃寒呕吐,配姜半夏、茴香、砂仁、干姜等。

【用量】马、牛 30~60 g,猪、羊 9~15 g,犬、猫 2~5 g,兔、禽 0.3~1 g。

【禁忌】血枯阴虚、热盛伤津者忌用。

【主要成分】挥发油(α,β-木香烃、木香内醇、樟烯、水芹烯等)、树脂、菊糖、木香碱及甾醇等。

5)枳实

为芸香科小乔木植物酸橙(*Citrus aurantium* L.)及其栽培变种或甜橙(*Citrus sinensis* Obbeck)的干燥幼果。切片晒干生用、清炒、麸炒及酒炒用。主要产于浙江、福建、广东、江苏、湖南等地。

【性味、归经】苦、微寒。入脾、胃经。

【功效】破气行痰,散结消痞。

【应用】

(1)破气行痰。本品苦泄,行气力大。用于脾虚湿阻气滞、宿草不转、水湿痰饮停蓄等证。常与白术、茯苓、苡仁等同用。

(2)散结消痞。本品苦寒泄降,能破气散结消痞积。用于热结便秘,肚腹胀满,常配大黄、芒硝、厚朴等,如承气汤。用于湿热积滞之泻痢,证见排粪不畅或里急后重,配木香、黄连、大黄、神曲等,如枳实导滞丸。用于脾胃虚弱,证见食物不化、肚腹胀满,配白术、谷芽、神曲、陈皮、山药等。

(3)固脱。气虚下陷的子宫脱垂、脱肛等,常与黄芪、党参、白术、升麻、当归、陈皮等同用。

【用量】马、牛 30~60 g,猪、羊 5~10 g,犬 4~6 g,兔、禽 1~3 g。

【禁忌】脾胃虚弱和孕畜忌服。

【主要成分】酸橙果皮中含 N-甲基酪胺、对羟福林挥发油、黄酮甙。挥发油中主要为右旋柠檬烯。次为枸橼醛、右旋芳樟醇等,黄酮甙类有橙皮甙、新陈皮甙、柚甙、枳黄甙、苦橙素、苦橙丁、5-羟基苦橙丁及 5-脱甲基川皮酮等。

【附】枳壳

枳壳、枳实同为一物,枳壳为已成熟的果实,偏于破胸膈之浊气,用治肚腹胀满、呼吸喘急等;枳实为未成熟者,偏于破肠中浊气,用治肚腹胀大、粪便秘结等。从作用快慢来说,枳壳性缓而枳实性速。

6)其他理气药

其他理气药如表 10.7 所示。

表 10.7　其他理气药

药　名	性　味	归　经	功　能	主　治	用量参考
乌药	辛、温	脾、肝、肾、膀胱	行气止痛温胃散寒	脾胃气滞、寒疝腹痛、肾虚尿频、尿失禁	马、牛 30～60 g，猪、羊 10～15 g，犬、猫 3～6 g，兔、禽 1～5 g
槟榔	辛、苦、温	胃、大肠、	杀虫消积行气利水	肠道寄生虫、食积气滞、湿热泻痢、腹胀便秘	马、牛 12～60 g，猪、羊 6～12 g，兔、禽 1～3 g
川楝子	苦、寒、有小毒	肝、心包、小肠、膀胱	理气止痛杀虫	肝气郁结疼痛、湿热气滞、虫积腹痛	马、牛 15～45 g，猪、羊 5～10 g，犬 3～5 g
莱菔子	辛、甘、平	肺、脾	祛痰降气消食除胀	痰涎壅盛、气喘咳嗽、食积气胀、消化不良	马、牛 20～60 g，猪、羊 6～15 g，犬 3～6 g，兔、禽 1～3 g
草果	辛、温	脾、胃	燥湿健脾散寒暖胃	脾胃不运所致的肚腹胀满、疼痛食少、反胃吐食	马、牛 20～45 g，猪、羊 3～10 g

10.8　理血药

10.8.1　止血药

凡具有制止家畜机体内外出血作用的药物，称为止血药。出血证的原因较多，有火邪上炎、营血受热、热迫血妄行；有气虚不摄、血不归经；有瘀血内阻、血离经络；有寒凝血阻、血溢经络；有肌肤外损、血管破裂等。止血药一般具有清营、凉血、收敛的作用，适用于多种出血证候，如衄血、便血、尿血、子宫出血、创伤出血等。使用止血药的目的在于防止血液亏耗或失血过多而致衰竭。这在临床上有其重要意义。

现代药理研究对中药止血的作用原理还未完全阐明，据初步实验资料看，有的能促进血小板的生成，加速凝血；有的能增强毛细血管的抵抗力，改善血管的脆性，减少血管壁通透性而止血；有的能缩短凝血时间、出血时间及血浆再钙化时间，而起止血作用。

具有止血作用的中药很多，按其作用可分为以下四类：

一是凉血止血药。本类药物多苦寒，以凉血止血为用，适用于血分有热的出血证，如槐花、地榆、侧柏叶、茜草、白茅根、大蓟、小蓟、旱莲草、地锦草、荠菜等，常与清热凉血药配伍。

二是温经止血药。本类药物多温热，有温经止血作用，适用于虚寒性的出血证，如灶心土、炮姜、艾叶炭等,常配温经益气药。

三是祛瘀止血药。本类药物多偏辛温,长于祛瘀止血,适用于有瘀血积聚的出血症,如三七、血竭、蒲黄、花蕊石、降真香等,常配活血化瘀药。

四是收敛止血药。本类药物多有涩性,有收敛止血作用,适用于多种慢性出血症,如白及、仙鹤草、棕炭、藕节、海螵蛸、血余炭、紫珠等。出血是某些疾病的一个症状,不能见血止血,必须依据出血的原因和止血药的性质,灵活选用配伍。唯单纯性外伤出血,须依出血情况,或外用收敛止血药,或结扎止血,不要墨守成规。

1) 蒲黄

为香蒲科植物水烛香蒲(*Typha angustifolia* L.)、东方香蒲(*Typha orientalis* Presl)或同属植物的花粉,又称香蒲。炒用或生用。主要产于浙江、山东、安徽等地。

【性味、归经】甘、平。入肝、脾经。

【功效】止血,活血祛瘀。

【应用】

(1)止血。本品止血作用良好,无论生用炒用均有效,习惯认为炒用为佳。用于各种出血证,内服外用均好。用于牛马尿血,配大蓟、生地、木通、白茅根。产后子宫出血,可以用生蒲黄内服或煎水服,能收意外之效。

(2)活血祛瘀。本品生用具活血祛瘀止痛之功,用于多种瘀血证。用于跌打损伤,配桃仁、红花、乳香、没药、当归尾、川芎等。用于痈肿疼痛,配蒲公英、夏枯草、银花、连翘等。

止血多炒用,散冷瘀止痛多生用。

【用量】马、牛15～45 g,驼30～60 g,猪、羊5～10 g,犬3～5 g,兔、禽0.5～1.5 g。

【主要成分】含异鼠李甙、脂肪油、植物甾醇及黄色素等。

2) 仙鹤草

为蔷薇科植物龙牙草(*Agrimonia pilosa* ledeb.)的干燥地上部分。切段生用。全国大部分地区均有分布。

【性味、归经】苦、涩、平。入肝、肺、脾经。

【功效】收敛止血,补虚,杀虫。

【应用】

(1)收敛止血。本品苦涩,具有较好的收敛止血之功,广泛用于各种出血证。单用或复方用均可。用于马、牛红痢,单用仙鹤草水煎剂,也可配白头翁、黄连、苦参,增强疗效。用于牛马大热鼻衄,配白及、侧柏叶、当归、生地、栀子、麦冬、白茅根。

(2)补虚。本品又名脱力草,可用以治过劳耗气、身疲乏力、中气不足等。常与红枣、黄芪、山药等煮服。

(3)杀虫。用于滴虫性阴道炎,取本品制成200%浓缩液,用棉球浸药液填塞阴道即可。本品幼芽尚可驱除蜂虫。

【用量】马、牛15～60 g,驼30～100 g,猪、羊6～12 g,犬、猫2～5 g,兔、禽1～1.5 g。

【主要成分】含仙鹤草素、鞣质、甾醇、有机酸、酚性成分、仙鹤草内酯、维生素C和维生素K_1等。

3）三七

为五加科植物三七［*Panax notoginseng*（Burk.）F. H. Chen］。生用或油炒用。主要产于云南、广西、江西等地。

【性味、归经】甘、微苦、温。入肝、胃经。

【功效】生用散瘀止血，消肿止痛；熟用补血和血。

【应用】

（1）散瘀止血。本品止血作用优良，兼有活血散瘀作用，有"止血不留瘀"的特点，为止血之圣药。适用于各种内外伤出血证，对兼有瘀滞疼痛者相宜。单用或在复方中应用均有效。如用三七 9 份，煅龙骨 15 份，共为极细末，敷撒伤口，治外伤出血有良效。

（2）消肿定痛。本品活血散瘀作用较好，对于瘀血阻滞之疼痛有明显的消肿定痛之功，故为跌打损伤肿痛之要药。单用与酒调服，亦可调敷患部。笔者多次外用试治软组织损伤肿痛，有良好效果。

（3）补血和血。对于失血后所致的血虚证，可配伍其他补血补气药，以增强补气摄血之效。

【用量】马、牛 10～30 g，驼 15～45 g，猪、羊 3～6 g，犬、猫 1～3 g。

【主要成分】含三贰类皂苷（如三七皂苷 A、三七皂苷 B 等）、黄酮苷及生物碱。

4）白芨

为兰科植物白芨［*Bletilla striata*（Thunb.）Rchb. f.］的干燥块茎，夏秋采挖，打碎或切片生用。主要产于华东、华南及陕西、四川、云南等地。

【性味、归经】苦、甘、涩、微寒。入肺、胃、肝经。

【功效】收敛止血，消肿生肌。

【应用】

（1）收敛止血。本品性涩而收，为止血良药，广泛用于各种出血证，内服外用均有良效。用于肺出血、鼻出血、配阿胶、栀子、黄连、杏仁、甘草、地黄等，煎水内服。用于肠出血，配槐花、地榆炭、大黄炭、代赭石等。用于外伤出血，单用白芨磨粉撒布包扎，能迅速止血。鲜品则捣烂外敷。

（2）消肿生肌。本品用于痈疽肿毒，未溃能消散，已溃能生肌收口。常配银花、山甲、乳香、皂角刺等，煎水灌服。也可配白蔹、白矾、龙骨、大黄、黄连、黄柏、木鳖子、雄黄、青黛，共细末，调醋外用，治疮黄肿痛初期。

【用量】马、牛 25～60 g，驼 30～80 g，猪、羊 6～12 g，犬、猫 1～5 g，兔、禽 0.5～1.5 g。

【禁忌】反乌头。

【主要成分】含白及胶、黏液质、淀粉、挥发油等。

10.8.2　活血化瘀药

凡以通行血脉、促进血行、消散瘀血为其主要作用的药物，称活血祛瘀药，又称活血散瘀药或活血化瘀药。本类药物多偏辛苦温，因辛能散能行，苦能泄能降，故可活血化瘀。盖血贵温通，切忌寒凝瘀阻。活血祛瘀药性多温，其味多辛，温以散寒，通行血脉，促进血行，共成活血通经、祛瘀活滞之功。活血祛瘀药适用于血行不畅和血脉瘀滞所致的多种病证,如跌打损伤肿痛、产后血滞腹痛、疮黄痈肿疼痛、痹证血行不畅、腹内症瘕痞块等症。某些活血祛瘀药,尚有活血通经或兼有催生下胎的作用。

现代医学对中医的活血化瘀原理进行了多方面的探讨,初步认为:瘀血的本质是血流缓慢、血液停积以及血液循环障碍(特别是微循环障碍)等病理过程;而活血化瘀则是改善心脏功能、纠正微循环障碍、改善血液性质、调整血流分布、促使组织修复与再生以及调整免疫功能与代谢作用等的综合过程。临床应用活血祛瘀药,须根据药物的专长选择和配伍。若用于气滞所致的疼痛,宜配行气药;寒气凝滞的血行不畅,宜配温里祛寒药;风寒湿所致的痹痛,宜配祛风湿药;疮疡肿痛者,宜配清热解毒药,母畜发情紊乱者,宜配催情药。

应用活血祛瘀药时应注意:新瘀急证,宜用汤剂、散剂或加酒送服,取其力大效捷;久瘀缓证,量少而次多,使消瘀而不伤正;根据"气行血亦行,气滞血亦滞"的道理,除个别的(如郁金、玄胡、川芎)兼有行气作用外,其余均亦配合行气药;凡血虚而无瘀滞及孕畜慎用。

1)川芎

为伞形科多年生草本植物川芎(*Ligusticum chuanxiong* Hort.)的干燥根茎。酒炒、麸炒或生用。主要产于四川,大部分地区也有种植。

【性味、归经】辛,温。入肝、胆、心包经。

【功效】活血行气,祛风止痛。

【应用】

(1)活血行气。本品辛散温通,芳香走散性强,善行血中之气,为行血理气之圣药。用于产后恶露不尽或胎衣不下者,配当归、桃仁、益母草等,如生化汤。用于闪伤瘀血肿痛,配郁金、赤芍、当归、乳香、没药、桃仁、牛膝、续断、台乌、白酒,如活血散瘀汤。

(2)祛风止痛。本品辛温开散,性散疏通,能上行头部,外达皮肤,为治疼痛之要药,临床上可用于多种疼痛证。用于风湿痹痛偏寒者,配羌活、防风、苍术、细辛、白芷、独活、鸡血藤;偏热者配秦艽、黄柏、防己、木瓜、牛膝、苡仁等。用于外感风寒,项脊强痛,转侧低头难,配白芍、羌活、荆芥、细辛、防风、薄荷、藁本、甘草等。痈疡初起或脓疡已成,肿块难消,配归尾、赤芍、桃仁、苏木、枳壳、大黄、栀子等。

炙川芎可增强温通升散之力,宜于寒凝血瘀之证。

【用量】马、牛 15~45 g,猪、羊 3~10 g,犬、猫 1~3 g,兔、禽 0.5~1.5 g。

【禁忌】阴虚火旺、肝阳上亢及子宫出血忌用。

【主要成分】含挥发油、川芎内酯、阿魏酸、四甲吡嗪、挥发性油状生物碱及酚性物质等。

2)益母草

为唇形科草本植物益母草(*Leonurus japonicus* Houtt.)的全草。切断生用。各地均产。

【性味、归经】辛、苦、微寒。入肝、心、膀胱经。

【功效】活血祛瘀,利尿消肿。

【应用】

(1)活血祛瘀。本品活血祛瘀作用较强,为产科要药。为胎前产后病证常用药物。用于母畜发情周期紊乱,配当归、川芎、香附、淫羊藿、对月草、月季花根等。用于产后血虚而有瘀滞者,配黄芪、当归,如《牛经备要医方》中的归芪益母汤。用于子宫收缩无力之难产,合四物汤,加党参、通草、香附等,如催产四物汤。用于湿热带下,如慢性子宫炎、阴道炎,配红花、当归、蛇床子、苦参、赤芍等。用于跌打损伤,瘀血肿痛,配红花、乳香、没药、牛膝、当归、苏木等。

(2)利水。本品有较强的利水消肿作用,配伍其他利水药,可治水肿或胸腹积水。

(3)清热解毒。用于疮疡肿痛等,配清热解毒药,通过活血有利于消肿止痛。

【用量】马、牛 30 ~ 60 g,猪、羊 10 ~ 30 g,犬 5 ~ 10 g,兔、禽 0.5 ~ 1.5 g。

【禁忌】孕畜忌用。

【主要成分】含益母草碱甲、乙和水苏碱、氯化钾、有机酸等。

3)桃仁

为蔷薇科落叶乔木植物桃[*Prunus persica*(L.)Batsch.]或山桃[*Prunus davidiana*(Carr.)Franch.]的种仁。去果肉及核壳,生用或捣碎用。主要产于四川、陕西、河北、山东、贵州等地。

【性味、归经】甘、苦、平。入肝、肺、大肠经。

【功效】活血祛瘀,润肠通便。

【应用】

(1)活血祛瘀。本品苦泄,入血分能破血结,为活血祛瘀要药。用于产后恶血瘀滞所致之腹痛,配川芎、当归、炮姜、如生化汤。用于膀胱蓄血而见"尿中有凝血块",配大黄、桂枝、芒硝、甘草。用于跌打损伤,瘀血肿痛,配红花、乳香、没药、当归尾、自然铜、三七、土鳖等,如桃仁活血散。用于肺痈鼻流脓涕,配苇茎、冬瓜仁、苡仁,如苇茎汤用桃仁。用于湿热痹痛,关节红肿,配赤芍、丹参、木通、牛膝、血藤、防己等。

(2)润肠通便。本品富含脂肪油,有润肠之功。用于血枯肠燥便秘结,配杏仁、火麻仁、当归、郁李仁等。用于跌扑闪伤,下焦蓄血之便血发热证,配芒硝、大黄等。

本品还可用于咳嗽气喘,与杏仁有相似的止咳平喘之效。

生用活血祛瘀力较强、燀后去皮,有效成分更易煎出,炒桃仁偏于润和血,活血力缓,多用于肠燥便秘。

【用量】马、牛 15 ~ 30 g,猪、羊 3 ~ 10 g。

【禁忌】无瘀滞及孕畜忌用。

【主要成分】含苦杏仁甙和苦杏仁酶、脂肪油、挥发油、维生素 B_1 等。

4)红花

为菊科一年生草本植物红花(*Carthamus tinctorius* L.)的花。生用或炒至红褐色用。主要产于四川、河南、云南、河北等地。

【性味、归经】辛、微温。入心、肝经。

【功效】活血祛瘀,通经止痛。

【应用】

(1)活血祛瘀。本品辛散温通,长于活血祛瘀止痛,用于多种瘀血证。用于产后瘀血疼痛,配桃仁、当归、川芎,如桃仁四物汤。用于胎死不下,配川芎、牛膝、肉桂、当归、车前子等。用于跌扑肿痛,配乳香、没药、续断、当归、川芎、牛膝、甘草,如红花散。用于牛闪尿血证,配芥穗、槐花、童便等,如《司牧安骥集》中的红花散(红花、当归、芍药、荆芥、槐花、甜瓜子、酒、童便)治闪伤内肾、尿血等。

(2)通经止痛。本品辛散,为活血通经要药,用于母畜发情周期紊乱或不发情,配当归、川芎、香附、牛膝、益母草等。

【用量】马、牛 15~30 g,猪、羊 3~10 g,犬 3~5 g。

【禁忌】孕畜忌用,有出血倾向者不宜多用。

【注】红花有川红花及藏红花两种。藏红花为鸢尾科植物(*Crocus Sativus* L.)的干燥花柱头。两者均能活血祛瘀,但藏红花性味甘寒,主要有凉血解毒作用,多用于血热毒盛的斑疹等。

【主要成分】含红花甙、红花黄色素、红花油。

5)延胡索

为罂粟科多年生草本植物延胡索(*Corydalis yanhusuo* W. T. Wang.)的干燥块茎。又称玄胡或元胡。捣碎生用或醋炒、酒炒用。主要产于浙江、天津、黑龙江等地。

【性味、归经】辛、苦、温。入肝、脾经。

【功效】行气止痛,活血祛瘀。

【应用】

(1)行气止痛。本品辛散温通,行气以止痛,用于多种疼痛证。用于肚腹疼痛证,偏热配川楝子、栀子;偏寒配高良姜、香附等。用于气滞血瘀之产后腹痛,恶露不尽,配当归、川芎、赤芍、桃仁、木香、香附等药,以增强行气活血之效。

(2)活血祛瘀。本品苦能泄血中瘀滞。用于跌打损伤各种瘀血作痛,配三棱、莪术、桃仁等,如止痛散(红花、延胡索、自然铜、川续断、南星、乳香、土鳖、生姜、当归、共末冲服)治马骡腰扭伤、骨折等。用于肢体血滞疼痛(类风湿性关节炎),配当归、川芎、桂枝、灵仙等。用于睾丸肿痛,配小茴、川楝子、青皮、橘核等。

【用量】马、牛 15~30 g,驼 35~75 g,猪、羊 6~15 g,犬 1~5 g,兔、禽 0.5~1.5 g。

【禁忌】无瘀滞及孕畜忌用。

【主要成分】含甲、乙、丑等 20 余种生物碱,其中较重要的是甲、乙、丑素。本品醋炒可使其生物碱溶解度大大提高(约 50%),酒炒则使其中部分生物碱破坏散失。

6)三棱

为黑三棱科植物黑三棱(*Sparganium stoloniferum* Buch. -Ham.)的干燥块茎。生用或醋炒用。主要产于东北、黄河流域、长江中下游各地。

【性味、归经】苦、平。入肝、脾经。

【功效】破血行气,消积止痛。

【应用】

(1)破血行气。本品苦涩,破血行气作用强,用于气血瘀滞的各种疼痛证。用于产后瘀滞疼痛,配当归、川芎、香附、益母草等。用于症瘕积聚,如卵巢囊肿,配莪术、郁金、红花、骨碎补、淫羊藿、阳起石、菟丝子、肉苁蓉、香附等,如破症散。用于产后乳汁壅滞不行,配香附、通草、王不留行、天花粉等。

(2)消积止痛。本品有消食散结,行气止痛之功。用于宿草不转,肚腹胀满疼痛。配木香、枳实、山楂、莱菔子、槟榔等。

醋三枝一入血分,增强破血止痛之功。

【用量】马、牛 15～60 g,猪、羊 5～10 g,犬、猫 1～3 g。

【禁忌】气血虚及孕畜忌用。

【主要成分】含挥发油及淀粉。

7)牛膝

为苋科植物牛膝(*Achyranthes bidentata* Bl.)或川牛膝(*Cyathula officinalis* Kuan)的干燥根。前者习称怀牛膝,后者习称川牛膝。生用、醋炒、酒炒用。怀牛膝主要产于河南、河北等地,川牛膝主要产于四川、云南、贵州等地。

【性味、归经】辛、苦、微寒。入肝、肾、膀胱经。

【功效】活血祛瘀,利尿通淋,补肝肾,利关节。

【应用】

(1)活血祛瘀。本品味苦泄降,性善下行,能活血祛瘀兼引血下行。用于跌扑损伤、产后瘀血腹痛或胎衣不下等证,常用川牛膝配红花、当归、川芎、桃仁等。用于火热上炎的鼻出血、咽喉肿痛、口舌生疮等,用本品引热下行,常配大黄、石膏等以增强疗效。用于血瘀气滞所致的乳汁减少,配青皮、蒲公英、当归、漏芦、王不留行等。

(2)利尿通淋。用于热淋涩痛,血尿而有瘀滞者,用牛膝配瞿麦、当归、滑石、冬葵子等。

(3)补肝肾、利关节。怀牛膝长于补肝肾、利关节。用于肝肾亏虚,腰膝无力,配桑寄生、秦艽、独活,如独活寄生汤。湿热痹痛所致的关节红肿,举步困难,配苍术、黄柏、木瓜、薏苡仁、防己等。用于风寒湿痹,关节疼痛,拘挛不利,运动不灵,配羌活、防风、独活、威灵仙等。

【用量】马、牛 20～60 g,猪、羊 6～15 g,犬、猫 1～3 g,兔、禽 0.5～1.5 g。

【禁忌】气虚下陷及孕畜忌用。

【注】怀牛膝滋补肝肾之力较强,川牛膝破瘀之力较大。

【主要成分】怀牛膝含有脱皮甾酮、皂苷、多种钾盐及黏液质。川牛膝含生物碱,不含皂苷。

8)丹参

为唇形科多年生草本植物丹参(*Salvia miltiorrhiza* Bge.)的根及根茎。生用、炒用或酒炒用。主要产于四川、安徽、湖北等地。

【性味、归经】苦、微寒。入心、心包、肝经。

【功效】活血祛瘀,凉血消痈。

【应用】

(1)活血祛瘀。本品苦寒泄降,善破宿血,生新血,广泛用于多种瘀血证。用于产后瘀血腹痛,恶露不尽,配红花、桃仁、炮姜、枳壳、益母草等。用于牛难产或胎死腹中,配桃仁、穿山甲、滑石、大戟、皂角等。用于风湿痹痛,关节不利,配独活、牛膝、防己、细辛、桂枝。用于症瘕积聚,如肝脾肿大、卵巢囊肿等,配当归、乳香、没药、三棱、莪术等。

(2)凉血消痈。本品苦泄,入血分以凉血清热,散瘀消肿。用于温热病热入营血,狂躁不安,配紫草、大青叶、赤芍、生地、槐花、丹皮、侧柏叶。用于牛肩痈红肿发热,配银花、连翘、乳香、穿山甲、皂角刺、贝母、赤芍、生甘草等。用于牛、马血热鼻出血,配柏子仁、生地、桔梗、沙参、白芍、当归、侧柏叶、棕炭、荷叶等,如生地丹参散。用于乳痈红肿,乳汁减少,配银花、连翘、知母、瓜蒌、蒲公英、滴定草等。

【用量】马、牛 15~45 g,驼 30~60 g,猪、羊 5~10 g,犬、猫 3~5 g,兔、禽 0.5~1.5 g。

【禁忌】反藜芦。

【主要成分】含多种结晶形色素,包括丹参酮甲、乙、丙及结晶形酚类(丹参酚甲、乙)、鼠尾草酚和维生素 B 等。

9) 其他理血药

其他理血药如表 10.8 所示。

表 10.8　其他理血药

药　名	性　味	归　经	功　能	主　治	用量参考
大蓟	甘、苦、凉	心、肝	凉血止血散痈肿	血热妄行所致的各种出血症、痈疮肿毒	马、牛 30~60 g,猪、羊 10~20 g,犬、猫 3~5 g
茜草	辛、微苦、寒	肝	凉血止血活血祛瘀	各种血热出血证、跌打损伤、瘀滞肿痛及痹症	马、牛 30~60 g,猪、羊 10~20 g
侧柏叶	苦、涩、微寒	肝、肺、大肠	凉血止血止咳祛痰	各种出血证、肺热咳嗽	马、牛 15~60 g,猪、羊 5~15 g,兔、禽 1~3 g
白茅根	甘、寒	肺、胃、膀胱	清热凉血利尿	热证之鼻血、尿血、热淋、热病贪饮、肺胃有热	马、牛 30~60 g,猪、羊 10~20 g,犬 3~6 g
血余炭	苦、微温	肝、胃	止血消瘀利尿生肌	各种内外伤出血、小便不利、溃疡不收、烧伤、烫伤	马、牛 15~30 g,猪、羊 6~12 g,犬 3~5 g,兔、禽 1~3 g
藕节	甘、涩、平	肝、肺、胃	凉血消瘀收敛止血	多种内外出血证、跌打损伤(内有瘀血)	马、牛 30~50 g,猪、羊 10~15 g
泽兰	辛、微温	肝、膀胱	活血祛瘀利尿消肿	产科疾患之产后腹痛、胎衣不下、跌打损伤、水肿、小便不利	马、牛 30~60 g,猪、羊 5~15 g
郁金	辛、苦、寒	肝、心、胆	凉血散瘀行气解郁	跌打损伤、久积疼痛、肠黄泄泻、血热妄行、黄疸	马、牛 15~45 g,猪、羊 3~10 g,犬、猫 3~6 g,兔 0.5~2 g
王不留行	苦、平	肝、胃	活血通经下乳消肿	产后瘀滞肿痛、乳汁不通、痈肿疼痛、乳痈	马、牛 30~100 g,猪、羊 15~30 g,犬、猫 3~5 g

续表

药　名	性　味	归　经	功　能	主　治	用量参考
穿山甲	咸、微寒	肝、胃	活血祛瘀 攻坚散结 下乳 消肿排脓	瘀血阻滞所致的症瘕痞块、痈疽肿毒、乳汁不下	马、牛 25~45 g，猪、羊 6~10 g，犬 3~5 g
土鳖虫	咸、辛、寒，有小毒	肝	破血逐瘀 续筋接骨	瘀血凝滞腹痛、肝肿大、跌打损伤、骨折	马、牛 20~40 g，猪、羊 3~10 g，犬、猫 2~4 g，兔、禽 1~3 g

10.9　温里药

凡药性温热，主要用于里寒病证的药物，称温里祛寒药，或又叫温里药、温中药。

本类药物性味辛温或辛热，具有温中散寒、扶助阳气、回阳救逆、温经通洛等作用，临床主要用于治疗里寒证。如：第一，寒邪内侵脏腑或寒邪直中于里，阳气被困所致的各种里寒实证，又称脏寒证，主要有脾胃寒湿证。证见吐利腹痛、食少纳差，喜热怕冷等胃肠功能失调。可见于因受寒或过食生冷所致的急性胃炎、急性胃肠炎等。其次，尚有肺寒吐沫、心寒吐水、肝寒流泪，以及外科阴证均属寒证范畴。第二，元阳不足，阴寒内生所致的里寒虚证，主要是心、脾、肾的阳气虚弱证。如心阳虚的脉微肢冷、尿少水肿；脾阳虚的食少、粪清稀、四肢腹肿；肾阳虚的腰胯无力、四肢冰冷、起卧困难，或卧地不起，或阳痿，或早泻，或宫寒难孕，或尿清长等。可见于循环衰竭或虚脱的病症，应用温里药有"急则治标"之效。第三，寒邪客于外所致的血脉凝滞之痹痛证，或寒凝肝脉所致的睾丸冷痛或疝气疼痛证。

现代药理研究表明，温里药具有强心、促进血液循环、扩张血管、增强外周血循环的作用，故能温中散寒，回阳救逆。有的能促进胃液分泌，加强消化吸收功能，从而改善能量代谢；有的能接触胃肠痉挛，止呕制泻，镇痛；有的能制止食物的酸败发酵，排除胃肠积气；有的能兴奋垂体—肾上腺皮质功能。以上这些作用能消除寒邪所致的症状，治愈里寒证。

临床应用尚需依据不同证候，作适当的配伍。若里寒兼有表症者，配解表药；寒邪凝滞之腹痛者，配行气药；寒湿阻滞者，配燥湿药或利湿药；若心脾肾阳虚者，配温补药；气虚欲脱者，配补气药，肢蜷缩挛急者，宜配温经通脉药。

本类药物大多辛燥温热而性烈，容易伤耗阴血，凡属阴虚、血虚，以及"真热假寒"者忌用。

1) 附子

为毛茛科植物乌头(*Aconitum carmichaeli* Debx.)块根上所附生的子根加工品，经炮制后用。主要产于广西、广东、云南、贵州、四川等地。

【性味、归经】辛、甘、大热。有毒。入心、脾、肾经。通行十二经。

【功效】回阳救逆，温肾助阳，温中止痛。

209

【应用】

（1）回阳救逆。本品辛热燥烈，能温壮心肾阳气，有回阳救逆之功，用于阳气衰微、阴寒内盛或因失水而致的四肢厥冷、脉微欲绝等亡阳虚脱证。可用于各种心脏病的心力衰竭及各种原因引起的休克。常配干姜、炙甘草（四逆汤），或配人参（参附汤），或配黄芪（芪附汤）等。

（2）温肾壮阳。本品能峻补肾阳以益火之源。用于肾阳不足、阳痿滑精等，常配桂枝或肉桂、熟地、山药、丹皮等。用于肾阳不足，肾水泛滥而致的水肿证，或心阳虚的水肿证，配白术、茯苓、生姜等，如真武汤。

（3）温中止痛。本品辛热气雄，温脾阳以散中焦之寒，其性善走，通诸经散内外之寒邪。用于脾阳不足，寒侵中焦所致的冷痛吐泻等，配白术、干姜、党参、甘草等。用于寒湿所致的骨节疼痛，或腰胯痛，配桂枝、藁本、白术、羌活、防风、当归等，如《司牧安骥集》中用黑神散（附子、乌蛇、防风、牛膝、当归、酒）治马肾冷拖腰。

【用量】马、牛 15 ~ 46 g，猪、羊 3 ~ 10 g，犬、猫 1 ~ 3 g，兔、禽 0.5 ~ 1 g。

【禁忌】热证、阴虚火旺及孕畜忌用。

【主要成分】本品含生物碱，为乌头碱、新乌头碱、次乌头碱及其他非生物碱成分。

2）肉桂

为樟科植物肉桂树（*Cinnamomum cassia* Presl）的干燥树皮。生用。主要产于广东、广西、云南、贵州等地。

【性味、归经】辛、甘、大热。有小毒。入脾、心、肾、肝经。

【功效】温肾助阳，温中散寒，温经止痛。

【应用】

（1）温肾助阳。本品辛甘大热，有温补命门、益火消阴的作用，用于肾阳虚损、阴寒内盛之证。如肾虚水泛，小便不利，水肿腹胀；或尿频数清长，腰脊冷痛；或肾虚精亏，滑精早泄等。常配附子、杜仲、肉苁蓉、菟丝子、淫羊藿、巴戟天等。

（2）温中散寒。本品有温脾暖胃之功，用于脾阳不振，脾胃虚寒所致的脘腹冷痛、肠鸣腹泻等。常与温中补脾的干姜、党参、白术等药同用；或配小茴、高良姜、细辛、吴茱萸等以散寒止痛。如《司牧安骥集》中以桂心散（桂心、厚朴、当归、细辛、青皮、陈皮、牵牛子、桑白皮、童便）治马冷饮过多，伤脾作泻。

（3）温经止痛。本品性热能祛阴寒，味辛善行血滞以通血脉，故有温经散寒止痛之功。用于寒凝经脉之痹痛证，常配当归、芍药、细辛、甘草、木通、大枣，如当归四逆汤。用于痈疽久不收口，常配熟地、鹿角胶、白芥子等药内服；若阴疽未溃不散，可配丁香，调酒外敷。

【用量】马、牛 12 ~ 46 g，猪、羊 6 ~ 15 g，犬 2 ~ 5 g，兔、禽 1 ~ 2 g。

【禁忌】忌与赤石脂同用。阴虚发热、孕畜慎用。

【主要成分】本品含有肉桂油、肉桂酸、甲酯等成分。

【注】桂心是肉桂的中层，官桂是肉桂的细枝干皮，肉桂的细枝称为桂枝。

3）吴茱萸

为芸香科植物吴茱萸[*Evodia rutaecarpa*（Juss.）Benth.]、疏毛吴茱萸[*Evodia rutaecarpa*（Juss.）Benth. var. *bodinieri*（Dode.）Huang]或石虎[*Evodia rutaecarpa*（Juss.）Benth. var.

officinalis（Dode.）Huang］的将近成熟的果实。生用、炙用或经甘草水浸泡后（称淡茱萸）用。主要产于广东、湖南、贵州、浙江、陕西等地。

【性味、归经】辛、苦、温。有小毒。入肝、肾、脾、胃经。

【功效】温中止痛，降逆止呕。

【应用】

（1）温中止痛。本品辛热，善于温散肝脾之寒邪，善解厥阴之郁滞。用于肝胃寒气凝滞之腹痛，配小茴香、川楝子、乌药、青葱等。用于脾肾阳虚的久泻，配肉豆蔻、五味子、干姜等。用于脾胃寒湿阻滞，肠鸣腹泻，配陈皮、白术、苍术、茴香、乌梅等。如《活兽慈舟》中以温脾止泻汤（吴茱萸、胡椒、陈皮、当归、黄荆子、石菖蒲、乌梅、罂粟壳、麻黄、酒曲、姜汁、葱汁为引）治牛脾寒湿泻证。

（2）降逆止呕。本品苦能降逆止呕。用于胃寒脾虚所致的呕吐，配党参、半夏、砂仁、陈皮、生姜、大枣等。用于肝胃不和而致的呕吐，配黄连、柴胡、青皮、郁金、白芍、代赭石、旋覆花等。

（3）胃寒呕吐，配高良姜、半夏、生姜等。

本品亲热燥烈，易耗气讷火，故不宜多用、久服。

【用量】马、牛 12～46 g，猪、羊 3～10 g，犬 2～5 g。

【禁忌】血虚有热及孕畜慎用。

【主要成分】本品含挥发油（主为吴茱萸烯）、生物碱（吴茱萸正碱、吴茱萸次碱及吴茱萸甲碱、乙碱）。

4）其他温里药

其他温里药如表 10.9 所示。

表 10.9　其他温里药

药　名	性　味	归　经	功　能	主　治	用量参考
干姜	辛、温	脾、胃、肾、肺	温中回阳温肺化饮温经止血	脾胃虚寒，腹痛水泻，阳气欲脱，肺寒咳嗽，虚寒性出血	马、牛 15～60 g，猪、羊 6～15 g，犬、猫 1～3 g，兔、禽 0.3～1 g
艾叶	苦、辛、温	脾、肝、肾	散寒止痛温经止血安胎	虚寒腹痛，子宫出血，宫寒不孕，胎动不安	马、牛 15～45 g，猪、羊 6～12 g，犬、猫 1～3 g，兔、禽 1～2 g
小茴香	辛、温	肺、肾、脾、胃经	温中散寒行气止痛	疝气痛、中焦虚寒、气滞腹痛	马、牛 15～60 g，猪、羊 10～15 g，犬猫 1～3 g，兔禽 0.5～2 g

10.10　祛风湿药

凡能疏散留滞于经络、肌肉、筋骨间的风湿湿邪，以解除痹痛症的药物，称祛风湿药，或称发散风湿药。

这类药物分别具有祛风、除湿、散寒、活络、行痹、止痛的作用,可用于风湿痹痛证。

所谓风湿证,又称痹痛证,是风、寒、湿、热外邪客于经脉,致使脉道不利,经脉阻滞,气血循行失常,局部瘀滞作痛之证。《素问·痹论》中指出:"风、寒、湿三气杂至,合而为痹也。其风气胜者为行痹;寒气胜者为痛痹;湿气胜者为著痹也。"其症状:"或痛,或不痛,或不仁,或寒,或热,或燥,或湿。"所以然者,"痛者,寒气也多,有寒故痛也。其不痛不仁者,病久入深,营卫之行涩,经络时疏,故不痛,皮肤不营,故卫不仁。其寒者,阳气少,阴气多,与病相益,故寒也。其热也,阳气多,阴气少,病气胜,阳遭阴,故为痹热。"这不仅揭示了痹证的病因,还阐明了某些原因偏胜所出现的证型,为临床辨证论治提供了选药处方的依据。

祛风湿药,多属味辛气温之品,因辛能散能行,温能充腠理而温肌肉,通经络而利关节。有部分祛风湿药性偏寒凉,多用于热痹疼痛。还有少数兼有补肝肾的作用,多用于肝肾亏虚的筋骨痿软证。

现代医学认为,祛风湿药分别具有抗炎、抗过敏、镇痛、镇痉、镇静、解热、抗菌、强心、扩张血管、改善血液循环等作用,这都有利于风湿症状的改善。

临床应用祛风湿药,应依据病因及症状表现选药或配伍。如风气胜者,配祛风药;寒气胜者,配祛寒药;湿气胜者,配祛湿药;热偏胜者,配清热药;痹痛日久,病在肝肾者,宜配温补肝肾的药物。唯祛风湿药大多辛温芳燥,易伤阴耗血,故阴虚血亏者应慎用。

1)独活

为伞形科植物重齿毛当归(*Angelica pubescens* Maxim. f. *biserrata* Shan et Yuan)的干燥根茎。以条粗壮、油润、香气浓郁者为佳。切片生用。主要产于四川、陕西、云南、甘肃、内蒙古等地。

【性味、归经】辛、苦、微温。入肝、肾、膀胱经。

【功效】祛风胜湿,散寒止痛。

【应用】

(1)祛风胜湿。本品辛苦气香,善祛风胜湿,通络行痹,常用于痹痛证,尤以项背肌肉风湿,或下部风湿痹痛,麻木不仁者效佳。用于脊背风湿痛,配羌活、防风、藁本、川芎、蔓荆子,如羌活胜湿汤。用于四肢风湿痹痛,配牛膝、桑寄生、杜仲、续断等,如独活寄生汤。用于猪风湿瘫痪,配羌活、川乌、草乌、木瓜、苡仁、灵仙、防风、牛膝、甘草,用带肉猪骨为引炖熟内服。

(2)散寒止痛。本品辛散温通,以散发表邪,驱散寒邪,用于风寒外感之疼痛证。常配防风、羌活、白芷、川芎等,如荆防败毒散。

【用量】马、牛 30~45 g,猪、羊 6~15 g,犬 2~5 g,兔、禽 0.5~1.5 g。

【禁忌】血虚者忌用。

【主要成分】本品含挥发油、香豆精、独活醇、东莨菪素、当归酸及黄酮苷等。

2)木瓜

为蔷薇科植物贴梗海棠[*Chaenomeles speciosa* (Sweet) Nakai]的干燥成熟果实,以质坚实、味酸者为佳。蒸煮后切片用或炒用。主要产于安徽、浙江、四川、湖北等地。

【性味、归经】酸、温。入肝、脾经。

【功效】舒筋活络,化湿和胃。

【应用】

(1)舒筋活络。本品味酸入肝而舒筋,性温气香能祛湿,使湿去筋舒而痹痛拘挛可除。配牛膝、桑寄生、升麻、柴胡可治猪风湿痹痛、关节不利症。

(2)化湿和胃。本品芳香能醒脾和胃,可用于吐泻转筋,单用或配吴茱萸、黄连有效。如木瓜散(木瓜、茴香、吴茱萸、藿香、黄芩、黄柏、黄连、甘草、生姜)治牛猪反胃吐食、拉稀症。

【用量】马、牛 15~46 g,猪、羊 6~12 g,犬、猫 2~5 g,兔、禽 1~2 g。

【主要成分】本品含有皂苷、黄酮类、苹果酸、酒石酸、柠檬酸、维生素丙和鞣质。另含过氧化氢酶、过氧化物酶、酚氧化酶以及氧化酶等。

3) 桑寄生

为桑寄生科常绿小灌木,寄生于桑树皮上及柿树上的寄生植物桑寄生[*Taxillus chinensis* (DC.) Danser]的带叶茎枝。生用或酒炒用。主要产于河北、河南、广东、广西、浙江、江西及台湾地区。

【性味、归经】苦、平。入肝、肾经。

【功效】祛风湿,补肝肾,强筋骨,益血安胎。

【应用】

(1)祛风湿,补肝肾,强筋骨。本品有祛风湿兼补肝肾、强筋骨的作用。主要用于风湿痹痛、肝肾不足的筋骨痿软腰胯无力症。常配独活、牛膝、当归、杜仲等,如独活寄生汤。若四肢风湿加羌活、桂枝;腰胯疼痛加杜仲;痛无定处加防风、灵仙;疼痛剧烈加乳香、没药等。

(2)益血安胎。本品有养血补肾以安固胎元的作用,可用于胎动不安、胎漏下血等。用于血热胎动,配生地、熟地、白芍、山药、续断、黄芩、黄柏、阿胶、栀子、艾叶、香附等。用于气血虚之胎动,配当归、熟地、白芍、党参、黄芪、菟丝子等,如参芪四物汤。

【用量】马、牛 30~60 g,猪、羊 6~15 g,犬 3~6 g。

【主要成分】本品含广寄生苷、槲皮苷(水解后得槲皮素)等黄酮类。

4) 威灵仙

为毛茛科植物威灵仙(*Clematis chinensis* Osbeck)、棉团铁线莲(*Clematis hexapetala* Pall.)或东北铁线莲(*Clematis manshurica* Rupr.)的干燥根及根茎。以条匀、褐色、无残茎者为佳。生用或酒炒用。主要产于安徽、江苏等地。

【性味、归经】辛、温。入膀胱经。

【功效】祛风胜湿,通络止痛。

【应用】本品祛风胜湿,通络止痛功效良好,为常用治风湿痹痛要药。单用或复方用。用于痹痛偏风胜,配防风、羌活、荆芥、川芎等。用于痹痛偏寒胜,配细辛、桂枝、川乌、草乌、当归等。用于痹痛偏湿胜,配秦艽、萆薢、薏苡仁、木通、黄柏、牛膝。用于痹痛偏热胜,配黄柏、苍术、薏苡仁、忍冬藤、牛膝。

【用量】马、牛 15~60 g,猪、羊 3~12 g,犬、猫 3~5 g,兔、禽 0.5~1.5 g。

【主要成分】本品含白头翁素、白头翁醇、甾醇、糖类及皂苷。

5) 其他祛风湿药

其他祛风湿药如表 10.10 所示。

表 10.10　其他祛风湿药

药　名	性　味	归　经	功　能	主　治	用量参考
伸筋草	苦、辛、温	肝、脾、肾	祛风除湿 舒经活络	肌肉风湿,跌打损伤,瘀血作痛	马、牛 20～50 g,猪、羊 4～12 g
豨莶草	苦、寒、有小毒	肝、肾	祛风湿 利关节 清热解毒	风湿痹痛,痈疮肿毒,皮肤湿疹	马、牛 20～60 g,猪、羊 10～15 g,犬 5～8 g
五加皮	辛、苦、温	肝、肾	祛风湿 强筋骨 化湿消肿	风寒湿痹,筋骨萎软,腰膝疼痛,水肿或小便不利	马、牛 15～45 g,猪、羊 6～12 g,犬、猫 2～5 g,兔、禽 1～4 g
草乌	辛、苦、大热、有大毒	十二经	祛风除湿 温经止痛	寒湿痹痛,四肢麻木,里寒腹痛	马、牛 15～24 g,猪、羊 3～6 g

10.11　熄风镇痉药

本类药主要有平肝、泄热、镇痉、熄风的功效,临床主要用于温热病的热盛动风或惊风癫痫或破伤风等证。

现代药理研究表明,本类药物有降压、抗惊厥、镇静、抗组织胺、解热解毒等作用。对于头目晕眩和痉挛抽搐等证,能缓解其症状,促进疾病的好转。

1) 天麻

为兰科植物天麻(*Gastrodia etata* Bl)的干燥块茎。生用。主要产于四川、贵州、云南、陕西等地。

【性味、归经】甘、微温。入肝经。

【功效】平肝息风,镇痉止痛。

【应用】本品有息风止痉的作用,适用于肝风内动所致的抽搐拘挛之证,可与钩藤、全蝎、川芎、白芍等配伍;若用于破伤风,可与天南星、僵蚕、全蝎等同用,如千金散;用治偏瘫、麻木等,可与牛膝、桑寄生等配伍;用治风湿麻痹,常与秦艽、牛膝、独活、杜仲等配伍。

【用量】马、牛 20～45 g,猪、羊 6～10 g,犬、猫 1～3 g。

【禁忌】阴虚者忌用。

【主要成分】本品含香草醇、黏液质、维生素 A,甙类及微量生物碱。

2) 钩藤

为茜草科常绿木质藤本植物钩藤[*Uncaria rhynchopylla*(Miq.)Jacka.]、大叶钩藤(*Uncaria macrophylla* Wall.)或毛钩藤(*Uncaria hirsute* Havil.)等同属植物的干燥带钩茎枝及叶。生用,不宜久煎。主要产于广西、广东、湖南、江西、浙江、福建及台湾地区。

【性味、归经】苦、微寒。入肝、心包经。

【功效】熄风止痉,清热平肝。

【应用】

(1)熄风止痉。本品苦寒泄降,善清肝热以熄风解痉。用于热盛风动所致的痉挛抽搐,配生地、赤芍、丹皮、蝉蜕、全蝎等。用于幼畜抽风,配白僵蚕、全蝎、荆芥、薄荷、茯神、大黄、车前、明雄、竹叶、黄连等。

(2)清热平肝。本品善平肝阳,散风热,清头目。用于肝阳上亢、目赤肿痛、痉挛抽搐等证,配石决明、白芍、夏枯草、生牡蛎等。用于肝热目赤,配菊花、夏枯草、龙胆草、柴胡等。用于风热上冲的目赤,配蝉蜕、桑叶、菊花等。

因其有效成分为钩藤碱、加热后易破坏,故不宜久煎一般不超过 20 min。

【用量】马、牛 30 ~ 60 g,猪、羊 10 ~ 15 g,犬 5 ~ 8 g,兔、禽 1.5 ~ 2.5 g。

【禁忌】无风热及实火者忌用。

【主要成分】本品含钩藤碱和异钩藤碱,均属吲哚生物碱。

3)僵蚕

为蚕蛾科昆虫家蚕(*Bombyx mori* Linnaeus.)的幼虫在未吐丝前,因感染或人工接种淡色丝菌科白僵菌[*Beauveria bassiana* (Bals.)Vuillant.]致死的干燥体。生用或炒黄用。主要产于浙江、江苏、安徽等地。

【性味、归经】辛、咸、微寒。入肝、肺经。

【功效】熄风止痉,祛风止痛,化痰散结。

【应用】

(1)熄风止痉。本品辛能散风邪,祛风以止痉止痛。用于肝风内动及痰热所致的惊风、癫痫,常配钩藤、蝉蜕、胆南星、天竺黄等。用于风痰阻络之口眼歪斜,配白附子、全蝎、天南星等。用于风热目疾,配桑叶、荆芥、木贼、菊花、银花、决明子等。

(2)化痰散结。本品味咸以软坚,味辛以散结,能清利咽喉。用于风热所致的咽喉肿痛,配玄参、桔梗、甘草、牛蒡子。用于痰火郁结的瘰疬结核,配贝母、玄参、连翘、海藻、牡蛎等。用于皮肤瘙痒证,配荆芥、防风、地肤子、蛇床子、苦参等。

疏散风热多生用、其余常炒用。

【用量】马、牛 30 ~ 60 g,猪、羊 10 ~ 15 g,犬 5 ~ 8 g。

【主要成分】本品含蛋白质、脂肪及草酸钙等。

4)其他熄风镇痉药

其他熄风镇痉药如表 10.11 所示。

表 10.11　其他熄风镇痉药

药　名	性　味	归经	功　能	主　治	用量参考
僵蚕	辛、咸、微寒	肝、肺	熄风止痉 祛风止痛 化痰散结	癫痫、惊风、口眼歪斜、咽喉肿痛、皮肤搔痒	马、牛 30 ~ 60 g,猪、羊 10 ~ 15 g,犬 5 ~ 8 g

续表

药 名	性 味	归 经	功 能	主 治	用量参考
地龙	咸、寒	肝、肺、膀胱	清热止痉、祛风活络、利尿、平喘	热病痉挛、癫狂、湿热痹痛、热结尿闭、热病喘息	马、牛30～60 g,猪、羊10～15 g,犬、猫1～3 g,兔、禽0.5～1 g
乌蛇	甘、平	肝	祛风通络、止痉	风寒湿痹、顽固性类风湿性关节炎、惊痫痉挛	马、牛15～46 g,猪、羊6～10 g,犬2～3 g

10.12　安神开窍药

10.12.1　安神药

凡以镇静、宁神、除狂、定惊等为主要功效的药物,称安神药。临床用于多种原因所致的心神不宁、躁动不安、癫狂、惊痫等证候。

现代药理研究证明,安神药能降低大脑中枢的兴奋性,有镇静、催眠、降压的作用,有的尚有补血强壮、调整植物神经功能的作用,能缓解或消除惊恐、狂躁不安等证候。本类药物可分为重镇安神和养心安神两类。重镇安神药多为金石介壳类,有的尚具毒性,有副作用,尤其易伤胃气,引起食欲不振或消化不良,不可久服滥用;养心安神药多为植物类药,副作用小,可多用久服。

临床应用安神药,应注意灵活配伍。若为发热所致者,配清热药;肝阳亢盛者,配平肝潜阳药;心火偏亢者,配清心降火药;痰迷心窍者,配祛痰药;血虚者,配养血药;阴虚者,配养阴药。

1)朱砂

为硫化物类矿物辰砂族辰砂,主要含硫化汞,又称丹砂。研末或水飞用。忌用火煅,因见火即析出水银。主要产于湖南、湖北、四川、广西、贵州、云南等地。

【性味、归经】甘、寒。有毒。入心经。

【功效】镇心安神,解毒。

【应用】

(1)镇心安神。本品质重以镇静安神,其性寒能清心热。用于心火上炎的心神不安,配茯神、黄连、党参、猪胆汁,如朱砂散。癫痫抽风,配全蝎、茯神等,如癫痫散(朱砂、雄黄、茯苓、全蝎)。

(2)解毒。本品解毒作用良好,主要用于疮疡肿毒,常与雄黄为末外涂。

【用量】马、牛3～10 g,猪、羊0.9～1.5 g,犬0.05～0.45 g。

【禁忌】忌用火煅;多服易引起汞中毒。

【主要成分】本品含硫化汞,常混有少量黏土及氧化铁、氧化镁等杂质。

2)远志

为远志科多年生草本植物远志(*Polygala tenuifolia* Willd.)或卵叶远志(*Polygala sibirrica* L.)的根或根皮。去心,生用或炙用。主要产于山西、陕西、吉林、河南等地。

【性味、归经】辛、苦、微温。入心、肺经。

【功效】安神、祛痰、消肿。

【应用】

(1)安神。本品苦辛,性温,有苦泄辛散温行之功,能通心窍,散郁气。用于心神不安,配朱砂、茯苓、柏子仁、菖蒲等。如《元亨疗马集》中以镇心散(朱砂、茯神、远志、栀子、黄连、黄芩、郁金、麻黄、人参、防风、甘草、胆汁)治马心风黄。

(2)祛痰。本品有祛痰、开窍的作用。用于痰阻心窍所致的痰迷心窍、癫痫等,配茯苓、钩藤、全蝎、僵蚕、蝉蜕、石决明、麦冬、天麻等。

(3)消痈。本品尚有消散痈肿作用,可用于痈疽、乳房肿胀等。单用本品为末,酒冲服,或调敷患部。

【用量】马、牛 15~45 g,驼 45~90 g,猪、羊 5~10 g,犬 3~6 g,兔、禽 0.5~1.5 g。

【禁忌】过量可致恶心、呕吐,有胃炎者慎用。

【主要成分】本品含远志皂苷、糖、远志酸、远志素等。

10.12.2　开窍药

凡具有通关开窍、启闭祛邪、醒神回苏作用的药物,称开窍药。因药气芳香,又称芳香开窍药。

本类药物临床上主要用于窍闭神昏证。本证主要由高热风痰壅塞、气滞郁结或寒气内闭所致,也可由大汗、大下、大失血所致。临床分证常有热闭、寒闭、虚闭、实闭的区别。若属痰热内闭,证见高热神昏,或癫狂惊痫,或牙关紧闭等,常配清热化痰、熄风解痉药;若属寒痰内闭者,证见形如酒醉,站立如痴,偏头直颈,眼目歪斜等,常配温化寒痰、理气解郁药。

本类药物多辛散走窜,常耗气损阳,临床主要用于实闭,一般作急救暂用,不可过用,待回苏后再辨证论治。若属虚证脱证,非本药所宜。

1)菖蒲

为天南星科多年生草本植物石菖蒲(*Acorus tatarinowii* Schott)的干燥根茎。鲜用或生用。主要产于四川、浙江等地。

【性味、归经】辛、苦、温。入心、肝、胃经。

【功效】芳香化湿,开窍醒神。

【应用】

(1)芳香化湿。本品芳香能化湿,有醒脾健运之功,使脾胃健运,湿浊自化。可用于湿滞脾胃之腹胀、腹痛、少食纳呆等证,单用或配藿香、厚朴、郁金、陈皮等。用于湿热泻痢,排粪不畅,粪中挟黏膜,可配黄连、大黄、苦参、木香、枳壳等。

(2)开窍醒神。本品芳香开窍,用于痰湿蒙蔽心窍、清阳不升所致的神智昏迷证或热痰蒙闭心窍的狂躁症。常配茯神、远志、炒枣仁、胆南星、黄连、麦冬、大黄、青皮、栀子、郁金、生甘草、蜜、鸡子清等。如安神镇静散。

(3)辟秽。本品芳香,民间习惯用以配贯众、白矾,用棕叶保好入水缸作饮水消毒。或配白芷、苍术,作熏烟剂,用于畜舍辟秽。《卫生简易方》中以本品配淡竹叶、粉葛、郁金、绿豆、苍术、蜜、芭蕉油等内服,治牛瘴疫。《活兽慈舟》用本品配贯众、桃柳叶、木香,常泡小便灌服可以"避瘟灾"。又认为在四时瘟疫流行时,用菖蒲、黄荆叶捣碎,时时熏之,自不染疫。

【用量】马、牛 20 ~ 60 g,猪、羊 10 ~ 15 g,犬、猫 3 ~ 5 g,兔、禽 1 ~ 1.5 g。

【主要成分】本品含挥发油(油中主要为细辛醚、β-细辛醚)、氨基酸和糖类及酚性物质等。

2)冰片

为龙脑香科常绿乔木植物龙脑香(*Dryobalanops aromatica* Gaertn. f.)的树脂加工而成,或由菊科多年生草本植物大风艾(*Blumea balsamifera* DC.)的鲜叶经蒸馏、冷却所得的结晶品,称"艾片",或以松节油、樟脑为原料化学方法合成。我国合成冰片和艾片均比进口品佳。成品应放阴凉处,密闭,用时不能经火。主要产于广东、广西及上海、北京、天津等地。

【性味、归经】辛、苦、微寒。入心、肝、脾、肺经。

【功效】开窍醒神,清热消肿止痛。

【应用】

(1)开窍醒神。本品为芳香走窜之品,内服有开窍醒神之效,但效力不及麝香。用于神昏惊厥等证,常与麝香同用。

(2)清热止痛。本品辛以散结,寒以泄热,故有清热止痛、防腐止痒之效。常用于各种疮疡,配枯矾、红参、煅石膏等外用。用于目赤肿痛,睛生翳膜,单用点眼,或配炉甘石、硼砂、银珠、朱砂、熊胆、硇砂等,如拨云散。

(3)咽喉肿痛。口舌生疮,配元明粉、硼砂、朱砂、如冰硼散。

【用量】入丸、散剂用,不宜煎煮。马、牛 3 ~ 6 g,猪、羊 1 ~ 1.5 g,犬 0.5 ~ 0.75 g。

【禁忌】气虚和孕畜忌用。

【主要成分】合成冰片为消旋龙脑;艾片为左旋龙脑。

3)其他安神开窍药

其他安神开窍药如表 10.12 所示。

表 10.12　其他安神开窍药

药　名	性　味	归　经	功　能	主　治	用量参考
柏子仁	甘、平	心、脾	养心安神润肠通便	心神不宁、躁动不安、体虚多汗、血虚肠燥便秘	马、牛 30 ~ 60 g,猪、羊 10 ~ 20 g,犬 5 ~ 10 g
合欢皮	甘、平	心、肝	宁心安神活血消痈	心神不安、关节肌肉慢性劳伤疼痛、肺痈疮肿	马、牛 25 ~ 60 g,猪、羊 10 ~ 15 g

续表

药 名	性 味	归 经	功 能	主 治	用量参考
皂角	辛、咸、温、有小毒	肺、大肠	开窍祛痰消肿	热闭昏迷、癫痫痰盛、风痰阻闭、消肿毒	马、牛 20 ~ 40 g,猪、羊 5 ~ 10 g,犬 1 ~ 5 g
牛黄	苦、甘、凉	心、肝	开窍定惊清热解毒	高热神昏、痰迷心窍之癫狂症、咽喉肿痛、口舌生疮、痈疽疔毒、痉挛抽搐	马、牛 3 ~ 12 g,猪、羊 0.6 ~ 2.4 g,犬 0.3 ~ 0.8 g,兔、禽 0.1 ~ 0.3 g

10.13 平肝明目药

凡有疏散肝经风热、清解肝经热邪、明目退翳作用的药物,称平肝明目药或清肝明目药。眼目疾患很多,其表现的症状各异。如因肝受风热者,则表现目赤肿痛、羞明流泪等;如因血枯精亏者,则视物不清,碧晕内障;如因心肝郁火,或异物入侵,或眼睛外伤,则赤白外障,或胬肉翻睛等。在临床中,应根据目疾原因,适当配伍疏散风热或清泻肝火,或滋养肝肾药物;或外治,或内治,灵活应变,才能收到较好疗效。

1) 夜明砂

为蝙蝠科动物蝙蝠(*Vespertilio superans* Thomas.)或菊头蝠科动物菊头蝠(*Rhinolophus ferrumequinum* Schreber.)的粪便。生用。主要产于我国南方各地。

【性味、归经】辛、寒。入肝经。

【功效】清肝明目,散瘀消积。

【应用】本品能明目退翳,兼能消淤积,用于肝热目赤,白睛溢血,可单用或配桑白皮、黄芩、赤芍、丹皮、生地、白茅根等同用;用治内外障翳,可与苍术等配伍。

【用量】马、牛 30 ~ 45 g,猪、羊 10 ~ 15 g,犬 5 ~ 8 g。

【禁忌】孕畜忌用。

【主要成分】本品含尿素、尿酸、胆甾醇及少量维生素 A 等。

2) 石决明

为鲍科动物杂色鲍(*Haliotis diversicolor* Reeve)或皱纹盘鲍(*Haliotis Discus Hannai* Ino.)的贝壳。打碎生用或煅后碾碎用。主要产于广东、山东、辽宁等地。

【性味、归经】咸、寒。入肝经。

【功效】平肝潜阳,清肝明目。

【应用】

(1)平肝潜阳。本品咸寒泄降,质重能镇,清降肝火的作用较好。用于肝阳偏亢之证,配夏枯草、白芍、枸杞、菊花、生牡蛎、生龙骨、钩藤等。如钩藤散用石决明。

（2）清肝明目。本品质重降下,咸寒泄热,清肝明目且能养阴。用于肝阴不足,肝虚有热的眼疾,配菊花、决明子、夏枯草、龙胆草、熟地、枸杞子等。如《司牧安骥集》中所载决明散（石决明、蕤仁、黄连、黄柏、秦皮、栀子、甘草）治马眼内青白晕、眼肿流泪等。用于肝火上炎的目赤肿痛,配菊花、木贼、蝉蜕、夏枯草、决明子等。

【用量】马、牛 30~60 g,驼 45~100 g,猪、羊 15~25 g,犬、猫 3~5 g,兔、禽 1~2 g。

【主要成分】盘大鲍的贝壳含硫酸钙 90% 以上,有机质约 3.67%,尚含少量镁、铁、硅酸盐、磷酸盐、氯化物和微量的碘。煅后碳酸盐分解产生氧化钙。

3) 青葙子

为苋科植物青葙（*Celosia Argentea* L. ）的干燥成熟种子。生用。全国大部分地区均有分布。

【性味、归经】苦、微寒。入肝经。

【功效】清肝火,明目退翳。

【应用】本品苦寒,能祛风热,泻肝火,明目退翳,用于肝经风热之目赤肿痛、怕光流泪等。常配决明子、夏枯草、菊花、密蒙花等。如《元亨疗马集》中之青葙子散（青葙子、菊花、决明子、石决明、防风、蝉蜕、木贼、黄连、苍术、龙胆草、黄芩、郁金、甘草）治马骨眼磨眼、睛肿泪下。四川畜牧兽医学院彭代国以本方为基础加减,改作汤剂,试治水牛肝经风热,云翳遮睛,胬肉翻睛,疗效甚佳。

【用量】马、牛 15~30 g,猪、羊 3~10 g,兔、禽 0.5~1.5 g。

【禁忌】肝肾亏虚及瞳孔散大者忌用。

【主要成分】本品含青葙子油、烟酸及硝酸钾等。

4) 其他平肝明目药

其他平肝明目药如表 10.13 所示。

表 10.13 其他平肝明目药

药 名	性 味	归 经	功 能	主 治	用量参考
决明子	甘、苦、微寒	肝、大肠	清肝明目润肠通便	肝经风热、目赤肿痛、羞明流泪、大便燥结	马、牛 20~60 g,猪、羊 10~15 g,犬 5~8 g,兔、禽 1~5 g
谷精草	甘、微寒	肝、胃	疏风散热明目退翳	风热目疾、羞明流泪、翳膜遮眼	马、牛 30~60 g,猪、羊 10~15 g,犬 5~8 g,兔、禽 1~3 g
刺蒺藜	甘、辛、微温	肝	平肝明目祛风止痒	肝经风热、目赤肿痛、生睛翳膜、风疹瘙痒、肝气郁结之乳闭不通	马、牛 20~60 g,猪、羊 10~15 g,犬 5~8 g
木贼	甘、苦、平	肝、肺	疏风热退翳膜	风热目赤肿痛、羞明流泪、睛生翳膜	马、牛 20~60 g,猪、羊 10~15 g,犬 5~8 g

10.14　补益药

凡能调补家畜气血阴阳,改善虚弱状态,提高抗病能力,从而防治各种虚弱证的药物,称补益药或补虚药。

所谓虚证,即虚损劳伤的简称。虚证是脏腑亏损、元气虚弱所致的多种慢性病的总称。凡先天不足、后天失养、劳损太过、久虚不复而表现出各种亏损证候者,都可归入虚证的范围。在辨证分型上,常根据损及的脏腑情况,以阴阳气血为纲,脏腑表里为目,将虚证分为多种证型。在论治时,根据《内经》提出的"损者益之""劳者温之""形不足者,温之以气;精不足者,补之以味"的基本法则,重点在调补气血阴阳。对于脏腑虚损,又主要在调补肺、脾、肾三脏。《难经·十四难》以五脏虚损立论,根据五脏的特点提出了"损其肺者,益其气;损其心者,调其营卫;损其脾者,调其饮食,适其寒温;损其肝者,缓其中;损其肾者,益其精"的治疗大法。《理虚元鉴》谓:"治虚有三本,脾、肺、肾是也。肺为五脏之天,脾为百骸之母,肾为性命之根。治肺治肾治脾,治虚之道毕矣。"以上这些治虚损要领,兽医临床上均可借鉴。

凡虚证以阴阳气血为纲,故补益药根据其作用亦可分为补气药、补血药、补阴药、补阳药四类。临床应根据虚证的不同证型,选用相应的补益药。但家畜的气血阴阳有着相互依存的关系;阳虚者多兼气虚,而气虚者每易导致阳虚,阴虚者每兼血虚,而血虚者每易导致阴虚。因此,补气与助阳、补血与养阴并举,或补阳以配阴,或补阴以配阳,或气血双补,或阴阳兼顾,才能收到较好疗效。

兽医临床上使用补益药,虽然是一种治疗手段,但在许多疾病的治疗过程中不能消极地使用补法,而应积极地加强饲养管理,特别当机体功能正常时,只因饲养不当或失调时产生的某些虚弱证,尤其要注意管理而不要迷信药物,克服重药轻畜的思想。

现代研究证明,补益药具有以下作用:兴奋中枢神经系统,增强机体的抗病能力或修复能力;刺激造血器官,增强造血功能;保护肝脏,防止肝糖原的减少;保护肾脏,防止蛋白质流失;改善机体血液循环及营养状况,促进性腺及机能;等等。

使用补益药注意事项:首忌不当补而误补,再忌当补而补之不当。一般慢性虚证,宜缓补调养,不能骤补;若阴阳气血暴脱之证,宜用大补峻剂,不宜缓图;补阳药的应用,首先必须兼顾脾胃,使脾胃机能恢复,补阳方能发挥作用;补气必兼行气,补血必兼行血;补血药及补阴药多甘寒滋腻,凡脾虚有湿,食少便溏或脾肾阳虚,中气不足应忌用;助阳药多温燥,阴虚火旺者忌用;凡湿邪未尽的病证,或实证反见虚象,或虚证反见实象,不宜滥用补药,以免滋补恋邪,须找出疾病的本质,或祛邪或攻补或扶正,不能仅凭外表假象用药,以免造成"虚虚""实实"之弊;滋补之品多用散剂或文火久煎,才能发挥药效。

10.14.1　补气药

补气药以补益脏气、纠正脏气虚表为功效,临床用于治疗多种气虚证。中兽医学里的"气虚"证,泛指各器官、系统生理功能不足,尤其是消化系统和呼吸系统的生理功能不足。因"脾为后天之本,生化之源;肺为纳气之海,主一身之气"。然肺气的来源,全赖于脾胃的

"受纳""运化"水谷以充养,脾气充则肺气自足,故健脾可以益气,培土可以生金。李时珍说:"脾乃元气之母,肺乃摄气之龠",故"气虚"常指的是脾气虚和肺气虚两种。脾气虚损,则每见神疲体倦,行走无力,劳役无力,或食欲不振,肚腹虚胀,大便溏泻,甚则水肿,脱肛或脱宫等证。肺气虚损,则呼吸气微,动则气喘,叫声低沉,容易出汗,容易外感或咳嗽无力,气不接续等证。

补气药性味多甘温或甘平,大多数药,主要入脾、肺、胃经,临床主用于脾肺气虚证。盖"气为血帅,血为气母""气虚不能生血,血虚无以生气,然气旺则血自生矣",因此,补气药亦可用于血虚证,在补血方中常加补气药,以达补气生血之效。其次,气虚常导致阳虚,气虚与阳虚同时存在时,常将补气药与温阳药并用。

现代临床的某些疾病,如慢性气管炎、肺气肿、哮喘证、肺心病、溃疡病、慢性胃炎、慢性肠炎、慢性痢疾、消化功能低下、脱肛、慢性肝炎、营养不良、贫血、慢性肾炎以及多种传染病的后期,常出现各种气虚证候,因此均可辨证地应用补气药。

补气药具有多方面的作用:兴奋中枢神经系统,增强机体的抗病能力;强心;刺激造血器官,增强造血功能;促进性机能;改善机体血液循环及营养状况;保护肝脏,防止肝糖原的减少;保护肾脏防止蛋白质的流失,此外尚有类似肾上腺皮质激素样作用。

有的补气药有一定的滋腻性,过量常致腹胀,食欲减少。补气常兼行气,在补气药方中宜加少许木香、枳壳、厚朴等。

1)党参

为桔梗科多年生草本植物党参[*Codonopsis pilosula*(Franch.)Nannf.]、素花党参[*Codonopsis pilosula* Nannf. var. *modesta*(Nannf.)L. T. Shen]或川党参(*Codonopsis tangshen* Oliv.)的干燥根。生用或蜜炙用。野生者称野台党,栽培者称潞党。主要产于东北、西北、山西及四川等地。

【性味、归经】甘、平。入脾、肺经。

【功效】补中益气,补血生津。

【应用】

(1)补中益气。本品甘平,能补中益气,健脾和胃,功同人参,而力稍逊,临床应用于各种气虚证。用于肺气虚弱,气短声低,动则易喘,配黄芪、白术、五味子、炙冬花等。用于脾胃虚弱,少食便溏,四肢无力,配白术、茯苓、苍术、陈皮、砂仁、木香等。用于脾虚水肿,配茯苓、白术、猪苓、前仁、附子等。用于中气下陷所致直肠脱出或子宫脱出,配陈皮、升麻、柴胡、白术、黄芪等。如《抱犊集》中以升阳举陷汤(党参、黄芪、柴胡、升麻、当归、陈皮、川芎、甘草)治疗牛子宫外脱。

(2)补血生津。本品可通过补气以生血,益气以生津,用于因脾胃气虚所致的血虚津液不足之证。用于血虚,配鸡血藤、当归、白芍、熟地等;津液不足者,配生地、石斛、白芍、花粉、麦冬等。

【用量】马、牛 20 ~ 60 g,猪、羊 5 ~ 10 g,犬 3 ~ 5 g,兔、禽 0.5 ~ 1.5 g。

【禁忌】反藜芦。

【主要成分】本品含皂苷、蛋白质、维生素 B_1、维生素 B_2、生物碱、菊糖等。另有明党参为伞形科植物明党参的根。性味甘、微苦、寒;能润肺化痰,养阴和胃,与党参并非一物,效用有差别。

2) 黄芪

为豆科多年生草本植物膜荚黄芪[*Astragalus membranaceus* (Fisch.) Bge.]或蒙古黄芪 [*Astragalus membranaceus* (Fisch.) Bge. var. *mongholicus* (Bge.) Hsiao]的干燥根。生用或蜜炙用。主要产于甘肃、内蒙古、陕西、河北及东北、西藏等地。

【性味、归经】甘、微温。入脾、肺经。

【功效】补气升阳,固表止汗,托毒生肌,利水退肿。

【应用】

(1)补气升阳。本品甘温益气,为主要的补气药,用于脾肺气虚所致的多种证候。用于多种疾病后期气虚证,配党参、白术、炙甘草等。气虚兼阳衰的形寒肢冷,配附子、干姜、甘草等。用于血虚证,配当归,如当归补血汤。用于中气下陷证,配党参、升麻、柴胡、白术、陈皮等,如补中益气汤。

(2)固表止汗。本品生用能固表止汗,用于马属动物表卫不固的多汗证。若阳虚多汗,配牡蛎、浮小麦、麻黄根、白术等;阴虚盗汗,配熟地、知母、黄柏等。

(3)托毒生肌。本品温养脾胃而生肌,补益元气而托毒,能促进脓疮的早溃和肌肉的新生。用于气血不足,脓疮久不溃破,配当归、白芷、皂角刺等。用于疮疡内陷,久溃不敛,配党参、肉桂、熟地、当归、川芎、银花等。

(4)利水消肿。本品益气健脾,利水消肿,用于脾气虚弱所致小便不利,水湿停滞的水肿,常配防己、白术、薏苡仁、茯苓等。如《元亨疗马集》中以益气黄芪散(黄芪、党参、升麻、白术、茯苓、泽泻、生地、青皮、黄柏、甘草)治马慢草、四肢虚肿无力。

【用量】马、牛 20～60 g,驼 30～80 g,猪、羊 5～15 g,犬 5～10 g,兔、禽 1～2 g。蜜炙可增强其补益作用。

【禁忌】阴虚火盛、邪热实证不宜用。

【主要成分】本品含 2',4'-二羟基-5,6-二甲氧基异黄酮、胆碱、甜菜碱、氨基酸、蔗糖、葡萄糖醛酸及微量叶酸。蒙古黄芪含 β-谷甾醇、亚油酸及亚麻酸等。

3) 白术

为菊科多年生草本植物白术(*Atractylodes macrocephala* Koidz.)的干燥根茎。用水或米泔水浸软切片生用或麸炒、土炒用。主要产于浙江、安徽、湖南、湖北及福建等地。

【性味、归经】甘、苦、温。入脾、胃经。

【功效】补脾益气,燥湿利水,固表止汗。

【应用】

(1)补脾益气。本品甘香而温,能健脾胃之运化,为补脾益气的要药。用于脾胃气虚证,少食腹泻,配党参、茯苓、甘草、神曲、麦芽、山楂、陈皮等。用于脾胃虚寒,脘腹冷痛或呕吐等,配党参、干姜、吴茱萸、半夏、陈皮、甘草等,如理中汤。

(2)燥湿利水。本品苦温,既能健脾又能燥湿利水。用于脾阳不运,水湿内停的口吐清涎和胃内停水,配茯苓、半夏、桂枝、附子、甘草、泽泻等。用于水湿外溢之水肿,配茯苓、泽泻、猪苓、桂枝,如五苓散。

(3)固表止汗。用于马骡的表虚多汗证,配黄芪、浮小麦、煅龙骨等。

(4)安胎。本品与黄芩合用可用于胎动不安证。如《元亨疗马集》中将白术散(白术、黄芩、苏梗、当归、川芎、党参、砂仁、甘草、熟地、白芍、阿胶、陈皮、生姜)用于气血虚损所致的胎动不安。

【用量】马、牛 20 ~ 60 g,驼 30 ~ 90 g,猪、羊 10 ~ 15 g,犬、猫 1 ~ 5 g,兔、禽 1 ~ 2 g,炒用可增强补气健脾止泻作用。

【主要成分】本品含挥发油(1.5%),油中主要成分为苍术醇合苍术酮,并含维生素 A 样物质。

10.14.2　补血药

凡具有益血复脉功效,能消除或改善血虚证候的药物,称补血药。引起血虚证的原因很多,主要为生血不足或耗血过多,它与心、肝、脾、肾关系最为密切。其临床表现为口色苍白,皮毛无光,蹄甲枯槁,心动无力,神疲力乏。若母畜冲任脉虚,则不发情或发情紊乱,或胎动,或早产,或流产等。

临床论治血虚证,主要采取甘平补血法,并注意调理肝、心、脾、肾的功能。中兽医所谓的补血药,不在于补有形之血,而在于通过滋养强壮,改善全身的营养状况和脏腑的功能,完成生化作用。李东垣说:"血不能自生,须得生阳气之药,血自旺矣。""血虚以人参补之,阳旺则能生阴血。"这些论述指出了功能与物质、气与血的相互关系。

其次,血虚与阴虚往往在病机上互为因果,在证候上也常互见,因而补血药常与养阴药同用,相辅相成,对调治血虚与阴虚有相得益彰之效。

补血药多偏滋腻,多用久服常有碍脾胃运化,故常与健脾药物配伍应用。凡湿滞中满者忌用。

1)熟地

为玄参科多年生草本植物地黄[*Rehmannia glutinosa*(Gaertn.) Libosch.]块根的加工制品,通常加砂仁、陈皮、酒经反复蒸晒而成。切片用。主要产于河南、浙江、北京,其他地区也有生产。

【性味、归经】甘、微温。入心、肝、肾经。

【功效】补血,滋肾肝阴,益肾精。

【应用】

(1)补血。本品甘温,补血生精,为补血要药,用于血虚诸证。用于马牛产后血虚,配当归、白芍、川芎、党参、白术、茯苓、香附、玄胡、甘草等。血虚胎动不安,配当归、川芎、党参、白术、茯苓、砂仁、大枣、甘草、苏梗等。

(2)滋阴。本品质润多液,滋肾养阴,用于肝肾不足之虚证,常配山药、山萸肉、牡丹皮等。如《元亨疗马集》中以地黄散(生地、熟地、天冬、地骨皮、当归、人参、黄连、黄芩、枳壳、柴胡、甘草)治马阴虚所致的碧晕浸睛,不能顾物。

【用量】马、牛 30 ~ 60 g,猪、羊 5 ~ 15 g,犬 3 ~ 5 g。

【禁忌】本品性质滋腻,有碍运化,脾虚湿盛者忌用。

【主要成分】本品含梓醇、地黄素、维生素 A 样物质、葡萄糖、果糖、乳糖、蔗糖及赖氨酸、组氨酸、谷氨酸、亮氨酸、苯丙氨酸等,还含有少量磷酸。

2）当归

为伞形科多年生草本植物当归[*Angelica sinensis* (Oliv.) Diels]的干燥根。切片生用或酒炒用。主要产于甘肃、宁夏、四川、云南、陕西等地。

【性味、归经】甘、辛、温。入肝、脾、心经。

【功效】补血调经，活血止痛，润肠通便。

【应用】

（1）补血调经。本品味甘能补血，为治血虚证的要药。用于一般血虚证，常配熟地、白芍、川芎、枸杞子等。用于气血两虚证，配大剂量的黄芪以补气生血，如《牛经备要医方》中以归芪益母汤（当归、黄芪、益母草）治牛气血俱虚，困倦无力，多眠或产后血虚等证。用于血虚母畜发情紊乱或不孕，可配黄芪、淫羊藿、益母草、香附、川芎、延胡索、丹参、续断、杜仲、甘草等。用于血虚胎气浮肿，配熟地、白芍、枸杞、茯苓、白术等，如《元亨疗马集》中以当归散（当归、熟地、白芍、川芎、枳实、青皮、红花）治马妊娠浮肿（胎气）。血虚兼阴虚盗汗，配生地、黄柏、熟地、龙骨等。如山东牧医学校用《兰室秘藏》中的当归地黄汤（当归、生地、熟地、黄芩、黄柏、黄连、黄芪）加生龙骨、生牡蛎，煎水服，治大家畜夜间除寒证，获效。

（2）活血止痛。本品补血又兼活血。用于血虚有寒的腹痛，常配干姜、青皮、砂仁等。用于产后血虚腹痛，配川芎、桃仁、红花、炮姜、益母草等。用于跌打损伤肿痛，配红花、桃仁、乳香、没药、郁金等。

（3）润肠通便。本品质润甘缓，有润燥滑肠作用，用于阴虚内热、肠燥便秘。

一般生用，为加强其活血之力，可酒炒用。

【用量】马、牛 15～60 g，驼 35～75 g，猪、羊 10～15 g，犬、猫 2～5 g，兔、禽 1～2 g。

【禁忌】阴虚内热者不宜用。

【主要成分】本品含挥发油（0.2%～0.4%）、水溶性生物碱、正-戊酸邻羧酸、正十二烷醇、β-谷甾醇、香柠檬内酯、脂肪油、棕榈酸、维生素 B_{12}、维生素 E、烟酸、蔗糖等。

3）阿胶

为马科动物驴（*Equus asinus* L.）的皮去毛熬煮加工而成的胶块。溶化冲服或用蛤粉炒成珠用。古时主要产于东阿（今山东阿县），因而得名。主要产于山东、浙江。此外，北京、天津、河北、山西等地也有生产。

【性味、归经】甘、平。入肝、肺、肾经。

【功效】补血止血，滋阴润肺。

【应用】

（1）补血止血。本品甘平、黏滞，既能补血又能止血。用于多种血虚证，配当归、熟地、黄芪、党参、陈皮、白术等。用于各种出血，无论寒热虚实均可配伍。肺出血，配白芨；血热鼻衄，配生地、槐花、旱莲草、白茅根等；大便出血，配槐花、地榆；母畜妊娠期阴道出血，配艾叶、当归、地黄、芍药等；尿血，配白茅根、大蓟、黄柏等。

（2）滋阴润肺。本品甘平而润，有滋补肾阴、润肺止咳作用，用于肺虚肺燥咳嗽，配马兜铃、大力子、杏仁、甘草；若配栀子、黄柏、茵陈、白芨、杏仁、瓜蒌、甘草，可治大家畜肺热咳嗽，喘息有声，鼻流脓涕证。

烊化兑服。

【用量】马、牛 15～60 g,猪、羊 10～15 g,犬 5～8 g。

【禁忌】本品性滋腻,内有瘀滞及有表证者不宜用。

【主要成分】本品含骨胶原,与明胶相类似。水解生成多种氨基酸,但赖氨酸较多,还含有胱氨酸、硫、钙等。

4) 白芍

为毛茛科多年生草本植物芍药(*Paeonia lactiflora* Pall.)的干燥根。生用、酒炒或炒炭用。主要产于东北、河北、内蒙古、陕西、山西、山东、安徽、浙江、四川、贵州等地。

【性味、归经】苦、酸、微寒。入肝、脾、肺经。

【功效】养血敛阴,泻肝安脾,缓急止痛止汗。

【应用】

(1)养血敛阴。本品能养血敛阴,调和营卫。用于营血虚弱证,配熟地、当归、川芎、阿胶、枸杞等。用于外感表证汗出不畅者,配桂枝、大枣、生姜等。用于肝阴不足的筋骨拘挛,配甘草、当归、熟地、山萸肉、女贞子、木瓜等。

(2)泻肝安脾。本品苦酸主肝,能平肝泻火,疏解肝经气滞,柔肝和脾而止疼痛。用于胸胁疼痛,配柴胡、当归、白术、茯苓、薄荷、枳实、甘草等。用于湿热泻痢,里急腹痛,配黄芩、大黄、槟榔、木香、黄连、甘草等,如芍药黄芩汤。

【用量】马、牛 15～60 g,驼 30～100 g,猪、羊 6～15 g,犬、猫 1～5 g,兔、禽 1～2 g。

【禁忌】反藜芦。

【主要成分】本品含芍药苷(3.1%)及少量氧化芍药苷、β-谷甾醇、鞣质(12.6%)、少量挥发油、苯甲酸(约1.07%)、树脂、淀粉、脂肪油、草酸钙等。

10.14.3　滋阴药

凡能滋补阴分,改善或消除阴虚证候的药物,称为养阴药或滋阴药。阴虚证可分为心阴虚、肝阴虚、脾阴虚、胃阴虚、肺阴虚、肾阴虚等。它们共有的症状为形体羸瘦,潮热低烧,阴津亏耗,舌红少苔,脉象细数等。

阴虚证发生的原因较多,常发于温热病的后期或慢性消耗性病的过程中,它与五脏的关系密切,尤其与脾、肾关系最密切,因此脾肾的亏损是造成阴虚证的根源。养阴的药物,主要是滋阴生津作用,可广泛用于阴津不足之证。所谓"留得一分津液,便有一分生机",说明了滋阴在治疗某些虚损证方面的重要性。

依据"阴阳互根"的理论,滋阴药常配合补阳药用。此即所谓"无阳则阴无以生""善补阴者,必于阳中求阴,则阴得阳升而源泉不竭"。

目前对滋阴药的药理研究表明,滋阴药的作用有:促进胃液分泌,帮助消化;降低血糖,强心;镇咳化痰;通便,利尿;抑制脂肪在肝内沉积和促进肝细胞的新生;解热抗菌;补充机体缺少的某些物质等。

本类药物多属甘凉滋润,虽然通用于阴虚证,但仍须依据阴虚原因适当选择配伍。如热病伤阴而热邪未尽者,配清热药;阴虚阳亢者,配潜阳药;阴虚内热者,配清虚热药;阴虚兼有血虚者配补血药。唯本类药物多属甘凉滋腻,容易影响消化,故脾气虚弱、内湿、痰阻、腹胀、粪便稀溏者不用。

　　1）沙参

　　为桔梗科植物轮叶沙参[*Adenophora tetraphylla*(Thunb.)Fisch.]、沙参(*Adenophora stricta* Miq.)或伞形科植物珊瑚菜(*Glehnia littoralis* F. Schm. ex Miq.)等的干燥根。前两种习称南沙参,后者习称北沙参。切片生用。南沙参主要产于安徽、江苏、四川等地,北沙参主要产于山东、河北等地。

　　【性味、归经】甘、微寒。入肺、胃经。

　　【功效】清肺润燥,养胃生津。

　　【应用】两种沙参作用相似,但北沙参养阴作用较强,而南沙参祛痰作用较好。

　　（1）清肺润燥。本品寒能清热,甘能润燥,有清肺热、润肺燥、养肺阴之效。用于肺虚久咳,热伤肺阴的干咳。尤以肺阴虚之燥咳证相宜,常配麦冬、天花粉、玉竹、冬桑叶、生扁豆、生甘草,如沙参麦冬汤。

　　（2）养胃生津。本品甘寒,有滋养胃阴、生津液之功。用于热病后期或阴虚津亏的口燥、口渴等证,配生地、玄参、麦冬等。

　　【用量】马、牛 30～60 g,猪、羊 10～15 g,犬、猫 2～5 g,兔、禽 1～2 g。

　　【禁忌】肺寒湿痰咳嗽者不宜用。反藜芦。

　　【主要成分】南沙参含沙参皂苷,具有祛痰作用。北沙参含挥发油、三萜酸、豆甾醇、β-谷甾醇、生物碱、淀粉,有祛痰解热作用。

　　2）麦冬

　　为百合科植物麦冬[*Ophiopogon japonica*(Thunb.)Ker-Gawl]的干燥块根。夏季挖采,晒干生用。主要产于江苏、安徽、浙江、福建、四川、广西、云南、贵州等地。

　　【性味、归经】甘、微苦、微寒。入肺、胃、心经。

　　【功效】清心润肺,养胃生津,利尿通淋。

　　【应用】

　　（1）清心润肺。本品甘苦微寒,清心宁神,润肺止咳。用于阴虚内热或热病伤津,燥热口渴等,配玄参、生地,如增液汤。用于肺阴虚,肺燥咳喘,配天冬、玄参、贝母、桔梗等,如麦冬汤(麦冬、法夏、党参、甘草、大枣、粳米)用治阴虚久咳。用于热病神昏或狂躁,本品拌朱砂,有镇心安神之功,可配生地、朱砂等。如湖南兽研所以凉心散(天冬、麦冬、生地、黄芩、栀子、天竺黄、朱砂、茯神、鸡子清)治牛暑热熏心。用于心气阴两虚证有心动过速者,配五味子、党参、甘草等。

　　（2）养胃生津。本品甘寒生津,善养胃阴,用于胃阴不足或热病口渴,常配天花粉、生地、北沙参、石斛、玄参、乌梅等。

　　（3）利尿通淋。可用于热淋排尿疼痛,配木通、赤芍、滑石、芒硝、生甘草等。

　　【用量】马、牛 20～60 g,猪、羊 10～15 g,犬 5～8 g,兔、禽 0.6～1.5 g。

　　【禁忌】寒咳多痰、脾虚便溏者不宜用。

　　【主要成分】本品含多种甾体皂苷、黏液质、多量葡萄糖、维生素 A 样物质及少量 β-谷甾醇。

3）枸杞子

为茄科落叶灌木植物宁夏枸杞（*Lycium barbarum* L.）的干燥成熟果实。生用。主要产于宁夏、甘肃、河北、青海等地。

【性味、归经】甘、平。入肝、肾经。

【功效】养阴补血，益肝明目。

【应用】

（1）养阴补血。本品甘平为滋阴补血的常用药物，作用温和。对于肝肾阴虚、精血不足、腰膝疼痛乏力等证有较好疗效，常配熟地、山药、续断、当归、首乌等。若配熟地、黄芪、党参、当归等，常作失血后的滋补剂。

（2）益肝明目。本品甘平，补益肝肾。用于肝肾不足的视力减退，常配菊花、地黄、山药、山萸肉、牡丹皮、泽泻、茯苓等，如杞菊地黄汤。

【用量】马、牛 30～60 g，猪、羊 10～15 g，犬 5～8 g。

【禁忌】脾虚湿滞、内有实热者不宜用。

【主要成分】本品含甜菜碱（0.1%）、胡萝卜素、硫胺、核黄素、烟酸、抗坏血酸、钙、磷、铁等。

4）百合

为百合科多年生草本植物百合（*Lilium brownie* F. E. Brown var. *viridulum* Baker）、细叶百合（*Lilium pumilum* DC.）或卷丹（*Lilium lancifolium* Thunb.）的干燥肉质鳞茎。沸水浸烫，晒干用或蜜炙用。主要产于浙江、江苏、湖南、广东、陕西等地。

【性味、归经】甘、微寒。入心、肺经。

【功效】润肺止咳，清心安神。

【应用】

（1）润肺止咳。本品甘寒润滑，能清肺润燥以止咳，兼能益肺气。用于肺燥热咳嗽喘气，配沙参、栝楼、桑白皮、黄芩、石膏等，如《元亨疗马集》中以百合散（百合、贝母、栝楼、大黄、甘草、蜜）治马肺壅热，鼻内出脓证。用于耕牛气虚喘证，配秦艽、天冬、当归、泡参、白术、杏仁、炙黄芪、炙甘草等。用于肺肾阴虚之咳喘，配百合、生地、熟地、麦冬、玄参、桔梗、贝母、当归、甘草等，如百合固金汤。

（2）清心安神。本品甘寒清心热，宁心神，用于热病后期余热未尽，气阴两伤的烦躁不安，配生地、知母、朱砂、麦冬等。

【用量】马、牛 30～60 g，猪、羊 5～10 g，犬 3～5 g。蜜炙可增强其润肺之功。

【禁忌】外感风寒咳嗽者忌用。

【主要成分】本品含皂苷、淀粉、蛋白质、脂肪及微量秋水仙碱等。

10.14.4　补阳药

凡以补肾阳为主，消除或改善阳虚诸证的药物叫补阳药。阳虚证包括心阳虚、脾阳虚、肾阳虚等。由于肾阳称为元阳，系先天生化之源，对各脏腑起着温煦生化的作用，因此，阳虚诸证常与肾阳不足有着十分密切的关系。明代医家张介宾指出："命门为元气之根，水火之宅,五脏之阴气非此不能滋,五脏之阳气非此不能发。"由此可见,许多医家补阳常从补肾阳着手的奥妙所在。

肾阳虚的主要特点是全身性功能减退。其主要症状是:精神困倦,畏寒发抖,四肢不温,腰膝无力,舌质淡白,脉沉而弱。若影响到生殖泌尿功能,则有阳痿、滑精、白带、尿多、尿频或宫寒不孕等证;影响到呼吸功能,可见慢性喘息、咳嗽等证;影响到消化则见久泄不止,或黎明腹泻等证。

肾阳虚的机理,现代医学虽做了大量研究,但至今尚未弄清楚。就其补阳药的作用原理,大致包括:①协调肾上腺皮质功能;②调整能量代谢,使糖代谢合成加强;③滋养强壮;④促进性腺机能;⑤促进生长发育;⑥增强机体抵抗能力。

从中兽医学的观点看,补阳药一般具有补肾壮阳、强精益髓、健筋坚骨等作用,适用于由于肾阳虚、脾阳虚、心阳虚所致的多种病证。在使用补阳药时,依据"阴阳互根"的道理,常在补阳药中配合滋阴的药物,使阳根于阴,阳有所依,即所谓"善补阳者,必于阴中求阳,则阳得阴助而生化无穷"。

补阳的药物多辛温燥烈,凡阴虚火旺,津竭阴亡者,不可妄用。

1) 补骨脂

为豆科植物补骨脂(*Psoralea corylifolia* L.)的干燥成熟果实,又称破故纸。生用或盐水炒用。主要产于河南、安徽、山西、陕西、江西、云南、四川、广东等地。

【性味、归经】辛、苦、大温。入脾、肾经。

【功效】补肾助阳,止泻。

【应用】

(1)补肾助阳。本品性大温,能补命门之火。用于肾阳不振的性欲减退、滑精、尿频,配菟丝子、续断、肉苁蓉、炒山药、刺蒺藜、酒知母、酒黄柏等。用于下元虚冷,腰胯冷痛,配杜仲、狗脊、菟丝子、怀牛膝等,如《司牧安骥集》中以破故纸散(破故纸、葫芦巴、茴香、肉豆蔻、苦楝子、陈皮、青皮、厚朴,共末,童便为引,冲服)治马肾冷、腰胯痛。

(2)止泻。本品补肾阳兼温运脾阳,用于脾肾阳虚所致的久泻不止,配肉豆蔻、五味子、吴茱萸、生姜、大枣等。

【用量】马、牛 15～45 g,猪、羊 5～10 g,犬 2～5 g,兔、禽 1～2 g。外用适量,盐炙补肾脂,可使挥发油降低,辛燥之性减弱。

【禁忌】阴虚火旺、粪便秘结者忌用。

【主要成分】本品含补骨脂内酯、补骨脂里定、异补骨脂内酯、补骨脂乙素。此外,尚含豆甾醇、棉籽糖、脂肪油、挥发油及树脂等。

2) 续断

为川续断科植物川续断(*Dipsacus asperoides* C. Y. Cheng. et T. M. Ai.)的干燥根。生用、酒炒或盐炒用。主要产于四川、贵州、湖北、云南等地。

【性味、归经】苦、温。入肝、肾经。

【功效】补肝肾,强筋骨;止血安胎;通血脉,利关节。

【应用】

(1)补肝肾,强筋骨。用于肝肾不足所致的筋骨痿软、腰无力等,常配羌活、独活、木防己、狗脊、桑寄生、杜仲等。

（2）止血安胎。本品补肾兼固冲任，适用于冲任不固的子宫出血或胎动不安等，如配杜仲、白术、菟丝子、熟地等，可用于牛马胎动以预防小产。

（3）通血脉，利关节。本品微辛，能通血脉，利关节，续筋骨，用于跌扑损伤、骨折损伤等。配骨碎补、当归、赤芍、乳香等。

【用量】马、牛 25～60 g，猪、羊 5～15 g，兔、禽 1～2 g。

【禁忌】阴虚火旺者忌用。

【主要成分】本品含续断碱、挥发油、维生素 E 及有色物质等。

3）淫羊藿

为小檗科植物淫羊藿（*Epimedium brevicornum* Maxim.）、箭叶淫羊藿［*Epimedium sagittatum*（Sieb. et Zucc.）Maxim.］、柔毛淫羊藿（*Epimedium pubescens* Maxim.）、巫山淫羊藿（*Epimedium wushanense* T. S. Ying.）、朝鲜淫羊藿（*Epimedium koreanum* Nakai.）的干燥茎叶，又名仙灵脾。切段生用。主要产于我国陕西、甘肃、四川、台湾地区、安徽、浙江、江苏、广东、广西、云南等地。

【性味、归经】辛、温。入肝、肾经。

【功效】补肾壮阳，强筋健骨，祛风除湿。

【应用】

（1）补肾壮阳。本品有补肾壮阳、调理冲任的功效。用于肾阳不足的阳痿、滑精、腰痛、肢冷，配锁阳、巴戟天、补骨脂、菟丝子、葫芦巴、肉苁蓉、刺蒺藜、枸杞等。用于母畜不发情或宫寒不孕症，单用或配伍其他补肾药应用。如《农业科技快报》报道，用淫羊藿、当归、川芎、血藤、红糖、甜酒糟，煎水灌服，治牛不发情。

（2）健骨祛风。本品既能强健筋骨，又能祛风除湿；既可增强抗病力，又可祛除外邪。用于筋骨痿软，腰肢瘫痪，常配杜仲、续断、当归、狗脊等。用于风湿流注四肢所致的筋骨拘挛、痹痛、麻木不仁等，配灵仙、川芎、白芍、桂枝、牛膝、甘草等。

【用量】马、牛 15～30 g，猪、羊 10～15 g，犬 3～5 g，兔、禽 0.5～1.5 g。

【主要成分】本品含淫羊藿苷、淫羊藿素、维生素 E、植物甾醇、皂苷、苦味质及鞣质等。

4）杜仲

为杜仲科落叶乔木杜仲（*Eucommia ulmoides* Oliv.）的干燥树皮。切丝生用，或酒炒、盐炒用。主要产于四川、贵州、云南、湖北等地。

【性味、归经】甘、温。入肝、肾经。

【功效】补肝肾，强筋骨；安胎。

【应用】

（1）补肝肾，强筋骨。本品味甘微辛，性温，入肝、肾经。甘温能补肾阳，辛温能畅行气血。肝肾强健则筋骨自健，气血和畅则筋脉自舒，故为补肝肾强筋骨的要药。用于肾虚腰脊痿软，阳痿，多尿证，配补骨脂、菟丝子、枸杞、熟地、牛膝等。

（2）安胎。用于肝肾不足所致的胎动不安，配白术、炒杜仲、炒白芍、熟地、阿胶、黄芪等。

【用量】马、牛 15～60 g，猪、羊 5～10 g，犬 3～5 g。盐水炙后，有效成分更易溶出，故疗效较生用为佳。

【禁忌】阴虚火旺者不宜用。

【主要成分】本品含树脂、鞣质、杜仲胶(6% ~10%)、桃叶珊瑚甙、山柰醇、咖啡酸、绿原酸、酒石酸、还原糖及脂肪油等。

5)巴戟天

为茜草科多年生藤本植物巴戟天(*Morinda officinalis* How.)的干燥根。去心切片,生用或盐炒用。主要产于广东、广西、福建、四川等地。

【性味、归经】辛、甘、微温。入肝、肾经。

【功效】补肾壮阳,强筋健骨,祛风湿。

【应用】

(1)补肾壮阳。本品甘温能补肾壮阳。用于肾阳亏虚所致的性机能减弱、滑泄、腰胯无力等证,常配肉苁蓉、补骨脂、山药、覆盆子等。如《兽医中药学》中以巴戟散(巴戟天、补骨脂、山萸肉、枸杞子、山药)治牛马阳痿证。用于肾阳亏虚所致的胞宫寒冷,阴道温度低下,几配不孕等,配淫羊藿、当归、川芎、艾叶、肉桂、熟地、益母草等。用于肾阳虚所致的多尿证,可配补骨脂、覆盆子、黄芪、升麻、萆薢等。

(2)强筋健骨。用于肾虚骨痿,运动困难,配杜仲、续断、菟丝子等。如《元亨疗马集》中以巴戟散(巴戟天、补骨脂、葫芦巴、肉苁蓉、苦楝子、肉桂、小茴香、陈皮、青皮、木通)治马肾痛后脚难移。

(3)祛风湿。本品辛温能祛风寒湿气,用于肾虚所致的风湿痹痛,配狗脊、续断、独活、桑寄生、威灵仙等。

【用量】马、牛 15 ~ 30 g,猪、羊 5 ~ 20 g,犬、猫 1 ~ 5 g,兔、禽 0.5 ~ 1.5 g。

【禁忌】阴虚火旺者不宜用。

【主要成分】本品含维生素 C、糖类及树脂等。

6)其他补益药

其他补益药如表 10.14 所示。

表 10.14　其他补益药

药　名	性　味	归　经	功　能	主　治	用量参考
山药	甘、平	脾、肺、肾	健脾胃益肺肾	脾胃虚弱、减食倦怠、泄泻、肺虚久咳、肾虚滑精、尿频	马、牛 30 ~ 90 g,猪、羊 10 ~ 30 g,犬 5 ~ 15 g,兔、禽 1 ~ 5 g
土人参	甘、微苦、微温	脾、肺、心	大补元气补脾益肺生津安神	气虚欲脱、脾肺气虚咳嗽、热病伤津、虚性病证	马、牛 15 ~ 30 g,猪、羊 5 ~ 10 g,犬、猫1 ~ 2 g
何首乌	甘、苦、涩、微温	肝、心、肾	补肝肾益精血通便解疮毒	阴虚血少、腰膝痿软,肾虚滑精、血虚便秘、疮痈、皮肤瘙痒	马、牛 30 ~ 90 g,猪、羊 10 ~ 15 g,犬、猫2 ~ 6 g,兔、禽 1 ~ 3 g

续表

药　名	性　味	归　经	功　能	主　治	用量参考
天冬	甘、苦、寒	肺、肾	养阴清热润肺滋肾	肺虚干咳少痰、阴虚内热、肺肾阴虚、温病便秘	马、牛 30~60 g，猪、羊 10~15 g，犬、猫 2~5 g，兔、禽 1~3 g
石斛	甘、淡、微寒	肺、胃、肾	养阴清热生津止渴	热病后期伤津口渴、胃热、虚热不退	马、牛 15~60 g，猪、羊 5~15 g，兔 1~3 g
女贞子	甘、苦、平	肝、肾	滋阴补肾养肝明目	肝肾不足之虚热、腰胯无力、眼睛不明、肾虚滑精	马、牛 15~60 g，猪、羊 6~12 g，犬 3~6 g
益智仁	辛、温	脾、肾	温肾固精缩尿暖脾止泻摄涎唾	肾阳不足、滑精早泄、尿频、虚寒泄泻、胃寒腹痛、吐涎	马、牛 15~45 g，猪、羊 5~10 g，犬、猫 3~5 g，兔、禽 1~3 g
狗脊	苦、甘、温	肝、肾	补肝肾强筋骨祛风湿	肝肾不足、腰胯无力、风湿痹痛、运动不灵	马、牛 15~60 g，猪、羊 5~10 g
菟丝子	辛、甘、微温	肝、肾	补肝肾益精髓	肾虚阳痿、滑精、尿频、脾肾虚弱久泻不止、胎动不安	马、牛 15~45 g，猪、羊 5~15 g
锁阳	甘、温	肾、肝	补肾壮阳润燥养筋润肠通便	肾虚阳痿、滑精、筋骨痿弱、起卧困难、肠燥便秘	马、牛 25~45 g，猪、羊 5~15 g，犬 3~6 g，兔、禽 1~3 g

10.15　固涩药

　　凡以收敛固涩为其主要功能，用以治疗各种滑脱证候的药物，称为收涩药或固涩药。本类药物分别具有敛汗、止泻、固精、止带、止血、止咳等作用，适用于久病体虚，元气不固，气血津精耗散滑脱之证，如多汗、盗汗、久泻久痢、脱肛、脱宫、滑精、早泄、尿多尿频、久带、崩漏出血、久咳不止等。皆取其"散者收之""涩可固脱"之意而用之。

　　现代药理研究认为：收涩药分别具有止汗，镇咳，促进胃液分泌，帮助消化或抑制肠液分泌，收敛或保护胃肠黏膜，抑制肠的蠕动等作用。还具有止血、强心、抗菌、抗过敏等作用。这些作用对于多种滑脱证有改善症状的效果。

　　造成滑脱证的根本原因是正气虚弱、滑泄不禁。而收敛固涩药则属治标之法，临床上常与相应的补益药同用，以求标本兼顾。如气虚多汗者，宜配补气固表药；阴虚盗汗者，宜配滋阴药;脾肾两虚所致的久泄不止,或滑精、早泄、久带等,宜配补脾固肾药;属尿多尿频者,配补肾缩尿药;肺虚久咳不止者,宜配补气药。

凡外感实邪,表证未解,里证未清时宜忌用收涩药,以免留邪。若虚极欲脱之证,非本药能奏效者,应遵"治病求本"之法,方能挽救。

10.15.1　敛汗涩精药

本节药物有涩肠止泻、收敛固脱作用,适应于脾肾虚寒所致的久泻、久痢或脱肛不收等证。

1)五味子

为木兰科多年生落叶木质藤本植物北五味子[*Schisandra chinensis* (Turcz.) Baill.]和南五味子(*Schisandra sphenanthera* Rehd. et Wils.)的干燥成熟果实。生用或经醋、蜜等拌蒸晒干。前者习称北五味子,为传统使用的正品,主要产于东北、内蒙古、河北、山西等地;南五味子主要产于西南及长江以南地区。

【性味、归经】酸、咸、甘、温。入肺、心、肾经。

【功效】敛肺滋肾,涩精止泻,生津敛汗。

【应用】

(1)敛肺滋肾。本品上能敛肺气,下能滋肾阴,用于肺肾气虚或肺肾阴虚所致的喘咳证。前者配黄芪、党参、白术、山药等;后者配熟地、山萸肉、百合、沙参等。

(2)涩精止泻。本品酸涩,能益肾固精,涩肠止泻。用于肾虚精滑证,配菟丝子、龙骨、金樱子、牡蛎等。用于肾虚久泻,配吴茱萸、肉豆蔻、补骨脂、山药、黄芪、乌梅、诃子等。

(3)生津止渴。用于发热性疾病后期伤津口渴等证,配麦冬、沙参、花粉、生地等。

(4)止汗。用于多汗证,无论阴虚或阳虚均有较好效果。属阴虚者,配玄参、麦冬、浮小麦、生牡蛎;阳虚者,配党参、黄芪、浮小麦、白术等。

【用量】马、牛15~30 g,猪、羊3~10 g,犬、猫1~2 g,兔、禽0.5~1.5 g。捣破入煎,核内有效成分才易煎出。入嗽药生用,入补药熟用。

【禁忌】表邪未解及有实热者不宜应用。

【主要成分】本品含挥发油(0.98%,内含五味子素)、苹果酸、枸橼酸、酒石酸、维生素C、鞣质及大量糖分、树脂等。果汁中的总酸量达9.11%,果皮和成熟的种皮含有木脂素(约5%),为本品的有效成分。

2)龙骨

为大型哺乳动物如象、犀牛类或三趾马高氏羚羊等的骨骼化石。打碎生用或煅用。

【性味、归经】甘、涩、微寒。入心、肝经。

【功效】平肝潜阳,镇静安神,收敛固涩。

【应用】

(1)平肝潜阳。本品质重,能平降肝阳。用于肝虚阳亢之证,配白芍、牡蛎、代赭石、女贞子、玄参、白蒺藜、牛膝等。

(2)镇静安神。本品质重能镇静安神,用于心虚惊恐或热病癫狂、痫证,配酸枣仁、生地、牡丹皮、朱砂等。

（3）收敛固涩。本品味涩，煅用有收敛固涩作用。用于肾虚滑精，配牡蛎、潼蒺藜、枸杞、山萸肉等。用于虚寒带下，配金樱子、芡实、半夏、艾叶。用于脾虚久泻，配党参、白术、升麻、乌梅、诃子等用于表虚多汗证，配黄芪、白术、麻黄根、浮小麦等。用于溃疡不收或外伤出血，配血竭、枯矾、焦大黄、冰片等药外用。

【用量】马、牛 30~60 g，猪、羊 6~12 g。

【主要成分】本品含碳酸钙、磷酸钙及铁、钠、钾等。

3）牡蛎

为牡蛎科动物大牡蛎（*Ostrea gigas* Thunberg）、近江牡蛎（*Ostrea rivudaris* Gould）或大连湾牡蛎（*Ostrea talienwhanensis* Crosse）的贝壳。打碎生用或火煅粉碎用。主要产于沿海地区。

【性味、归经】咸、涩、微寒。入肝、肾经。

【功效】平肝潜阳，软坚散结，收敛固涩，外用收敛止痒。

【应用】

（1）平肝潜阳。本品味咸质重，能育阴潜阳。用于阴虚阳亢之证，配龙骨、白芍、女贞子、青葙子、玄参等。

（2）软坚散结。本品咸能软坚散结，用于痰火郁结的瘰疬，配玄参、夏枯草、海藻、浙贝母等。

（3）收敛固涩。本品味涩，能收能涩，煅用效果更佳。用于肾虚不固的滑精（配牡蛎、潼蒺藜、枸杞、山萸肉等）、带下（配金樱子、芡实、半夏、艾叶等）、久泻（配党参、白术、升麻、乌梅、诃子等）及表虚多汗（配黄芪、白术、麻黄根、浮小麦等）证。

（4）收敛止痒。可外用于湿疮黄水不收，可配儿茶、枯矾、冰片等。

【用量】马、牛 30~90 g，猪、羊 10~30 g，犬 5~10 g，兔、禽 1~3 g。

【主要成分】本品含碳酸钙、磷酸钙及硫酸钙，并含铝、镁、硅及氧化铁等。

4）桑螵蛸

为螳螂科昆虫大刀螂（*Tenodera sinensis* Saussure.）、小刀螂［*Statilia maculate*（Thunberg）］或巨斧螳螂［*Hierodula patellifera*（Serville）］的干燥卵鞘。分别习称团螵蛸、长螵蛸和黑螵蛸。生用或炙用。主要产于各地桑蚕区。

【性味、归经】甘、咸、涩、平。入肝、肾经。

【功效】益肾助阳，固肾缩尿。

【应用】

（1）益肾助阳。用于肾阳虚之性机能减弱证。配巴戟天、肉苁蓉、枸杞子、锁阳、覆盆子等。

（2）固肾缩尿。用于肾虚精关不固的滑精、尿频、尿多证，配菟丝子、当归、黄芪，如《本草衍义》中以桑螵蛸散（桑螵蛸、茯神、远志、党参、当归、菖蒲、龙骨、龟板）治尿多证。

【用量】马、牛 15~30 g，猪、羊 5~15 g，兔、禽 0.5~1 g。

【禁忌】阴虚有火，膀胱湿热所致的尿频者忌用。

【主要成分】本品含蛋白质、脂肪、粗纤维、铁、钙及胡萝卜素样的色素等。

10.15.2　涩肠止泻药

本节药物有涩肠止泻、收敛固脱的作用,适应于脾肾虚寒所致的久泻、久痢或脱肛不收等证。

1)乌梅

为蔷薇科落叶乔木梅树[*Prunus mume*(Sieb.)Sieb. et Zucc.]的未成熟干燥果实(青梅)。去核打碎生用或炒炭用。主要产于浙江、福建、广东、湖南、四川等地。

【性味、归经】酸、涩、平。入肝、脾、肺、大肠经。

【功效】敛肺、涩肠,生津、安蛔。

【应用】

(1)敛肺止咳。本品能收敛肺气以止咳嗽,用于肺虚久咳、虚喘等证,常配杏仁、款冬花、半夏、罂粟壳。

(2)涩肠止泻。本品酸涩能涩肠,可用于脾胃虚弱的久泻久痢不止,常配肉豆蔻、诃子、罂粟壳、党参、白术等。用于胃肠湿热痢疾,可配黄连、姜黄、黄芩、生诃子等。如《元亨疗马集》中以乌梅散(乌梅、诃子、黄连、姜黄、干柿)治马驹热痢。

(3)生津止咳。本品酸能化阴生津,用于阴虚口渴证,配麦冬、玄参、粉葛、花粉等。

(4)安蛔止痛。本品味酸,古有"蛔得酸则静"之说,可用于蛔虫所致的腹痛证。如《伤寒论》中之乌梅丸(乌梅、细辛、桂枝、干姜、蜀椒、当归、熟附子、黄柏、黄连、党参)和《万病回春》中之安蛔汤(党参、白术、茯苓、干姜、乌梅、川椒),均可治蛔积腹痛。至于在兽医上有无效果,尚待验证。

【用量】马、牛 15 ~ 60 g,猪、羊 6 ~ 12 g,犬、猫 2 ~ 5 g,兔、禽 0.6 ~ 1.5 g。

【主要成分】本品含苹果酸、枸橼酸、酒石酸、琥珀酸、蜡醇、β-谷甾醇、三萜成分等。

2)诃子

为使君子科落叶乔木诃子(*Terminalia chebula* Retz.)或绒毛诃子(*Termianalia chebula* Retz. var. *tomentella* Kurt.)的干燥成熟果实。煨用或生用。主要产于广东、广西、云南等地。

【性味、归经】苦、酸、涩、温。入肺、大肠经。

【功效】涩肠止泻,敛肺止咳。

【应用】

(1)涩肠止泻。本品酸涩,能收敛大肠,故有涩肠止泻之效。用于泻痢腹痛而有热者,宜生用,常配黄连、木香、甘草等,如《司牧安骥集》中的诃子散(诃子、黄连、郁金、干柿、乌梅),治马驹奶泻。用于久泻久痢偏寒者,宜煨用,常配肉豆蔻、干姜、苍术等,如诃子平胃散(诃子、肉豆蔻、苍术、厚朴、乌药、神曲、泽泻、甘草)治猪久泻不止。用于久泻脱肛者,本品无升提之功,但通过止泻可防止中气下陷,配黄芪、党参、升麻、五味子等,以升阳固脱。

(2)敛肺止咳。本品酸涩,能收敛肺以止咳,苦泄降火以利咽。用于肺虚久咳,配党参、白术、麦冬、五味子等。用于痰火郁结之咳嗽、咽喉肿痛,用生诃子配栝楼皮、桔梗、沙参、玄参、知母、黄柏、甘草等。

【用量】牛、马 30 ~ 60 g,猪、羊 6 ~ 10 g,犬、猫 1 ~ 3 g,兔、禽 0.5 ~ 1.5 g。

【禁忌】泻痢初起者忌用。

【主要成分】本品含鞣质（23%～40%），主要为诃子酸、没食子酸、黄酸、诃黎勒酸、含鞣云实素、鞣花酸等。

3）肉豆蔻

为肉豆蔻科高大乔木豆蔻树肉豆蔻（*Myristica fragrans* Houtt.）的干燥种仁，又称肉果。生用或煨用。主要产于印度尼西亚、西印度洋群岛和马来半岛等地。我国广东有栽培。

【性味归经】辛、温。入脾、胃、大肠经。

【功效】收敛止泻，温中行气。

【应用】

（1）收敛止泻。本品辛温善温脾暖肾，涩肠止泻，适用于脾肾虚寒所致的久泻不止或黎明泄泻等，常配吴茱萸、补骨脂、五味子、党参、白术、干姜等，如四神散。

（2）温中行气。本品辛温芳燥，有温中健脾、行气止痛作用，用于脾胃虚寒所致的腹痛、呕吐、少食等证，配吴茱萸、荜澄茄、白芍、生姜、甘草等。用于气滞腹痛，配木香、枳壳、香附等以行气止痛。

【用量】马、牛 15～30 g，猪、羊 5～10 g，犬 3～5 g。

【禁忌】凡热泻热痢者忌用。

【主要成分】本品含挥发油（8%～15%）、脂肪油（25%～40%）及淀粉（23%～32%）。

4）其他固涩药

其他固涩药如表 10.15 所示。

表 10.15　其他固涩药

药　名	性　味	归　经	功　能	主　治	用量参考
芡实	甘、涩、平	脾、肾	健脾止泻 固肾涩精 祛湿之带	脾虚久泄不止、滑精、早泄及尿频、湿浊带下	马、牛 30～60 g，猪、羊 10～20 g，犬、猫 3～5 g
金樱子	酸、涩、平	肾、膀胱、大肠	固精缩尿 涩肠止泻	肾虚滑精、多尿、脾虚久泻	马、牛 20～45 g，猪、羊 10～15 g
浮小麦	甘、凉	心	止汗	自汗、虚汗、产后虚汗不止	马、牛 60～90 g，猪、羊 15～30 g，犬 5～8 g
明矾	涩、酸、寒	肺、肝、大肠	外用:解毒杀虫 收湿止痒 内服:燥湿祛痰、敛肺止血	外用:痈肿疮毒、湿疹疥癣、口舌生疮; 内用:风痰壅盛、久泄便血	马、牛 15～30 g，猪、羊 5～10 g，犬 1～3 g，兔、禽 0.5～1 g
石榴皮	酸、涩、温、有毒	肺、肾、大肠	涩肠解毒 杀虫	冷肠泄泻、慢性大便带血、驱杀蛔虫、蛲虫	马、牛 15～45 g，猪、羊 3～15 g，犬、猫 1～5 g，兔、禽 0.2～0.6 g

10.16　驱虫药

凡能驱除和杀灭家畜体内外寄生虫的药物称驱虫药或杀虫药。本类药物主要用于驱除肠内寄生虫(蛔虫、蛲虫、绦虫、钩虫等),内服可杀死或麻痹虫体,使之排出体外。古人认为,中药驱虫的道理是:"虫闻酸则定,见辛则伏,遇苦则下,以甘诱之,以寒制之,以温杀之,以涩收之。"

使用驱虫杀虫药,必须根据虫的种类与家畜的体质选用或选配相应的药物。根据寄生虫的种类不同,驱虫药可分为驱蛔虫、驱蛲虫、驱姜片吸虫、驱绦虫、驱血吸虫等类。临床用药须根据诊断结果而定。

驱虫药中,以驱蛔虫为主的有使君子、苦楝根皮、鹤虱、石榴皮、乌梅等;驱绦虫的有槟榔、南瓜子、雷丸、榧子、石榴皮、鹤草芽;驱姜片吸虫的有贯众、槟榔;驱蛲虫的有百部、雷丸;驱体外寄生虫的有麻柳叶、雄黄、硫黄、百部、野棉花、蛇床子等。

驱虫药应用注意事项:凡体内寄生虫,宜空腹时服用,以使药物与虫体充分接触而发挥药效;毒性较大的驱虫药,应注意用量,以免畜禽中毒;驱肠道寄生虫,常配合泻下药用,以驱使虫体迅速排出;应视家畜的体质使用躯体内寄生虫药物,体虚者,虽然有虫,应先补后攻,或攻补兼施,驱虫后常调补脾胃;驱体外寄生虫时,应避免舐食中毒。

1) 使君子

为使君子科落叶藤本状灌木使君子(*Quisqualis indica* L.)的干燥成熟果实。打碎生用或去壳取仁炒用。主要产于我国四川、江西、福建、湖南及台湾地区。

【性味、归经】甘、温。有小毒。入脾、胃经。

【功效】杀虫去积。

【应用】本品味甘能杀虫,又有健脾去积作用,单用或配槟榔用。若用使君子、苦楝皮共末为丸,可驱鸡蛔虫。其次尚能杀钩虫、蛲虫。《活兽慈舟》中用本品配贯众、菖蒲煎水喂猪,治猪肠虫和羸瘦。

【用量】马、牛 30~90 g,猪、羊 10~20 g,犬 5~10 g,兔、禽 1.5~2 g。

【主要成分】本品含使君子酸钾、使君子酸、葫芦巴碱、脂肪油(油中主要成分为油酸及软油酸的酯),此外,还含蔗糖、果糖等。

2) 大蒜

为百合科植物大蒜(*Allium sativum* L.)的新鲜地下鳞茎。去皮捣碎用或泡酒用。各地均产。

【性味、归经】辛、温。入肝、胃经。

【功效】解毒杀虫,健脾胃。

【应用】

(1)解毒杀虫。本品辛烈能通脏腑及诸窍,长于避秽浊,解毒杀虫。用于泻痢腹痛,配白头翁、黄连等。亦可用 5%~10% 大蒜津液灌肠,或用 40% 大蒜酊剂内服,或配红糖服。用于阴道滴虫,单用有效。

(2)健脾胃。可用于脾胃不和、食欲减少、肚腹胀满等。原药制成酊剂使用效果良好。

【用量】马、牛 60 ~ 120 g,猪、羊 15 ~ 30 g,犬、猫 1 ~ 3 g。

【主要成分】本品含大蒜素、大蒜辣素及微量碘等。

3)贯众

为鳞毛蕨科多年生草本植物粗茎毛蕨(*Dryopteris crassirhizoma* Nakai.)的干燥根茎及叶柄残基,又称绵马贯众。秋季采者为佳,生用或炒炭用。主要产于湖南、广东、四川、云南、福建等地。

【性味、归经】苦、寒。有小毒。入肝、脾经。

【功效】清热解毒,止血,杀虫。

【应用】

(1)清热解毒。用于温热病的高热、细菌性或病毒性发热,均有预防和治疗作用。若做预防,可单用或配菖蒲、苍术、雄黄,用棕片包好,入水缸中浸泡,消毒饮水,以预防瘟疫。

(2)清热止血。用于血热出血,对子宫出血疗效亦佳,可单用。

(3)杀虫去积。对绦虫、蛲虫、肝蛭等多种体内寄生虫有驱除作用,常配槟榔、雷丸、百部等。如《元亨疗马集》中以贯众散(贯众、鹤虱、芜荑、蛇床子、花椒、臭橘)杀肠道寄生虫。

【用量】马、牛 18 ~ 60 g,猪、羊 10 ~ 15 g。

【主要成分】本品含绵马素,能分解产生绵马酸、绵马酚、白绵马酸、黄绵马酸、绵马次酸、酚类物质、挥发油、鞣质、黄酮类及氨基酸等。

4)其他驱虫药

其他驱虫药如表 10.16 所示。

表 10.16　其他驱虫药

药　名	性　味	归　经	功　能	主　治	用量参考
苦楝根皮	苦、寒、有毒	肝、脾、胃	杀虫疗疥	驱杀蛔虫、阴道滴虫、疥螨	马、牛 18 ~ 40 g,猪、羊 6 ~ 9 g,犬、猫 1 ~ 3 g
蛇床子	辛、苦、温、有小毒	肾、三焦	燥湿杀虫温肾壮阳	外用:疥癞瘙痒;内用:肾虚阳痿、腰胯无力、宫寒不孕	马、牛 30 ~ 60 g,猪、羊 15 ~ 30 g,犬 5 ~ 12 g
南瓜子	甘、平	胃、大肠	驱虫	驱杀绦虫、血吸虫、蛔虫	马、牛 250 ~ 500 g,猪、羊 60 ~ 90 g,犬、猫 5 ~ 10 g

10.17　外用药

外用药是指常以外用为主的药物。

外用药分别具有解毒消肿、化腐拔毒,排脓止痛、活学止血之效,主要用于痈肿、外伤等化脓感染。其中某些药物也可作内服用。

外用药多数具有较强的毒性,凡外用时,用量宜小,避免局部吸收中毒;内服更应控制药量,不能持久使用,以防蓄积中毒。

1)花椒

为芸香科植物花椒(*Zanthoxylum bungeanum* Maxin.)或青椒(*Zanthoxylum Schinifolium* Sieb. et Zucc.)的果实。生用或炒用。主要产于四川、陕西、江苏、河南、山东、江西、福建、广东等地。

【性味、归经】辛、大热。有毒。入肺、脾、肾经。

【功效】温中散寒,杀虫止痛。

【应用】

(1)温中散寒。本品辛辣性烈,善散阴冷,温中除湿。用于胃寒腹痛或胃寒呕吐,配干姜、吴茱萸、党参、小茴香等。如蜀辣汤(川椒、干姜、附子、党参、大枣)治胃寒腹痛或呕吐,有一定效果。用于寒湿泄泻,粪便溏稀,食欲不振,配苍术、炒白术、厚朴、陈皮、肉豆蔻等。用于肺寒咳嗽、喘息,遇冷加重,配干姜、细辛、半夏、茯苓、桂枝、麻黄等。

(2)杀虫。本品对蛔虫有杀灭作用。用于虫积腹痛,配乌梅、干姜、党参、甘草等。如《活兽慈舟》中以本品配大黄、贯众、皂角、槟榔、甘草,煎服,治虫积证。

【用量】马、牛 10~20 g,猪、羊 6~10 g。

【禁忌】阴虚火旺病畜禁用。

【主要成分】本品含挥发油(为柠檬烯、枯醇等)、甾醇、不饱和有机酸等。

2)雄黄

为硫化物类矿物雄黄族雄黄,主含二硫化二砷(As_2S_2)。采后去杂质,研细或水飞。切忌火煅,煅后便分解及氧化为三氧化二砷(As_2O_3),即砒霜,有剧毒。主要产于湖南、贵州、湖北、云南、四川等地。

【性味、归经】辛、温。有毒。入肝、大肠经。

【功效】解毒,杀虫。

【应用】

(1)解毒。本品解毒力很强,并能杀灭皮肤寄生虫,用于皮肤各种恶疮、顽疥、毒蛇咬伤等。配白矾、苦参、大黄等。如《元亨疗马集》中的雄黄散(雄黄、白芨、大黄、龙骨共末),井花水调敷,治黄肿。《抱犊集》中的雄黄散(雄黄、白及、川椒、白蔹、草乌、大黄、硫黄、官桂、白芥子,共末,和面粉调药熬熟,敷肿胀处)治牛诸般肿毒及筋骨胀痛。

(2)杀虫。可借本品毒性以毒杀体内寄生虫,如蛔虫,配槟榔、牵牛子、大黄等。

【用量】马、牛 6~15 g,驼 10~15 g,猪、羊 0.5~1.5 g,犬 0.05~0.15 g,兔、禽0.03~0.1 g。

【禁忌】孕畜禁用。

【主要成分】本品含三硫化二砷及少量重金属盐。

3)硼砂

为硼砂(*Borax*)矿经精制而成的结晶,生用或火煅用。主要产于西藏、青海、四川等地。

【性味、归经】甘、咸、凉。有小毒。入肺、胃经。

【功效】外用:解毒;内用:清热化痰。

【应用】

(1)解毒。本品外用有良好的清热解毒和防腐作用,主用于口舌糜烂、咽喉肿痛、目赤肿痛等证。多做散剂用。用于口舌糜烂、咽喉肿痛,配冰片、玄胡粉、朱砂等,如冰硼散。用于目赤肿痛,配炉甘石,如硼砂散[硼砂 6 g、炉甘石(煅)18 g、黄连 6 g、冰片 2 g、朱砂 3 g,共研极细末装瓶备用]点眼,治家畜睛生翳膜。用于腐蚀平胬,如《外科治疗学》中的平胬丹(煅乌梅、硼砂、轻粉、冰片)治疮疡胬肉突出。

(2)清热化痰。本品内服能清热化痰,主要用于肺热咳喘等,常配青黛、花粉、贝母等。如《司牧安骥集》中的硼砂散(硼砂、青黛、郁金、僵蚕、蒲黄、牙硝、黄药子、蜜),治马心肺久积热不散,攻咽喉束塞喉骨胀。

【用量】马、牛 15～30 g,猪、羊 2～5 g。

【主要成分】本品主要成分为四硼酸二钠($Na_2B_4O_7 \cdot H_2O$)。

4)明矾

为硫酸盐类矿物明矾石(*Alumen*)经加工炼制而成,主要含水硫酸铝钾。又称白矾。生用或煅用,煅后称枯矾。主要产于山西、甘肃、湖北、浙江、安徽等地。

【性味、归经】酸、涩、寒。入肺、肝、大肠经。

【功效】外用:解毒杀虫,收湿止痒;内服:祛痰燥湿,敛肺止血。

【应用】

(1)杀虫止痒。本品煅后成枯矾,能收湿止痒,主要用于痈疮肿毒、湿疹疥癣、口舌生疮等。如《医宗金鉴》中的二味拔毒散(白矾、雄黄),调浓茶敷,治痈疮肿毒。《司牧安骥集》中的姜矾散(干姜、白矾),调油敷,治打破脊梁。《外科理例》中的解毒散(白矾、甘草各等份),内服或外敷,治一切毒蛇、恶虫并兽类所咬伤毒入腹者,大有神效。《元亨疗马集》中用白矾、雄黄、黄连、连翘、穿山甲、黄丹、轻粉共末,先用汤洗患处,后用药粉抹之,治肛门烂疮。

(2)祛痰。生白矾内服有较好的祛痰作用。可用于风痰壅盛,配半夏、牙皂、姜汁、甘草等。用于肺热咳喘,配黄连、黄芩等。如《牛经大全》中的白矾散(白矾、贝母、黄连、黄芩、大黄、郁金、白芷、葶苈子、甘草、蜜)治牛肺热胀咳喘。据四川畜牧兽医学院 1964 年临床验证,以本方适当加减,治牛马气滞肺胀 29 例,疗效满意。

(3)收敛止血。本品有较好的收敛止血止泻作用。用于久泻、便血等,配儿茶、肉豆蔻、五倍子、炒地榆等。用于直肠或子宫脱出,以本品 5% 的溶液外洗患处,或用 8%～10% 的溶液患部注射。《抱犊集》中用白矾、地龙、冰片等研末,混合外擦,治子宫外翻。用于胬肉翻睛,用 2%～4% 溶液洗滴。

【用量】内服生用,外治多煅壅。马、牛 15～30 g,驼 30～45 g,猪、羊 5～10 g,犬、猫 1～3 g,兔、禽 0.5～1 g。

【主要成分】本品主要成分为硫酸钾铝[$K_2SO_4 \cdot Al_2(SO_4)_3 \cdot 24H_2O$]。

5)其他外用药

其他外用药如表 10.17 所示。

表 10.17 其他外用药

药 名	性 味	归 经	功 能	主 治	用量参考
硫黄	甘、温、有毒	脾、肾	外用:解毒杀虫 内服:助阳益火	皮肤湿烂、疥癣 阴疽、命门火衰、腰 膝冷弱	马、牛 10~30 g,猪、 羊 3~6 g,犬、猫 1~3 g
轻粉	辛、寒、有毒	大肠、小肠	外用:攻毒杀虫 内服:逐水退肿	湿疹、疥癣、水 肿、小便不利	马、牛 1.5~4.5 g, 猪、羊 0.3~0.6 g
炉甘石	甘、平	胃	退翳止泪 解毒敛疮	肝经风热、目赤 肿痛、羞明流泪、睛 生翳膜、湿疹疮疡	适量外用,不做内服
食盐	咸、寒	胃、肾、 大肠、小肠	清火 凉血 解毒 明目	咽喉肿痛、口舌 生疮、眼疾、齿龈肿 痛、少食	马、牛 12~60 g,猪、 羊 3~10 g,兔、禽 1~ 3 g

10.18 中药饲料添加剂常用药物种类简介

1)防病保健药

(1)增强免疫药:白芍、白术、党参、茯苓、麦冬、山药、猪苓。

(2)抗菌药:白头翁、白药子、穿心莲、滑石、黄柏、黄连、藿香、龙胆草、蒲公英、秦皮、忍冬藤、三颗针、桑叶、鱼腥草、郁金、知母、栀子、紫花地丁。

(3)抗病毒药:板蓝根、薄荷、柴胡、大黄、大青叶、大蒜、甘草、贯众、黄药子、姜黄、金银花、苦参、连翘、香薷、茵陈。

(4)驱虫药:百部、槟榔、常山、川楝子、鹤虱、苦楝皮、雷丸、南瓜子、青蒿、使君子、芜荑、仙鹤草。

(5)抗应激药:百合、葛根、合欢皮、五加皮。

(6)抗贫血药:补骨脂、丹参、何首乌、鸡血藤、熟地。

(7)抗氧化药:肉豆蔻、山楂、五味子。

(8)抗过敏药:蝉蜕、大枣、鹅不食草、防风、荆芥、木瓜、羌活、秦艽、乌药。

(9)安神药:柏子仁、龙骨、牡蛎、酸枣仁、远志。

(10)利尿止泻药:萹蓄、车前子、诃子、马齿苋、石榴皮、乌梅、泽泻。

(11)止血药:旱莲草、辣蓼、茜草、紫草。

(12)止咳平喘药:白果、白芥子、白前、川贝母、桔梗、款冬花、枇杷叶、桑白皮、杏仁、紫苏。

(13)除臭药:百草霜、地榆、黄荆子、石菖蒲。

(14)减膘药:芦荟、荷叶、决明子。

2)促生长、生产用药

(1)促进消化吸收药:厚朴、鸡内金、莱菔子、麦芽、神曲、香附、枳壳。

(2)促生长药:艾叶、赤芍、钩吻、枸杞子、泡桐叶、松针。

(3)催情药:巴戟天、蛇床子、小茴香、阳起石、淫羊藿。

(4)促孕保胎药:杜仲、黄精、黄芩、女贞子、山茱萸、菟丝子。

(5)壮阳药:骨碎补、肉苁蓉、桑螵蛸、锁阳、仙茅、续断。

(6)活血增乳药:川芎、丹皮、红花、桃仁、通草、王不留行、赤小豆、葫芦巴、马鞭草、蒺藜。

(7)增蛋药:火麻仁、当归、黄芪、玄参、益母草。

3)促畜产品质量用药

(1)提高鸡蛋品质的药:苍术、菊花、紫菜。

(2)改善产品风味:陈皮、丁香、茶叶。

(3)提高乳品质量的药:漏芦、地龙、落花生。

(4)提高毛皮质量的药:向日葵子、芝麻、核桃仁。

复习与思考

一、填空题

1.中药的配伍的"七情"是＿＿＿＿＿＿＿＿＿＿。

2.食滞多与气滞有关。因此,消导药常与＿＿＿＿＿＿同用;兼脾胃虚弱者,可配＿＿＿＿＿＿同用。

3.祛风湿药大多辛温而燥,有＿＿＿＿＿之弊,故＿＿＿＿＿应慎用。

4.利水渗湿药应用于不当有＿＿＿＿＿之弊,故＿＿＿＿＿者应慎用。

5.安神药多入＿＿＿＿＿经,具有＿＿＿＿＿等作用。

二、选择题

1.中药炮制的目的,下列哪项是错误的?(　　)。

A.清除杂质及非药用部分,使药物纯净,用量准确

B.除去某些药物的腥臭气味

C.为了使药物外形美观,便于观赏

D.增强药物的疗效和该变药物的性能

2.中药的性能,下列哪种说法欠妥?(　　)。

A.是指药物的性味和效能

B.是指中药的药性和功能

C.是指中药具有寒热温凉四种不同的性质和功能

D.主要内容包括四气五味、升降浮沉、归经等内容

3.平性药是指(　　)。

A.毒性不显著的药物　　　　　B.寒热偏胜之性不显著的药物

C.药性平和的药物　　　　　　D.无毒之药

4.按升降浮沉的药性理论,下述哪一项是错误的?(　　)

A.辛甘温热药主升浮,如桂枝　　B.矿物质重的药物主浮沉,如礞石

C.性味苦寒的药主降,如大黄　　D.花类质轻的药主升,如旋覆花

5.解表药多属芳香药,煎时(　　)。

A.要别煎　　B.必须先煎　　C.适当久煎　　D.不宜久煎

6.下列药物配伍属于相须的有(　　)。

A.桑叶配菊花发散风热　　　　B.麻黄配石膏清热平喘

C.银花配荆芥清热解表　　　　　　　　D.黄芪配茯苓益气健脾

7.下列药物属于清热解毒的有(　　)。

　　A.金银花　　　　　B.生地黄　　　　　C.黄柏　　　　　D.苦参

8.大黄配芒硝攻积导滞是属药物七情的(　　)。

　　A.相生　　　　　B.相杀　　　　　C.相须　　　　　D.相恶

9.下列哪组药物治产后瘀血最适宜?(　　)

　　A.红花、香附陈皮　　　　　　　　　B.川芎、丹参、火麻仁

　　C.桃仁、大黄、厚朴　　　　　　　　D.当归、红花、炮姜

10.平肝明目药是(　　)。

　　A.白附子　　　　　B.香附子　　　　　C.草决明　　　　　D.全蝎

三、简答题

1.什么是配伍?药物为什么要配伍?药物七情中哪些是属于配伍范畴,哪些是禁忌范畴?

2.下列各组病证,应该用什么性味的中药治疗?

(1)热病高热,狂躁不安,舌红、苔黄、脉洪数。

(2)热病后期,余热未清,口干舌燥、舌红少苔、脉细数。

(3)小便短赤,舌红、苔黄、脉数。

(4)脾胃虚寒,久泻不止,苔白,舌淡,脉沉迟。

3.辛温解表药和辛凉解表药的异同在哪里?将麻黄、桂枝、柴胡、葛根进行对比。

4.三仙的功用,各有何特长?

5.大黄的功用有哪些?如何配伍应用?

四、论述题

1.什么叫炮制?中药为什么要炮制?常用的炮制方法是什么?

2.什么叫中药的性能?它包括哪些内容?对指导临诊用药有哪些意义?

案例分析

案例 1

母牛犊,4月龄,拉稀已月余。检查:体温37.5 ℃,形体消瘦,精神不振,被毛竖立,肠音亢进,粪稀薄,夹不消化乳块;口腔湿润,舌淡白,脉弱。

请结合所学中药理论,分析该患牛应选用的药物。

案例 2

患牛,食欲、反刍突然废绝,精神沉郁,毛松颤抖,发热,烦躁不安,体温40～41 ℃,呈稽留热型;呼吸困难,气粗喘促,前肢张开,腹式呼吸明显,咳嗽阵发,咳声重浊;鼻镜干燥,鼻流黄涕或铁锈色黏涕;结膜潮红或发绀,口色黄赤,口角流涎,大便秘结,小便短赤,脉洪数;站多卧少,卧时回避胸部着地。

请结合所学中药理论,分析该患牛应选用的药物。

项目 11　常用方剂

【学习目标】
1. 了解方剂的概念;
2. 重点掌握常用方剂的配伍关系、组方原则及应用。

【技能目标】
1. 通过学习,能完成简单的组方配伍。
2. 掌握组方的原则和加减运用。

11.1　方剂组成

11.1.1　方剂的概念

方剂又名处方,俗名汤头,方剂是选取适当单味药物,按组方和配伍原则组成,是理、法、方、药中的一个重要环节,它是在辩证法的基础上,根据复杂病情的需要,选择一至数味药物,明确用量,通过严密配伍而成处方。

"方"含有"法度"和"准则"的意思。"剂"含有"配合"和"调和"的意思。因此,配合成一个方剂,一定要做到有法度、有准则,而不是无原则的配伍。组成方剂后,就同原有单味药物的作用有所不同,它们通过相互配合,既能相辅相成,增强药效,又能调和偏性,制其毒性,消除或减轻对机体的不良影响,更重要的是,在配伍时可以根据中兽医的基本理论,透过复杂的病象、病邪和正气的盛衰。抓住主要矛盾,从整体观念出发,正确地处理邪与正、局部与整体的辩证关系。而且还可以根据病情的缓急,气血阴阳的失调,标本先后等,具体情况具体处理。例如,采取气血双补,和解表里,寒热并投,补泻兼施,开合相济,补气固脱,等等。同时,还可以因地、因时、因畜制宜。一切从具体的病情出发,灵活掌握和运用。

11.1.2　立法与组方的原则

"立法",即确定疾病的治则,是根据临床证候,经过辨证、审证求因,在中兽医理论的指导下审因论治而制订出来的。只有根据立法,才能选择适当的药物并组成方剂。此种关系即为"辨证立法,依法立方"。例如,临床遇发热、微恶风寒、无汗或少汗、咳嗽、口微渴、苔薄白,当用辛凉解表法,据此则可选用银翘散,也可依法创立新方进行治疗。

方剂,不是把药物进行简单的堆砌,也不是单纯将同类药效的相加,而是在中兽医理论指导下,在辨证"立法"的基础上。根据病情的需要,选择主药和辅药。并酌定剂量,按一定的配伍原则,组合而成的处方,是中兽医辨证论治的具体体现,其组成原则和配伍规律,贯穿着辨证的思想,应当根据主要疾病和兼症确立"治法",依"法"选药。

"法"是制订方剂的准绳。一个方剂中可体现出一个甚至多个"法"。因此,"法"亦有主次之分。依法选出的药物,亦会有"主"与"辅"的区别。组成方剂,必须处理好这些关系。中药理论把这种主辅关系,概括为"君、臣、佐、使"的组方原则。

君药是方剂中的主药,是针对病因或主证而起主要治疗作用的药物。

臣药是辅助君药和加强君药功效的药物。

佐药的意义有二:一是对主药有制约作用。二是能协助主药治疗兼证或次要证候的药物,前者适用于主药有毒或质味太偏,后者适用于兼证较多的病例。兼证是指伴随主要病因,同时存在的众多病因所引起的一组症状群,对疾病的发展不起决定作用,是次要矛盾。因此,兼证可作为选择佐药的依据之一。

使药为引经药,具有引导其他药物直达病所的作用;但有时使药并不是引经药,而起调和诸药的功用。

以麻黄汤为例:麻黄汤由麻黄、桂枝、杏仁、甘草四味药组成,功能为发散寒邪,润肺平喘;治风寒表实证,证见发热、恶寒、无汗、咳喘、苔薄白、脉浮紧等。其主要矛盾是:风寒束表,故选用麻黄作为主药。发表散寒,宣肺平喘,解除主因。辅以桂枝温经散寒,解肌,协助麻黄发汗解表,增强疗效。佐以杏仁利肺理气,助麻黄宣肺平喘,并治兼证,使以甘草调和诸药,诸药相合,共奏发汗解表,宣肺平喘之功。

在每个方剂中,主药是必不可少的。在简单的方剂中,辅、佐、使药则不一定俱存,有些方剂的主药或辅药本身就兼有佐药或使药的作用。也有一些方剂由于组成比较庞杂,则按药物的不同作用,或以主、次要部分来区别,而不分主辅佐使,至于一方中主辅佐使的多少,并非硬法规定。应根据辨证立法的需要而定,一般是主药少而辅佐药较多。

总之,在组方时既要突出要点,抓主要矛盾,又要兼顾全面,以适应复杂的病症需要;还要注意因地、因时、因个体制宜,立法处方,才能发挥最佳的治疗效果。这种对具体事物作具体分析的思想方法,是中兽医学的重要特点之一。

11.1.3　方剂的加减变化

方剂的组成虽有一定的原则,但在临床运用时并不是一成不变的。须根据病情的缓急、患畜的个体差异、季节的变化、地域的不同而灵活地加减化裁,要"师其法而不泥其方"才能切合实际、取得良好疗效。方剂组成的变化,包括药味加减的变化、药量加减变化、剂型变更等形式。

1)药味加减的变化

在主证和君药不变的情况下,随着兼证或次要症状的增减变化而加减其臣、佐、使药,亦作"随证加减"。例如,桂枝汤是由桂枝、芍药、生姜、大枣、甘草五味药组成,其功能是:解肌发表,调和营卫,主治外感风寒表虚证。若患畜兼见喘症,则可加杏仁、炙枇杷叶降逆平喘。

2)药量加减的变化

是指方剂中的药物不变,只加减药量,可以改变方剂药力的大小或扩大其治疗范围,甚至可改变方剂的主药和主治,从而增强或减弱某方面的药力。如小承气汤是由大黄、枳实、厚朴三味药组成。方中以大黄 120 g 为主药,枳实三枚为辅药,厚朴 60 g 为佐使药,功效荡热攻实,主治马属动物便秘症;若改用厚朴 240 g 为主药,枳实五枚为辅药,大黄 120 g 为佐使药,则方名厚朴三物汤,功效行气通便,主治气滞性腹胀便秘。由此可见,药味相同,仅改变其用量,而方药作用也就随之而变。

3)剂型的变化

是指同一个方剂,由于剂型不同,在运用上也有区别。根据家畜种类、病情、使用部位等不同需求,而改变药物剂型。其治疗作用有时也有相应的差异。例如,理中丸是用治疗患畜脾胃虚寒证的方剂,将理中丸改为汤剂投服,则作用快而力缓,适用于证情较重较急的患畜。反之,某些慢性疾病不能急于求效,则多采用散剂和丸剂,取其作用十分持久而力缓,又相应地节省药材,且便于储藏和携带。

综上所述药味、药量、剂型三种变化方式可看出:方剂的运用,既有严谨性,又有灵活的权宜变化。这就充分体现出方在理、法、方、药中的具体运用特点。只有掌握了这些特点,才能在临床上适用于繁纷复杂的病变。

11.2　清热方

凡具有清热、泻火、凉血、解毒等作用,以治疗里热证的一类方剂,称为清热方,常用于治疗热证。但根据病情深浅、正邪消长、里热证可分为不同的证型,应使用不同的治疗原则和不同的清热方剂对证治疗。因此,清热剂可分为清热泻火、清热解毒、清热燥湿、清热祛暑及清虚热方等类。

11.2.1　清热泻火方

清热泻火法,适用于热在气分,病情由浅入深,由表入里,邪入脏腑,正盛邪实的阶段。正邪相争激烈,阳热亢盛,热多在肺和胃肠。临床上常见肺热壅滞所致的呼吸气短,身热喘咳,以及热结肠道所致的粪便燥结或热结旁流等。尽管病情多样,症状均以发热不恶寒为特征,体温升高,多呈稽留热,伴有口渴、多汗、舌红、苔黄、脉洪数、尿短赤等。气分热证的治疗以宣通理肺、泻火解毒为主要原则。

1）白虎汤（石膏知母汤）

【来源】《伤寒论》。

【组成】生石膏 250 g、知母 45 g、粳米 300 g、甘草 45 g。

【用法】使用时将石膏打碎，先煎，再与其他几味药物水煎至米熟汤成，去渣待温后投服或各药共为细末加常水冲服。

【功能】清热生津。

【主治】阳明经热盛或温热病气分热盛，症见高热，口津干燥，舌苔黄，烦渴贪饮，大汗出，脉洪大有力。

【方义解析】白虎汤为清气分热的主方，阳明经证或气分热盛之典型症状为"四大症"，即大热、大汗、大渴、脉洪大。阳明经症虽热势弥漫，但是尚未见腑实证者，不宜攻下；虽热势炽盛，易伤津液，若过用苦寒，恐化燥伤阴，白虎汤以甘寒之品清热生津，是泻火生津的主要方剂。方中生石膏为君药，辛甘大寒能清泻肺胃之火而除烦热；知母为臣，苦寒滋阴、清热、生津止渴，能加强石膏清热力；甘草、粳米益胃护津，且缓和石膏、知母寒凉之弊，又防过寒之性伤其胃家之气，共为佐使，四药相合，共奏清热生津之功效。

【临床应用】白虎汤为治疗阳明经症或气分热证的代表方剂。凡症见发热、口干、舌红、苔黄燥、脉洪大而数者均可应用。用于治疗某些传染性或非传染性病（流感、脑炎、肺炎、牛高热、猪无名高热等病）的高热期常能收到较好的效果。

【方歌】白虎汤中生石膏，知母粳米与甘草。

　　　　烦热津伤兼口渴，大热大渴功效好。

2）清肺散

【来源】《蕃牧纂验方》原名凉肺散。《元亨疗马集》《中华人民共和国兽药典》（2000 年版）收载。

【组成】板蓝根 90 g、葶苈子 60 g、浙贝母 45 g、甘草 30 g、桔梗 45 g。

【用法】水煎投服或共为末，开水冲，加蜂蜜、糯米粥、童便同调灌服。

【功能】清肺化痰，止咳平喘。

【主治】马喘咳及非实热喘。

【方义解析】本方为治马热喘粗所设。常由于燥热三邪侵袭肺脏，以致肺热壅滞，气失宣降，或因胃中积热，上蒸于肺而成喘。方中以贝母、葶苈子清热定喘为药，辅以桔梗开宣肺气而祛痰，并能载药上浮直达病所，使升降调和则喘咳自消；板蓝根、甘草清热解毒，为佐药，使以蜂蜜、糯米、童便调和诸药，且能润肺金护脾土，诸药合用，热清痰祛，咳喘自愈。

【临床应用】凡肺热咳嗽，如支气管炎、肺炎均可加减使用。热盛痰多，加知母、瓜蒌、桑白皮、黄白药子；喘重者，可加苏子、杏仁、炙紫菀；肺燥干咳者加麦冬、沙参、天花粉等。

【方歌】清肺散用板蓝贝，葶苈柑橘共相随。

　　　　蜂蜜童便共为引，肺热喘粗皆可退。

11.2.2　清热解毒方

清热解毒剂具有清热、泻火、解毒的作用，适用于瘟疫、毒疫或疔疖肿毒等证。若三焦火毒炽盛,症见烦热、吐血、发斑及外科的疔毒痈疡等;胸膈热聚,可见身热面赤、胸膈烦热、口舌生疮、便秘、溲赤等症状。本类方剂常以黄芩、黄连、连翘、金银花、蒲公英等清热解毒泻火药物为主组成,若便秘溲也可配伍芒硝、大黄等以导热下行;疫毒发于头面而肿胀者,可在清热解毒药中配辛凉疏散之品,如牛蒡子、薄荷、白僵蚕等;热在气分则配伍泻火药,热在血分则配伍凉血药。

黄连解毒汤

【来源】《外台秘要》引崔氏方。

【组成】黄连45 g、黄芩30 g、黄柏30 g、栀子45 g。

【用法】用时以水煎服或适当调整剂量、研末,开水冲调待温后投服。

【功能】泻火解毒,凉血止血。

【主治】热盛、烦躁狂乱、积热上攻、迫血妄行引起的吐衄、斑疹,亦于外科痈肿属热毒炽盛者。

【方义解析】黄连解毒汤为治热毒炽盛三焦的常用方,也是一个清热解毒的基础方,火热炽盛即为毒,是以解毒必须泻火,火主于心,宣泄其所主,故用黄连为主药,以泻心火,兼泻中焦之火;黄芩泻上焦之肺火,黄柏泻下焦相府之火,栀子通泻三焦之火,泻胃火而如神,导其下行,共为辅佐药。四药结合,苦寒直折,使火邪去而热毒解,诸症得愈。

【临床应用】适用于火热壅盛于三焦之证。凡败血症、脓毒败血症、痢疾、肺炎等属于火毒炽盛者等,疮黄疔毒者多由热毒内蕴、气血瘀滞而成。

【方歌】黄连解毒汤四味,黄柏黄芩栀子备。

　　　　　　高热壅滞火炽盛,疮疡痈毒皆可退。

11.2.3　清营凉血方

清营凉血剂适用于邪热入营血。营为水谷之精气注于脉中的部分,血为营气所化,循行脉中,周流不息。营气通于心,营分热多扰心和心包。故营分证可见心神被扰的症状,其发热以午后加重,入夜更甚为特征,常见高热不退、神昏躁动、呼吸急促、口舌红绛、斑疹隐隐、脉数等。症状表现相当于急性传染病的极盛期,除各种传染病的特殊病变进一步加深外,热扰神明的症状较为突出。凝血功能紊乱,血管中的毒性损害进一步发展。营分证多由气分传入,邪热病入营,若能及时将入营之邪清解外透而转入气分,则病情较轻,否则,待正气损伤,邪热内盛,则有内陷入血趋向。邪热入营,治宜清营泄热,透热转气,方药选用清营汤加减;若邪热内闭心包、神昏躁动严重时也可用清心开窍法。

营是血的前身,营分有热常累及血分。血分发热,热多在心、肝、肾,其发热在夜晚尤甚,同时见神昏、烦躁,临床表现除了营分热所见症状外,还有动血之象,如口舌深绛、斑疹密布、吐血、衄血、便血、尿血等。血分热的症状表现相当于急性传染病的衰竭期,各重要脏器(中枢神经、心、肺、肾、肝等)的损害较前更为严重,机体反应性及抵抗力下降,重者出现弥散性凝血和休克等。治疗以凉血散瘀改善血循为主。由于此阶段的特点是邪毒炽盛而正气已虚,临床需要扶助正气以防闭脱,治疗应在凉血解毒的基础上加用益气养阴之药物。临床上可选用清营汤、犀角地黄汤(见方剂补充表)等。

清营汤

【来源】《温病条辨》。

【组成】犀角 10 g、生地黄 60 g、玄参 45 g、竹叶心 15 g、麦冬 45 g、丹参 30 g、黄连 25 g、金银花 45 g、连翘 30 g。

【功能】清营解毒,透热养阴。

【主治】邪热初入营分,患畜表现发热,口绛口干,脉细数或斑疹隐隐。

【方义解析】本方是温热病邪由气分传营分,热伤营阴,而气分病邪又尚未尽解之症。治法上在清营解毒之中,配合清气分之品,可达到气营两清的目的,因此,方中以犀牛角清解营分热毒为主药(犀角可用水牛角加大 20～30 倍量);热甚则伤阴,故用玄参、生地、麦冬、甘寒清热养阴为辅药,佐以苦寒之黄连、竹叶心、连翘、金银花清心解毒,并透热于外,使热转出气分而解,为气营两清之法。丹参清热凉血,并能活血散瘀,以防热与血结,亦为佐药,且能引导诸药入心而清热,又为使药。诸药相合,共奏清营解毒,透热养阴之功效。

【临床应用】

(1)清营汤适用于温热病热邪由气分转入营分之证。邪初入营而气分之邪尚未尽解者,亦可用之,如脑炎、败血症等。

(2)若气分重而营分热轻,应重金银花、连翘、黄连、竹叶心,并相对减少犀角、生地、玄参之用量。

【方歌】清营汤是温病方,热入心包营血伤。

犀角丹玄连地麦,银翘竹叶服之康。

11.2.4　清热燥湿方

清热燥湿剂是以清热燥湿和清热利湿药为主组成的方剂,主要适用于湿热外感,湿热内盛或湿下注所致的黄疸、热淋、痹痛等症。常用清热燥湿或清热利湿药为清热燥湿剂方中的主要药物有黄连、黄柏、黄芩、茵陈、栀子、滑石、木通等,清热燥湿剂代表方剂如茵陈蒿汤、龙胆泻肝汤、白头翁汤等。

1)龙胆泻肝汤

【来源】龙肝泻肝汤原出于李东垣《兰室秘藏》原方中无黄芩、栀子。

【组成】龙胆草(酒炒)30 g、柴胡 30 g、泽泻 60 g、车前子(炒)45 g、木通 30 g、生地(黄酒炒)45 g、当归尾(酒炒)25 g、栀子(炒)30 g、黄芩(酒炒)45 g、甘草 30 g。

【用法】用常水煎、去渣,待温后灌服,或研末开水冲调等温后灌服。

【功能】清泻肝胆实火,清三焦湿热。

【主治】患畜肝胆实火上炎症,临床见目赤肿痛、肋痛、耳肿、舌红苔黄、口腔黏腻、脉弦数有力;也可用于肝胆湿热下注症,症见阴肿、小便淋浊、舌红苔黄腻、脉弦数有力。

【方义解析】本方为肝胆实火或湿热下注而设。治宜清肝胆,利下焦,方中以龙胆草泻肝胆实火及下焦湿热,为主药;黄芩、栀子苦寒泻火,协助龙胆草以清肝胆湿热为辅药,泽泻、木通、车前子佐以清利湿热,引火从小便而出,肝藏血,肝有热则易伤阴血,故用当归尾活血,生地养血滋阴,柴胡疏畅肝胆,甘草调和诸药,共为佐使,诸药相合,共奏泻肝胆之火、清燥热、养阴血之功效。

【临床应用】龙胆泻汤适用于肝胆实火上炎,或湿热下注所致的各种证候。凡急性结膜炎、外耳道痈肿,急性黄疸型肝炎,尿路感染等病,属于肝上火或湿热下注者,均可施用本方。

【方歌】龙胆泻肝生地柴,栀子生地车前泽。

木通当归同甘草,肝经湿热偕可排。

2)白头翁汤

【来源】《伤寒论》。

【用法】用常水煎、去渣,待温后灌服,或研末开水冲调待温后灌服。

【组成】白头翁 60 g、黄柏 45 g、黄连 30 g、秦皮 45 g。

【功能】清热解毒,凉血止痢。

【主治】家畜痢疾。患畜表现泻痢脓血、赤多白少,排粪黏滞不爽,频频努责,里急后重、腹痛、舌红苔黄、脉数。

【方义解析】白头翁汤性味苦寒。苦能燥湿,寒能除热,是治疗痢疾、下痢脓血的主要方。方中白头翁清热解毒,凉血止痢,为治热毒赤痢的主药;黄连、黄柏、秦皮协助主药清热解毒,燥湿治痢,均为佐使药。四药合用,具有清热解毒,凉血止痢之功效。

【临床应用】

(1)适用于湿热下痢。凡马牛肠炎、猪下痢等属于湿热症者,据报道,白头翁煎剂能抑制阿米巴原虫的生长,可应用于阿米巴痢疾。

(2)白头翁汤药性苦,易伤脾阳,久服会出现大便溏薄/腹胀,不宜长用。若有脾阳虚弱、大便溏泻、腹胀者慎用,以免损伤胃家之正,加重病情发展。

【方歌】白头翁汤治热痢,黄柏黄连与秦皮。

性寒味苦清湿热,坚阴止痢最适宜。

11.2.5 清热祛暑方

清热祛暑剂,适用于夏日感暑之证。以身热烦渴、汗出体倦、脉虚为主证。夏日淫雨,天暑下迫,地湿上蒸,湿热之邪易于相因患,故有"暑多挟湿"之说;暑热伤气,又多出现汗多气虚等证。兼表寒者,宜祛暑解表,代表方如香薷散;兼湿邪者,法当清暑利湿,代表方如六一散(见方剂补充表)。

使用祛暑剂,需掌握兼证的有无及主次轻重,如暑病挟湿而暑重湿轻者,则湿易从热化,用药不宜过于温燥,以免燥伤津液;如湿重暑轻,暑轻易为湿遏,甘寒滋腻之剂,又当慎用,以免湿邪缠绵不去。

香薷散

【来源】《元亨疗马集》。

【用法】使用时上药为末,开水冲调,待温后灌服。原方等分为末,每服 100 g,加温开水 0.5 L,童便半盏同调,灌服。

【组成】香薷 30 g、黄芩 26 g、黄连 15 g、甘草 25 g、柴胡 30 g、当归 30 g、连翘 30 g、天花粉 45 g、山栀子 20 g。

【功能】清热解暑,养血生津。

【主治】夏季伤暑或中暑。患畜表现身热,喜阴凉,精神倦怠,头低耳耷,眼闭似昏睡,行走如痴,卧多立少,口色鲜红,脉象洪数。

【方义解析】香薷散用于治疗马患伤暑或中暑,治宜清热解暑。方中香薷辛温发散,兼利湿,乃暑月解表之要药,前人总结为"夏令之麻黄",为主药;黄芩、黄连、栀子、连翘寒凉清热于里,柴胡和解表里,利少阳枢机,内透外达,均为辅药;热盛心肺壅极,上扰神明,故用当归和血以治风,热盛伤津,故用天花粉清热生津,均为佐药;甘草清热和中,为使药,诸药合用,共奏清热解暑之凯歌。

【临床应用】

(1)香薷原方适用于马热症中暑(或称"热痛")。《元亨疗马集》中说:"热痛者,阳气太盛也。皆因暑月炎天乘骑,地里弯远,鞍屉失于解卸,乘热而喂料草,热和于胃,胃火遍行经络也。今兽头低眼闭,行立如痴,卧多少立,恶热便阴,此谓暑伤之症也。香薷散治之。"

(2)中暑有轻重缓急之分,急症中暑,病情重,也称为"黑汗风";慢性中暑,病情较轻,称"热痛"一种,香薷散适用于后者。

【方歌】香薷散用归柴草,花粉栀子与连翘。

　　　　蜂蜜冲服作引药,清心解暑疗效高。

11.2.6　清虚热方

清虚热法适用于热病后期,邪热未尽,阴液已伤,热留阴分,出现暮热早凉,舌红少苔,或因肝肾亏损而骨蒸潮热,或久热不退的虚热证。在治法上宜养阴透热或滋阴清热。

青蒿鳖甲汤

【来源】《温病条辨》。

【组成】青蒿 30 g、鳖甲 60 g、细生地 60 g、知母 30 g、丹皮 45 g。

【用法】使用时水煎、去渣、取汁,待温后灌服或研末冲服。主药青蒿芳香性较强易挥发不耐高温,宜后下,或用沸水浸泡即可。

【功能】养阴透热。

【主治】温病后期,邪热未尽,深伏阴分,阴液已伤。患畜表现傍晚发热,白昼热退,舌红少苔,机体消瘦,脉数。

【方义解析】青蒿鳖甲汤为治疗虚热的代表方剂。温病后期,阴液已伤,热邪仍留,既不能滋阴,滋阴则留邪,又不能纯用苦寒,苦寒能化燥,唯宜养阴透热并举,使阴复则足以制火,邪去则其热自退。方中鳖甲直入阴分,咸寒滋阴,以退虚热,青蒿芳香,清热透络,引邪外出,共为主药;生地、知母益阴清热,协助主药以退虚热,丹皮凉血透热,协助青蒿以透泄阴分之伏热,共为佐使。诸药相合,共奏养阴透热之功效。

《温病条辨》曰:"邪气深伏阴分,混处气血之中,不能纯用养阴,又非壮火,更不得任用苦燥。故以鳖甲蠕动之物,入肝经至阴之分,既能养阴,又能入络披邪;以青蒿芳香透络,从少阳领邪外出;细生地清阴络之热;丹皮泻血中之伏热;知母者,知病之母也,佐鳖甲、青蒿而成披剔之功焉。再此方有先入后出之妙用,青蒿不能直入阴分,有鳖甲领之入也;鳖甲不能独出阳分,有青蒿领之出也。"

【临床应用】

(1)《温病条辨》云:"夜热早凉,热退无汗,热自阴来者,青蒿鳖甲汤主之。"青蒿鳖甲汤最宜治疗余热未尽,阴液不适虚热症。以夜热早凉,热通无汗,舌红少苔,脉细数为证治要点。可用于原因不明的发热,慢性肾盂肾炎、骨结核等,属阴虚内热,低热不退者。

(2)老弱,久病体虚及产后血虚所致阴虚发热,舌质红绛而干,脉细数的患畜,亦可应用青蒿鳖甲汤治疗。

【方歌】青蒿鳖甲地知丹,夜热早凉退无汗。

　　　　余热未尽虚热症,养阴透热服之安。

11.3　解表方

解表剂,凡具有发汗、解肌、透疹等作用的方剂,统称为解表剂。适用于外感表邪,疹毒透发不畅等证,在八法中属于"汗法"。《素问》云:"其在皮者,汗而发之""因其轻而扬之";《三农记》云:"中风者散之,感寒者表之",就是这类方剂的方法原则。

解表剂多用于六淫之邪侵入肌表,主要是寒、热外感的初期。

常见的表证有风寒和风热两种。风寒表证治宜辛温解表;风热表证治宜辛凉解表。表证而兼有正气虚弱的,还需结合补益法,以扶正去邪。因此,解表剂可分为辛温解表,辛凉解表和扶正解表等类。

解表剂所用药物大多辛散轻扬,不宜久煎,否则药性蒸腾散失,作用减弱。灌药后,患畜宜置暖圈,避风寒,甚至适当覆盖,以助药效。

解表剂使用不当,容易造成耗气伤津,故只适用于表邪未解之时。若表邪已解,或病邪入里、麻疹已透、疮疡已溃、虚证水肿、泄泻、失血等情况,均不宜用。

11.3.1　辛温解表方

辛温解表剂,适用于外感风寒表证,患畜表现恶寒,或皮毛猬立、寒战,喜卧温暖处,发热、精神沉郁、弓背、有汗或无汗、脉浮、苔虚等症状。

1)麻黄汤

【来源】《伤寒论》,在《中兽医方剂大全》《中兽医方剂精华》中均有收录。

【组成】麻黄(去节)45 g、桂枝30 g、杏仁45 g、甘草15 g。

【用法】使用时水煎汤去渣,待温后灌服,或各药为末,用开水冲调,待温后灌服。

【功能】发汗散寒,宣肺平喘。

【主治】外感风寒表实证。患畜表现恶寒发热、精神抑郁、弓腰、无汗而喘、舌苔薄白、脉浮紧。

【方义解析】麻黄汤原为主治太阴伤寒而设。所谓太阴伤寒,即外感风寒表实证。治宜用发汗宣肺之法,以解除在表之风邪,开泄郁闭之肺气,使表邪得解,肺气顺通,自然寒热退而喘咳平。方中麻黄发汗解表以散风寒,宣肺利气以平喘咳,为主药;桂枝发汗解肌,温经散寒,助主药发汗解表,为辅药;杏仁顺畅肺气,止咳平喘,为佐药;炙甘草调和诸药,并有清热解毒、补中止咳、平喘之作用,为使药。四药配伍合用,共奏发汗散寒,润肺平喘之功效。

【临床应用】本方为发汗解表而设。多用于风寒表实证。临床常用本方加减而治疗感冒,流感及慢性气管炎,临症见咳嗽、痰多清稀。如外感风寒、咳嗽、喷嚏、气粗痰多者,可去桂枝之通阳发汗,使其用于润肺止咳,名"三拗汤施之"。

若表虚有汗不宜应用,对风热表证也忌用。

【方歌】麻黄汤中用桂枝,甘草杏仁四味施。

　　　　　发热恶寒表实证,风寒无汗服之宜。

2）桂枝汤

【来源】《伤寒论》,在《中兽医方剂大全》《中兽医方剂精华》中均有收录。

【组成】桂枝 45 g、芍药 45 g、甘草 30 g、生姜 45 g、大枣 20 g。

【用法】水煎汤去渣,待温后灌服,或各药为末,用开水冲调,待温后灌服。

【功能】解肌发表,调和营正。

【主治】外感风寒表虚证。患畜表现发热、汗出恶风,舌苔薄白,脉浮缓。

【方义解析】本方为外感风寒表虚证的常用方剂。此证因风寒客表,营卫不和所致。外感风寒,邪证搏于肌表,故发热、脉浮;营卫不和,卫阴不能外固,营阴不能内守,故恶风、汗出、脉缓。方中桂枝散风寒以解肌表,为主药;白芍敛阴养阴和营,使桂枝辛散而又不致伤阴,为辅药,二药合用一散一收,调和营卫,使表解肌里和;生姜温中散寒,散表邪,大枣补气补血和营阴,共为佐药;甘草清热解毒,补中止咳平喘,调和诸药,为使药。诸药相伍,共奏解肌发表,调和营卫之功。

【临床应用】用于家畜外感风寒的表虚症。若见有咳喘症状,可加厚朴、杏仁、炙甘草。本方重在解肌发表,调和营卫,与专于发汗的方剂不同,只适用于外感风寒的表虚症。若表实无汗,不宜应用,表热证忌用。

【方歌】风寒表虚桂枝汤,调和营卫最适当。

　　　　　桂枝芍药与甘草,再加姜枣效更良。

3）荆防败毒散

【来源】《摄生众妙方》。

【组成】荆芥 30 g、防风 30 g、羌活 25 g、独活 25 g、柴胡 25 g、前胡 25 g、桔梗 30 g、枳壳 25 g、茯苓 45 g、甘草 15 g、川芎 20 g。

【功能】发汗解表,散寒祛湿。

【主治】外感挟湿的表寒证,临床见发热、无汗、恶寒、肢体疼痛、咳嗽、舌苔白腻、脉浮。

【方义解析】本方原系"人参败毒散"去人参加荆芥、防风加减而来,为外感风寒挟湿证而设的辛温解表剂。故方中,以荆芥、防风发散肌表风寒,羌活、独活祛一身之风湿,四药合用以解表驱邪为主药;川芎散风止痛,柴胡协助荆芥、防风疏解表邪,茯苓渗湿健脾,均为辅药;枳壳理气宽胸,前胡、桔梗润肺止咳为佐药;甘草和中益气,调和诸药为使药。诸药集合,共奏发汗、解表、散寒、祛湿之功效。

【临床应用】用于感冒、流感等体质虚弱而挟湿的表寒症,以及疮疡具风寒表证者,亦可应用。

【方歌】荆防败毒草苓芎,二活柴前枳桔同。

　　　　风寒挟湿致病畜,解表祛湿有良功。

11.3.2　辛凉解表方

辛凉解表剂适用于风热表证,患畜表现发热、微恶风寒、精神沉郁、口干,或咳嗽、气喘、脉浮数。舌红苔薄白或稍黄等症状。常用辛凉解表药为方中的主要药物,如金银花、薄荷、菊花、葛根等。辛凉解表的代表方剂有银翘散、桑菊饮等。

1) 银翘散

【来源】《温病条辩》《中兽医方剂大全》和《中华人民共和国兽药典》(2000 年版)中均有收载。

【组成】连翘45 g、金银花45 g、淡豆豉25 g、薄荷30 g、牛蒡子25 g、荆芥穗25 g、桔梗25 g、淡竹叶20 g、生甘草25 g。

【用法】用时共为末,开水或鲜芦根煎汤冲服,待温后灌服;也可适当加大剂量煎汤去渣灌服。

【功能】疏散风热,清热解毒。

【主治】瘟病初起,患畜表现发热、微恶风寒、精神沉郁、口干、舌红、脉浮数。

【方义解析】银翘散为辛凉方剂,适用于瘟病潮热,风热表证。方中金银花、连翘清热解毒,轻宣透表,为主药;荆芥穗、薄荷、淡豆豉,辛散表邪,透热外出,为辅药,其中荆芥穗虽属辛温之品,但温而不燥,且与银翘、竹叶、芦根等配伍,温性被制,可增强本方辛散解表之功;牛蒡子、桔梗、生甘草能解毒利咽散结,宣肺祛痰;淡竹叶、芦根甘凉轻清,清热生津以止渴,均为佐药;甘草并能调和诸药,为使药。方中清热解毒与辛散表邪药物配伍;共奏疏散风热,清热解毒之功。

【临床应用】银翘散为辛凉平剂,可用于治疗瘟病范围的各种疾病的初期。如流行性感冒、肺炎、脑炎以及其他发热性流行病初期,凡是表现卫分风热症状者,也可用于疮黄疔毒初起而有风热表证者,或酌加蒲公英、地丁等药,以加强清热解毒的作用。

【方歌】银翘散治前焦疴,竹叶荆牛豉薄荷。

　　　　柑橘芦根凉解法,风热表证用时多。

2) 桑菊饮

【来源】《温病条辩》《中华人民共和国兽药典》(2000 年版)中均有收载。

【组成】杏仁30 g、连翘30 g、薄荷15 g、桑叶40 g、菊花30 g、桔梗30 g、甘草15 g、苇根30 g。

【用法】用时共为末,开水冲服,待温后灌服;也可适当加大剂量水煎去渣,待温后灌服。

【功能】疏散风热,润肺止咳。

【主治】风温初起或风热咳嗽,患畜表现有风热表证的症状,但咳嗽较重,或以咳嗽为主证。

【方义解析】桑菊饮为治风温之邪入肺经的一个古方剂,主要症状是咳嗽。方中以桑叶、菊花甘凉轻清,疏散上焦风热,且桑叶善走肺经,清肺热而止咳嗽,共为主药;薄荷协助二主,以疏散上焦风热,杏仁、桔梗润肺止咳,为辅药;连翘苦辛寒而质轻,清热透表,苇根甘寒,清热生津而止渴,共为佐药;甘草调和诸药,为使药,且与桔梗配伍,并利咽喉。诸药相伍,使上焦风热得以疏散,肺气得以顺畅,则表证解,咳嗽止。

【临床应用】用于治疗属于风热的各种病症,如流行性感冒、急慢性支气管炎、咽炎等,若药力轻者,可酌加知母、贝母、黄芩、花粉等。

临证加减,气粗似喘,热在气分者,加石膏、知母;舌绛暮热甚,热邪入营,加元参、犀角;在血分者,去薄荷、苇根,加麦冬、生地、玉竹、丹皮;肺热者,加黄芩;口渴者,加天花粉。

【方歌】桑菊饮中桔梗翘,杏仁甘草薄荷交。

　　　　芦根甘寒生津剂,透表宣肺止咳嗽。

11.4 泻下方

泻下法,属于"八法"中的"下法"。泻下剂主要由泻下药物组成,具有通利肠道、排出胃肠积滞、荡涤实热、攻逐水饮、寒积等作用,以治疗里实证的方剂,统称泻下方。

泻下剂的主要目的是攻逐里实。根据病邪性质的不同及畜体的体质、素质虚实的差异,病情轻重不同和病程长短之分,在应用泻下剂时常分为攻下、润下、逐水,适用于热结阳明、脾虚寒积、津枯肠燥、水饮内停和气血已虚而里实未去等不同的症候而选择适当的泻下剂。但孕畜、老龄阴虚体弱及产后血虚的患畜,应忌服攻逐泻下剂。

11.4.1 攻下方

攻下剂,也称峻下剂,药力峻猛,适应于里实证。患者大多表现粪便秘结,肚腹胀满、腹痛起卧、舌苔黄厚、脉实有力等症状。常用攻下药为方中的主要药物,如大黄、芒硝、巴豆等。肠道阻塞,可导致胃肠气滞,故攻下方中亦常配合厚朴、枳实、木香等。常用代表方如大承气汤等。

大承气汤

【来源】《伤寒论》。

【组成】生大黄 60 g、厚朴(去皮炙)45 g、枳实 60 g、芒硝 250 g。

【用法】用时先煎枳实、厚朴,后下大黄,去渣取汁,冲调芒硝,待温后灌服,或研末开水冲服。

【功能】泻下攻下,消积通肠。

【主治】结症。证见粪便秘结、腹部胀满、二便不通、口干舌燥、苔厚而干、脉沉实。

【方义解析】外邪入里化热,热盛伤津,实热与积滞壅结于胃肠而成里实热症。热结导致燥、实、胃肠积滞则腑气不通,出现痞满,法当攻泻泻热结,急下存阴。

大承气汤泻下作用较强,为治疗阴阳腑实症的主要方剂。方中大黄苦寒,泻热通便,荡涤肠胃,为主药;芒硝咸寒泄热,软坚润燥,助主药,泄热通便,缓解肠中热结,为臣药;君臣相须为用,重于攻积泄热,驱除有形实邪;积滞内阻,致气滞不行,故以枳实、厚朴破结、行气、宽中,治疗无形之气滞,消除胀满,并且君臣加速积滞排泄,共为佐使之兄弟。主治实热与积滞结于胃肠的阳明腑实证。

【临床应用】大承气汤适用于阳明腑实证,患畜表现为腑实便秘。常用于马属动物之大结肠便秘。应用时,根据病情轻重可在本方基础上加减化裁,如加槟榔、石蜡油,或加酒曲、火麻仁、青皮、香附、木通,名"酒曲承气汤"(《中兽医治疗学》)。或加二丑、番泻叶、秦皮、木香、玉米仁、白豆蔻,名"枳实破气散",对老龄体弱,津枯肠燥的结症,又可加玄参、麦冬、生地("增液汤")为攻补兼施之剂,名"增液承气汤"。

【方歌】大承气汤用大黄,枳实厚朴共成方。

芒硝不煎要冲汤,结症起卧自安康。

11.4.2　润下方

润下法,主要是使用滋阴润燥、油质含量较多的果仁类的药物,滑润肠道治疗便秘。适用于病情较缓、病程较长或体弱血虚、津液亏少的便秘症。润下法属于缓下的范围,常用的药物如肉苁蓉、杏仁、桃仁、郁杏仁、火麻仁等,代表方剂如当归苁蓉汤。有时稍佐以理气、通下的药物效果更佳。

当归苁蓉汤

【来源】《中兽医治疗学》。

【组成】全当归(麻油炒)120～250 g、肉苁蓉(黄酒浸蒸)60～120 g、番泻叶 30～60 g、广木香 10～15 g、川厚朴 20～30 g、炒枳壳 30～60 g、醋香附 30～60 g、瞿麦 12～18 g、通草丝 10～15 g、炒神曲 60 g、麻油 250 g。

【用法】使用时各药为末,开水冲调,或常水文火煎者,待温后加麻油灌服。

【功能】润燥理气,滑肠通便。

【主治】家畜肠燥便秘,粪干难下,患畜表现弓腰努责、排粪困难、口干舌燥、脉细数。

【方义解析】老弱津亏或产后家畜的便秘症。本虚标实,治宜标本兼顾。当归苁蓉汤中当归辛甘湿润,养血润肠,用麻油炒更增强其滋润之功,为主药;肉苁蓉咸温润降,补肾润肠,番泻叶甘苦润滑、润肠导滞,共为辅药;木香、厚朴、香附疏理气机,瞿麦、通草有降泄之性,枳壳、神曲具宽导之功,共为佐药;麻油润燥滑肠,为使药。诸药合用,于湿润之中,寓有通便之力。

【临床应用】

(1)当归苁蓉汤药性平和,多用于老弱或胎前产后之便秘。

(2)当归苁蓉汤原方可酌情加减应用,体瘦气虚者加黄芪;孕畜去瞿麦、通草,加炒白芍;鼻凉者加升麻。

【方歌】当归苁蓉番泻叶,木香枳朴并瞿麦。

通草香附与麻油,肠燥便秘能通结。

11.4.3　峻下逐水方

峻下逐水剂作用峻烈,能使体内停积之水液从大小便排出,适用于水肿或饮停聚之证。但峻下逐水剂多有毒性,故只适用于体质强壮的患畜,常用峻下逐水药为方中的主要药物,如大戟、甘遂、芫花、牵牛子、槟榔等。峻下逐水剂的代表方剂有大戟散等。

大戟散

【来源】《元亨疗马集》。

【组成】大戟 30 g、滑石 60 g、甘遂 30 g、牵牛子 60 g、黄芪 30 g、芒硝 90 ~ 150 g(原方有巴豆)。

【用法】共为末,开水冲,待温后加猪油 250 g 调灌,或适当加大药量水煎,去渣灌服。

【功能】逐水、泻下。

【主治】牛水草肚腹胀满。临症见肚腹胀满,口中流涎,舌吐出口外。

【方义解析】本方系《元亨疗马集》中治疗牛水草肚胀方。本病证主要是由于水与草停滞胃腑而引起的肚腹胀满,故以大戟、甘遂、牵牛子峻泻逐水为主药;辅以大黄、芒硝、猪油、滑石助主药攻下逐水;佐以黄芪扶正祛邪,以防攻逐太过,损伤正气。诸药相合,有逐水泻下之功效。

【临床应用】本方减甘遂,加麦芽、山楂、六曲、黄芩治疗牛宿草不转;加黄芩,增大黄芪的用量,名为"穿肠散",用以治疗草伤脾胃。

【方歌】大戟散用硝大黄,滑丑甘遂黄芪尝。

　　　　猪油不煎共调灌,水草肚胀效果良。

11.5　消导方

以消导、化积药为主组成,具有消积导滞、行气宽中作用的一类方剂。积滞郁结之证多由气、血、痰、湿、食壅滞郁结所致,就使用消导剂。治疗食积痞块的制剂统称消导剂,用于治疗草料停滞,食积不消等病证。

消导剂的用法属于"八法"中的"消法"。消导剂量是根据"坚者削之""结者散之""留者攻之"的治疗原则而立法,具有消食导滞、消痞化积之功,适用于脾失健运,胃失通降,或饮食失节而致的伤食症,或变生痞满,下痢等疾病。

消导类方剂常以山楂、神曲、麦芽、槟榔、莱菔子为主要药物,代表方剂如曲麦散、消滞汤和胃消食汤(见方剂补充表)等。

曲麦散

【来源】《元亨疗马集》。

【组成】神曲 60 g、麦芽 45 g、山楂 45 g、甘草 15 g、厚朴 25 g、枳壳 25 g、陈皮 25 g、青皮 25 g、苍术 25 g。

【用法】用时各药共为末,开水冲调,候温灌服(原方为末,每服二两,生油二两,生萝卜一个捣烂,童便一升,同调灌之)。

【功能】消食导滞,化谷宽肠。

【主治】马伤料。患畜表现精神倦怠,不食料豆,舌红苔厚,有时拘行束步,四足如攒。

【方义解析】曲麦散适用于马伤料。《元亨疗马集》云:"伤料者,生料过多也,凡治者,消积破气,化谷宽肠。"方中神曲、麦芽、山楂消食导滞,为主药;积滞内停,每使脾胃气机运行不畅,故用枳壳、厚朴、青皮、陈皮疏理气机,宽中除满为辅药;苍术燥湿健脾,以助运化,为佐药;甘草健脾胃而和诸药(或加生油、萝卜下气润肺),为使药。诸药合用,共奏消食导滞、化谷宽肠之功效。

【临床应用】

(1)《元亨疗马集》云:"伤料者,生料过多也。皆因蓄养太盛,多喂少骑,谷气凝于脾胃,料毒积在肠中,不能运化,邪热妄行五脏也。令兽神昏似醉,眼闭头低,拘行束步,四足如攒,此调谷料所伤之证也。曲蘗散治之。"

(2)临床用治伤料时,常加槟榔、二丑,甚至硝、黄等攻下药,以增强消导通泻之功。

(3)若患马兼见拘行束步,四足如攒症状者,宜按料伤五攒痛施治,即消食导滞与活血清热并用。

(4)凡脾胃素虚或老弱而伤料者,宜标本兼顾,攻补并行之。

【方歌】曲麦散用青陈皮,三仙枳朴苍术依。

甘草麻油生萝卜,马牛伤料施之宜。

11.6 和解方

凡是利用具有和解、解郁、疏畅、调和等作用的方剂,用于治疗少阳病或肝脾不和以及肠胃不和者,统称和解剂,属于"八法"中的"和法"。

和解剂主要是对少阳胆经发病而设,然肝经相表里,胆经发病有时也会影响于肝,肝经发病有时也可影响于胆,并且肝胆性疾病往往又可影响脾胃。因此,在临床治疗上相互兼顾施治,如肝脾不和、肝胃不和等证。常用方剂如小柴胡汤、四逆散等。

凡属邪在肌表,或表邪已全入里者,均不宜使用和解剂。因病邪在表,若误用和解,易引邪入里,发生他患;若表邪已全入里,使用和解剂便会延误病情。

1)小柴胡汤

【来源】《伤寒论》,《中华人民共和国兽药典》(2000年版)中收录。

【组成】柴胡60 g、黄芩45 g、人参(党参)45 g、炙甘草30 g、生姜45 g、大枣20 g、半夏45 g。

【用法】用时各药水煎、去渣,待温后灌服,或研末开水冲服。用量:马、牛150~300 g,猪、羊30~60 g,犬、猫5~15 g。

【功能】和解少阳,扶正祛邪。

【主治】少阳病。患畜表现精神沉郁、食欲不振、寒热往来、口干、苔薄白、脉弦。

【方义解析】小柴胡汤为少阳病而设。少阳位于半表半里,邪犯少阳,正邪相争,既不能解表,又不能攻里,只宜和解少阳之法。方中柴胡清解少阳之邪,疏畅气机之郁滞,为主药;

黄芩协助主药以清少阳之邪热,为辅药;党参、半夏、生姜、大枣补中扶正,和胃降逆,杜绝邪气传入太阴而成虚寒,为佐药;甘草调和诸药,又可相助扶正,为使药。诸药相合,共铸和解少阳、补中扶正、和胃降逆之功。综观全方,能升能降,能开能合,去邪而不伤正,扶正又不留邪,故前人喻为"少阳枢机之剂,和解表里之总方"。

【临床应用】用于少阳病。证见家畜精神不振、饥不欲食、寒热往来、口色淡红,或舌苔黄白相杂。

【方歌】小柴胡汤用黄芩,姜夏甘枣和党参。

寒热往来邪气侵,和解少阳能生津。

2) 四逆散

【来源】《伤寒论》,《中兽医方剂大全》中收录。

【组成】炙甘草 45 g、枳实(破、水渍、炙干)45 g、柴胡 45 g、芍药 45 g。

【用法】用时共药为末,开水冲调,待温后灌服,亦可煎汤服。

【功能】清解郁热,疏肝理脾。

【主治】热厥证。患畜表现四肢厥冷,或食欲不振,或肚腹胀满,或泄泻、脉弦。

【方义解析】四逆散所治,为热郁于内,阳气不能外达的四肢厥冷之证。方中柴胡、白芍疏肝解郁清热,为主药;枳实泻胃肠之壅滞,调中焦之运化,为辅药;甘草调和诸药,为使药。柴胡与枳实同用,可加强疏肝理气之功;白芍与甘草配伍,又能缓急止痛。诸药相合,共奏透解郁热、疏肝理脾、和中缓急之功。

【临床应用】本方原治少阴病热化的四逆证,以后范围扩大。可用于肝气郁滞、肝脾不和所致的四肢不温、腹胀或腹痛、食欲减退、舌红苔黄、脉弦数等症。

【方歌】透热解郁四逆散,柴甘枳芍甘草煎。

阳郁厥逆腹胀痛,泄热疏肝方药验。

11.7　化痰止咳平喘方

凡是能止咳、平喘、清热或燥湿化痰的方剂,统称为止咳化痰平喘剂。祛痰止咳平喘剂是以祛痰、止咳、平喘药物为主组成,具有消除痰证,缓解或制止咳喘的作用,治疗肺经疾病的方剂。

咳嗽与痰、喘在病机上关系密切,咳嗽多挟痰,痰多可致咳嗽,久咳则肺气上逆而作喘,三者在病机上互为因果。在治疗上,对于咳嗽兼痰涕者,可用祛痰止咳剂;喘者可用平喘剂。本类方剂可分为祛痰剂和平喘剂。

祛痰止咳剂适用于肺经疾病引起的咳嗽痰涕。疾病原因很多,根据"脾为生痰之源,肺为贮痰之器"之说,液有余便是痰,既是致病之因,又是病理产物。本类方剂是根据《素问·至真要大论》"寒者热之,热者寒之""燥者润之""坚者削之,客者除之""结者散之"和《金匮要略》"病痰饮者,当以温药和之"的原则立法。根据《内经》确立治疗方法,即健脾燥湿、降火顺气为先,然后分别进行治疗清热痰、温寒痰。湿痰则润之、清之、化之,风痰则散之、熄之,顽痰要软之,食痰要消之。属于八法中的"消法",即所谓"善治痰者,治其生痰之源。"

平喘剂是以平喘药物为主组成,有消除或缓解肺气出入失常的作用,用于呼吸作喘之症。肺热作喘可用清热平喘;风寒束肺者应宣肺平喘;肾不纳气者,可温肾纳气、摄肺定喘;毒邪壅肺作喘者,可解毒敛肺以定喘。

由于随气而升降,气壅则痰聚,气顺则痰消,可在祛痰止咳剂中配伍理气药物。《证治准绳》云:"善治痰者,不治痰而治气,气顺则一身津液亦顺矣。"祛痰止咳剂常以陈皮、半夏、贝母、桔梗、百合等为主要组成药物,代表方剂如二陈汤、止嗽散、款冬花散、麻杏石甘汤等。

1)二陈汤

【来源】《和剂局方》。

【组成】制半夏50 g、陈皮60 g、茯苓40 g、甘草20 g。

【用法】用时为末,开水冲服,或水煎去渣待温后(马、牛分为1～2次)灌服。

【主治】痰湿咳嗽。证见咳嗽痰多、色白、舌苔白润、脉滑。

【方义解析】本方是治疗湿痰的基础方。湿痰的形成因脾胃不和、脾失健运、湿聚而成。痰饮犯肺,则咳嗽痰多;胃失和降,胃气上逆,则为呕吐,当以燥湿化痰,理气和中为治则。方中半夏燥湿化痰,降逆止呕为主药;气顺则痰降,气化则痰消,辅以陈皮理气化痰;又因痰由湿生,脾复健运则湿可化,湿去则痰消,故加茯苓健脾利湿为佐;使以甘草和中健脾,协调诸药。四药相合,具有燥湿化痰、理气和中之功。

【临床应用】

(1)二陈汤主要用于中阳不运,湿痰为患。湿痰为湿困脾阳,引起脾失运化,导致水湿凝聚而成。

(2)二陈汤主治湿痰,以咳嗽痰多、舌苔白腻或白润,脉缓、滑等。

【方歌】二陈汤中陈甘草,茯苓半夏燥湿妙。

　　　　生姜散寒和温中,服下此方镇咳嗽。

2)麻杏石甘汤

【来源】《伤寒论》,《中华人民共和国兽药典》(2000年版)中收录。

【组成】麻黄(去节)30 g、杏仁45 g、炙甘草30 g、石膏120 g。

【用法】使用时为末,开水冲调,待温后灌服,或适当加大剂量,煎汤服。

【功能】辛凉宣泄,清肺平喘。

【主治】表邪化热,壅遏于肺所致的咳喘。患畜表现发热、咳嗽、气促喘粗、口干舌红、苔白或黄、脉浮数。

【方义解析】麻杏石甘汤原名麻黄杏仁甘草石膏汤,又名麻杏石甘汤,源出自《伤寒论》,是一个清宣肺热的重要方剂。方中石膏辛甘而寒,清泄肺胃之热以生津;麻黄辛苦温,宣肺解表而平喘,共为主药;药相制为用,既能宣肺,又能泄热,虽然一个辛温,一个辛寒,但辛寒大于辛温,使麻杏石甘汤仍不失辛凉之性;杏仁苦降,协助麻黄以止咳嗽平喘,为佐药;炙甘草调和诸药,为使药。

【方歌】麻杏石甘平喘方,四药合施得益彰。

　　　　辛凉宣泄清肺热,止咳平喘效果良。

3)百合固金汤

【来源】《医方集解》。

【组成】生地 60 g、熟地 40 g、玄参 45 g、百合 40 g、麦冬 60 g、贝母 15 g、当归 20 g、白芍 30 g、桔梗 20 g、甘草 15 g。

【用法】水煎,去渣取汁,待温后灌服;或研末冲调,牛、马分 2~3 次灌服。

【功能】养阴滋肾,润肺化痰。

【主治】肺肾阴虚,虚火上炎。症见咳嗽、气喘、痰中带血、咳声嘶哑、舌红津少、苔少或无、脉细数。

【方义解析】本方为治阴虚燥咳之剂。方中生地、熟地、玄参滋阴补肾,为主药;百合、麦冬、贝母润肺化痰,为辅药;当归、白芍养血和阴,为佐药;甘草止咳利咽,调和诸药,为使药。共合使用达到滋养肺津,润肺化痰之功效。

【临床应用】主要用于肺肾阴亏的治疗,动物病久易致肾阴亏虚,则阴不制阳,出现虚火刑金,肺受火刑;或者久咳肺虚,耗伤肺肾阴液,出现阴虚火旺,肺失阴润,则咳嗽气喘,而咳伤肺络,可见咳嗽带血。因此,在临床治疗中,应对肺肾阴虚进行润肺滋肾,达到金水并调之效,使肺清肃功能恢复,则气机下行,肾阴足则阳不上亢,火不灼肺。若肺肾虚亏,咳嗽气喘,热盛者可加知母、鱼腥草以清泄肺热;咳嗽血多可加侧柏叶、仙鹤草以凉血止血。本方可用于治疗肺结核、气管炎、咽喉炎等。

【方歌】百合固金二地黄,川贝玄参枯橘良。

　　　　麦冬白芍与当归,燥火嗽血肺家伤。

11.8　祛湿方

祛湿方以化湿、燥湿或利湿类药物为主组成,具有化湿利水、通淋泻浊的作用,用以治疗湿邪为病的方剂,统称祛湿剂。

湿邪的来源,有外湿、内湿之分,湿性重浊黏腻,能阻塞气机,形成实邪,导致疾病,不易速愈。外湿指湿邪外侵,因淋雨渍水、久处阴湿之处而发湿病,多在体表经络,肌肉关节,症见恶寒发热,肢体痹痛或浮肿等;内湿为脾阳迷运,湿从内生,常由过食甘腻、生冷引起,症见胀满、泻痢、黄疸、水肿等。但外湿与内湿往往相互错杂,不能截然分开。

患畜体质强弱的差异,邪气有兼杂,故病情又有寒化、热化、属虚、属实以及兼风、挟暑等复杂变化。因此,治湿的方法有很大的差别,大抵湿邪在外在上者,可表散以解之;在内在下者,可芳香苦燥以化之,或甘淡渗湿以利之;湿从寒化,宜温阳化湿;湿从热化,宜清热利湿;水湿壅盛,可攻逐水湿。

祛湿方主要分为祛风胜湿、理气燥湿、利水渗湿三类方剂。

11.8.1　祛风胜湿方

祛风胜湿剂适用于风寒湿邪在表所致的一身尽痛,恶寒微热,或风湿着于筋骨的腰肢痹痛等症。常用祛风湿药为祛风胜湿剂中的主要药物,如防风、羌活、独活、秦艽、桑寄生等。若痹痛日久,经络阻滞者,常须配以活血药,即"治风先治血,血行风自灭"之理。若属久病正虚,又当配以扶正之品。祛风胜湿剂代表剂如独活寄生汤等。

独活寄生汤

【来源】《备急千金要方》。

【组成】独活45 g、桑寄生90 g、杜仲45 g、牛膝45 g、当归30 g、白芍25 g、细辛15 g、秦艽45 g、茯苓60 g、肉桂心10 g、防风45 g、干地黄45 g、川芎30 g、党参60 g、甘草30 g。

【用法】用常水煎煮、去渣,待温后灌服;或适当减少剂量,研末冲灌。

【功能】祛风湿,止痹痛,益肝肾,补气血。

【主治】痹症日久,肝肾两亏,气血不足。症见腰胯寒痛,四肢伸屈不利,腰腿软弱,行走无力,卧地难起,口色淡,脉象细弱。以腰膝冷痛,关节伸屈不利,心悸气短,舌淡苔白,脉细弱为诊治要点。

【方义解析】独活寄生汤所治乃风寒湿三气痹着日久,肝肾不足,气血两虚之证。治宜祛风湿,补气血,邪正兼顾。故方中重用独活、桑寄生祛风除湿,活络通痹,为主药;熟地、杜仲、牛膝补肝肾,壮筋骨,当归、白芍、川芎养血和营,党参、茯苓、甘草益气健脾,扶正祛邪,共可使气血旺盛,有助于风湿的祛除,为辅药;细辛、桂心可温散肾经风寒,防风、秦艽配伍又能将周身之风寒湿邪从肌表而解,为佐药。诸药相合,有祛风湿、止痹痛、益肝肾、补气血之功。

【临床应用】对于慢性风湿症以及腰胯、肌肉、四肢、关节等处风湿,皆可酌情加减运用。

【方歌】独活寄生防艽辛,芎归地芍苓桂心。

　　　　　杜仲牛膝草党参,冷风顽痹肢可伸。

11.8.2 理气燥湿方

理气燥湿方,主要用于湿浊内盛,脾失健运,患畜表现为食草料减少、大便溏泄、呕吐、肚腹胀满、舌苔白而厚腻、脉濡缓等症状。组方常以理气燥湿或苦温燥湿之品为主,并配伍消导或解表药为辅而成,理气燥湿剂代表方剂有平胃散、藿香正气散等。

1) 平胃散

【来源】《太平惠民和剂局方》。

【组成】陈皮(去白)25 g、姜厚朴25 g、苍术40 g、炒甘草15 g。

【用法】共为细末,生姜、大枣煎汤冲调,待温后灌服。

【功能】燥湿运脾,行气和胃。

【主治】湿阻脾胃。患畜表现草料减少、肚腹胀满,或泻便稀溏、舌苔白而厚腻、脉缓。本方性偏苦燥,最善燥湿行气,以脘腹胀满、舌苔厚腻为证治要点。

【方义解析】湿邪困脾,气机阻滞,故生诸症。治宜燥湿运脾,行气和胃。平胃散方中重用苍术,以其苦温性最燥,最善除湿运脾,故为主药;厚朴苦温,行气化湿,消胀除满为辅药;陈皮辛温,理气化滞为佐药;甘草甘缓和中,生姜、大枣调和脾胃,均为使药。诸药相合,共奏化湿浊、畅气机、健脾运、和胃气之功。

【临床应用】凡湿困中焦,郁阻气机而出现的宿草不消、脾虚慢草、肚腹胀满、大便溏泻等,均可化裁应用。如本方以白术易苍术,加山楂、香附、砂仁等药,即为"消积平胃散",主药马伤料不食。如畜体虚弱,加党参、白术、黄芪、茯苓等。

【方歌】平胃散用朴陈皮,苍术甘草四味宜。

姜枣煎汤为引药,燥湿行气又健脾。

2)藿香正气散

【来源】《太平惠民和剂局方》。

【组成】藿香90 g、紫苏30 g、白芷30 g、大腹皮30 g、茯苓30 g、白术60 g、半夏曲60 g、陈皮(去白)60 g、厚朴(姜汁炙)60 g、苦桔梗60 g、炙甘草25 g。

【用法】用时共为末,每次50～150 g,生姜、大枣煎水冲调,待温后灌服,亦可适当减剂量水煎灌服。

【功能】解毒化湿,理气和中。

【主治】外感风寒,内伤湿滞。患畜表现发热恶寒、肚腹胀满、肠鸣泄泻,或呕吐、舌苔白腻等。

【方义解析】藿香正气散证乃外感风寒,内伤湿滞,以致肌表不疏,脾运失常,但重点在内伤湿滞,是以方中藿香用量偏重,以其既能辛散风寒,又能芳香化浊,且兼升清降浊,善治霍乱,为主药;配以苏叶、白芷辛香发散,助藿香外解风寒,兼可芳香化湿浊;半夏、陈皮、燥湿和胃,降逆止呕;白术、茯苓健脾运湿,和中止泻;厚朴、腹皮行气化湿,畅中除满,共为臣药;桔梗宣肺利膈,既利于解表,又善于化湿;生姜、大枣、甘草调和脾胃,且和药性,为佐使药。诸药相合,使风寒外散,湿浊内化,清升浊降,气机通畅,诸症自消。藿香正气散重在化湿和胃,以恶寒发热、上吐下泻、舌苔白为证治要点。

【临床应用】主要适用于内伤湿滞,外感风寒的四时感冒,尤其是夏季感冒、流行性感冒、胃肠型流感、急性胃肠炎、消化不良等属外感风寒,而以湿滞脾胃为主之症。

【方歌】藿香正气陈芷苏,柑橘云苓厚朴术。

半夏腹皮与姜枣,化湿理气皆可舒。

11.8.3　利水渗湿方

利水渗湿剂适用于水湿壅盛所致的癃闭、淋浊、泄泻、水肿等症。所谓"治湿不利小便,非其治也",即是指此而言。常用利水渗湿药为利水渗湿剂方中的主要药物,如茯苓、猪苓、泽泻等。利水渗湿剂代表方剂有五苓散、滑石散、八正散、五皮饮、猪苓散等。

1)五苓散

【来源】《伤寒论》。

【组成】猪苓45 g、泽泻75 g、白术45 g、茯苓45 g、桂枝30 g。

【用法】用时研末,开水冲调,待温后灌服;或水煎,去渣灌服。

【功能】利水渗湿,温阳化气。

【主治】外有表证,内停水湿,症见发热恶寒、水便不利、舌苔白、脉浮;亦治水湿内停之泄泻、水肿、小便不利等。

【方义解析】太阳表邪未解,内传太阳膀胱腑,致膀胱气化不利,水蓄下焦,而成太阳经腑同病。外有太阳表邪,水液蓄而不行以致津液不得输布,而成太阳经腑同病。治宜利水渗湿,兼化气解表。五苓散方中重用泽泻渗湿利水,直达膀胱,为主药;茯苓、猪苓渗湿利水,以增强蠲饮之功,为辅药;白术健脾,以运化水湿之力,为佐药;桂枝一则外解太阳之表,一则温化膀胱之气,为使药。诸药相合,共奏行水化气、解表健脾之功。

【临床应用】若无表证,应将方中改为肉桂,以增强化气利水的作用。本方加茵陈,名茵陈五苓散,治湿热黄疸,小便不利,偏于湿重者。

【方歌】五苓散中用桂枝,泽茯猪苓白术施。

通阳化气水可行,亦治脾伤湿胜时。

2)八正散

【来源】《太平惠民和剂局方》。

【组成】木通 30 g、瞿麦 30 g、扁蓄 30 g、车前子 45 g、滑石 10 g、甘草梢 25 g、栀子 25 g、大黄 15 g、灯心草 10 g。

【用法】清热泻火,利水通淋。

【主治】湿热下注之热淋、石淋、血淋等。患畜表现排尿不畅,淋沥涩痛,甚至癃闭不通,尿色深或带血,舌红苔黄,脉实而数。八正散所治以尿频尿急,溺时涩痛,舌苔黄腻,脉数为证治要点。

【方义解析】湿热下浊所致之热淋等证,治宜清泻湿热,利尿通淋。方中集瞿麦、扁蓄降火通淋,为主药;车前子、木通、滑石清利湿热,通淋利窍之品,为辅药;栀子通泻三焦之湿热,制大黄攻下之力缓而泄热降火之力强,共为佐药;甘草缓急挛痛,调和诸药为使药。诸药合用,共奏清热泻火、利尿通淋之效。

【临床应用】凡膀胱炎、尿道炎、泌尿结石、急性肾炎、急性肾盂肾炎属于下焦湿热者,均可应用研究本方治疗。

【方歌】八正木通与车前,扁蓄大黄滑栀添。

草稍瞿麦和通草,湿热诸淋服之痊。

11.9　理气方

凡能疏理气机、调整脏腑功能,治疗各种气分病的方剂,称为理气方。气病有气滞、气逆和气虚三种。治疗时以气滞行气、气逆降气、气虚补气为原则。行气方主要由辛温香窜的理气药或破气药组成。这类方剂适用于气机郁结,见有慢草、腹胀、腹痛、下痢、泄泻等证者。

1)健脾散

【来源】《元亨疗马集》。

【组成】当归 30 g、白术 30 g、甘草 15 g、菖蒲 25 g、泽泻 25 g、厚朴 30 g、官桂 30 g、青皮 25 g、陈皮 30 g、干姜 30 g、茯苓 30 g、五味子 20 g。

【用法】共为末,开水冲调,待温后加炒盐 30 g、酒 120 mL,同调待温后灌服,或水煎灌服。

【功能】温中行气,健脾利水。

【主治】脾气痛。证见寨唇似笑,泄泻肠鸣,摆头打尾,卧地蹲腰等。

【方义解析】健脾散证系因冷伤脾胃,气失升降,故腹痛作泻。法当温中行气,健脾利水。方中厚朴、砂仁、干姜、官桂温中散寒为主药;青皮、陈皮、当归、菖蒲行气活血为辅药;白术、茯苓补脾燥湿,泽泻助茯苓行水,五味子补虚止泻,均为佐药;使以甘草协调诸药。

【临床应用】用于脾胃虚寒,胃肠寒湿性的腹痛、泄泻等证。若寒重者,可加干姜;湿重者,则重用白术、五味子、茯苓,加猪苓、车前子;草料不化者,加三仙;体质虚弱者,酌减理气药加党参、黄芪等。

【方歌】健脾散用朴青陈,菖苓泽桂归砂仁。

　　　　　五味木草姜盐酒,脾胃虚寒方药神。

2) 越鞠丸

【来源】《丹溪心法》。

【组成】香附30 g、苍术30 g、川芎30 g、神曲30 g、栀子30 g。

【用法】共研末,开水调灌;或水煎,去渣取汁待温后灌服。

【功能】行气解郁。

【主治】六郁之病。气、火、血、痰、湿、食所致的肚腹胀满,嗳气呕吐,水谷不化等属于实证者。

【方义解析】本方为统治六郁之证而设。六郁所致的肚腹胀满,嗳气呕吐,水谷不化等症。六郁中,以气郁为主,乳行则郁散。六郁之生成,主要是由于脾胃气机不畅,升降失常,以致湿、食、痰、火、血等相因郁滞。故治宜着重在行气解郁,气行则血行,气机通畅则湿、食、火、痰、血诸郁自去。方中主以香附行气解郁,以治气郁;苍术燥湿健脾,以治湿郁,六曲消食和胃,以治食郁;川芎行气活血,以治血郁诸痛;栀子清热除烦,通泻三焦之火,以治火郁;皆为辅佐药。痰郁多因气、火、湿、食诸郁所致,尤以气郁,更使湿聚而痰生,若气机通畅,湿去火清,诸郁得解,则痰郁亦随之而解,故无须另加化痰药。

【临床应用】在临床应用时,还须按六郁的偏甚而加味使用。当气郁偏重,以香附为主,并加厚朴、木香、枳壳等,以加强行气解郁的功能;若湿郁偏重,以苍术为主,加入茯苓、泽泻以利湿;如食郁偏重,以六曲为主,加山楂、麦芽以加强消食作用;如血郁偏重,以川芎为主,加入桃仁、当归、红花等以活血;如火郁偏重,以栀子为主,再加黄连等以清热;如有痰郁者,加半夏、胆南星、瓜蒌等以化痰;若挟寒者,加吴茱萸以祛除寒邪。总之,根据临床随证加减,灵活应用。

【方歌】六郁宜用越鞠丸,芎苍曲附栀子添。

　　　　　食气血湿痰火郁,理气解郁病自痊。

11.10　理血方

凡能调理血分,治疗血分病证的方剂,称理血方。

理血剂是以理血药物为主要成分,具有促进血液循环,消散瘀血或制止出血等作用,以调理血分,治疗血分病变的方剂。

血分病的范围较广,均属血病范畴,治疗方法各不相同。本节主要讨论治疗血瘀的活血祛瘀剂和治疗出血的止血剂。治疗血热之清热凉血剂和血虚之补血剂之分别见清热及补益剂。

血症病情复杂,有寒热虚实之分,有轻重缓急之别。治疗血病时,必须审证求因,分清标本缓急,做到急则治其标,缓则治其本,或标本兼治,并根据体质强弱、患病新久来组方遣药。同时,逐瘀过猛,易于伤正,止血过急,易致留瘀。因此,在使用活血祛瘀剂时,常在活血药中辅以扶正之品,使瘀消不伤正;使用止血剂时,对出血而兼有瘀滞者,就适当配以活血祛瘀药,以防血止留瘀之弊。

1)当归散

【来源】《元亨疗马集》。

【组成】枇杷叶 20 g、黄药子 25 g、天花粉 30 g、牡丹皮 25 g、白芍 20 g、红花 20 g、桔梗 15 g、当归 30 g、甘草 15 g、没药 20 g、大黄 20 g。

【用法】共为末,开水冲调,加童便 100 mL,待温后灌服。

【功能】活血顺气,宽胸止痛。

【主治】马胸膊痛。患畜表现胸膊疼痛,束步难行,频频换蹄,站立艰辛,口色深红,脉象沉涩。

【方义解析】瘀血凝于膊间,痞气滞于膈内,致使血凝汽滞而胸膊痛。治宜活血顺气,宽胸止痛。方中当归、没药、红花活血祛瘀止痛,为主药;大黄、丹皮助主药活血行瘀,为辅药;桔梗、枇杷叶宽胸利气,黄药子、天花粉清解郁热,白芍、甘草缓急止痛,甘草并能调和诸药,共为佐使药。诸药合用,可使瘀血去,肺气调畅,气血畅行,则疼痛自止。

【临床应用】用于马胸膊痛。治疗时,可放胸膛血或蹄头血,再投服当归散,针药合治,疗效更佳。

【方歌】当归散用大黄丹,黄白药芍花粉帮。

没药杷草桔童便,闪伤胸膊用此方。

2)血府逐瘀汤

【来源】《医林改错》。

【组成】桃仁 60 g、红花 45 g、当归 45 g、生地黄 45 g、川芎 25 g、赤芍 30 g、牛膝 45 g、桔梗 25 g、柴胡 15 g、枳壳 30 g、甘草 15 g。

【用法】使用时各药水煎,去渣,待温后灌服;亦可适当减少用量研末冲服。

【功能】活血祛瘀,行气止痛。

【主治】胸中血瘀。症见胸痛,口色暗红或舌有瘀点,脉象涩或弦紧。

【方义解析】血府逐瘀汤主治胸中瘀血,阻碍气机,兼见肝瘀气滞之瘀血症。治疗当以活血祛瘀为主,辅以疏肝、行气、养血之品。本方为平和有效之活血化瘀方,由桃仁、红花、当归、川芎、生地、赤芍组方,加桔梗、牛膝而成。方中当归、川芎、赤芍、桃仁、红花活血祛瘀,牛膝祛瘀血、通血脉,并引瘀血下行,为主辅药;柴胡疏肝解郁,升达清阳,桔梗、枳壳开胸行气,使气行则血行,生地凉血清热,配当归又能养血润燥,使祛瘀而不伤阴血,甘草调和诸药,共为佐使药。诸药合用,既祛瘀又行气,活血而养血,祛瘀又能生新,合而用之,使瘀去气行,则诸症可愈。

【临床应用】本方用于跌打损伤及血瘀气滞等症时,应加重川芎、红花的用量。因本方祛瘀药较多,非确有血瘀证者不宜使用。

【方歌】血府当归生地桃,红花甘枳赤芍熬。

柴胡芎桔与牛膝,血化下行通瘀好。

3）通乳散

【来源】《江西省中兽医研究所方》。

【组成】黄芪 60 g、党参 40 g、通草 30 g、川芎 30 g、白术 30 g、川断 30 g、山甲珠 30 g、当归 60 g、王不留行 60 g、木通 20 g、杜仲 20 g、甘草 20 g、阿胶 60 g。

【用法】共为末,开水冲,加黄酒 100 mL,待温后灌服。

【功能】补气血,通乳汁。

【主治】气血不足所致的缺乳症。

【方义解析】通乳散主要治疗气血不足之缺乳症。乳乃血液所化生,血由水谷精微气化而成,气衰则血亏,血虚则乳少。方中黄芪、党参、白术、甘草、当归、阿胶气血双补,为主药;杜仲、川断、川芎补肝益肾,通利肝脉,木通、山甲、通草、王不留行通经下乳,增加乳汁,治其标为辅佐药;黄酒助药势为使药。诸药相合,补气血,通乳汁。

【临床应用】用于母畜气血不足的缺乳症。对于气机不畅、经脉滞涩,阻碍乳汁通行的缺乳症宜用当归、王不留行、路路通、山甲、木香、瓜蒌、生玄胡索、通草、川芎组成的"通乳散"以调畅气机,疏通经脉。

【方歌】通乳散芪参术草,芎归杜仲通草胶。

山甲木通王不留,黄酒为使催乳好。

4）生化汤

【来源】《傅青主女科》。

【组成】全当归 120 g、川芎 45 g、桃仁 30 g、炮姜 30 g、炙甘草 10 g。

【用法】水煎,去渣,待温后灌服,或适当调整剂量研末冲服(原方用黄酒、童便各半煎服)。

【功能】活血化瘀,温经止痛。

【主治】产后恶露不行。证见恶血不尽,有时腹痛。

【方义解析】产后恶不行,多因瘀血内阻挟寒所致,治宜活血祛瘀为主,使瘀去新生。生化汤方中重用当归活血补血、祛瘀生新,川芎活血行气,桃仁活血祛瘀,共为主药;炮姜温经止痛,为辅药;或使用黄酒以助药力,为佐药;炙甘草调和诸药为使药。诸药合用,共奏活血化瘀、温经止痛之功。

【临床应用】治疗产后瘀血内阻,恶露不行之方,以产后瘀阻而兼血虚有寒者为宜。

【方歌】产后宜施生化汤,恶露不尽用此方。

桃仁归草芎炮姜,再加酒便方药良。

11.11　平肝方

凡以平肝熄风和清肝明目药物为主,治疗肝风内动,肝阳上亢,肝热目赤,睛生云翳的方剂,称为平肝方。

平肝方主要用于治疗目赤肿痛,云翳遮睛,惊痫抽搐,口眼歪斜等症。

1）决明散

【来源】《元亨疗马集》。

【组成】煅石决明 45 g、草决明 45 g、栀子 30 g、大黄 30 g、白药子 30 g、黄药子 30 g、黄芪 30 g、黄连 20 g、没药 20 g、郁金 20 g。

【用法】水煎去渣取汁，待温后加蜂蜜 60 g、鸡子清 2 个，同调灌服。

【主治】肝经积热，外传于眼所致的目赤肿痛、流泪、云翳遮睛等。

【功能】清肝明目，退翳消瘀。

【方义解析】本方剂为清肝明目、退翳之剂。方中石决明、草决明清肝热、消肿痛、退云翳为主药；黄连、黄芩、栀子、鸡子清清热泻火，黄白药子凉血解毒，加强清热解毒的作用，为辅药；大黄、郁金、没药散瘀消肿止痛，黄芪补脾气，均为佐药；蜂蜜冲汤为引，调和诸药为使药。诸药相合，共奏清肝明目、消瘀退翳之功。

【临床应用】用于目生云翳，外障眼及鞭伤所致的目赤肿痛、睛生云翳、眵盛难睁、羞明流泪、畏光等。

【方歌】决明散中二决明，芩连栀黄鸡蜜清。

　　　　郁金芪没二药用，肝热外障云遮睛。

2）天麻散

【来源】《元亨疗马集》。

【组成】天麻 30 g、党参（人参）30 g、川芎 25 g、蝉蜕 20 g、防风 30 g、荆芥 25 g、甘草 15 g、薄荷 20 g、何首乌 30 g、茯苓 30 g。

【用法】共水煎、去渣，取汁灌服。

【功能】和血熄风，祛湿解毒。

【主治】马脾虚湿邪。临症见偏头直项，眼目歪斜，神昏似醉，行立如痴，口色青紫，脉象迟细。

【方义解析】本方剂为治马属动物脾虚湿邪偏重风证。方中天麻、蝉蜕解痉熄风为主药；防风、薄荷、荆芥解表散风，清利头目为辅药；茯苓健脾渗湿，党参补气益脾，川芎行血活血，何首乌滋肝养血，为佐药；甘草补中益气，调和诸药为使药。

【临床应用】用于治疗马属动物脾虚湿邪挟风证。若再加远志、石菖蒲等开窍安神之品，效果为佳。本方对马属动物霉玉米中毒及慢性脑水肿有缓解症状之疗效。

【方歌】熄风祛湿天麻散，薄荷参苓防风蝉。

　　　　荆芎首乌同甘草，脾虚湿邪服之痊。

11.12　安神开窍方

本类方剂以养心、重镇安神的药物为主。治疗惊悸、狂躁不安等症的方剂，称安神方；以芳香走窜药为主，治疗神志昏迷及气滞痰闭蒙窍等症的方剂，称开窍方。

1）镇心散

【来源】《元亨疗马集》，《中华人民共和国兽药典》（2000 年版）中收载。

【组成】朱砂(另研)10 g、茯神30 g、党参30 g、防风30 g、远志30 g、栀子30 g、郁金30 g、黄芩30 g、黄连20 g、麻黄20 g、甘草20 g。

【用法】共为末,开水冲调,待温后加鸡子清4个,蜂蜜120 g灌服。

【功能】清热泻火,镇心安神。

【主治】马心黄(心气黄)。证见眼光惊恐、浑身肉颤、咬身啮足、口色绛红、脉象洪数。

【方义解析】本方为治疗心热炽盛的标本同治方剂。方中朱砂甘微寒,具有清心泻火解毒作用;茯神甘平,宁心神;远志苦辛微寒,具有祛痰利窍、宁心安神作用;党参具有益气宁心的作用,为辅药;郁金辛苦寒,行血解郁,宣窍凉血;麻黄、防风疏风解表,使热自表而出;时同人参能具有补气益津、扶正祛邪之功,共为佐药;甘草、蜂蜜、胆汁解毒、调和药性,共为佐使药。诸药共为清热解毒,祛痰安神之功。

【临床应用】主要用于治疗马心黄。由"热极生惊,惊急生风"可知,脏腑积热,热极生风,引起肝风内动;同时,热灼伤津液成痰,导致痰火攻心,乃生癫狂。若痰火盛者,可减去党参,加竹茹、天竺黄、天南星以清热涤痰;若热盛伤阴者,可加玄参、麦冬、生地、柏子仁以养阴清心;若小便短赤者,加滑石、木通以清热利尿,使热从小便而出。

【方歌】镇心散朱栀子黄,远志茯神郁金防。

　　　　党参甘草与芩连,心热惊狂效果良。

2)安宫牛黄丸

【来源】《温病条辨》。

【组成】牛黄30 g、犀角30 g、黄芩30 g、黄连30 g、雄黄30 g、山栀子30 g、朱砂30 g、冰片7.5 g、麝香7.5 g、珍珠母15 g、金箔衣。

【用法】共为极细末,炼蜜丸,每丸3 g,金箔为衣。虚者,人参汤冲服;脉实者,用金银花、薄荷汤冲服。

【功能】清热解毒,豁痰开窍。

【主治】温热病,热邪内陷心包,痰热壅闭心窍所致的高热烦躁、神昏、舌蹇肢厥、痰热内闭。

【方义解析】本方所治神昏,乃因热邪不压正内陷心包,痰热闭阻而致。痰热壅盛,阻闭心窍。则心主失真清灵失常,故神昏、烦躁不安。治宜解心包热毒,开泄痰浊闭阻。方中以牛黄清心解毒,豁痰开窍,犀角清心、凉血、解毒,麝香开窍醒神,三药共为主药;辅以黄连、黄芩、栀子清热解毒,助主药以泻心包之火,雄黄助牛黄以豁痰解毒;再以郁金、冰片芳香去秽,通窍开闭,助牛黄、麝香内透包络,朱砂、珍珠母、金箔镇心安神,蜂蜜和胃调中,均为佐使药。诸药相合,共奏清热解毒、豁痰开窍之功效。

【临床应用】本主为清热解毒、豁痰开窍的重要方剂。凡神昏、属热邪内陷心包、痰热闭阻者,均可使用;乙脑、流脑、中毒性痢疾、尿毒症、中毒性肝炎、肝昏迷等病均可用本方治疗。

【方歌】安宫牛黄开窍方,芩连栀郁朱砂帮。

　　　　犀角雄珠冰麝香,热闭心包方药良。

11.13 收涩方

凡以固涩药物为主组成,具有收敛固涩作用,用以治疗气、血、精、津液耗散滑脱之证的方剂,统称为固涩剂。

固涩法为正气虚而气、血、精、津液耗散滑脱的病证所设。如果气、血、精、津液耗散过度,引起滑脱不禁,可导致机体虚弱甚至死亡。须采用固涩收敛的方法,以制其变。除在治疗中使用收敛药物外,应根据气、血、精、津液的耗伤程度不同来配伍药物,达到标本兼治的效果。

收涩类方剂适用于气、血、精、津液耗散滑脱之证。由于病因及发病部位的不同,常见有自汗、盗汗、久咳不止、遗精滑泄、小便失禁等症状。固涩剂根据所治病证的不同,分为固表止汗剂、敛肺止咳剂、涩肠固脱剂、涩精止遗剂。由于固涩类方剂的特点,在使用中应注意以下事项:

第一,固涩剂是为正气内虚、耗散滑脱之证而设。在运用时还应根据患畜气、血、精、津液耗伤程度的不同,配伍相应补益药,使之标本兼顾,不可一味同涩,导致留邪之弊。

第二,若元气大虚,亡阳欲脱所致的大汗淋漓、小便失禁,又非急用水剂参附之类回阳固脱不可,非单纯固涩所能治疗。

第三,固涩剂为正虚无邪者设,故凡外邪未去,误用固涩,则有"闭门留寇"之误,转生他变。此外,对于由实邪所致的热病多汗、火热遗泄、热痢疡起、食滞泄泻等,均非本方剂之所宜。

1) 乌梅散

【来源】《蕃牧纂验方》。

【组成】乌梅 25 g、诃子 20 g、干柿子 25 g、黄连 10 g、姜黄 10 g。

【用法】共药研末,开水冲调,待温后灌服,也可煎汤灌服。

【功能】涩肠止泻、解毒散瘀、清热。

【主治】常用于幼畜久泻久痢证,里急后重,粪便带有黏液和脓血,毛焦欣吊,机体瘦,精神不振,口色淡血,眼球下陷等。

【方义解析】本方主要用于治疗幼畜奶泻,方中乌梅涩平,具有涩肠止泻、生津的功能,为主药;黄连苦寒,清热燥湿而止泻,为辅药,以达到泻不伤正,敛而不留邪的目的;干柿子、诃子甘涩寒凉,能清热、涩肠止泻;姜黄辛温,能行气活血而止痛,为佐使药。诸药共用,达到清热燥湿、涩肠止泻之功效。

【临床应用】乌梅散主要用于治疗幼畜滑泻不止,也可用于治疗牛、马、仔猪等。若动物出现腹痛肢冷,可去黄连,加罂粟壳、干姜温中涩肠;若食滞不化者,可加焦三仙消食导滞;若兼有气虚者,可加党参、附子以固气救逆,或者加白术、茯苓、山药等以益气健脾;若体热者,可去诃子、干柿子,加金银花、蒲公英、黄柏和黄芩等以清热解毒。

【方歌】乌梅散中有黄连,干柿姜黄诃子研。

　　　　涩肠止泻兼清热,幼畜奶泻此方煎。

2）固精散

【来源】《医方集解》。

【组成】沙苑蒺藜 60 g、芡实 60 g、莲须 30 g、煅龙骨 30 g、煅牡蛎 30 g、莲肉 30 g。

【用法】共药研末，开水冲调，待温后灌服；或水煎，去渣取汁灌服。

【功能】补肾涩精。

【主治】肾虚滑精、腰胯四肢无力、尿频、舌淡、脉细弱。

【方义解析】固精散为治肾虚滑精而设。肾主骨、藏精生髓，肾虚则精关不固而滑泄。方中沙苑蒺藜补肾益精，治其不足为主药；芡实固肾涩精为辅药；莲须、煅龙骨、煅牡蛎涩精安神为佐药。诸药相合，共奏补肾涩精之神功。

【临床应用】肾阳偏虚者，加山萸肉、补骨脂以温补肾阳；若肾阴偏虚者，可加女贞子、龟板等以滋养肾阴。

【方歌】固精散用芡莲须，龙骨牡蛎沙蒺藜。

　　　　盐水冲药候温灌，肾虚滑精治肾虚。

11.14　补益方

补益剂是以补益药物为主要组成，具有补益作用，用于治疗各种虚证的方剂。在八法中属于"补法"，称为补益方。

临床上引起虚证的原因很多，但总的来说可以分两个方面，即先天不足与后天失调。不论是先天不足，还是后天失调，总是离不开五脏偏衰之弊。而五脏之伤不外乎气、血、阴、阳。若以气、血、阴、阳为纲，五脏为目，则虚证提纲挈领。因此，补益剂一般分为补气、补血、补阴、补阳四个方面。

补气剂，适用于气虚证。主要为脾肺气虚。补气剂的代表方剂如四君子汤、补中益气汤等。

补血剂，适用于血虚证。补血剂的代表方剂如四物汤、归芪益母汤、归脾汤等。

补阴剂，适用于阴虚证。补阴剂的代表方剂如六味地黄丸、知母散等。

补阳剂，适用于阳虚证。补阳剂的代表方剂如肾气丸、催情散（见方剂补充表）等。

由于气血相因，阴阳互根，故补气与补血，补阴与补阳又每每配合应用。

1）四君子汤

【来源】《太平惠民和剂局方》，《中华人民共和国兽药典》（2000 年版）收录。

【组成】人参（党参）60 g、白术 45 g、茯苓 45 g、炙甘草 15 g。

【用法】用时水煎、去渣，待温后灌服，亦可研末，开水冲调灌服。

【功能】益气补中，健脾养胃。

【主治】脾胃气虚。患畜表现头低耳耷、毛焦肷吊、四肢无力、怠行好卧、慢草、或泄泻、口色淡、脉虚无力。

【方义解析】本方所治为脾胃气虚，运化力弱。法当益气健脾。方中人参（党参）甘温，益气补中，为主药；脾喜燥而恶湿，脾虚不运，则每易生湿，故以白术健脾燥湿，并合党参以益气健脾,为辅药;茯苓渗湿健脾,为佐药;炙甘草甘缓和中,为使药。诸药合用,协同为用,共奏益气补中,健脾养胃之功。

【临床应用】四君子汤为补气的基本方剂。后世以补气健脾为主的许多方剂多从本方发展而来,故凡属气虚的各种证均可酌情加减应用,但以治脾胃气虚为主。

【方歌】参苓术草四君汤,补气健脾施此方。

慢草便溏机体瘦,甘平益胃效果良。

2) 参苓白术散

【来源】《和剂局方》,《中华人民共和国兽药典》(2000年版)收录。

【组成】人参(党参)1 000 g、白术1 000 g、白茯苓1 000 g、炙甘草1 000 g、山药1 000 g、白扁豆(姜汁浸泡去皮,微炒)750 g、薏苡仁500 g、砂仁500 g、莲子肉500 g、桔梗500 g。

【用法】用时为末,马、牛每次服50~100 g,猪、羊每次服15~30 g。开水冲调,待温后灌服,亦可酌量煎汤灌服。

【功能】健脾益气,和胃渗湿。

【主治】脾胃气虚兼湿。临症见四肢无力、毛焦体瘦、草料减少,或泄泻、口色淡白、脉象虚缓。

【方义解析】脾虚挟湿,治宜健脾益气,和胃渗湿。参苓白术散方中党参、山药、莲子肉益气健脾、和胃止泻为主药;白术、茯苓、薏苡仁、扁豆渗湿健脾为辅药;炙甘草益气和中,砂仁和胃醒脾,理气宽胸为佐药;桔梗载药上浮兼保肺,宣肺利气,借肺之能布精而养全身。诸药相合,补其虚、除其湿、行其滞、调其气,调和脾胃,则诸证自愈。

【临床应用】参苓白术散性平和,温而不燥,是健脾益气,和胃渗湿,并兼生津保肺的常用方剂,可根据病情随证加减应用。参苓白术散对一些慢性疾病,如慢性消化不良、慢性胃肠炎、久泄、贫血等,呈现消化功能减退、食欲不振、消瘦乏力者,均可酌情应用。对幼畜脾虚泄泻,尤为适宜。

【方歌】参苓白术甘扁豆,薏苡砂仁药莲用。

桔梗上浮兼保肺,毛焦欣吊机体瘦。

3) 补中益气汤

【来源】《脾胃论》,《中华人民共和国兽药典》(2000年版)收录。

【组成】黄芪75 g、炙甘草25 g、党参50 g、当归50 g、橘皮30 g、升麻15 g、柴胡15 g、白术50 g。

【用法】用时水煎、去渣,待温后灌服,或适当减剂量研末开水冲服。

【功能】补气升阳,调补脾胃。

【主治】脾胃气虚。患畜表现头低耳耷、毛焦体瘦、四肢无力、怠行好卧、草料减少、出虚汗、口色淡、脉虚无力,或久泻、脱肛、子宫脱垂等。

【方义解析】本方为治脾胃气虚,中气下陷,治宜益气升阳,调其脾胃。方中黄芪补中益气,升阳固表,为主药;党参、白术、炙甘草益气健脾,为辅药;陈皮理气和胃,当归养血补血,升麻、柴胡升提下陷之阳气,为佐使药。诸药相合,使脾胃强健,中气提升,诸证自消。

【临床应用】用于气虚下陷、泻痢脱肛、子宫脱垂或气虚发热自汗、倦怠无力等症。

【方歌】补中参芪术归陈,甘草升柴药效神。

　　　劳倦内伤热自汗,气虚下陷方药准。

4)六味地黄丸

【来源】《小儿药证直诀》,《中华人民共和国兽药典》(2000 年版)收录。

【组成】熟地黄 240 g、山萸肉 120 g、干山药 120 g、泽泻 90 g、牡丹皮 90 g、茯苓 90 g。

【用法】使用时研为细末,炼蜜为丸,马、牛 50~150 g,猪、羊 10~30 g,犬、猫 2~6 g,亦可按比例减量水煎灌服,或研末冲灌。

【功能】滋阴补肾。

【主治】肾阴不足,症见形体消瘦,腰胯四肢痿软,虚热盗汗,滑精早泄,舌红少苔,脉细数等。

【方义解析】患畜肾阴不足,阴虚内热,治宜滋补肾阴。方中熟地黄滋肾填精,为主药;山萸肉养肝肾而涩精,山药补益脾阴而固精,均为辅药;三味相合,以达到肾、肝、脾三阴并补之大功,这是补的一面。又配茯苓渗利脾湿,以助山药益脾之灵;泽泻清泄肾火,并防熟地滋腻之弊;丹皮清泄肝火,并制山萸肉之温,共为佐使药,这是泻的一面。诸药相合,使之滋补而不留邪,降泄不伤正,补中有泻,寓泻于补,相辅相成,相得益彰,是通补开合之妙也。

【临床应用】六味地黄丸适用于肝肾阴虚诸证。凡慢性肾炎、肺结核、周期性眼炎、甲状腺机能亢进等,以及其他慢性消耗性疾病,只要属于肝肾阴虚者,均可加减运用。

【方歌】阴虚宜用六地丸,山丹萸苓配伍全。

　　　肝肾阴亏火上炎,滋阴泻火方药验。

5)肾气丸

【来源】《金匮要略》,《中兽医方剂大全》《中兽医方剂精华》中收录。

【组成】干地黄 240 g、薯蓣 120 g、山茱萸 120 g、泽泻 90 g、茯苓 90 g、牡丹皮 90 g、桂枝 30 g、炮附子 30 g。

【用法】使用时各药为末,炼蜜为小丸。用量:马、牛 50~150 g,猪、羊 10~30 g,犬、猫 3~10 g,亦可按比例酌减剂量煎汤服,或研末冲服。

【功能】温补肾阳。

【主治】肾阳不足。患畜表现形寒肢冷,四肢耳鼻不温,腰腿痿软,口色淡,脉沉细等。

【方义解析】肾阳虚弱,治宜温补肾阳。肾气丸方中干地黄滋阴补肾,为主药;山茱萸、山药补益肝脾精血,以少量附子、桂枝温阳暖胃,意在微微生火,以鼓舞肾气,取“少火生气”之意,故名“肾气”,共为辅药;茯苓、泽泻、丹皮调协肝脾,为佐药。诸药相合,共奏温补肾阳之功。肾气丸补阳药与补阴药并用,正如《景岳全书》曰:“善补阳者,必于阴中求阳,则阳得阴助而生化无穷。”

【临床应用】适用于肾阳不足。临症应用时,往往用熟地黄易干地黄,用肉桂易桂枝,温补肾阳的效果佳。凡慢性肾炎、公畜性机能减退(阳痿)、甲状腺功能低下、肾性水肿等属于肾阳不足者,均可酌情加减应用。

【方歌】肾气丸用补肾虚,生地泽泻山茱萸。

　　　丹苓桂附和薯蓣,温补肾阳本方需。

11.15　驱虫方

以驱虫药物为主,驱杀畜体内寄生虫的方剂,称驱虫方。用于治疗寄生虫病的方剂较多,寄生虫的种类也很多,常危害较重的有马胃蝇蛆、蛲虫、猪蛔虫、牛羊绦虫、肝片吸虫等。运用驱虫剂时,应辨别虫的种类,选择针对性强的方药。

驱虫剂宜空腹灌服,有时还需适当配合泻下药物,以促进虫体排出。体质虚弱者,在驱虫后还要适当调理脾胃。

另外在运用驱虫剂时,还应根据畜体正气的虚实和兼证的寒热,适当与清热药、温里药、消导药、补益药等配合。驱虫药多系攻伐之品,对年老、体弱、孕畜宜慎用,同时剂量也要适当。剂量过大则容易伤正或中毒,剂量不足则达不到驱虫目的。

驱虫方剂常以驱虫药为方中的主要药物,有贯众、槟榔、使君子、苦楝根皮、雷丸等。驱虫剂代表方如化虫汤、肝蛭散等。

1)化虫汤

【来源】《中兽医药方及针灸》。

【组成】鹤虱 30 g、使君子 30 g、槟榔 30 g、芜荑 30 g、雷丸 30 g、贯众 30 g、乌梅 30 g、百部 30 g、诃子 30 g、大黄 30 g、榧子 30 g、干姜 15 g、附子 15 g、木香 15 g。

【用法】共为末,蜂蜜 250 g 为引,开水冲调,空腹服。服后 1 小时再灌石蜡油或植物油 500 mL,促使虫体排出。

【功能】驱虫。

【主治】胃肠道虫积证。

【方义解析】方中鹤虱、使君子、槟榔、芜荑、雷丸、贯众、乌梅、百部、榧子驱杀胃肠道诸虫;干姜、附子、诃子肉温脾暖肠胃;大黄利便通肠,引药下行;木香行气止痛;蜂蜜和中解毒,调和诸药之性。

【临床应用】主要驱杀胃肠各种寄生虫。

【方歌】化虫鹤虱用使君,芜荑雷丸贯众槟。

　　　　姜附乌梅诃榧子,木香百部蜜川军。

2)肝蛭散

【来源】《中兽医药方及针灸》。

【组成】苏木 30 g、肉豆蔻 20 g、茯苓 30 g、贯众 45 g、龙胆草 30 g、木通 20 g、甘草 20 g、厚朴 20 g、泽泻 20 g、槟榔 30 g。

【用法】共为末,温水调灌。猪、羊剂量酌减。

【功能】杀虫利水,行气健脾。

【主治】肝片吸虫病。

【方义解析】方中贯众、槟榔杀虫,为主药;苏木活血止痛,龙胆草利湿健胃,木通、泽泻利水消肿,茯苓健脾渗湿,厚朴、肉豆蔻、甘草理气健脾均为佐使药。

【临床应用】用于牛、羊肝片吸虫。

【方歌】肝蛭散治肝片虫,贯众苏木槟榔龙。

　　　　甘草厚朴豆蔻用,蜂泻茯苓木通同。

11.16　痈疡方

痈疡方是具有清热解毒、消散痈疮等作用,以治疗里热证的一类方剂,称痈疡清热方。适用于瘟疫、毒痢、疮痈等热毒证,常用的代表方剂有仙方活命饮、五味消毒饮等。

1)仙方活命饮
【来源】《校注妇人良方》。

【组成】金银花 45 g、陈皮 45 g、白芷 15 g、贝母 15 g、防风 15 g、赤芍药 15 g、当归尾 15 g、甘草节 15 g、炒皂刺 15 g、炮穿山甲 15 g、天花粉 15 g、乳香 15 g、没药 15 g。

【用法】用时共为末,开水冲调,待温后加酒为引灌服;或适当加大剂量水煎服。

【功能】清热解毒,消肿溃坚,活血止痛。

【主治】疮疡阳证,证见疮肿疔毒初起,红肿热痛,舌红苔黄,脉数有力。

【方义解析】本方以清热解毒为主,理气活血为辅,药性偏甘寒,是外科清热解毒、消肿散结、活血止痛的主要方剂,对于热毒蕴结、气血郁滞而成的各种局部化脓性疾患,有较好的疗效。疮肿疔毒,多因火热壅结、气血瘀滞而成。治宜清热解毒、消肿散结、活血止痛。方中二花清热解毒,消散疮肿,乃治疮痈之要药,为主药;当归尾、赤芍、乳香、没药活血散瘀止痛,陈皮理气行滞消肿,防风、白芷疏风散结,穿山甲、皂刺解毒通络,消肿溃坚,甘草清热解毒,以酒为引,因酒性善走,即善活血,又能协诸药直达病所,共为佐使。全方结构严谨,诸药协同作用增强,共奏清热解毒、消肿散结、活血止痛之功效。

【临床应用】主要用于阳证的疮疡及其他局部化脓性感染,应用本方治疗痈疡肿毒初起,局部红肿热痛,发热、头痛微寒,舌苔薄白或薄黄,脉弦滑或洪数,属于阳证体征者。现代常用本方加减药量治疗早期急性乳腺炎、多发性脓肿、急性阑尾炎等。

【方歌】仙方活命金银花,防芷归陈穿山甲。

　　　　贝母蒌根与乳没,草芍皂刺酒煎佳。

2)五味消毒饮
【来源】《医宗金鉴》。

【组成】金银花 60 g、野菊花 60 g、蒲公英 60 g、紫花地丁 60 g、紫背天葵子 30 g。

【用法】用时各药为末,开水冲调,待温后灌服;或水煎灌服。

【功能】清热解毒,消散疮肿。

【主治】各种疮、痈、疔、疖肿毒。患病部位红、肿、热、痛、机能障碍为五大临床症状特征,坚硬根深,舌质红,脉象数。

【方义解析】本方为治疗疮肿疔毒的重要方剂。方中金银花清热解毒,消散痈肿,为主药;紫花地丁、紫背天葵子、蒲公英、野菊花均为清热解毒、治疗疮肿疔毒之要药,共为佐使。五味相合,共奏清热解毒、消散疮肿之功效。

【临床应用】凡疮肿疔毒,局部红肿热痛,坚硬根深,舌红脉数者,均可酌情运用。热甚者,加黄连、连翘;肿甚者,加防风、白芷;血热毒甚者,加生地、丹皮、赤芍等。亦可用于乳房疾患,适当加瓜蒌皮、贝母等。

【方歌】五味消毒疗诸疔,二花野菊蒲公英。

　　　　　紫丁天葵清热毒,痈疮疔疖方药灵。

11.17　外用方

凡能直接作用于病变局部,具有清热凉血、消肿止痛、去腐提脓、敛疮生肌、接骨续筋和体外杀虫止痒等功能的一类方剂,称外用方剂。

外用方剂是中兽医外治法使用的方剂,主要用于疡科治疗。疡科也称中医外科,其诊治范围很广,包括现代医学的外科感染、皮肤病、肛肠病、水火烫伤、跌打损伤、虫兽伤,以及部分产科疾病。外用剂多属局部用药剂型,治疗外科疾患时,直接作用于病变部位,有利于强化局部药效并减少对机体无关组织器官的影响。当然,外用剂不仅限于外科病的局部治疗,有时也用于内科病的外治。常用于外治的代表方剂有生肌散、青黛散、接骨膏、擦疥方等。

1)生肌散

【来源】《外科正宗》。

【组成】煅石膏 500 g、轻粉 500 g、赤石脂 500 g、黄丹 100 g、龙骨 150 g、血竭 150 g、乳香 150 g、冰片 150 g。

【用法】上药共为细末,混匀,装瓶密封,备用;用时撒布于疮口。

【功能】去腐、敛疮、生肌。

【主治】外科疮疡痈疽。

【方义解析】生肌散方中轻粉、黄丹、冰片去腐消肿;乳香、血竭活血止痛,敛疮生肌;煅石膏、龙骨、赤石脂生肌敛疮。诸药相合,共奏去腐、敛疮、生肌之功。

【临床应用】适用于疮疡破溃后久不愈合。

【方歌】生肌散中用黄丹,轻粉石脂竭冰片。

　　　　　龙骨乳香共同研,去腐生肌重收敛。

2)青黛散

【来源】《元亨疗马集》。

【组成】青黛、黄连、薄荷、桔梗、儿茶各等份。

【用法】上各药共为末,每次用适量装纱布袋,噙患畜口内;或吹撒于患处。

【功能】清热解毒,消肿止痛。

【主治】马、牛口舌生疮。

【方义解析】心经伏热,心火上炎,则口舌生疮。治宜清热解毒,消肿止痛。青黛散方中青黛清热解毒,黄连、黄柏、儿茶清热收湿,止痛生肌;桔梗开心气而利膈,薄荷清风清而消肿。诸药合用,共奏清热解毒、消肿止痛之功效。

【临床应用】可用于口舌生疮,咽喉肿痛等症。

【方歌】青黛散宜治舌疮,黄连黄柏薄荷偿。

儿茶桔梗共细末,口噙吹撒法适当。

3)接骨膏

【来源】《中兽医诊疗》。

【组成】当归尾 20 g、栀子 20 g、刘寄奴 20 g、秦艽 20 g、杜仲 20 g、仙鹤草 20 g、透骨草 20 g、煅自然铜 20 g、木香 20 g、补骨脂 20 g、儿茶 20 g、川芎 20 g、红花 15 g、乳香 15 g、没药 15 g、牛膝 20 g、紫草 20 g、木瓜 30 g、骨碎补 30 g、血竭 30 g、乌鸡骨 60 g、黄丹 250 g、植物油 500 g。

【用法】除乳香、没药、血竭、黄丹,其余药捣碎,布包入油内炸至红赤色,药油滴入冷水中成珠不散为度,去药包,加入碾碎之没药、乳香、血竭,小心搅拌,待化开,再加入黄丹,并不断搅动,见锅内冒出白蓝色烟,闻有膏药味时,速将油锅端下,倾入冷水中,捍成条状备用。

【功能】活血接骨。

【主治】骨折。

【方义解析】接骨膏方中当归、川芎、红花、乳香、没药、血竭、木香、刘寄奴、紫草活血散瘀,生肌止痛,其他药物接骨疗伤。诸药相合,接骨活血。

【临床应用】本药膏外敷治疗骨折。将药膏化开,用涂布法,涂于纱布上,巾敷骨折处,用夹板固定。

【方歌】乳没紫芎接骨膏,栀归竭艽透骨草。

　　　　寄香木膝破铜瓜,杜仙丹儿乌油好。

4)擦疥方

【来源】《元亨疗马集》。

【组成】狼毒 120 g、牙皂 120 g、巴豆 30 g、雄黄 9 g、轻粉 6 g。

【用法】共为细末,用热油调匀备用。用时涂擦患处,隔日 1 次。

【功能】灭疥止痒。

【主治】疥癣。

【方义解析】擦疥方中诸药均属辛散有毒之品,可以毒杀疥螨,消肿止痛。

【临床应用】治疗家畜疥癣。应用时患处用温水洗干净,再分片涂擦,不要涂之过多,以防中毒。

【方歌】患畜癣痒擦疥方,疥螨藏皮痒难当。

　　　　雄狼皂豆轻粉偿,油调涂之自安康。

11.18　中草药添加剂(组方)

中草药饲料添加剂,顾名思义,就是以中草药为原料制成的饲料添加剂,是指在饲料加工、储存、调配和使用过程中,为满足动物某些特殊需要而添加的特殊物质的总称,是配合饲料的重要组成部分。添加的目的主要为改善饲料营养,提高饲料利用率,增强饲料的适口性,促进动物生长发育,提高动物生产性能,防治动物疾病,改进动物产品的品质,便于饲料的加工、储藏、运输和饲喂等。

饲料添加剂的分类方法很多,一般按照组成和用途划分。

按组成分类:从营养角度,可将饲料添加剂分为营养性饲料添加剂和非营养性饲料添加剂两大类。

营养性饲料添加剂含有畜禽必需的营养成分。饲料中营养成分主要指蛋白质、碳水化合物、脂肪、矿物质和维生素,水分也是重要的营养物质。

非营养性饲料添加剂不含畜禽所必需的营养物质。这类物质加入饲料中,具有促进畜禽生长、增强食欲、预防某些疾病、防止饲料氧化和霉败等作用。目前被广泛使用的非营养性饲料添加剂有抗生素类、激素类、驱虫保健类、中草药类、酶制剂类、缓冲剂、着色剂、黏附剂和微生态类制剂等饲料添加剂。

按用途分类:根据饲料添加剂的使用目的不同,可分为营养类(氨基酸、维生素、微量元素)、促生长和防疾病类(抗生素、各种疾病防治剂)、防止饲料劣化类(饲料抗氧化剂、饲料防霉剂等)、提高饲料嗜食和产品质量类(调味剂、香料剂及着色剂等)、调整生理功能类(激素、酶类、镇静剂)五大类。

中草药添加剂目前尚无统一的标准,按国家审批和管理也归入药物类饲料添加剂。然而,由于中草药既是药物又是天然产物,含有多种有效成分,基本具备饲料添加剂的所有作用,因此可作为独立的一类饲料添加剂。中草药添加剂具有增强免疫、抑菌驱虫、调整功能、促进生长、促进生殖、改善肉质、改善蛋白质、改善乳汁、改善饲料品质、补充营养、增香除臭、防腐保鲜等作用。常用的代表方剂有肥猪菜、催肥散、猪长散、促蛋散、鸡保康等。

1)肥猪菜

【来源】《中华人民共和国兽药典》(2000年版),第二部。

【组成】白芍20 g、前胡20 g、陈皮20 g、滑石20 g、碳酸氢钠20 g。

【制法】粉碎过筛,混匀。

【用法用量】在饲料中添加,每次25~50 g,每天2次。

【功能】健脾开胃。

【用途】增强食欲,促进生长。

【按语】经过多年来应用情况表明,该方效果良好,应用安全,无毒副作用。现代药理研究证明,白芍煎剂对志贺氏痢疾杆菌有抑菌作用,其成分芍药苷对胃肠平滑肌运动有抑制作用,并有显著的镇痛效果。前胡苷元有抗菌及抗真菌作用。陈皮挥发油对胃肠道有温和的刺激作用,能促进消化液分泌和排除肠内积气,其成分橙皮苷对肠道运动有双向调节作用。滑石有保护黏膜及抗菌作用。

2)催肥散

【来源】《河北畜牧兽医》。

【组成】山楂10 g、麦芽20 g、陈皮10 g、槟榔10 g、苍术10 g、木通8 g、甘草6 g。

【制法】诸药干燥,炮制后粉碎,混匀。

【用法用量】在饲料中添加,每次半剂,每周1次,连用4个月。

【功能】消食理气。

【用途】促进育肥。

【按语】催肥散方中山楂、麦芽、槟榔消积导滞,苍术、陈皮燥湿健脾理气,木通清热利水;

甘草补中益气。诸药相合,理气消食,促进生长。夏云(1989)试验,试验组日增重较对照组高 230 g。

3)猪长散

【来源】《中药饲料添加剂学术讨论会论文选编》。

【组成】一年蓬 8 份、陈皮 1 份、女贞子 1 份。

【制法】粉碎成粗粉、过筛、混匀。

【用法用量】在育肥猪日粮中添加 3%。

【功能】清热解毒,健脾补益。

【用途】促进育肥猪增重。

【按语】猪长散方中一年蓬清热解毒,陈皮理气健脾,女贞子滋补肝肾。三药相合用,清热解毒,健脾补气。苏德辉(1990)报道,在育肥猪饲料中分别添加 60 天、113 天后,增重率分别比对照组提高 8.65% 和 9.7%,饲料转化率提高 11.6%,每头猪平均增加经济效益 16.18 元;肉质符合肉制品标准。在哺乳母猪日粮中添加 3% 的一年蓬,对仔猪白痢、仔猪下痢有明显的预防效果,仔猪成活率提高。

4)促蛋散

【来源】《中药饲料添加剂学术讨论会论文选编》。

【组成】补骨脂、益母草、罗勒。

【制法】三药粉碎,过 80 目筛,混匀。

【用法用量】在饲料中添加,每只鸡每天 1 g。

【功能】补骨活血,促排卵。

【用途】提高蛋鸡产蛋率和种蛋受精率。

【按语】促蛋散方中补骨脂、罗勒滋阴补肾;益母草活血化瘀,并有激素样作用,因而全方有促产蛋作用。徐立教授等(1990)在 13 844 只蛋鸡饲料中添加该方,平均产蛋率提高 15.2%。在不同的鸡场试验,增蛋效果不完全一致,最低者 7.2%,最高达 25.2%。在种鸡饲料中添加该方,试验组受精率达 93.3%,对照组为 86.6%,表明有提高种鸡蛋受精率的作用。在青年鸡开产时添加,可提早开产。

5)鸡保康

【来源】《中兽医医药杂志》。

【组成】黄芪 6 份、酸枣仁 2 份、远志 2 份。

【制法】各药干燥后粉碎,过 60 目筛,混匀。

【用法用量】在饲料中添加 1.5%,每隔 5 天添加 1 次。

【功能】补气、固本、安神。

【用途】促进雏鸡生长,提高蛋鸡产蛋率。

【按语】鸡保康方中黄芪、酸枣仁、远志含有丰富的铜、锌、铁、锰、钴、硒等元素,粗蛋白含量也较高,具有补气、固本、卫外、安神之功效,能够增强免疫功能,调节机体代谢并补充营养。袁福汉等(1992)报道,在 15 日龄雏鸡饲料中添加该方,雏鸡体重比对照组提高 5.7%($P < 0.01$),饲料报酬提高 5.61%($P < 0.05$)。在蛋鸡饲料中添加该方,产蛋率提高 5.91%($P < 0.01$)。

知·识·拓·展

中草药常见制剂

药物配伍组成方剂之后,还必须依据家畜的病情或药物特点选择适宜的剂型,才能更适合病情变化的需要。历代医学家经过长期的医疗实践创造了丰富多样的剂型,如汤、散、丸、膏、丹、酒、露、锭、药线,以及熏洗剂等,其中一部分至今仍行之有效。随着现代科学的发展,很多传统剂型采用了新技术,利用现代制作方法,提高药物的利用率,节省药物资源,减少浪费,逐渐由复方到单味进行研制,研制出许多新剂型,如注射剂、片剂、散剂、冲剂、糖浆剂、胶囊剂等。根据兽医临床需要,现介绍注射剂、散剂、片剂三种剂型。

1) 注射剂

注射剂是中药经提取、精制、配制等步骤制成的灭菌溶液。中草药注射液的出现为中兽医临床用药带来了新的途径。经静脉注射的注射剂不需经吸收,可直接起效,疗效发挥快,是目前常用的剂型,在兽医临床上广泛使用,如柴胡注射液、鱼腥草注射液、板蓝根注射液、双黄连粉针剂、清热解毒注射液等。

柴胡注射液

【来源】《中华人民共和国兽医典》(2005 年版)。本品为柴胡制的注射液。每 1 mL 相当于原生药 1 g。

【制法】取柴胡 1 000 g、切断,加水温浸,经水蒸气蒸馏,收集初馏液,再重蒸馏,收集重馏液约 1 000 mL,加 3 g 聚山梨酯 80,搅拌使油完全溶解,再加入 9 g 氯化钠,溶解后滤过,加注射用水至 1 000 mL,调节 pH 值,测定吸光度,精滤,灌封,灭菌即得。

【性状】本品为无色或微乳白色的澄明液体,气芳香。

【检查】应符合注射剂制作的各项有关规定。

【功能】解热。

【主治】感冒发热。

【用法用量】肌肉或静脉注射,马、牛 20 ~ 40 mL,羊、猪 5 ~ 10 mL,犬、猫 1 ~ 3 mL。

【储藏】密封、避光,置阴凉干燥处。

2) 散剂

健鸡散

【来源】《中华人民共和国兽药典》(2005 年版)。

【组成】党参 20 g、黄芪 20 g、茯苓 20 g、六神曲 10 g、麦芽 10 g、山楂(炒)10 g、甘草 5 g、槟榔(炒)5 g。

【制法】以上八味药,粉碎、过筛、混匀即得。

【性状】本品为浅黄灰色的粉末,气香,味甘。

【检查】应符合散剂制作的各项规定。

【功能】益气健脾,消食开胃。

【主治】食欲不振,生长缓慢。

【用法用量】混饲,每千克鸡饲料加入 20 g。

【储藏】密闭,防潮。

3)片剂

大黄碳酸氢钠片

本品含碳酸氢钠(NaHCO₃)应为标示量的 90% ~110%。

【来源】《中华人民共和国兽药典》(2005 年版)。

【组成】大黄 150 g、碳酸氢钠 150 g。

【制法】取大黄细粉,加碳酸氢钠,混匀,制粒,压制成 1 000 片,即得。

【性状】本品为黄橙色或棕褐色片。

【检查】应符合片剂制作的各项规定。

【功能】健胃。

【主治】食欲不振,消化不良。

【用法用量】马、牛 100 ~300 片,猪、羊 15 ~30 片,犬、猫 2 ~5 片。

【储藏】密闭,防潮。

清瘟败毒片

【来源】《中华人民共和国兽药典》(2005 年版)。

【组成】石膏 120 g、地黄 30 g、水牛角 60 g、黄连 20 g、栀子 30 g、牡丹皮 20 g、黄芩 25 g、赤芍 25 g、玄参 25 g、知母 30 g、连翘 30 g、桔梗 25 g、甘草 15 g、淡竹叶 25 g。

【制法】以上 14 味药物,粉碎,过筛,混匀,制粒,干燥,压制成 1 600 片(包衣),即得。

【性状】本品为灰黄色片(或糖衣片),味苦,微甜。

【检查】应符合片剂制作的各项规定。

【功能】泻火解毒,凉血。

【用法用量】鸡,每千克体重 2 ~3 片;犬、猫,每千克体重 1 ~2 片。

【储藏】密闭,防潮。

常用方剂补充表见表 11.1。

表11.1 常用方剂补充表

类别	方名	组成	功用主治	备注
解表	麻黄桂枝汤	麻黄、桂枝、细辛、羌活、防风、桔梗、苍术、牙皂、荆芥、苏叶、薄荷、槟榔、枳壳、甘草	发汗解表,疏通气血,治外感风寒湿邪,浑身冰冷,气血闭塞	
	发汗散	麻黄、党参、升麻、当归、川芎、葛根、白芍、紫荆皮、香附	发表散寒,补气和血,主治牛风寒感冒,气血不足兼外感风寒证,证见恶寒发热无汗、咳嗽流涕、体瘦食少、脉浮	凡内伤体虚,发热恶寒无汗咳嗽可加减使用
	防风通圣散	防风、荆芥、连翘、麻黄、薄荷、川芎、当归、炒白芍、白术、栀子、大黄、芒硝、石膏、黄芩、桔梗、滑石、甘草	解毒通里,疏风清热,治疗风热壅盛,表里俱实	
清热	洗心散	天花粉、黄芩、黄连、连翘、茯神、黄柏、栀子、牛蒡子、木通、白芷	泻火解毒,散瘀消肿,治心热舌疮	
	黄连阿胶汤	黄连、阿胶、黄芩、芍药、鸡子黄	清热除烦,滋阴安神,治高热伤阴,阴虚火旺,烦躁不安	
	玉女煎	石膏、熟地黄、麦冬、知母、牛膝	清胃滋阴,治胃热阴虚,烦热口渴	
	清宫汤	玄参心、莲子心、竹叶卷心、连心麦冬、连翘心、犀角尖	清心热,养阴液,治外感温病,发汗而汗出过多,耗伤心液,精神不振,邪陷心包等证	
	栀连二石汤	栀子、黄连、生石膏、鲜生地、木通、滑石、车前子、白矾、青皮、皮硝、生甘草、广木香、青木香	善清热泻火,利水顺气,主治牛里实热证,证见身热、角热、目赤、尿赤短、口渴、脉洪数者	
	泻心汤	大黄、黄连、黄芩	泻火解毒,治疗三焦积热,心火亢盛所致的口舌生疮、眼肿目赤、衄血等	
	公英散	蒲公英、金银花、连翘、丝瓜络、通草、芙蓉花、穿山甲	清热解毒,消肿散痈,主治乳痈初起,乳房肿胀疼痛	
	黄连香薷散	黄连、姜制厚朴、香薷	清心脾,除烦热,治中暑热盛,口渴便血	
	消黄散	黄药子、白药子、知母、栀子、黄芩、大黄、浙贝母、连翘、郁金、芒硝、防风、蝉蜕、黄芪、甘草	清热散痈,泻火解毒,主治火热内壅,气促喘粗,黄、肿等	
	郁金散	郁金、诃子、黄芩、大黄、黄连、黄柏、白芍	清热解毒,散瘀止泻,主治急性肠黄	
	犀角地黄汤	犀角、生地黄、芍药、牡丹皮	清热解毒,凉血散瘀,主治发热、衄备、便血	

续表

类别	方　名	组　成	功用主治	备　注
清热	清瘟败毒散	石膏、犀角、生地、黄连、栀子、丹皮、黄芩、赤芍、玄参、知母、连翘、桔梗、竹叶、甘草	清热解毒,凉血养阴,主治一切火症	
	茵陈蒿汤	茵陈、栀子、大黄	清热利湿、退黄,主治湿热黄疸	
泻下	甘遂通结汤	甘遂末、牛膝、厚朴、桃仁、赤芍、大黄、木香	攻水通结,活血化瘀,治重型肠梗阻,肠腔积液较多者	甘遂末冲服,逐下作用经煎服强,但须慎用
	猪膏散	滑石、牵牛子、甘草、大黄、官桂、甘遂、大戟、续随子、白芷、地榆皮、猪脂、蜂蜜	峻泻、润肠、通便,主治牛百叶干	大戟、甘遂与甘草相反,但未见毒副作用
	麻子仁丸	麻子仁、杏仁、枳实、大黄、厚朴、芍药	润肠通便,治热结肠中、津液不足引起的便秘及老、弱家畜之粪便燥结	
	黄龙汤	大黄、芒硝、枳实、厚朴、甘草、当归、人参、桔梗、生姜、大枣	泻热通便,补益气血,主治大便秘结而气血虚弱之证	属气血亏虚,邪实下虚者用
	十枣汤	大戟、芫花、甘遂、大枣	攻逐水饮,主治胸腹积水或水肿实证	
和解	柴胡疏肝散	柴胡、芍药、枳壳、川芎、香附、炙甘草	疏肝行气,活血止痛,治肝气郁结,胁肋疼痛,寒热往来	
	逍遥散	炙甘草、当归、茯苓、白芍、白术、柴胡	疏肝解郁,健脾养血,主治肝郁血虚,肝脾不和	
祛湿	实脾散	茯苓、白术、木瓜、木香、大腹皮、草蔻、干姜、厚朴、附子、生姜、大枣、炙甘草	健脾利水,治脾虚水肿	
	独活散	独活、羌活、防风、肉桂、泽泻、酒黄柏、大黄、当归、桃仁、连翘、汉防己、炙甘草	祛风除湿,主治风湿痹痛	
	活络丹	制川乌、制草乌、地龙、制南星、乳香、没药	祛风活络,祛湿止痛,主治着痹症	
祛痰	款冬花散	款冬花、黄药子、白僵蚕、郁金、白芍、玄参	滋阴降火,止咳平喘,主治阴虚肺热,咽喉肿痛	
	定喘汤	白果、麻黄、苏子、款冬花、杏仁、炙桑皮、黄芩、法半夏、甘草	宣肺平喘,清热化痰,主治家畜咳嗽、喘粗	
	清燥救肺汤	石膏、桑叶、麦冬、阿胶、胡麻仁、杏仁、枇杷叶(去毛蜜炙)、党参、甘草	清肺润燥,治温燥伤肺,干咳无痰,发热口燥	
	贝母汤	石膏、瓜蒌、苏子、桑白皮、贝母、栀子、桔梗、杏仁、紫菀、百部、牛蒡子、黄芩、花粉、知母、甘草	清肺化痰,燥湿止咳,下气平喘,治肺热咳喘,鼻流浓涕	

续表

类别	方名	组成	功用主治	备注
祛痰	涤痰汤	姜半夏、胆南星、橘红、枳实、茯苓、党参、菖蒲、竹茹、甘草	涤除风痰,治痰迷舌强	
	半夏散	半夏、升麻、防风、枯矾、生姜、蜂蜜	燥湿化痰,和胃止呕,治马肺寒吐沫	
	止咳散	知母、枳壳、麻黄、桔梗、苦杏仁、陈皮、葶苈子、桑白皮、生石膏、前胡、射干、枇杷叶、甘草	清肺化痰,止咳平喘,主治肺热咳嗽	
	白矾散	白矾、贝母、黄连、白芷、郁金、黄芩、大黄、甘草、葶苈子	敛肺平喘,清热化痰,主治牛气喘,证见气促喘粗,咽喉肿痛等	对黑斑病甘薯中毒之气喘有一定疗效
	百合散	百合、贝母、大黄、甘草、天花粉	清热,润肺,化痰,主治马肺壅鼻脓,证见喘粗鼻咋,连声咳嗽,鼻孔流脓	
	贝母散	贝母、栀子、桔梗、甘草、杏仁、紫菀、牛蒡子、百部	清热润肺,化痰止咳,主治肺热咳嗽,证见连声咳嗽,咽喉疼痛,痰涕黄稠口赤,脉数	
	小青龙汤	麻黄、芍药、细辛、干姜、甘草、桂枝、半夏、五味子	解表散寒,温肺化饮,治风寒束表,内停水饮,见恶寒发热,咳嗽喘息,痰多稀	也用于慢性支气管炎、肺气肿等
消导	和胃消滞汤	刘寄奴、厚朴、木通、建曲、枳壳、木香、槟榔、茯苓、青皮、山楂、甘草	消食导滞,理气和胃,主治牛草料积滞	
	消积散	山楂(炒)、麦芽、神曲、莱菔子(炒)、大黄、芒硝	消积导滞,主治伤食	常用于饲料突变,过量采食,损伤脾胃,不能运化
	健胃散	山楂、神曲、麦芽、莱菔子、枳实、槟榔、大黄、甘草	消食、导滞、健胃,主治伤食积滞,食欲不振	
	枳实导滞丸	枳实、大黄、黄芩、黄连、白术、神曲、茯苓、泽泻	消积导滞,清热利湿,治食滞胃肠、湿热蕴结之腹痛、腹胀、泄泻或便秘	
	木香槟榔丸	木香、香附、青皮、陈皮、枳壳、黄连、黄柏、槟榔、牵牛子、三棱、莪术、大黄	行气导滞、泄热通便,主治胃肠积食、肚腹胀满、气滞作痛、大便秘结	
利水渗湿	滑石散	滑石、泽泻、灯芯草、茵陈、知母、酒黄柏	清热化湿、利尿,主治马胞转	
	猪苓散	猪苓、茯苓、泽泻、青皮、陈皮、莨菪、牵牛子	主治马冷肠泄泻	

续表

类别	方 名	组 成	功用主治	备 注
理气	橘皮散	青皮、陈皮、厚朴、桂心、细辛、茴香、当归、白芷、槟榔、葱白、炒盐、醋	理气活血,暖胃止痛,治马伤水起卧、腹痛等证	
	橘核丸	橘核、川楝子、海藻、海带、昆布、桃仁、肉桂、厚朴、枳实、炒元胡、木香、木通、盐、酒	调和气血,散寒祛湿,消坚散结,主治睾丸、阴囊肿痛,或上引脐腹绞痛	
	醋香附汤	醋香附、酒莪术、砂仁、青木香、米醋、炒莱菔、三棱	行气止痛,破满消胀,主治马大肚料伤,食滞气胀,起卧不安	
	消胀汤	酒大黄、醋香附、木香、藿香、厚朴、郁李仁、牵牛子、木通、五灵脂、青皮、白芍、枳实、当归、滑石、大腹皮、乌药、卜子、麻油	消胀破气,宽肠利便,主治急性肠气胀	
	丁香散	丁香、木香、藿香、青皮、陈皮、槟榔、二丑、麻油	温中行气,消胀通肠,主治中焦寒湿阴滞气机	
	健脾散	当归、白术、甘草、菖蒲、泽泻、厚朴、宣桂、青皮、陈皮、干姜、茯苓、五味子	温中行气,健脾利水,主治脾气痛,用于脾胃虚寒、胃肠寒湿腹痛、泄泻	
	苏子降气丸	苏子、前胡、陈皮、制半夏、肉桂、厚朴、当归、生姜、炙甘草	降气平喘,化痰止咳,治痰涎壅盛,咳喘气短	慢性支气管炎、轻度肺气肿加沉香效果显著
理血	红花散	红花、没药、桔梗、枳壳、元曲、当归、山楂、厚朴、陈皮、白药子、黄药子、麦芽、甘草	活血理气,消食化积,主治伤料五攒痛	
	桃红四物汤	桃仁、当归、赤芍、红花、川芎、生地	活血祛瘀,主治血瘀所致的四肢痛,产后瘀血阻滞胞宫等	
	秦艽散	秦艽、炒蒲黄、瞿麦、车前子、天花粉、黄芩、大黄、红花、当归、白芍、栀子、淡竹叶、甘草	清热止血,养血行瘀,主治弩伤尿血	
	槐花散	炒槐花、炒侧柏叶、荆芥炭、炒枳壳	清肠止血,疏风理气,主治肝经风热	
	十黑散	知母、黄柏、地榆、蒲黄、栀子、槐花、侧柏叶、血余炭、杜仲、棕皮	清热泻火,凉血止血,用于膀胱积热所致的尿血	
	十灰散	大蓟、小蓟、荷叶、侧柏叶、白茅根、大黄、茜草、栀子、丹皮、棕榈皮	凉血止血,用于各种血热妄行的出血	
祛寒	益智散	益智仁、肉豆蔻、五味子、当归、川芎、广木香、砂仁、白术、细辛、草果、官桂、青皮、厚朴、白芷、枳壳、白芍、槟榔、甘草	温中散寒,行气降逆,治外感风寒,内伤阴冷,脾胃虚寒,腹痛吐草	

续表

类别	方名	组成	功用主治	备注
祛寒	巴戟散	巴戟天、肉苁蓉、补骨脂、葫芦巴、小茴香、肉豆蔻、陈皮、青皮、肉桂、木通、川楝子、槟榔	温肾补阳,通经止痛,散寒除湿,主治马肾痛,后肢难移	
	茴香散	茴香、肉桂、槟榔、白术、木通、巴戟天、当归、藁本、牵牛子、白附子、川楝子、肉豆蔻、荜澄茄	暖腰肾,祛风湿,主治寒伤腰胯	
	桂心散	桂心、青皮、益智仁、白术、厚朴、干姜、当归、陈皮、砂仁、五味子、肉豆蔻、炙甘草	温脾暖胃,活血顺气,治脾胃虚寒证	
祛风湿	蠲痹汤	羌活、姜黄、当归、黄芪、赤芍、防风、甘草	补气和营,疏风祛湿,治风湿痹证	
	茵陈五苓散	茵陈、茯苓、猪苓、白术、泽泻、桂枝	清热、利湿、退黄,治湿热黄疸	
	三仁汤	杏仁、半夏、蔻仁、竹叶、厚朴、通草、薏苡仁、滑石	芳香化浊,清利湿热,用于湿温初起或暑温夹湿,湿重热轻者	
平肝	天麻散	天麻、党参、川芎、蝉蜕、防风、荆芥、薄荷、何首乌、茯苓、甘草	和血熄风,祛湿解表,治马脾虚湿邪	
	洗肝散	羌活、防风、薄荷、当归、大黄、栀子、川芎、甘草	疏散风热,清肝解毒,主治肝经风热	
	羚羊钩藤汤	羚羊角、钩藤、桑叶、菊花、生地、白芍、贝母、竹茹、茯神、甘草	凉肝熄风,止痉,主治热盛动风	
	镇肝息风汤	怀牛膝、生赭石、生地龙、生牡蛎、生龟板、生杭芍、玄参、天冬、川楝子、生麦芽、茵陈、甘草	镇肝熄风,滋阴潜阳,主治阴虚阳亢,肝风内动	
	青葙子散	青葙子、决明子、石决明、防风、菊花、木贼、蝉蜕、黄连、黄芩、龙胆草、旋覆花、地骨皮	疏风清肝,明目退翳,主治肝火上炎,云翳遮睛	
	千金散	防风、蔓荆子、天麻、羌活、独活、细辛、川芎、全蝎、乌蛇、僵蚕、蝉蜕、制南星、旋覆花、阿胶、沙参、桑螵蛸、制首乌、升麻、藿香、生姜	散风解痉,息风化痰,活络养血,主治破伤风证	
	三甲复脉汤	炙甘草、干地黄、生白芍、生牡蛎、麦冬、阿胶、生鳖甲、生龟板、麻仁	滋阴复脉,潜阳熄风,治温病邪热,羁留下焦,热深厥甚	
	玉真散	南星、防风、白芷、天麻、羌活、白附子	祛风化痰,定搐止痉,治破伤风	
安神开窍	补心丹	生地黄、五味子、当归身、天冬、麦冬、柏子仁、酸枣仁、人参、玄参、丹参、白茯苓、远志、桔梗、朱砂	滋阴清热,养血安神,治心虚火扰证	

续表

类别	方 名	组 成	功用主治	备 注
安神开窍	朱砂散	朱砂、党参、茯神、黄连	镇心安神,清热泻火,主治马心神风邪	
	通关散	猪牙皂	通关开窍,治高热神昏,痰迷心窍,神志昏糊	
	养心汤	党参、黄芪、当归、川芎、肉桂、茯苓、茯神、柏子仁、远志、酸枣仁、五味子、半夏、甘草	养心安神,补脾益血,主治心气耗伤,心神失养,精神衰疲,神志恍惚,眼光呆滞,心悸,易惊善恐,口色淡白、脉虚	本方为劳伤心血,或大病、久病后心血不足,血虚气耗,心神失养所设
补益	虎潜丸	虎胫骨、牛膝、陈皮、白芍、熟地黄、锁阳、当归、知母、黄柏、龟板、干姜、羯羊肉	补肝肾,益精血,治精血不足,脚膝痿弱,行走无力	
	增液汤	玄参、麦冬、生地	养阴清热,增液润燥,治阳明温病,津液不足证	
	养心汤	炙黄芪、茯神、茯苓、当归、半夏曲、川芎、炒远志、炒枣仁、肉桂、柏子仁、五味子、人参、炙甘草、生姜、大枣	补血宁心,治心虚血少	
	补肺阿胶散	蛤粉炒阿胶、马兜铃、炒牛蒡子、杏仁、糯米	生津润燥,治肺阴虚,咳嗽痰燥	
	人参蛤蚧散	蛤蚧、杏仁、甘草、知母、桑白皮、党参、茯苓、贝母	补肺纳气,化痰定喘,治体虚咳喘证	
固涩	缩泉丸	乌药、益智仁、山药	温肾止遗,缩尿固涩,治下元虚冷,小便频数	
	四神丸	肉豆蔻、补骨脂、五味子、吴茱萸、姜、枣	温肾健脾,涩肠止泻,主治脾肾虚寒,泄泻	
	牡蛎散	牡蛎、麻黄根、浮小麦、黄芪	敛汗潜阳,益气固表,主治体虚自汗	
	玉屏风散	黄芪、防风、白术	益气固表止汗,治表虚卫阳不固证	
	金锁固精丸	沙苑蒺藜、芡实、莲须、煅龙骨、煅牡蛎	补肾涩精,主治肾虚滑精,四肢无力,尿频	下焦湿热忌用
补虚	四物汤	熟地、白芍、当归、川芎	补血调气,主治血虚诸证	
	当归补血汤	黄芪、当归	补气生血,主治气虚血弱	
	归脾汤	白术、茯苓、黄芪、龙眼肉、酸枣仁、人参、木香、当归、远志、甘草	益气生血,健脾养心,主治心脾两虚,气血不足	

续表

类别	方 名	组 成	功用主治	备 注
补虚	益气黄芪散	黄芪、党参、炙甘草、茯苓、苍术、升麻、青皮、酒黄柏、泽泻、生地、生姜	益气健脾,除湿清热,用于脾胃虚弱,大便溏泻,耳角身热患畜,或脾虚带下色黄,日久不止之症	
	炙甘草汤	炙甘草、党参、生姜、阿胶、桂枝、麻仁、麦冬、生地、大枣	益气养血,滋阴复脉,主治气虚血少,脉结代,心悸气短,口色淡	
	透脓散	黄芪、炮甲珠、川芎、当归、皂角刺	补气养血,托毒排脓,治气血虚弱的疮疡久不成脓,或脓成不溃	
	生脉散	党参、麦冬、五味子	补气敛汗,养阴生津,主治热病气津两伤	常用于热性病后期,气阴两虚、心力衰竭、心律不齐、慢性气管炎等
	左归饮	熟地、山药、山萸肉、枸杞子、茯苓、炙甘草	滋补肾阴,主治肾阴不足所致的腰胯无力,盗汗遗精,咽干口渴	
	熟地黄散	熟地、生地、党参、天冬、当归、地骨皮、柴胡、黄连、黄芩、枳壳、甘草	益肺滋肾,养阴清热,主治虚损劳伤,劳热咳嗽,或肝肾亏虚所致的白内障眼病	
	催情散	羊红膻、淫羊藿、阳起石	补肾健脾,壮阳催情,主治母畜肾阳虚不发情之证	对卵巢静止、卵泡萎缩、持久黄体,具有促进发情的作用
驱虫	万应散	槟榔、大黄、皂角、苦楝根皮、牵牛子、雷丸、沉香、木香	攻积杀虫,主治蛔虫、姜片吸虫、绦虫等虫积证	对孕畜、体弱家畜宜慎用
	贯众散	贯众、使君子、鹤虱、大黄、芜荑	驱虫,主治马胃蝇蛆	
	槟榔散	槟榔、苦楝皮、枳实、朴硝(冲服)、鹤虱、大黄、使君子	攻逐杀虫,主治猪蛔虫病	体质好加雷丸增强驱蛔力,食差加陈皮、麦芽、神曲等消导药健脾消食
	苦参汤	苦参、蛇床子、地肤子、银花、黄柏、菊花、白芷、菖蒲	清热除湿,杀虫止痒,主治疥癣,风疹,湿疹等症	
痈疡	苇茎汤	苇茎、冬瓜皮、薏苡仁、桃仁	清肺化痰,祛瘀排脓,主治肺痈	

续表

类别	方名	组成	功用主治	备注
外用	桃花散	陈石灰、大黄	收敛止血,主治新鲜创伤出血	二药同炒至黄红色或粉红色,去大黄将石灰研成极细,外用即可
	冰硼散	冰片、朱砂、玄明粉、硼粉	清热解毒,消肿止痛,主治口腔黏膜溃疡	
	九一丹	熟石膏、升丹	提脓拔毒,祛腐生肌,主治疮疡久不愈合	
	防腐生肌散	枯矾、陈石灰、熟石膏、没药、血竭、乳香、黄丹、冰片、轻粉	防腐吸湿,生肌敛口,主治痈疽疮疡及各种外科出血症及不收口、久治不愈	研极细末,温醋或水调敷,亦可撒布创面
	拨云散	炉甘石、硼砂、青盐、黄连、铜绿、硇砂、冰片	退翳明目,主治外障眼	本品共为极细末,过筛点眼用
	紫草膏	紫草、金银花、当归、白芷、冰片、植物油、白蜡	泻火解毒,凉血止痛,主治烫、火伤	炼成膏使用

复习与思考

一、填空题

1. 方剂的组成是按照_____的原则组织起来的。

2. 方剂中主药是针对_____和_____起主要治疗作用的药物。

3. 凡以_____、_____为主要作用的方剂,称为解表方、药,属"八法"中的_____法。

4. 理血剂具有_____或者说_____作用,主治_____或_____证。

5. 平肝明目的代表方是_____,安神的代表方是_____、_____等。

二、选择题

1. 治暑湿证尿短赤不利,用甘草与下列哪味药物配伍最佳?(　　　)

　　A. 木通　　　　B. 车前子　　　　C. 淡竹叶　　　　D. 滑石

2. 五苓散中桂枝的配伍意义是(　　)。

　　A. 调和营卫　　　B. 温阳祛寒　　　C. 温痛血脉　　　D. 解表化气

3. 二陈汤的功用是(　　　)。

    A. 燥湿运脾,理气和中　　　　　　B. 燥湿化痰,理气和中

    C. 燥湿化痰,宽胸散结　　　　　　D. 理气化痰,健脾消食

4. 君药的含义,下列说法正确的为(　　　)。

    A. 针对兼病或兼证起主要治疗作用的药物

    B. 针对次要兼证起主要治疗作用的药物

    C. 辅助臣药加强治疗主病或主证作用的药物

    D. 针对主病或主证起主要治疗作用的药物

    E. 减缓方中其他药物的毒烈性

5. 将药物粉碎,混合均匀,制成粉末状制剂,属于哪种剂型?(　　　)

    A. 汤剂　　　　　　　　　　B. 丸剂　　　　　　　　　　C. 膏剂

    D. 散剂　　　　　　　　　　E. 酒剂

6. 银翘散中具有疏散风热,清利头目,且可解毒利咽配伍意义的药对是(　　　)。

    A. 薄荷、牛蒡子　　　　　　B. 荆芥穗、淡豆豉　　　　　C. 芦根、竹叶

    D. 芦根、生甘草　　　　　　E. 银花、连翘

7. 大承气汤用治热结旁流,体现的治法是(　　　)。

    A. 热因热用　　　　　　　　B. 寒因寒用　　　　　　　　C. 通因通用

    D. 塞因塞用　　　　　　　　E. 寒因热用

8. 逍遥散的君药是(　　　)。

    A. 柴胡　　　　　　　　　　B. 白芍　　　　　　　　　　C. 当归

    D. 白术　　　　　　　　　　E. 茯苓

9. 逍遥散中柴胡与白芍、当归的配伍作用是(　　　)。

    A. 疏肝健脾　　　　　　　　B. 疏肝理气　　　　　　　　C. 疏肝养血

    D. 柔肝止痛　　　　　　　　E. 养血健脾

10. 白虎汤组成不含有(　　　)。

    A. 石膏　　　　　　　　　　B. 知母　　　　　　　　　　C. 黄柏

    D. 炙甘草　　　　　　　　　E. 粳米

三、简答题

1. 什么叫方剂? 为什么要组成方剂? 它与中药有什么区别?

2. 消导方药(法)与泻下方药(法)的功能有何异同?

3. 试述银翘散的组成、适应证及临证应用。

4. 简述温里方药的使用注意事项。

5. 试比较山楂、神曲、麦芽性味、功效主治的异同点。

四、论述题

试述使用中草药添加剂的目的、组方原则及配伍运用。

案例分析

案例 1

一病牛,症见发热口渴,里急后重,频频努责,下痢脓血。

请你据此症开处方,并试述处方中各药的意义。

案例 2

一病牛,先便后血,血色暗红者方用:大黄 80 g,枳壳 65 g,莱菔子 75 g,元明粉 50 g,厚朴 40 g,黄芩 25 g,甘草 25 g,黄柏 25 g,焦栀子 30 g,共为末,加水煎服。

请试述出该处方中各类药物属性,并分析各自配伍特点。

模块4
针灸术
ZHENJIU SHU

项目 12　针灸术基础知识

📖 【学习目标】

1. 理解针术、灸烙术的基本知识；
2. 重点理解和掌握针灸的操作技能、作用原理以及针灸疗法的特点。

✍ 【技能目标】

能熟练完成针灸术的操作。

兽医针灸包括针刺和灸术两种治疗技术，它们经常合并应用，同时又都属于外治法，因此，把它们合称为"针灸"。针灸具有以下特点：

(1)应用范围广，不受地区、畜种的限制。

(2)对某些疾病疗效好、见效快，如腹痛、风湿、闪伤、跛行等。

(3)设备简单，携带方便，经济实用。

(4)操作简单，易学易用，便于推广。

12.1　针　术

针术是用各种不同类型的针具，刺入机体一定穴位并给以适当的刺激，借以达到通经活络、宣导气血、扶正祛邪目的的一种医疗技术。针术又称针刺术或针刺疗法。

针具如图 12.1 所示。

(1)毫针。毫针又叫芒针、微针、新针。由针尖、针身、针根、针柄、针尾五部分构成，尖呈松针形，针身圆滑细柔，直径 0.64～1.25 mm，身长 120～300 mm。毫针细长，适宜深刺、透刺，多用于软组织、皮肤细薄处穴位。

(2)圆利针。圆利针的形状、结构与毫针相似，直径 1.25～2 mm，身长 20～100 mm。圆利针比毫针的针身粗大，针身更短，适宜直刺，多用于大中家畜的白针穴位。

(3)宽针。其针头状如矛头，针刃锋利，分大、中、小三种，针头宽分别为 8 mm，6 mm 和 4 mm；针柄长 100～110 mm。宽针多用于血针穴位，有时也用于巧治和白针穴位。针刺颈脉、胸膛、肾堂、蹄头等穴位时，将宽针固定在针槌上，既能控制针刺深度，又能确保操作者安全。

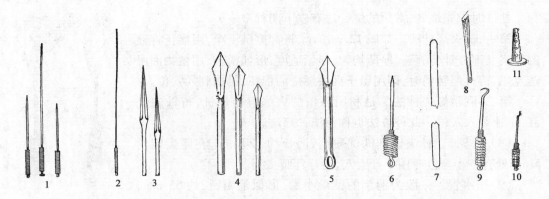

图 12.1　针具

1—圆利针；2—毫针；3—三棱针；4—宽针；5—穿黄针；6—火针；

7—夹气针；8—眉刀针；9—玉堂钩；10—三弯针；11—宿水管

知·识·拓·展

针　槌

针槌为硬木旋成，长 35 cm，槌头正中有一条锯缝和装针孔，在槌体部有皮革制成的活动箍，它有固定针体的作用，如图 12.2 所示。

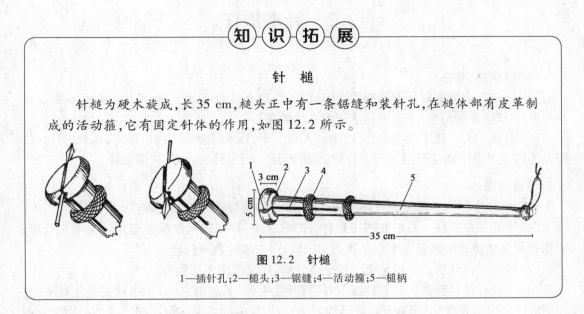

图 12.2　针槌

1—插针孔；2—槌头；3—锯缝；4—活动箍；5—槌柄

（4）穿黄针。穿黄针状如大宽针，针尾有一小孔。它可代替大宽针用，但主要用途是穿黄用。把若干根马尾或棕丝制作的细绳随穿黄针穿过患部，并坠一重物而起引流作用，促进黄肿消退。

（5）夹气针。夹气针用竹片或合金制成。针尖钝圆，针体扁平而长，光滑柔软。长约 360 mm，宽约 4 mm。专用于夹气穴。使用前仔细检查针体，如有破损，不能使用。针具必须消毒。为了便于进针，先用大宽针刺破穴位皮肤，再将夹气针从针孔刺入穴位内。

（6）眉刀针。眉刀针形似眉毛而得名，针刃斜长约 95 mm，针尖宽处约 5 mm。针刃斜长细小者称为痧刀针，一般多用于治疗猪病，可代替小宽针使用。

（7）火针。较圆利针粗大，针头圆锐，针身长度有 20 mm，30 mm，50 mm，100 mm 四种。针柄为电木或用金属丝缠绕以便操作，且有隔热作用。多用于大中家畜肌肉丰满处的火针穴位和外科排脓。

扎针时应先烧针,常用的烧针法有以下两种:

第一,油火烧针法。如图 12.3 所示,将针擦拭干净,用棉花将针的针尖及部分针身缠裹,厚薄均匀,松紧适度,形如榄核,用植物油浸透点燃,待火焰转弱时,即用镊子夹去燃烧的棉花,迅速刺入穴位。

第二,酒精灯烧针法。是利用酒精灯火焰直接烧针,待针尖烧红,迅速刺入穴位。此种方法也称为温针疗法。

(8)三弯针。针尖锐利的优质钢针,长约 120 mm,在距尖端约 5 mm 处有一小弯。专用于开天穴,治疗浑睛虫病。

(9)宿水管。一般为铜制的锥形小管,形似笔帽,长约 55 mm,上有 8 ~ 10 个直径为 2.5 mm 的小圆孔。专用于云门穴,治疗宿水停脐。

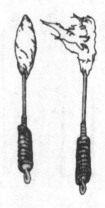

图 12.3 油火烧针法

12.2 针术操作

1)针刺前的准备

(1)针具。根据施针目的选择适当的针具,并检查针具有无生锈、带钩或弯折现象。针具一般用 75% 酒精消毒,必要时用蒸气或煮沸消毒。

(2)病畜。为了便于操作、定穴准确和人畜安全,施术时要适当加以保定,并对施针穴位剪毛消毒。术者手指应予消毒,同时,根据临床诊断,确定针治处方,正确施针。

2)针刺操作

针刺时以手把持针具的方法称为持针法,常用的持针法有以下三种:

(1)手握式持针法。右手的拇指和食指捏住针头,根据刺入的深度留出针尖一定长度,中指和无名指将针柄固定在掌心。此法用于宽针、三棱针和圆利针。

(2)执笔式持针法。如执毛笔一样夹持针柄,此法多用于圆利针。

(3)手代针槌持针法。将宽针握于右手食指、中指、无名指之内,小指背侧托住针头,并控制针尖留出的长度,拇指端按住针柄的末端,应用臂力的摆动进行速刺。此法多用于针刺胸膛等穴位。

3)按穴法

穴位是畜体经络与腑脏之间、经气活动功能输注聚集的部位,也是通经调气、祛邪扶正、治疗各经疾病补虚泻实的刺激点。在刺针时,一般以左手切压穴位皮肤,固定穴位,辅助进针,使针体能顺利地刺入穴位。

(1)指切按穴法。在针刺时,以一手拇指切压穴位附近皮肤,另一手持针,沿着按穴的拇指前缘刺入穴位。

(2)夹持按穴法。用一手拇指、食指将穴位皮肤捏起,一手持针刺入两指之间的穴位皮肤。此法多用于皮下肌肉较薄处的穴位。

(3)舒张按穴法。用一手拇指、食指将穴位处皮肤向两侧撑开,绷紧,以便进针。此法多用于皮肤松弛的部位。

4）进针法

常用的有速刺和缓刺两种进针法。

（1）速刺进针法。又称急刺进针法，是以急速的手法将针刺入穴位。一般多在使用圆利针、宽针、三棱针和火针时运用。若使用圆利针时，先将针尖急速刺入穴位皮下，调整针刺角度后，随即迅速地刺入一定深度；使用宽针或三棱针时，要固定针尖长度，对准穴位，针刃顺（平行于）血管方向敏捷地刺入血管，要求一针见血；如使用火针时，选择一定长度的火针针具，待针烧透后，一次急速刺入所需深度，不可中途加深。

（2）缓刺进针法。又称捻转进针法，一般仅用在使用毫针时。进针时先将针尖刺入穴位皮下，以右手的拇指和食指、中指持针柄，左手的拇指和食指固定针体，然后右手用轻捻小旋转的手法，缓缓刺入一定深度。

5）针刺角度

针刺角度是指针刺穴位时，针身与穴位皮肤表面所形成的角度，一般分直刺、斜刺和平刺三种，如图 12.4 所示。

（1）直刺。即针身与穴位皮肤成 90°垂直刺入，多用于肌肉较厚的穴位，如巴山、环跳、百会等穴。

（2）斜刺。即针身与穴位皮肤成 45°斜向刺入，适用于骨骼边缘和不宜深刺的穴位，如关元俞、脾俞等穴。

（3）平刺。又称沿皮刺，即针身与穴位皮肤成 15°刺入，用于肌肉较薄处的穴位，如锁口、肺门、肺攀等穴。有时在施行透针时也常应用。

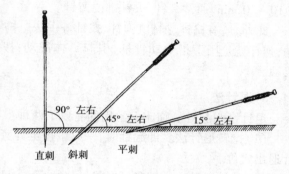

图 12.4　进针角度

6）进针的深度与针感

针刺时进针深度必须适当，不同的穴位对针刺深度各有不同的要求，如开关穴刺入 2 ~ 3 cm，而夹气穴一般要刺入 30 cm 左右。一般情况下，其他穴位均应以本书规定的深度为依据，但又必须根据病畜体型大小、年龄、体质、病情等的不同而灵活掌握。一般肌肉菲薄，或靠近大血管，或内部有重要脏器的穴位，尤其是胸背部和肋下有肝、脾的穴位，针刺不宜过深。而肌肉丰厚的穴位则可酌情深刺。

当针刺达到适当深度后，就可能产生针感。针感即"得气"，是指在针刺穴位后，经手法操作或较长时间留针，机体有一定种特殊反应，主要是术者手下感到沉紧，患畜出现提肢、拱腰、摆尾、局部肌肉收缩或跳动等反应。针刺在出现针感后，还应施以适当刺激，才能获得满意的疗效。其刺激强度一般可分为三种。

（1）强刺激。是进针较深，捻转、提插幅度大，速度快，用力重，适用于体质较强的病畜。

（2）弱刺激。进针浅，捻转、提插幅度小，速度慢，用力轻，适用于老弱年幼的病畜。

（3）中刺激。介于强弱刺激之间。

针刺治病，要达到一定的刺激量，除刺激强度外，还需维持一定的刺激时间，才能取得较好效果。

7）进针后的手法

进针后的手法很多，在兽医临证时常用的有以下几种。

（1）提插。提就是将已刺入穴位的针往上提起一些，插就是将针向内再刺入一些。提和插是一个连续的动作，也就是将针刺进穴位后，再做一上一下的连续不断变动针刺深度的手法称提插。提插只用于圆利针和毫针。

（2）捻转。进针到达一定深度后，以拇指和食指、中指持针柄，进行一左一右来回转动针体，称为捻转。捻转幅度的大小，视病情而定。但不能只单向捻转，否则会发生肌纤维缠绕针体，造成滞针。

（3）徐疾。"徐"是慢，"疾"是快。无论是提插还是捻转，都可徐可疾。因此，它是各种手法中的一种配合动作。一般徐缓进针，疾速出针为补；疾速进针，徐缓出针为泻。

（4）轻重。也是配合其他手法的一种操作。"轻"是在提插捻转时用力要轻；"重"是在提插捻转时较为用力，速度较快。轻者为补，重者为泻。

（5）留针。留针是在施针运用手法后，将针留在穴内一段时间，其长短根据病情决定，一般10～20 min。通常毫针、火针都要留针。

此外，还有捣针、摇针、弹针、拨针等手法。捣针就是将针上、下捣动；摇针就是把针体摇动；弹针就是用手指弹动针柄，引起针体震动；拨针就是使进针后的针头向不同方向微微拨动。

8）退针法

退针又叫起针。临床上常用的有以下两种：

（1）捻转退针法。即起针时，一只手按定针旁皮肤，另一只手持针柄，左右捻转，慢慢将针退出穴位。

（2）抽拔退针法。即起针时将针轻捻后，一只手按定针旁皮肤，另一只手持针柄，将针迅速拔出穴外，这种方法叫急起针。

起针时如有滞针现象，则应在穴位附近另用一针进行针刺，以缓解穴位肌肉紧张，然后再起针，也可以先用手指刮拔针柄，然后再起针。

9）注意事项

（1）患畜在过饥、过饱、饮水、大出汗、大出血、劳役及配种后，不能立即施针；妊娠后期母畜的腹部、腰部及其他针刺反应敏感的穴位也不宜针刺，特别是火针，更应慎用。

（2）应根据病情拟好针治方案（一般以7 d为一疗程），做到施针时心中有数。

（3）施针前认真检查针具是否完好，并应消毒。

（4）患畜必须保护好，注意人畜安全。

（5）用宽针放血时，要做到针刃与血管平行，以免切断血管。火针刺入穴位后，一般不留或稍留针，然后将针柄稍稍捻转一下再退针，以防缠针或针孔出血。退针后，要用消炎药膏封闭针孔，以防感染。

（6）对高热、剧痛及疑难病症，针刺无效时，不宜再针，可改用其他疗法。

（7）针后应注意护理，如需复针，应选好时间，按期诊治。

10）选穴规律及取穴方法

（1）选穴规律。针灸治病与方药治病一样，其目的主要是扶正祛邪，补虚泻实，同样有规律可循。一般是急性病宜针,慢性病宜灸;实证、热证宜泻;虚证、寒证宜补。只有辨证施治,才能发挥针灸的补泻作用,收到预期的治疗效果。古人根据俞穴的主治,得出如下的取穴规律:

①循经取穴。即根据经络循行部位选穴。因疾病发生在某一脏腑,可通过经络反映在体表的相应部位,故可在相关的经脉上选穴治疗,如肝热传眼,可放肝经的太阳血;肺热喘粗,可放肺经的颈脉血;心热神昏、口舌红肿糜烂,可放心经的胸膛血;肠黄,可放脾经的带脉血等。

②局部选穴。某一局部发病,就在该部取穴治疗。如混睛虫病取开天穴,舌肿取通关穴,低头难取九委穴;锁口黄选锁口穴;胃热选玉堂穴;迎风痛选掠草穴等。这种取穴方法,使用范围广泛,对体表、脏腑、急性或慢性疾病都可使用。

③邻近选穴。在患部上下或左右的经络线上取穴。如中风选大、小风门穴;尾根歪斜选尾根穴;公畜阴肾黄选阴俞穴等。

④远端选穴。即在患病的远离部位选穴。主要用于脏腑疾病的治疗。如脾虚泄泻、消化不良选后三里穴等。针刺镇痛时,也多采用远端选穴。如三阳络透夜眼、抢风穴组,做腹部手术等。

⑤随证选穴。即根据某些病证选取主要穴。如感冒时主选天门穴,高烧加大椎穴以退热,通鼻窍解表加风门,咳嗽加肺俞或肺攀穴。又如在疝痛疾病时放三江、蹄头、带脉血,或取姜牙、三江、分水穴等。

(2)取穴方法。针灸定穴方法又称取穴方法,是指确定针灸穴位位置的方法。针刺时能否准确定位取穴,直接影响疗效。常用的定穴方法有以下四种。

①自然标志定穴法。穴位多分布在骨骼、关节、肌沟、韧带之间或皮下浅表的静脉血管上,因此可根据穴位局部的突起、凹陷等解剖结构的体表投影位置或头面部的五官为标志定位。如背正中线上第三、第四胸椎棘突间的凹陷正中取鬐甲穴,腰荐结合处取百会穴;又如牛的下唇正中有毛与无毛交界处取承浆穴等。

②体躯比例间距定穴法。在解剖标志的基础上,按体躯比例确定腧穴的位置,如两耳根连线与背正中线交点处取天门穴,猪的两鼻孔之间、鼻中隔正中取鼻梁穴等。

③指量定穴法。以术者第二指关节的宽度为取穴尺度,适用于中等体型的大家畜。即中指第二指关节的宽度为 1.5 cm,食指、中指相并为 3 cm,食指、中指、无名指三指相并为 4.5 cm,食指、中指、无名指、小指相并为 6 cm。如马外眼角外侧四横指为眼脉穴,二横指为太阳穴,肘后四横指静脉上为带脉穴,膊尖穴前下方八横指的肩胛骨前缘处为肺门穴等。这种定穴法由古人流传至今,如《伯乐针经》所载"带脉穴,在肘后四指"。

④同身寸取穴法。以患畜坐骨结节相对的一节尾椎骨(牛、猪为第三尾椎之长度作为一寸,用以量取穴位的标准)。

12.3　灸　术

点燃艾卷或艾炷,熏灼动物体穴位或特定部位,或利用其他温热物体,在家畜体表的俞穴部位或患部给予温热灼痛刺激,借以疏通经络、驱散寒邪,达到治疗目的的方法称为灸术。

常见的灸术有以下几种。

1)艾灸

是将陈旧的艾绒制成艾卷或艾炷,点燃后熏灼动物体穴位或特定部位,以治疗疾病的方法。艾绒由艾叶制成,以叶厚绒多、艾叶药气味芳香、易于燃烧、火力均匀者为最好,具有温通经脉、驱除寒邪、回阳救逆的功效。艾灸有艾卷灸、艾炷灸和温针灸三种。

(1)艾卷灸。不受体位的限制,全身各部均可施术。可用火纸或毛边纸将艾绒卷成纸烟形,长18~20 cm,直径约6 cm。根据操作方法的不同,又分温和灸和雀啄灸两种。

①温和灸。将艾卷点燃,距穴位1~2 cm连续地给患病动物一种温和刺激。一般每穴灸3~5 min。

②雀啄灸。手持点燃的艾卷,用艾卷燃烧端刺激一下穴位皮肤后立即离开,再刺激,再离开,如此反复,如麻雀啄食。每穴约灸3~5 min。此法刺激强烈,施术时应注意不要灼伤皮肤。

(2)艾炷灸。为我国古代常用灸法。其形状为圆锥体,上尖下圆。可分为直接灸和间接灸两种。

①直接灸。将艾炷直接置于穴位上,点燃,待燃烧至底部时,再换一个艾炷。每燃尽一个艾炷称为"一壮"。艾炷的大小和壮数的多少决定了刺激量的大小,一般治疗以3~5壮为宜。

②间接灸。将穿有小孔的姜片、蒜片、附子片或食盐等其他药物,置于艾炷和穴位之间,点燃艾炷对穴位进行熏灼的方法称为间接灸,也称隔物灸。有隔姜灸、隔蒜灸、隔盐灸、隔附子灸等。艾炷灸多用于腰部穴位。

(3)温针灸。将圆利针刺入穴位,出现针感后,再将艾绒捏在针柄上点燃,使热经针体传入穴位深部而发挥治疗作用的方法,具有针刺和灸的双重作用。

2)温熨疗法

用温热物体对动物患部或穴位施行敷熨,属灸法的范畴。它具有温经散寒作用,是治疗家畜腰胯风湿的常用疗法。

(1)醋麸熨。麦麸10 kg(或酒糟、醋糟),陈醋2.5 kg,麻袋2条。先将一半麦麸,放在大铁锅中炒,随炒随加醋,加醋至手握麦麸成团,放手即散为度,温度40~60 ℃,即可装麻袋中。用此法再炒另一半麦麸,两袋交替,温熨患部,至患部微汗时,即可停止,熨后注意保暖。常用于腰胯风湿症的治疗,1日1次,连续数日。

(2)醋酒灸。醋酒灸又名"火烧战船""背火鞍"。常用于治疗腰背部风湿症和破伤风等。操作时,先把患畜保定于4柱或6柱栏内。用温醋润湿患部及外围被毛,再盖以醋浸的草纸或白布,然后在湿布上喷酒精,以火点燃,反复地喷酒浇醋,火小喷酒精,火大浇陈醋,切勿使敷布或被毛烧干。直至患畜耳根或腋下出汗为止。术后注意保暖,或以毡被覆盖。本法对老弱患畜慎用,孕畜禁用。

(3)软烧法。软烧法是治疗慢性关节炎、屈腱炎、变形性关节炎、腰风湿与腰挫伤的一种治疗方法。

①工具。烧灼棒:长40 cm,直径1.5 cm,一端用棉花纱布包裹,再用细铁丝扎紧,呈圆形棉纱球,长约8 cm,直径约3 cm。蘸醋工具,小扫把一个。

②95% 酒精 0.5 kg(或 60°白酒 1 kg)作为燃料。

③醋椒液。醋 1 kg、花椒 30 g 混合煮沸 20 ~ 30 min,候温备用。

④治疗方法。患畜站在 6 柱栏内,用吊带将患肢对侧的健肢吊起(向前方或后方转位)固定。以小扫把蘸醋椒液,在患部周围上下大面积涂刷,再将烧灼棒的棉球蘸醋椒液和酒精点燃,于患部先行缓慢燎烧(文火),待 2 ~ 3 min 患部皮温逐渐增高后,可加大火力(武火),节律一致地摆动烧灼棒,使火焰呈直线甩于患部及其周围。在烧灼过程中要不断涂刷醋椒液,以免烧伤患畜。烧灼一次约需 45 min。

⑤护理及注意。烧灼后因汗出过多,应免受风寒,停止使役,早晚牵遛 1 h。烧灼时切忌棉纱球拍打皮肤,以免严重烧伤。

3)烧烙

烧烙疗法是将特制的烙铁(图 12.5)烧红后,在动物体表进行画烙或熨烙的一种传统疗法。烧烙术是取其强力的热烙作用,使之透入皮肤组织深部,以温通经络,消肿破瘀,促使患部气血运行,疼痛消失,恢复功能,并能直接限制病灶发展。此法盛行于古代,现在某些地区仍继续使用。

(1)直接烧烙。

①器材。刀状烙铁两把,如图 12.5 所示,倒马绳、陈醋、木材、火炉等。

②方法。病畜在施术前 12 h 以内少喂或不喂食物,避免施术时患畜骚动不安发生危险。然后用烧好的刀形烙铁在患部直接进行烧烙。先烧掉毛,再由轻到重,边烙边喷醋,至皮肤呈焦黄色为度。烙后避免啃咬和感染。

③适应证。各种慢性关节炎、屈腱炎、骨瘤等。

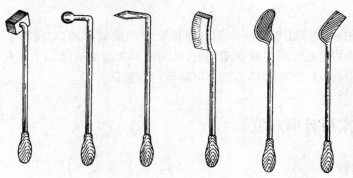

图 12.5　各种烙铁

(2)间接烧烙。

①器材。方形烙铁 4 把,加大火力时用,如图 12.5 所示,棉纱垫数个、陈醋、木炭等。

②方法。病畜站立保定,将浸醋的棉纱垫固定于穴位上,然后用烧至半红的烙铁,反复在棉纱垫上烧烙。若不愈,一周后再烙。

③适应证。破伤风、脑炎、风湿症、面神经麻痹等。

④注意事项:烧烙时,不可长时间按压患部不动,以免局部烫伤。烙铁烧至黑褐色时温度为宜,温度不要过高。

4）拔火罐

拔火罐又称火罐疗法,是借助燃烧物排去罐中空气形成真空状态,使其吸附于局部皮肤上,造成瘀血的一种治疗方法。

玻璃罐　　　　竹罐　　　　陶瓷罐

图 12.6　各种火罐

①用具。竹筒、陶瓷罐或玻璃罐,也可用大罐头瓶或小玻璃杯代替,如图 12.6 所示。

②操作方法。拔罐应选择体表平阔之处,按罐口大小,先在施术部位涂上一层黏滑剂（不燃物）,使局部被毛平顺,不透气。常用的烧罐方法有投火法和闪火法两种。投火法即将纸片或酒精棉球点燃后投入罐内,等火焰烧到最旺时,迅速将罐扣在术部。闪火法用镊子夹一块酒精棉球,点燃后伸入罐内燃烧片刻迅速抽出并将罐扣在术部。一般拔罐时间为 10 ~ 15 min,连续 2 ~ 3 次,间隔 2 ~ 3 d。急性病痛,可每日 1 次,连续 3 ~ 4 次为一个疗程。

③适应证。常用于治疗腰背风湿、闪伤等,也可用于拔除痈疽疮疡的脓血。

【附】刮痧疗法

刮痧疗法又名郁血灸,是用瓷碗片或"刮痧器",顺毛刮擦皮肤表面,使皮肤郁血或出血,以取得治疗效果,如刮大椎穴,治疗猪的感冒。

12.4　针刺麻醉

针刺麻醉是根据针刺能够镇痛和调节畜体生理功能的原理,对动物某些穴位施以一定的物理刺激,使动物的痛觉明显减弱或消失,从而使其在清醒的状态下接受外科手术的一种麻醉技术,简称针麻。针刺麻醉不需要任何麻醉药物辅助。

12.4.1　常用针麻穴位

1）三阳络穴组

由三阳络、抢风二穴和夜眼组成,多用于马属动物。

（1）三阳络穴。在前肢桡骨外侧韧带结节下方约 6 cm 处的肌沟中。进针角度为 15° ~ 20°,沿桡骨后缘斜向内下方刺入 10 ~ 12 cm,使针尖抵达夜眼皮下,不穿透但能触感针尖为度。

（2）抢风穴。参见马、牛、猪的针灸穴位。

2）百会腰旁穴组

百会腰旁穴组用于马、牛的多种手术。腰旁穴共有 3 个。第一腰椎末端与最后肋骨连线之中点为腰旁一穴,第二、第三腰椎横突末端之间为腰旁二穴,第三、第四腰椎横突末端之间为腰旁三穴。采用透穴针刺法,由第四腰椎横突末端进针,穿过皮肤,针尖经其他腰椎横突末端,抵达最后肋骨为止。百会穴参见马、牛的针灸穴位。

3)岩池颌溪穴组

岩池颌溪穴组用于马、牛多种外科手术,站立、倒卧保定均可。

(1)岩池穴。位于耳壳后缘,岩骨乳突前下方凹陷处。针法是向对侧口角方向进针 6 ~ 8 cm。

(2)颌溪穴。位于下颌关节突下缘凹陷处的后方约 1.5 cm 处。针法是向后下方刺入 4.5 ~ 6 cm。

4)安神穴组

用于猪的外科手术麻醉,横卧或仰卧保定。

安神穴。位于耳根基部与颈部交界处,寰椎翼上方 1 ~ 2 cm 处。针法是向前内下方,对准同侧最后一对臼齿进针 5 ~ 10 cm。

12.4.2　针麻方法

针麻的方法较多。现在兽医临床上常用的有捻针麻醉、电针麻醉和水针麻醉三种方法。

1)捻针麻醉

根据捻针方式,用毫针和圆利针刺入某些穴位,施以针刺手法,以达到镇痛和麻醉的效果。可分为人工捻针麻醉和电子捻针麻醉。人工捻针麻醉要求术者具有熟练的技能和一定的指力、腕力;电子捻针麻醉是用电子捻针机代替人工捻针。

(1)根据手术需要选取穴位,进针后,采用捻转或提插等手法,给予一定的刺激。

(2)逐渐加大频率和电流强度进行诱导,时间一般为 10 ~ 30 min。运针频率为 100 ~ 120 次/ min 或 120 ~ 150 次/ min。捻转针体的幅度为 120° ~ 360°,提针幅度为 15 mm。

(3)针刺术部皮肤,痛觉消失,患畜进入麻醉期,这时可酌情减小。捻针要轻巧平稳。在捻针过程中,如发生弯针、滞针等情况,应起针重扎,或改变针尖方向。

2)电针麻醉

是在畜体穴位上刺入针体,得到针感后,再通以电流诱导,使病畜获得持久而适量的刺激,从而达到麻醉效果的一种方法。

(1)根据手术需要,选定针麻穴组,按针刺疗法要求进针。

(2)在针柄上分别连接电疗机(如为治疗麻醉两用机,应调至麻醉档)的两条输出导线,接通电源,调节频率由低到高,输出由弱到强,使患畜逐渐适应。经 3 ~ 5 min,频率达到 50 次/s 左右,输出达患畜最大耐受量。一般诱导 10 ~ 20 min,即可进行手术。

(3)在手术过程中一直通电,并可根据手术的需要适当地调节输出和频率。手术完毕后,先将输出和频率调至"0"后再关闭电源,除去毫针,消毒针孔。

(4)在麻醉过程中,要注意观察,防止掉针,并可用纱布条或胶布固定针柄。

3)水针麻醉

根据手术部位的需要,选取适当的穴位,采用穴位注射法,使手术部位达到镇痛和麻醉的效果。操作方法见水针疗法。

12.5 新针疗法

12.5.1 新针疗法

新针疗法是在白针疗法的基础上发展起来的,又称为毫针疗法。在实践中应用较普遍,治疗效果显著。

1)针具

毫针多采用 19,20,23 号不锈钢丝制成,针体直径为 0.64 ~ 1.25 mm,针体长度有6 cm,10 cm,12 cm,15 cm,20 cm,25 cm 和 30 cm 等多种。其中细针(23 号)多用于眼部穴位及中小家畜,长针常用于透穴。

2)毫针疗法的特点

(1)进针深。比传统的白针刺得深,具体深度以针刺部位"得气"和不刺伤内脏器官为标准。如马、牛百会穴,传统针刺深度为 4 ~ 5 cm,而毫针可深刺达 6 ~ 7.5 cm,后海穴传统针刺深度为 1 ~ 2 cm,而毫针在猪可刺入 10 cm,在马、牛可刺入 30 cm。

(2)刺激强。除进针深外,还采取大幅度捻转和提插,因而加大了刺激强度。

(3)透穴多。由于毫针细长,对某些并列的穴位可以横刺透穴,以减少进针点,加大刺激量。如肾棚透腰前,一针透 4 穴,也可锁口透开关。

(4)疗效高。由于进针深,捻转提插幅度大,刺激强度大,易得气,故疗效高。

(5)损伤小。毫针细而长,因而对组织的损伤小。不易感染,容易愈合,可每天施针。

3)操作方法

穴位及针具消毒后,术者一手按穴,一手持针,先使针尖露出适当长度,对准穴位刺入,然后运用指力进针,当达到有针感的适当深度,即可进行补泻手法,以发挥针刺的治疗作用。如针下松弛,则是没有针感,多由于针刺体表穴位不准,或进针角度不对,或深度不够,或动物体位不正所致。应提起针体,改变方向和深度,调整体位或起针重扎,以产生针感为好。

12.5.2 电针疗法

电针疗法是在毫针疗法的基础上发展起来的。它是根据疾病的需要选取适当穴位,用毫针或圆利针刺入至一定深度,再通以适当的电流,刺激针刺穴位,以调节机体的机能,从而达到治疗疾病的目的。

1)电针器具

圆利针或毫针、电疗机及其附属用具。

2)电针方法

电针疗法一般可根据病情,选取 2 ~ 4 个穴位,经剪毛消毒后,将针刺入穴位达一定深度,在捻转提插出现针感后,先将电疗机的正负极导线分别夹在针柄上,把电疗机的波型置于治疗档,输出置于刻度"0",然后接通电源,把频率由低到高,输出由弱到强,逐渐调到所需的程度,以病畜能安静地接受治疗为准。

通电时间一般为 15~30 min,也可根据需要适当延长时间。在治疗过程中,应不时调整电疗机,使输出和频率适当变化,或每数分钟停电一次,这样以利于消除患畜的适应性,增强治疗效果。最后频率应该由高到低,输出由强到弱。逐渐调至刻度"0"后再关闭电源,然后除去金属夹,退针后消毒针孔,一般每日或隔日施针一次,5~7 d 为一个疗程,每个疗程间隔3~5 d。

3)电针疗法的应用

电针疗法除用于治疗外,还广泛用于电针麻醉。

电针疗法的治疗范围很广,凡是圆利针的治疗范畴,均可采用电针。电针疗法对各种家畜的起卧症、消化不良、神经麻痹、肌肉萎缩、风湿症、直肠及阴道脱垂等,有较好的治疗效果。

12.5.3　水针疗法

水针疗法也称穴位注射法,是一种针刺与药物相结合的新疗法。它是在穴位、痛点或肌肉起止点注射某些药物,通过针刺和药物对穴位的刺激,以达到治疗疾病的方法。此法操作简便,器材简单,用药量小(一般仅为肌肉注射的 1/5~1/3),疗效显著。多用于眼病、风湿症、神经麻痹等的治疗。

1)操作方法

常用的操作方法有以下三种:

(1)痛点注射。根据诊断,找出痛点,进行注射。

(2)穴位注射。一般白针穴位均可使用,可根据病情需要,适当选用。

(3)患部肌肉起止点注射,如痛点不明显,可在患部肌肉的起止点进行注射,注射深度要达到骨膜和肌膜之间。

在注射方法与肌肉注射相同。但穴位注射时应达到其他针法一样的深度,待出现针感后再缓慢注射药液。一般 2~3 d 注射一次,3~5 次为一个疗程,必要时可停药 3~7 d,再进行第二疗程。

2)药物及剂量

凡能皮下或肌肉注射的药物,都可用于水针疗法。常用的药物有 5%~10% 葡萄糖注射液、生理盐水、0.5% 奴夫卡因注射液、维生素 B_1 和维生素 B_{12} 等。但也可以根据不同的疾病使用相应的中、西药物,如抗生素、止痛药、镇静药、抗风湿药及当归注射液、红花注射液、黄连素注射液、穿心莲注射液等。用量可根据药物性质、注射部位及注射点多少来决定,一般为 10~15 mL。

3)注意事项

(1)注射后局部常有轻度的肿胀和疼痛,一般经 1 d 左右可自行消失,所以 2~3 d 注射一次为宜。

（2）个别病畜注射后有体温升高现象，因此，对发热的病畜最好不用此法治疗。

12.5.4　激光针灸疗法

激光是 20 世纪 60 年代发展起来的一项技术，现已用于多个科学领域。激光在兽医针灸方面的应用，始于 20 世纪 70 年代。实践证明，激光具有提高机体的抗病能力，强筋壮骨；增强脾胃功能；活血散瘀，理气止痛；安胎等功能。激光针灸疗法简称为激光疗法。从中兽医临床目前应用的情况，可分为光针疗法和光灸疗法。

1）激光器

目前兽医临床使用最多的是 He-Ne 激光器和 CO_2 激光器。前者功率 1～40 mW，输出波长为 6 328 Å，穿透力较强而热效应较弱的红光，主要用于照射穴位和局部组织；后者功率为 15～30 W 或 50～300 W，输出波长为 10～600 Å，穿透力较弱，热效应较强的红外不可见光，可用于穴位烧灼，也可代替手术刀。

2）操作方法

（1）光针疗法。应用 He-Ne 激光器，可根据病情选穴 2～3 个，剪毛，然后将激光束对准穴位，距穴位 5～10 cm 进行照射，每穴照射 10 min，每日 1 次，连续 10～14 d 为一疗程。光照时应注意避免光点偏离穴位。

（2）应用 CO_2 激光器。如烧灼穴位，可将激光输出端接触皮肤，每穴烧灼 2～6 s；如散焦辐射，距离应为 20～30 cm，每穴 5～10 min。

（3）取穴。一般白针穴位均可选用。马病：消化不良取脾俞、关元俞、后三里穴等；颈风湿取风门、九委穴等；背腰风湿取百会、肾棚、腰中、腰后穴等；四肢风湿取抢风、大胯、小胯、百会、冲天、乘重、邪气穴等。牛病：不孕症取后海、阴俞穴等；乳房炎取阳明、滴明、通乳穴等；犊牛消化不良取后海穴等。猪病：仔猪白痢取后海、后三里穴等。

复习与思考

一、填空题

1. 针和灸是方法不同作用_____的两种治疗技术，主要通过刺激动物体的_____，达到治疗的目的。

2. 施针前主要作_____的准备、_____的准备及_____的准备。

3. 进针方法通常有_____和_____两种。

4. 进针的角度斜刺为_____度，平刺为_____度。

5. 艾卷灸法有_____灸、_____灸、_____灸三种。

二、选择题

1. 针灸的优点是（　　　）。

A. 操作简便　　B. 适应证广　　C. 疗效显著　　D. 经济安全

2. 现代主要的俞穴定位与主要的取穴方法有(　　)。

A. 骨度分寸　　B. 解剖标志　　C. 手指同身寸　　D. 简便取穴法

3. 画烙时烙铁烧为(　　)。

A. 黄白色　　B. 杏黄色　　C. 黑红色　　D. 红色

4. 给动物扎针,术者用刀部位是(　　)。

A. 手指　　B. 手腕　　C. 手掌　　D. 前臂

5. 针刺的深度是根据什么而定? (　　)

A. 体质　　B. 部位　　C. 体行　　D. 病情

三、辨析题(辨析正误,简要分析)

1. 现代医学认为,针灸的作用在于激发与调节神经机能,因此,动物机体的一切生命活动都受神经系统支配与调节。

2. 通过针灸,产生止痛作用、防卫作用、双向调节作用。

四、简答题

1. 常用的针具有哪几种?

2. 毫针疗法的特点是什么?

3. 电针疗法的优点有哪几种?

4. 激光针疗法对哪些病症疗效显著?

5. 简述醋酒灸的操作方法。

五、论述题

1. 什么叫穴位? 常用的取穴方法有哪几种? 何谓得气?

2. 试述选穴的规律及施针手法。

 案例分析

案例 1

马患姜牙时,用鼻捻棒将嘴唇扭住,使打草骨(相当鼻翼软骨)显露,放针开皮,即见白牙骨,用钩搭住姜牙割取,去 2 分长(约 0.67 cm);使用 TDP 在患畜关元俞及小肠俞穴区进行照射,照射距离 20～30 cm;云门穴穴位,大马在脐前 3 寸(约 9.99 cm),小马在脐前 2.5 寸(约 8.33 cm)处。

案例 2

马患感冒用新针,取天门穴直刺 6～7.5 cm。

案例 3

马患舌疮,取通关穴放血 20～30 mL、玉堂穴放血 30～50 mL;牛患脾胃虚弱,采用耳穴水针,每次注射红花液 30 mL;牛脱膊用注射器在肩脚岗后方正中注入清洁空气 500～1 000 mL。

试着总结以上三个案例中的针灸操作及施针手法。

项目 13　常用穴位及应用

🖋 【学习目标】

1. 掌握牛、羊、猪、马等动物的针灸技能操作；
2. 掌握牛、马、猪、犬、鸡等动物的取穴方法。

🖋 【技能目标】

1. 能熟练操作针灸术和完成正确取穴；
2. 初步具有独立分析及解决畜禽病证防治问题的能力。

13.1　牛的常用穴位及应用

13.1.1　牛的常用头部穴位及应用

牛的常用头部穴位及应用见表 13.1。

表 13.1　牛的常用头部穴位及应用

序号	穴　名	取穴部位	针　法	主　治
1	天门 Tian-men	两耳根连线正中后方，即枕寰关节背侧的凹陷中，一穴	火针、小宽针或圆利针向后下方斜刺 3 cm，毫针 3~6 cm，或火烙	感冒，脑黄，癫痫，破伤风
2	通天 Tong-tian	两内眼角连线正中上方 6~8 cm，一穴	火针向下沿皮下平刺 2~3 cm 或施烧烙	感冒，脑黄，癫痫，眩晕
3	耳尖 Er-jian （血印）	耳背侧距尖端 3 cm 的耳静脉内、中、外三支上，左右耳各三穴	捏紧耳根，使血管怒张，用三棱针刺破血管，出血	中暑，感冒，中毒，腹痛，热性病

续表

序号	穴　名	取穴部位	针　法	主　治
4	太阳 Tai-yang	外眼角后方约 3 cm 处的颞窝中,左右侧各一穴	小宽针刺入 1~2 cm,出血;或避开血管,毫针刺入 3~6 cm;或施水针	中暑,感冒,癫痫,肝热传眼,睛生翳膜
5	睛明 Jing-ming (睛灵)	下眼眶上缘,两眼角内、中 1/3 交界处,左右眼各一穴	上推眼球,毫针沿眼球与泪骨之间向内下方刺入 3 cm,或三棱针在下眼睑黏膜上散刺,出血	肝热传眼,睛生翳膜
6	睛俞 Jing-shu (眉神、鱼腰)	上眼眶下缘正中的凹陷中,左右眼各一穴	下压眼球,毫针沿眶上突下缘向内上方刺入 2~3 cm,或三棱针在上眼睑黏膜上散刺,出血	肝经风热,肝热传眼
7	三江 San-jiang	内眼角前下方约 4.5 cm 处的血管上,左右侧各一穴	低头位取穴,三棱针或小宽针由血管汇合处向上,沿血管刺入 1~2 cm,出血	疝痛,肚胀,肝热传眼
8	山根 Shan-gen	主穴在鼻唇镜背侧正中有毛无毛交界处,两副穴在左右鼻孔背角处,共三穴	小宽针向后下方斜刺 1 cm,出血	中暑,感冒,腹痛,癫痫
9	唇内 Chun-nei (内唇阴)	上唇内面,正中线旁开约 2 cm 的上唇静脉上,左右侧各一穴	外翻上唇,以三棱针直刺 1 cm,出血;也可在上唇黏膜肿胀处散刺	唇肿,口疮,慢草,热证
10	通关 Tong-guan (知甘)	舌体腹侧面,舌系带两侧的舌下静脉上,左右侧各一穴	将舌拉出,向上翻转,小宽针或三棱针刺入 1 cm,出血	慢草,木舌,中暑,春、秋季开针洗口有防病作用
11	承浆 Cheng-jiang	下唇下缘正中有毛无毛交界处,一穴	小宽针向后下方刺入 1 cm,出血	下颌肿痛,五脏积热,慢草
12	锁口 Suo-kou	口角后上方约 2 cm 口轮匝肌外缘处,左右侧各一穴	小宽针或火针向后上方平刺 3 cm,毫针 4~6 cm,或透刺开关穴	破伤风,牙关紧闭,歪嘴风
13	开关 Kai-guan	颊部咬肌前缘,最后一对臼齿稍后方,左右侧各一穴	圆利针、三棱针或小宽针直刺 1.5 cm	肺热,感冒,中暑,鼻肿,腮黄,歪嘴风
14	抱腮 Bao-sai	开关穴后上方约 7 cm,最后一对臼齿间,左右侧各一个	中宽针、圆利针或火针稍向后上方斜刺 2~3 cm 毫针刺入 3~4.5 cm,亦可向前下方透刺开关穴	歪嘴风,锁口风,腮黄
15	顺气 Shun-qi (嚼眼)	口内硬腭前端切齿乳头两侧的鼻腭管开口处,左右侧各一穴	将去皮、节的鲜细柳(榆)枝条一端削成钝圆形,徐徐插入穴内 20~30 cm,剪去外露部分	肚胀,感冒,睛生翳膜

13.1.2　牛的常用前肢穴位及应用

牛的常用前肢穴位及应用见表 13.2。

表 13.2　牛的常用前肢穴位及应用

序号	穴名	取穴部位	针法	主治
1	颈脉 Jing-mai (鹘脉)	颈静脉沟上、中 1/3 交界处的颈静脉上，左右侧各一穴	高拴牛头，徒手按压或扣颈绳，大宽针刺入 1 cm，出血	中暑，中毒，脑黄，肺风毛躁
2	轩堂 Xuan-tang	鬐甲两侧，肩胛软骨上缘正中，左右各一穴	中宽针、圆利针或火针沿肩胛骨内侧向内下方刺入 9 cm，毫针 10～15 cm，火针 6～8 cm	脱膊
3	膊尖 Bo-jian (云头)	肩胛骨与肩胛软骨前角结合处，左右肢各一穴	中宽针、圆利针或火针沿肩胛骨内侧向内下方刺入 3～6 cm，毫针 9 cm	脱膊，前肢风湿
4	膊栏 Bo-lan (爬壁)	肩胛骨与肩胛软骨后角结合处，左右肢各一穴	小宽针、圆利针或火针沿肩胛骨内侧向前下方斜刺 3 cm，毫针 6～9 cm	脱膊，前肢风湿
5	肩井 Jian-jing	肩关节前上缘，臂骨大结节外上缘的凹陷中，冈上肌与冈下肌的肌间隙内，左右肢各一穴	小宽针、圆利针或火针向内下方斜刺 3～4.5 cm，毫针 6 cm	脱膊，前肢风湿，肿痛，肩胛上神经麻痹
6	抢风 Qiang-feng	肩关节后下方，三角肌后缘与臂三头肌长头、外头形成的凹陷中，左右肢各一穴	小宽针、圆利针或火针直刺 3～4.5 cm，毫针 6～9 cm	脱膊，前肢风湿，肩胛上神经麻痹
7	肘俞 Zhou-shu	臂骨外上髁与肘突之间的凹陷中，左右肢各一穴	小宽针、圆利针或火针向内下方斜刺 3 cm，毫针 4.5 cm	肘部肿胀、前肢风湿、闪伤、麻痹
8	胸膛 Xiong-tang	胸骨两旁，胸外侧沟下部的臂头静脉上，左右侧各一穴	高拴马头，用中宽针沿血管急刺 1 cm 出血	心肺积热，胸膊痛，五攒痛，前肢闪伤
9	夹气 Jia-qi	前肢与躯干相接处的腋窝正中，左右侧各一穴	先用大宽针刺破皮肤，夹气针向同侧抢风穴方向刺入 10～15 cm，达肩胛下肌与胸下锯肌之间的疏松结构组织内，出针消毒后前后摇动患肢数次	肩胛痛，内夹气
10	腕后 Wan-hou (追风，曲尺)	腕关节后面正中，副腕骨与指浅屈肌腱之间的凹陷中，左右肢各一穴	小宽针直刺 1.5～2.5 cm	腕部肿痛，前肢风湿
11	膝眼 Xi-yan (跪膝)	腕关节背侧外下缘，腕桡侧伸肌腱与指总伸肌腱之间的肌沟中，左右肢各一穴	小宽针向后上方刺入 1 cm，放出黄水	腕部肿痛，膝黄
12	缠腕 Chan-wan (前肢称前缠腕，后肢称后缠腕)	四肢球节上方两侧，掌/跖内、外侧沟末端的指/趾内、外侧静脉上，每肢两侧各一穴	小宽针沿血管直刺入 1～1.5 cm，出血	蹄黄，球节肿痛，扭伤
13	涌泉 Yong-quan (后蹄称滴水)	蹄叉前缘正中稍上方，第三、第四指（趾）的第一指（趾）节骨中部背侧面，每肢各一穴	小宽针直刺 1～1.5 cm，出血	蹄肿，扭伤，风湿，中暑
14	灯盏 (背风) Deng-zhan	悬蹄后下方正中的凹陷处，每肢内、外侧各一穴	中、小宽针向前下方刺入 1～1.2 cm	蹄黄，中暑
15	蹄头 Ti-tou (八字，前蹄称前蹄头，后蹄称后蹄头)	第三、第四指（趾）的蹄匣上缘正中，有毛与无毛交界处，每蹄内外侧各一穴，四肢共八穴	中宽针直刺 1 cm，出血	蹄黄，扭伤，便结，腹痛，中暑，感冒

13.1.3 牛的常用后肢穴位及应用

牛的常用后肢穴位及应用见表 13.3。

表 13.3 牛的常用后肢穴位及应用

序号	穴 名	取穴部位	针 法	主 治
1	雁翅 Yang-chi	髋关节最高点的前缘至背中线连线的中、外 1/3 交界处,左右各一穴	圆利针、火针刺入 3～5 cm,毫针刺入 8～15 cm	腰胯风湿,不孕症
2	环跳 Huan-tiao	股骨大转子前方臀肌下缘的凹陷处,左右侧各一穴	小宽针、圆利针或火针直刺 3～4.5 cm,毫针刺入 6 cm	腰胯痛,腰胯风湿,后肢麻木
3	大胯 Da-kua	髋关节上缘,股骨大转子正上方 9～12 cm 处的凹陷中,左右肢各一穴	小宽针、圆利针或火针直刺 3～4.5 cm,毫针 6 cm	后肢风湿,麻木,腰胯闪伤
4	小胯 Xiao-kua	髋关节下缘,股骨大转子正下方约 6 cm 处的凹陷中,左右肢各一穴	小宽针、圆利针或火针直刺 3～4.5 cm,毫针 6 cm	后肢风湿,麻木,腰胯闪伤
5	大转 Da-zhan	髋关节前下缘,股骨大转子正前方约 6 cm 处的凹陷中,左右肢各一穴	小宽针、圆利针或火针直刺 3～4.5 cm,毫针 6 cm	后肢风湿,麻木,腰胯闪伤
6	环中 Huan-zhong	髋结节与臀端连线中点处,左右侧各一穴(股骨大转子前上方四指处,左右侧各一穴)	小宽针、圆利针或火针真刺 4.5～6 cm	腰胯闪挫,风湿,麻木,萎缩
7	邪气 Xie-qi (黄金)	股骨大转子和坐骨结节连线与股二头肌沟相交处,左右肢各一穴	小宽针、圆利针或火针直刺 3～4.5 cm,毫针 6 cm	后肢风湿,闪伤,麻痹,胯部肿痛
8	掠草 Lue-cao (梳子骨)	膝盖骨下缘稍偏外,膝中、外直韧带之间的凹陷中,左右肢各一穴	圆利针或火针向后上方斜刺 3～4.5 cm	掠草痛,后肢风湿
9	阳陵 Yang-ling	膝盖骨后方约 12 cm 处的凹陷处,左右侧各一穴	圆利针或火针直刺 3～4 cm,毫针直刺 6 cm	掠草痛,后肢风湿,后肢麻木
10	肾堂 Shen-tang	股内侧上部皮下隐静脉上,左右肢各一穴	提举促定对侧后肢,以中宽针顺血管刺入 1 cm,出血	外肾黄,五攒痛,后肢风湿
11	曲池 Qu-chi (承山)	跗关节背侧稍偏外,中横韧带下方,趾长伸肌外侧的跗外侧静脉上,左右肢各一穴	中宽针刺入 1 cm,出血	跗骨肿痛,后肢风湿
12	后三里 Hou-san-li	掠草穴斜外下方约 9 cm,腓骨小头下方,腓骨伸肌与趾外侧伸肌之间的肌沟中,左右肢各一穴	毫针向内后下方刺入 6～7.5 cm	脾胃虚弱,后肢风湿,麻木

13.1.4 牛的常用躯干部穴位及应用

牛的常用躯干部穴位及应用见表13.4。

表13.4 牛的常用躯干部穴位及应用

序号	穴 名	取穴部位	针 法	主 治
1	丹田 Dan-tian	第一、第二胸椎棘突间的凹陷中,一穴	小宽针、圆利针或火针向前下方刺入3 cm,毫针6 cm	中暑,过劳,前肢风湿,肩痛
2	鬐甲 Qi-jia (三台)	第三、第四胸椎棘突顶端的凹陷中,一穴	小宽针或火针向前下方刺入2～3 cm,毫针4.5 cm	前肢风湿,肺热咳嗽,脱膊,肩肿
3	天福 Tian-fu (三川)	背中线上,鬐甲穴后第二个凹陷处	中、小宽针或圆利针直刺3 cm	泄泻,肚疼
4	苏气 Su-qi	第八、第九胸椎棘突顶端的凹陷中,一穴	小宽针、圆利针或火针向前下方刺入1.5～2.5 cm,毫针3～4.5 cm	肺热,咳嗽,气喘
5	安福 An-fu	第十、第十一胸椎棘突顶端的凹陷中,一穴	小宽针、圆利针或火针直刺1.5～2.5 cm,毫针3～4.5 cm	腹泻,肺热,风湿
6	天平 Tian-ping (断血)	最后胸椎与第一腰椎棘突间的凹陷中,一穴	小宽针、圆利针或火针直刺入2 cm,毫针3～4 cm	肠黄,尿闭,尿血,便血,阉割后出血
7	后丹田 Hou-dan-tian	第一、第二胸椎棘突间的凹陷中,一穴	小宽针、圆利针或火针直刺入3 cm,毫针4.5 cm	慢草,腰胯痛,尿闭
8	肾俞 Shen-shu	百会穴旁开6 cm处,左右侧各一穴	小宽针、圆利针或火针直刺入3 cm,毫针4.5 cm	腰胯风湿,闪伤
9	百会 Bai-hui	腰荐十字部,即最后腰椎与第一荐椎棘突间的凹陷中,一穴	小宽针、圆利针或火针直刺入3～4.5 cm,毫针6～9 cm	腰胯风湿,闪伤,二便不利,后躯瘫痪
10	安肾 An-shen	第三、第四腰椎棘突间的凹陷中,一穴	小宽针、圆利针或火针直刺3 cm,毫针3～5 cm	腰胯痛,肾痛,尿闭,胎衣不下,慢草
11	六脉 Liu-mai	倒数第一、第二、第三肋间,髂骨翼上角水平线上,背最长肌与髂肋肌的肌沟中,左右侧各三穴	小宽针、圆利针或火针向内下方刺入3 cm,毫针6 cm	便秘,肚胀,积食,泄泻,慢草
12	脾俞 Pi-shu (六脉第一穴)	倒数第三肋间,髂骨翼上角水平线上,背最长肌与髂肋肌的肌沟中,左右侧各一穴	小宽针、圆利针或火针向内下方刺入3 cm,毫针6 cm	消化不良,肚胀,积食,泄泻
13	关元俞 Guan-yuan-shu	最后肋骨与第一腰椎横突顶端之间,背最长肌与髂肋肌的肌沟中,左右侧各一穴	小宽针、圆利针或火针向内下方刺入3 cm,毫针4.5 cm,亦可向脊椎方向刺入6～9 cm	慢草,便结,肚胀,积食,泄泻

续表

序号	穴 名	取穴部位	针 法	主 治
14	肺俞 Fei-shu	倒数第五、第六、第七、第八任一肋间与肩、髋关节连线的交点处,左右侧各一穴	小宽针、圆利针或火针向内下刺入 3～4.5 cm,毫针 6 cm	肺热咳嗽,感冒,劳伤气喘
15	阳明 Yang-ming	乳头基部外侧,每个乳头一穴	小宽针向内上方刺入 1～2 cm,或激光照射	奶黄,尿闭
16	穿黄 Chuan-huang (吊黄)	胸前,腹正中线旁开 1.5 cm 处,一穴	拉起皮肤,用带马尾的穿黄针左右穿透皮肤,马尾留置穴内,系上适当的重物,引流黄水	胸黄
17	滴明 Di-ming	脐前约 15 cm,腹中线旁开 12 cm 处的腹壁皮下静脉上,左右侧各一穴	中宽针顺血管刺入 2 cm,出血	奶黄,尿闭
18	云门 Yun-men	脐旁开 3 cm,左右侧各一穴	治肚底黄,用大宽针在肿胀处散刺;治腹水,先用大宽针刺透腹壁,再插入宿水管	肚底黄,腹水
19	后海 Hou-hai	肛门上、尾根下的凹陷处正中,一穴	小宽针、圆利针或火针向前上方刺入 3～4.5 cm,毫针 6～10 cm	久痢,泄泻,胃肠热结,脱肛,不孕症
20	肷俞 Qian-shu	左侧肷窝部,即最后肋骨后、腰椎下与髂骨翼前形成的三角区内	套管针或大号采血针向内下方刺入 6～9 cm,徐徐放出气体	急性瘤胃臌气
21	莲花 Lian-hua	肛门处,直肠头脱出的肿胀部	巧治。10% 盐水或其他收敛性药液洗净脱出的直肠,用手捏破水肿的黏膜,挤去其内的毒液,剪掉坏死的黏膜组织,再用 2% 明矾水洗净后涂上植物油,然后用手将脱出部分缓缓送回体内。如努责严重时,配合百会、安肾等穴	脱肛
22	尾根 Wei-gen	尾背侧正中,荐尾结合部棘突间的凹陷中,以手上下摇尾巴,动与不动前的凹陷处,一穴	小宽针、圆利针或火针直刺 1～2 cm,毫针 3 cm	便秘,热泻,脱肛,热性病
23	尾本 Wei-ben	尾腹面正中,距尾根部 6 cm 处尾静脉上,一穴	中宽针刺入 1 cm,出血	腰风湿,尾神经麻痹,便秘
24	尾尖 Wei-jian	尾尖末端,一穴	中宽针直刺 1 cm 或将尾尖十字劈开,出血	中暑,中毒,感冒,过劳,热性病

13.1.5 牛的常用肌肉和骨骼及穴位

牛的常用肌肉及穴位见图 13.1。牛的常用骨骼及穴位见图 13.2。

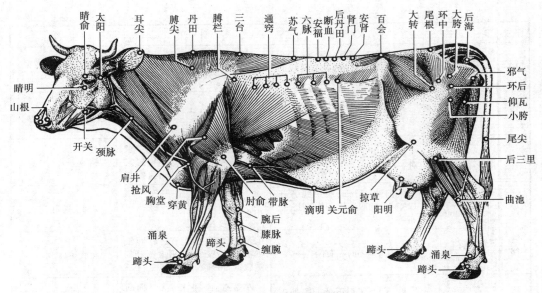

图 13.1　牛的常用肌肉及穴位

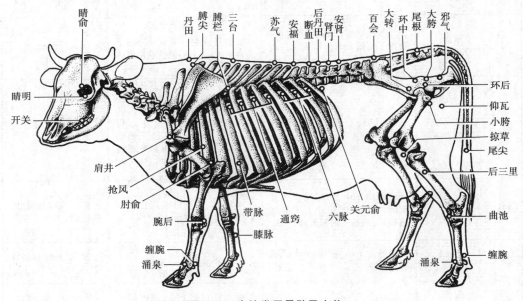

图 13.2　牛的常用骨骼及穴位

13.2　猪的常用穴位及应用

13.2.1　猪的常用穴位及应用

猪的常用穴位及应用见表 13.5。

表 13.5 猪的常用穴位及应用

序号	穴 名	取穴部位	针 法	主 治
1	山根 Shan-gen	吻突上缘弯曲部向后第一条皱纹正中为主穴,两侧各旁开1.5 cm 为二副穴,共三穴	小宽针或三棱针直刺 0.5～1 cm,出血	中暑,感冒,消化不良,休克,热性病
2	鼻梁 Bi-liang	两鼻孔之间,鼻中隔正中处,一穴	小宽针或三棱针直刺 0.5 cm,出血	感冒,肺热等热性病
3	玉堂 Yu-tang	口腔内,上腭第三腭褶正中旁开 0.5 cm 处,左右侧各一穴	保定病猪,用木棒或开口器开口,以小宽针或三棱针从口角斜刺 0.5～1 cm,出血	胃火,食欲不振,舌疮,心肺积热
4	锁口 Suo-kou	口角后方约 2 cm 的口轮匝肌外缘处,左右侧各一穴	毫针或圆利针向前下方刺入1～3 cm,或向后上方平刺 3～4 cm	破伤风,歪嘴风,中暑,感冒,热性病
5	开关 Kai-guan (牙关)	口角后上方,咬肌前缘,最后一对上下白齿之间,左右侧各一穴	毫针或圆利针向后上方刺入1.5～3 cm,或灸烙	歪嘴风,破伤风,牙关紧闭,颊肿
6	天门 Tian-men	两耳根后缘连线中点,即枕寰关节背侧正中点的凹陷中,一穴	毫针,圆利针或火针向后下方斜刺 3～6 cm	中暑,感冒,癫痫,脑黄,破伤风
7	耳尖 Er-jian (血印)	耳背侧,距耳尖约 2 cm 处的三条耳大静脉上,每耳任取一穴	小宽针刺破血管,出血,或在耳尖部剪口放血	中暑,感冒,中毒,热性病,消化不良
8	卡耳 Ka-er	耳郭中下部避开血管处(内外侧均可),左右耳各一穴	用宽针在皮下做成一皮囊,嵌入适量白砒或蟾酥,再滴入适量白酒,轻揉即可	感冒,热性病,猪丹毒,风湿症
9	大椎 Da-zhui	第七颈椎与第一胸椎棘突间的凹陷中,一穴	毫针、圆利针或小宽针稍向前下方刺入 3～5 cm,或灸烙	感冒,肺热,脑黄,癫痫,血尿
10	身柱 Shen-zhu (三台)	第三、第四胸椎棘突间的凹陷中,一穴	毫针、圆利针或小宽针稍向前下方刺入 3～5 cm	脑黄,癫痫,感冒,肺热
11	苏气 Su-qi	第四、第五胸椎棘突间的凹陷中,一穴	毫针、圆利针顺棘突向前下方刺入 3～5 cm	肺热,咳嗽,气喘,感冒
12	断血 Duan-xue (天平)	最后胸椎与第一腰椎棘突间的凹陷中为主穴;向前、后各移一脊椎为副穴,共三穴	毫针、圆利针直刺 2～3 cm	尿血,便血,衄血,阉割后出血
13	百会 Bai-hui	腰荐十字部,即最后腰椎与第一荐椎棘突间的凹陷中,一穴	毫针、圆利针或小宽针直刺3～5 cm,或灸烙	腰胯风湿,后肢麻木,二便闭结,脱肛,痉挛抽搐
14	肾门 Shen-men	第三、第四腰椎棘突间的凹陷中,一穴	毫针或圆利针直刺 2～3 cm	腰胯风湿,尿闭,内肾黄
15	六脉 Liu-mai	倒数第一、第二、第三肋间,距背中线 6 cm 的髂肋肌沟中,左右侧各三穴	毫针、圆利针或小宽针向内下方刺入 2～3 cm	脾胃虚弱,便秘,泄泻,感冒,膈肌痉挛,风湿症,腰麻痹

续表

序号	穴 名	取穴部位	针 法	主 治
16	关元俞 Guan-yuan-shu	最后肋骨后缘与第一腰椎横突之间的髂肋肌沟中,左右侧各一穴	毫针、圆利针向内下方刺入2~4 cm	便秘,泄泻,积食,食欲不振,腰风湿
17	脾俞 Pi-shu	倒数第二肋间距背中线6 cm的髂肋肌沟中,左右侧各一穴	毫针、圆利针或小宽针向内下方刺入2~3 cm	脾胃虚弱,便秘,泄泻,膈肌痉挛,腹痛,腹胀
18	肺俞 Fei-shu	倒数第六肋间距背中线10 cm的髂肋肌沟中,左右侧各一穴	毫针、圆利针或小宽针向内下方刺入2~3 cm,或拔火罐、艾灸	肺热,咳喘,感冒
19	三脘 San-wan	胸骨后缘与肚脐连线的中点为中脘穴,与中脘连线的中点为上脘,中脘与肚脐连线的中点为下脘穴	艾灸3~5 min或圆利针直刺1~2 cm	消化不良,仔猪下痢,腹痛,咳嗽,气喘
20	尾根 Wei-gen	荐椎与尾椎棘突间的凹陷中,即摇动尾根时,动与不动处,一穴	毫针或圆利针直刺1~2 cm	后肢风湿,便秘,少食,热性病
21	尾本 Wei-ben	尾部腹侧正中,距尾根部1.5 cm处的尾静脉上,一穴	将尾巴提起,以小宽针直刺1 cm,出血	中暑,肠黄,腰胯风湿,热性病
22	尾尖 Wei-jian	尾尖顶端,一穴	用小宽针将尾尖部穿通,或十字切开放血	中暑,感冒,风湿症,肺热,少食,中毒
23	后海 Hou-hai	尾根与肛门间的凹陷中,一穴	毫针、圆利针或小宽针稍向前上方刺入3~9 cm	泄泻,便秘,少食,脱肛
24	莲花 Lian-hua	脱出的直肠黏膜上	温水洗净,去除坏死皮膜,2%明矾水、生理盐水冲洗,涂上植物油,缓缓整复	脱肛
25	抢风 Qiang-feng (肱俞)	肩关节后方,三角肌后缘、臂三头肌长头和外头形成的凹陷中,左右各一穴	毫针、圆利针或小宽针直刺2~4 cm	肩臂部及前肢风湿,前肢扭伤,麻木
26	七星 Qi-xing (曲尺)	腕后内侧的黑色小点(皮肤憩室,内有腕腺排泄孔)上,取正中或近正中处一点为穴,左右肢各一穴	将前肢提起,毫针或圆利针刺入1~1.5 cm,或刮灸	风湿症,前肢瘫痪,腕肿
27	缠腕 Chan-wan (前肢称前缠腕,后肢称后缠腕)	四肢内外侧悬蹄稍上方的凹陷处,每肢内外侧各一穴	将患肢后曲,固定穴位,用小宽针直刺1~2 cm	球节扭伤,风湿症,蹄黄,中暑
28	涌泉 Yong-quan (后肢称滴水)	蹄叉正中上方约2 cm处的凹陷处,即第三、第四掌、跖骨远端之间隙处,每肢各一穴	小宽针向后上方刺入1~1.5 cm,出血	蹄黄,风湿,扭伤,中毒,中暑,感冒
29	蹄头 Ti-tou (八字,前肢称前蹄头,后肢称后蹄头)	蹄甲背侧,蹄冠正中有毛与无毛交界处,每蹄内外各一穴,共八穴	小宽针直刺0.5~1 cm,出血	风湿,扭伤,腹痛,感冒,中暑,中毒
30	大胯 Da-kua	髋关节前缘,股骨大转子稍前下方3 cm处的凹陷中,左右后肢各一穴	毫针、圆利针直刺2~3 cm	后肢风湿,闪伤,瘫痪

序号	穴　名	取穴部位	针　法	主　治
31	小胯 Xiao-kua	大胯穴后下方，股骨后缘，臀端到膝盖骨连线中点处，左右肢各一穴	毫针或圆利针直刺 2～3 cm	后肢风湿，闪伤，瘫痪
32	后三里 Hou-san-li	小腿外侧上部，腓骨小头下端，第三腓骨肌与腓骨长肌的肌沟内，左右肢各一穴	毫针、圆利针或小宽针向腓骨间隙刺入 3～4.5 cm，或艾灸 3～5 min	少食，肠黄，腹痛，仔猪泄泻，后肢瘫痪

13.2.2　猪的常用肌肉和骨骼及穴位

猪的常用肌肉及穴位见图 13.3，猪的常用肌骼及穴位见图 13.4。

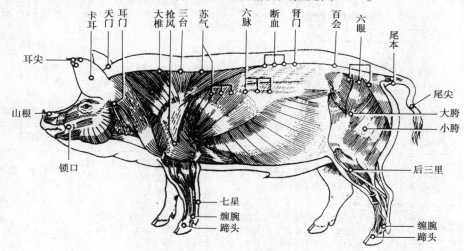

图 13.3　猪的常用肌肉及穴位

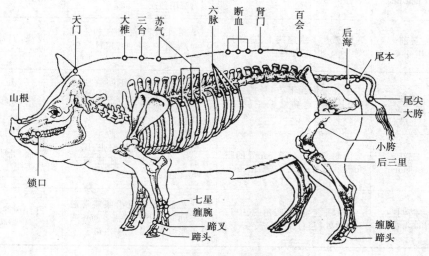

图 13.4　猪的常用肌骼及穴位

13.3 马的常用穴位及应用

13.3.1 马的常用头部穴位及应用

马的常用头部穴位及应用见表13.6。

表13.6 马的常用头部穴位及应用

序号	穴名	取穴部位	针法	主治
1	分水 Fen-shui	上唇外面旋毛正中点,一穴	小宽针或三棱针刺入1~2 cm,出血	中暑,冷痛,歪嘴风
2	唇内 Chun-nei (内唇阴)	上唇内面,正中线两侧约2 cm的上唇静脉上,左右侧各一穴	外翻上唇,以三棱针刺入1 cm,出血,也可在上唇黏膜肿胀处散刺	唇肿,口疮,慢草
3	玉堂 Yu-tang	口内上腭第三腭褶正中旁开1.5 cm处,左右侧各一穴	将舌拉出,以拇指顶住上腭,用玉堂钩钩破穴点,或用三棱针或小宽针向前上方斜刺0.5~1 cm,出血,以盐擦之	胃热,舌疮,上腭肿胀,中暑
4	通关 Tong-guan	舌体腹侧面,舌系带两旁的舌下静脉上,左右侧各一穴	将舌拉出,向上翻转,三棱针或小宽针刺入0.5~1 cm,出血	木舌,舌疮,胃热,慢草,黑汗风
5	锁口 Suo-kou	口角后上方约2 cm的口轮匝肌外缘处,左右侧各一穴	圆利针或毫针向后上方平刺3 cm,或透刺开关穴;火针3 cm,间接烧烙	破伤风,歪嘴风,锁口黄
6	开关 Kai-guan	口角向后的延长线与咬肌前缘相交处,即第四上下白齿间的颊肌内,左右侧各一穴	圆利针或火针向后上方平刺2~3 cm,毫针9 cm,或向前下方透刺锁口穴,或灸烙	破伤风,歪嘴风,面颊肿胀
7	抽筋 Chou-jin	两鼻孔内下缘连线正中点稍上方,一穴	拉紧上唇,用大宽针切开皮肤,用抽筋钩钩出上唇提肌腱,用力牵引数次	肺把低头难(颈肌风湿)
8	鼻前 Bi-qian	两鼻孔下缘连线上,鼻翼内侧1 cm处,左右侧各一穴	小宽针或圆利针直刺1~3 cm,毫针2~3 cm,捻针后可适当留针	发热,中暑,感冒,过劳
9	姜牙 Jiang-ya	鼻孔外侧缘下方,鼻翼软骨(姜牙骨)顶端处,左右侧各一穴	将上唇向另一侧拉紧,使姜牙骨充分显露,以大宽针切开皮肤,挑破或割去软骨端,或用姜牙钩钩出软骨尖	冷痛,或腹痛
10	三江 San-jiang	内眼角下方约3 cm处的眼角静脉分叉处,左右侧各一穴	低拴马头,使血管怒张,用三棱针或小宽针顺血管刺入1 cm,出血	冷痛,肚胀,月盲,肝热传眼
11	睛明 Jing-ming	下眼眶上缘,两眼角内、中1/3交界处,左右眼各一穴	上推眼球,毫针沿眼球与泪骨之间向内下方刺入3 cm,或在下眼睑黏膜上点刺出血	肝经风热,肝热传眼,睛生翳膜

序号	穴　名	取穴部位	针　法	主　治
12	睛俞 Jing-shu	眶上突下缘正中,左右眼各一穴	下压眼球,毫针沿眼球与额骨之间向内后上方刺入3 cm,或在上眼睑黏膜上点刺出血	肝经风热,肝热传眼,睛生翳膜
13	开天 Kai-tian	黑睛下缘、白睛上缘(眼球角膜与巩膜交界处)的中心点上,一穴	将头牢固保定,冷水冲眼或滴表面麻醉剂使眼球不动,待虫体游至眼前房时,用三弯针轻手急刺0.3 cm,虫体随眼房水流出	浑睛虫病
14	太阳 Tai-yang	外眼角后方约3 cm处的面横静脉上,左右侧各一穴	低拴马头,使血管怒张,用小宽针或三棱针顺血管刺入1 cm,出血,或用毫针避开血管下刺5~7 cm	肝热传眼,肝经风热,中暑,脑黄
15	大风门 Da-feng-men	头顶部,门鬃下缘顶骨矢状嵴分叉处为主穴,沿顶骨外嵴向两侧各旁开3 cm为二副穴,共三穴	毫针、圆利针或火针沿皮下由主穴向副穴或由副穴向主穴平刺3 cm,艾灸或烧烙	破伤风,脑黄,脾虚湿邪,心热风邪
16	耳尖 Er-jian	耳背侧尖端的耳静脉上,左右耳各一穴	紧握耳根,使耳静脉血管怒张,小宽针或三棱针刺入1 cm,出血	冷痛,感冒,中暑
17	天门 Tian-men	两耳根连线正中,即枕寰关节背侧的凹陷中,一穴	圆利针或火针向后下方刺入3 cm,毫针3~4.5 cm	脑黄,黑汗风,破伤风,感冒

13.3.2　马的常用躯干部穴位及应用

马的常用躯干部穴位及应用见表13.7。

表 13.7　马的常用躯干部穴位及应用

序号	穴　名	取穴部位	针　法	主　治
1	风门 Feng-men	耳后3 cm,距鬐下缘6 cm,寰椎翼前缘的凹陷处,左右侧各一穴	毫针向内下方刺入6 cm,火针刺入2~3 cm,或灸、烧烙	破伤风,颈风湿,风邪症
2	九委 Jiu-wei (上上委、上中委、上下委、中上委、中中委、中下委、下上委、下中委、下下委)	颈侧菱形肌下缘弧形肌沟内,上上委在耳后下方9 cm,距鬐下方约3.5 cm处;下下委在膊尖前方4.5 cm,距鬐下缘约5 cm处;两穴之间八等分,分点处为其余七穴,左右侧各九穴	毫针直刺4.5~6 cm,火针2~3 cm	颈风湿症,破伤风
3	颈脉 Jing-mai (鹘脉)	颈静脉沟上、中1/3交界处的颈静脉上,左右侧各一穴	高拴马头,颈基部拴一细绳,打活结,用大宽针对准穴位急刺1 cm,出血;术后松开绳扣,即可止住出血	脑黄,中暑,中毒,遍身黄,肺热
4	鬐甲 Qi-jia	鬐甲最高点前方,第三、第四胸椎棘突间的凹陷中,一穴	毫针向前下方刺入6~9 cm,火针刺入3~4 cm,治鬐甲肿胀时用宽针散刺	咳嗽,气喘,肚痛,腰背风湿,鬐甲痈肿
5	百会 Bai-hui	腰荐十字部,即最后腰椎与第一荐椎棘突间的凹陷中,一穴	火针或圆利针直刺3~4.5 cm,毫针6~7.5 cm	腰胯闪伤,风湿,破伤风,便秘,肚胀,泄泻,疝痛,不孕症

续表

序号	穴 名	取穴部位	针 法	主 治
6	肺俞 Fei-shu	倒数第九肋间,距背中线12 cm的髂肋肌沟中,左右侧各一穴	圆利针或火针直刺2～3 cm,毫针向上或向下斜刺4.5 cm	肺热咳嗽,肺把胸膊痛,劳伤气喘
7	脾俞 Pi-shu	倒数第三肋间,距背中线12 cm的髂肋肌沟中,左右侧各一穴	圆利针或火针直刺2～3 cm,毫针向上或向下斜刺3～5 cm	胃冷吐涎,肚胀,结症,泄泻,冷痛
8	大肠俞 Da-chang-shu	倒数第一肋间,距背中线12 cm的髂肋肌沟中,左右侧各一穴	圆利针或火针直刺2～3 cm,毫针3～5 cm	结症,肚胀,肠黄,冷肠泄泻,腰脊疼痛
9	关元俞 Guan-yuan-shu	最后肋骨后缘,距背中线12 cm的髂肋肌沟中,左右侧各一穴	圆利针或火针直刺2～3 cm,毫针6～8 cm	结症,肚胀,泄泻,冷痛,腰脊疼痛
10	腰前 Yao-qian	第一、第二腰椎棘突之间旁开6 cm处,左右侧各一穴	圆利针或火针直刺2～3 cm,毫针5～6 cm,亦可透刺腰中、腰后穴	腰胯风湿,闪伤,腰痿
11	腰中 Yao-zhong	第二、第三腰椎棘突之间旁开6 cm处,左右侧各一穴	圆利针或火针直刺3～4.5 cm,毫针4.5～6 cm,亦可透刺腰前、腰后穴	腰胯风湿,闪伤,腰痿
12	腰后 Yao-hou	第三、第四腰椎棘突之间旁开6 cm处,左右侧各一穴	圆利针或火针直刺3～4.5 cm,毫针4.5～6 cm,亦可透刺腰中肾俞穴	腰胯风湿,闪伤,腰痿
13	肾棚 Shen-peng	肾俞穴前方6 cm,距背中线6 cm处,左右侧各一穴	火针或圆利针直刺3～4.5 cm,毫针6 cm,亦可透刺腰后、肾角穴	腰痿,腰胯风湿,闪伤
14	肾俞 Shen-shu	百会穴旁开6 cm,左右侧各一穴	火针或圆利针直刺3～4.5 cm,毫针6 cm,亦可透刺肾棚、肾角穴	腰痿,腰胯风湿,闪伤
15	肾角 Shen-jiao	肾俞穴后方6 cm,距背中线6 cm处,左右侧各一穴	火针或圆利针直刺3～4.5 cm,毫针6 cm,亦可透刺肾俞穴	腰痿,腰胯风湿,闪伤
16	雁翅 Yan-chi	髋结节到背中线所作垂线的中、外1/3交界处,左右侧各一穴	圆利针或火针直刺3～4.5 cm,毫针4～8 cm	腰胯痛,腰胯风湿,不孕症
17	穿黄 Chuan-huang	胸前正中线旁开2 cm,左右侧各一穴	拉起皮肤,用穿黄针穿上马尾穿通两穴,马尾两端拴上适当重物,引流黄水,或用宽针局部散刺	胸黄,胸部浮肿
18	胸膛 Xiong-tang	胸骨两旁,胸外侧沟下部的臂头静脉上,左右侧各一穴	高拴马头,用中宽针沿血管急刺1 cm,出血	心肺积热,胸膊痛,五攒痛,前肢闪伤
19	带脉 Dai-mai	肘后6 cm的胸外静脉上,左右侧各一穴	小宽针顺血管刺入1 cm,出血	肠黄,中暑,冷痛

续表

序号	穴名	取穴部位	针法	主治
20	云门 Yun-men	脐前 9 cm,腹中线旁开 2 cm,左右均可,任取一穴	以大宽针刺破皮肤及腹黄筋膜,插入宿水管放出腹水	宿水停脐(腹水)
21	尾尖 Wei-jian	尾尖顶端	中宽针直刺 1~2 cm,或将尾尖十字劈开,出血	冷痛,感冒,中暑,过劳

13.3.3　马的常用前肢穴位及应用

马的常用前肢穴位及应用见表 13.8。

表 13.8　马的常用前肢穴位及应用

序号	穴名	取穴部位	针法	主治
1	膊尖 Bo-jian	肩胛骨与肩胛软骨前角结合处,左右肢各一穴	圆利针或火针沿肩胛骨内侧向后下方刺入 3~6 cm,毫针 12 cm	前肢风湿,肩膊闪伤,肿痛
2	膊栏 Bo-lan	肩胛骨后角与肩胛软骨结合处,左右肢各一穴	圆利针或火针沿肩胛骨内侧向前下方刺入 3~5 cm,毫针 10~12 cm	前肢风湿,肩膊闪伤,肿痛
3	肺门 Fei-men	肩胛骨前缘,膊尖穴前下方 12 cm,左右肢各一穴	圆利针或火针沿肩胛骨内侧向后下方刺入 3~5 cm,毫针 8~10 cm	肺气把搏,寒伤肩膊痛,肩膊麻木
4	肺攀 Fei-pan	肩胛骨后缘,膊栏穴前下方 12 cm,左右肢各一穴	圆利针或火针沿肩胛骨内侧向前下方刺入 3~5 cm,毫针 8~10 cm	肺气痛,咳嗽,肩膊风湿
5	弓子 Gong-zi	肩胛岗后方,肩胛软骨上缘正中点的直下方约 10 cm 处,左右肢各一穴	用大宽针刺破皮肤,两手提拉切口周围皮肤,让空气进入,或以 16 号注射针头刺入穴位皮下,用注射器注入滤过的空气,然后用手向下推移,使空气扩散到所需范围	肩膊麻木,肩膊部肌肉萎缩
6	肩井 Jian-jing	肩端,臂骨大结节外上缘的凹陷中,左右肢各一穴	火针或圆利针向后下方刺入 3~4.5 cm,毫针 6~8 cm	抢风痛,前肢风湿,肩臂麻木
7	抢风 Qiang-feng	肩关节后下方,三角肌后缘与臂三头肌长头、外头形成的凹陷中,左右肢各一穴	圆利针或火针直刺 3~4 cm,毫针 8~10 cm	闪伤夹气,前肢风湿,前肢麻木
8	肩贞 Jian-zhen	抢风穴前上方 6 cm,左右肢各一穴	火针或圆利针直刺 3~4 cm,毫针 6 cm	肩膊闪伤,抢风痛,肩膊风湿,肩膊麻木

续表

序号	穴　名	取穴部位	针　法	主　治
9	夹气 Jia-qi	腋窝正中,左右肢各一穴	先用大宽针刺破皮肤,夹气针向同侧抢风穴方向刺入20～25 cm,达肩胛下肌与胸下锯肌之间的疏松结缔组织内,出针消毒后,前后摇动患肢数次	闪伤里夹气
10	肘俞 Zhou-shu	臂骨外上髁与肘突之间的凹陷中,左右肢各一穴	火针或圆利针直刺3～4 cm,毫针6 cm	肘部肿胀,风湿,麻痹
11	前三里 Qian-san-li	前臂外侧上部,桡骨上、中1/3交界处,腕桡侧伸肌与指总伸肌之间的肌沟中,左右肢各一穴	火针或圆利针向后上方刺入3 cm,毫针4.5 cm	脾胃虚弱,前肢风湿
12	膝眼 Xi-yan	腕关节背侧面正中,腕前黏液囊肿胀最低处,左右肢各一穴	提起患肢,中宽针直刺1 cm,放出水肿液	腕前黏液囊肿
13	缠腕 Chan-wan (前肢称前缠腕,后肢称后缠腕)	四肢球节上方两侧,掌(跖)内、外侧沟末端的指(趾)内、外侧静脉上,每肢内、外侧各一穴	小宽针沿血管刺入1 cm,出血	球节肿痛,屈腱炎
14	蹄头 Ti-tou (前蹄称前蹄头,后蹄称后蹄头)	蹄背面,蹄缘(毛边)上1 cm处,前蹄在正中线外侧旁开2 cm处,后蹄在正中线上,每蹄各一穴	中宽针向蹄内直刺1 cm,出血	五攒痛,球节痛,蹄头痛,冷痛,结症

13.3.4　马的常用后肢穴位及应用

马的常用后肢穴位及应用见表13.9。

表13.9　马的常用后肢穴位及应用

序号	穴　名	取穴部位	针　法	主　治
1	环跳 Huan-tiao	髋关节前缘,股骨大转子前方约6 cm的凹陷中,左右肢各一穴	圆利针或火针直刺3～4.5 cm,毫针6～8 cm	雁翅肿痛,后肢风湿,麻木
2	大胯 Da-kua	髋关节前下缘,股骨大转子前方约6 cm的凹陷中,左右肢各一穴	圆利针或火针沿股骨前缘向后下方斜刺3～4.5 cm,毫针6～8 cm	后肢风湿,闪伤腰胯
3	小胯 Xiao-kua	股骨第三转子后下方的凹陷中,左右肢各一穴	圆利针或火针直刺3～4.5 cm,毫针6～8 cm	后肢风湿,闪伤腰胯
4	邪气 Xie-qi	尾根旁开9 cm与股二头肌沟相交处,左右肢各一穴	圆利针或火针直刺4.5 cm,毫针6～8 cm	后肢风湿,麻木,股胯闪伤

序号	穴　名	取穴部位	针　法	主　治
5	汗沟 Han-gou	邪气穴下方 6 cm 处的同一肌沟中,左右肢各一穴	圆利针或火针直刺 4.5 cm,毫针 6～8 cm	后肢风湿,麻木,股胯闪伤
6	肾堂 Shen-tang	股内侧距大腿根约 12 cm 的隐静脉上,左右肢各一穴	将对侧后肢提举保定,以中宽针沿血管刺入 1 cm,出血	外肾黄,五攒痛,闪伤腰胯,后肢风湿
7	掠草 Lue-cao	膝盖骨下缘,膝中、外直韧带间的凹陷中,左右肢各一穴	圆利针或火针向后上方斜刺 3～4.5 cm,毫针 6 cm	掠草痛,后肢风湿
8	后三里 Hou-san-li	掠草穴后下方约 10 cm,腓骨小头下方,趾长伸肌与趾外侧伸肌之间的肌沟中,左右肢各一穴	圆利针或火针直刺 2～4 cm,毫针 4～6 cm	脾胃虚弱,后肢风湿,体质虚弱

13.3.5　马的常用肌肉和骨骼及穴位

马的常用肌肉及穴位见图 13.5,马的常用骨骼及穴位见图 13.6。

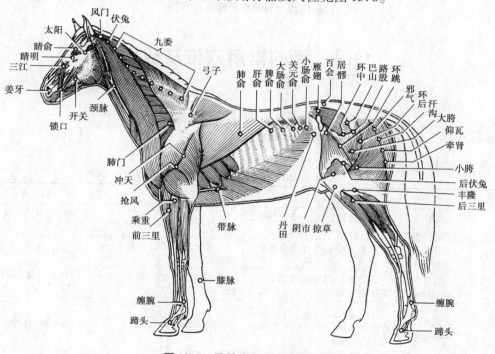

图 13.5　马的常用肌肉及穴位

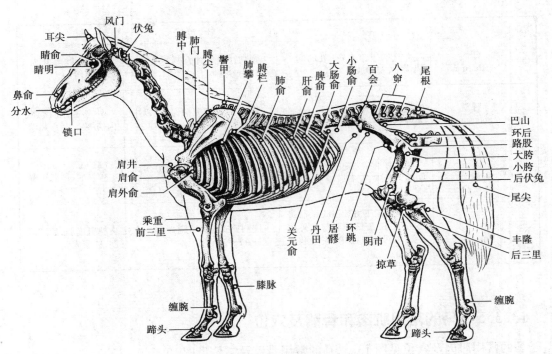

图 13.6　马的常用骨骼及穴位

13.4　犬的常用穴位及应用

13.4.1　犬的常用穴位及应用

犬的常用穴位及应用见表 13.10。

表 13.10　犬的常用穴位及应用

序号	穴名	取穴部位	针法	主治
1	人中 Ren-zhong	上唇唇沟上、中 1/3 交界处，一穴	毫针或三棱针直刺 0.5 cm	中风,中暑,支气管炎
2	山根 Shan-gen	鼻背正中有毛无毛交界处，一穴	三棱针直刺 0.2～0.5 cm,出血	中暑,感冒,发热
3	睛明 Jing-ming	内眼角上、下眼睑交界处，左右眼各一穴	外推眼球,毫针直刺 0.2～0.3 cm	目赤肿痛,多泪,云翳
4	上关 Shang-guan	下颌关节后下方,下颌骨关节突与颧弓上方之间的凹陷中,左右侧各一穴	毫针直刺 3 cm	歪嘴风,耳聋
5	下关 Xia-guan	下颌关节前下方,颧弓与下颌骨角之间的凹陷中,左右侧各一穴	毫针直刺 3 cm	歪嘴风,耳聋
6	耳尖 Er-jian	耳郭尖端背面的静脉上,左右耳各一穴	三棱针或小宽针点刺,出血	中暑,感冒,腹痛

序号	穴名	取穴部位	针法	主治
7	颈脉 Jing-mai	颈静脉沟中，颈外静脉上、中1/3交界处，左右侧各一穴	小宽针顺血管刺入0.5 cm，出血	中暑，中毒，肺热，脑黄
8	天平 Tian-ping	最后胸椎与第一腰椎棘突间凹陷处，一穴	毫针斜向下方刺入1.5～2.5 cm	肺热，哮喘，呕吐
9	命门 Ming-men	第二、第三腰椎棘突间的凹陷中，一穴	毫针斜向后下方刺入1～2 cm，或艾灸	风湿症，泄泻，腰痿，水肿，中风
10	百会 Bai-hui	腰荐十字部，即最后（第七）腰椎与第一荐椎棘突间的凹陷中，一穴	毫针直刺1～2 cm，或艾灸	腰胯疼痛，瘫痪，泄泻，脱肛
11	脾俞 Pi-shu	倒数第二肋间距背中线6 cm的髂肋肌沟中，左右侧各一穴	毫针沿肋间向下斜刺1～2 cm，或艾灸	脾胃虚弱，呕吐，泄泻
12	肺俞 Fei-shu	倒数第十肋间背中线约6 cm的髂肋肌沟中，左右侧各一穴	毫针沿肋间向下斜刺1～2 cm，或艾灸	咳喘，气喘
13	关元俞 Guan-yuan-shu	第五腰椎横突末端相对的髂肋肌沟中，左右侧各一穴	毫针直刺1～3 cm，或艾灸	消化不良，便秘，泄泻
14	后海 Hou-hai	尾根与肛门间的凹陷中，一穴	毫针稍向前刺入3～5 cm	泄泻，便秘，脱肛，阳痿
15	尾根 Wei-gen	最后荐椎与第一尾椎棘突间的凹陷中，一穴	毫针直刺0.5～1 cm	瘫痪，尾麻痹，脱肛，便秘，腹泻
16	尾尖 Wei-jian	尾末端，一穴	毫针或三棱针从末端刺入0.5～0.8 cm	中风，中暑，泄泻
17	肩井 Jian-jing	肩关节前上缘，肩峰前下方的凹陷中，左右肢各一穴	毫针直刺1～3 cm	肩部神经麻痹，扭伤
18	抢风 Qiang-feng	肩关节后方，三角肌后缘，臂三头肌长头和外头形成的凹陷中，左右肢各一穴	毫针直刺2～4 cm，或艾灸	前肢神经麻痹，扭伤，风湿症
19	外关 Wai-guan	前臂外侧下1/4处，桡、尺骨间隙处，左右肢各一穴	毫针直刺1～3 cm，或艾灸	桡、尺神经麻痹，前肢风湿，便秘，缺乳
20	内关 Nei-guan	前臂内侧下1/4处，桡、尺骨间隙处，左右肢各一穴	毫针直刺1～2 cm，或艾灸	桡、尺神经麻痹，肚痛，中风
21	腕脉 Wan-mai	第一掌骨关节内侧下方第一、第二掌骨间的血管上，左右肢各一穴	小宽针顺血管刺入0.3～0.5 cm，出血	指、腕关节扭伤，屈腱炎
22	肾堂 Shen-tang	股内侧上部皮下隐静脉上，左右肢各一穴	三棱针或小宽针顺血管刺入0.3～0.5 cm，出血	腰胯闪伤，疼痛

13.4.2　犬的常用肌肉和骨骼及穴位

犬的常用肌肉及穴位见图 13.7，犬的常用骨骼及穴位见图 13.8。

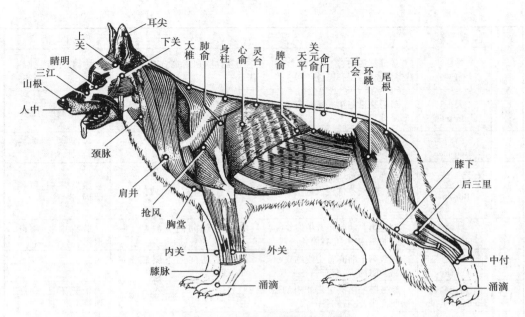

图 13.7　犬的常用肌肉及穴位

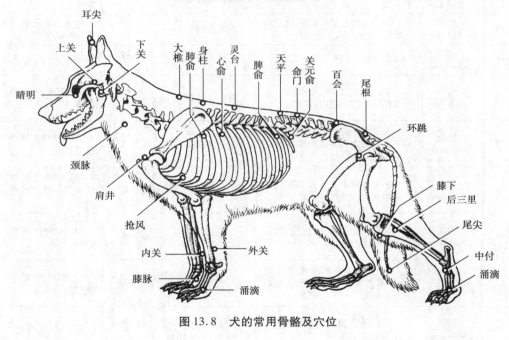

图 13.8　犬的常用骨骼及穴位

13.5　鸡的常用穴位及应用

13.5.1　鸡的常用穴位及应用

鸡的常用穴位及应用见表 13.11。

表 13.11　鸡的常用穴位及应用

序号	穴　名	取穴部位	针　法	主　治
1	冠顶 Guan-ding （风冠、朝阳）	鸡冠上冠齿的尖端,以第一冠齿为主	毫针或三棱针向下点刺0.5 cm,见血为止,其至将鸡冠的尖端顺次剪断,缺少鸡冠者可针刺其前部,出血	热性病,精神沉郁（对公鸡作用较为显著）,乌冠症,中毒,休克
2	垂髯 Chui-ran	在喙的下方,肉垂上,左右侧各穴	以三棱针向上刺0.5 cm,出血为止,也可作梅花状点刺,出血,两侧均可	感冒,泻痢,鸡头摇摆,喉鸣,小食,乌冠症
3	太阳 Tai-yang	眼外角后缘的凹陷处,左右侧各一穴	小毫针点针0.1～0.25 cm	感冒,精神沉郁
4	鼻膈 Bi-ge （鼻孔）	两鼻孔之间	取羽毛的羽管部,穿过鼻中膈,羽毛留在鼻孔中数日	迷抱,肺气不畅
5	胸脉 Xiong-mai （开膛）	胸部龙骨两侧,胸大骨上的静脉血管上,左右各一穴	毫针斜刺0.1 cm出血	肺热,喉鸣,中毒,中暑,热痢
6	尾脂 Wei-zhi （尾峰、尖脂）	尾端的尾脂腺一穴（即尾根最后荐椎上方）	挤捏尾脂腺,使其流出黄液或血液	迷抱,下痢,便秘,感冒
7	后海 Hou-hai （交巢地户）	肛门上方的凹陷处,一穴	艾灸或小毫针刺入0.25～0.5 cm,稍加捻转	母鸡生殖器外翻,产蛋滞涩,泻痢
8	翼脉 Yi-mai （翼内）	翅膀内侧血管上（尺、桡骨间的静脉）,左右各一穴	针刺出血	热性病,中毒,中暑
9	展翅 Zhan-chi （翅筋）	两翅肘骨头弯曲部,尺、桡骨与肱骨交界处,后端关节面的凹陷中,左右侧各一穴	毫针平刺0.25 cm	感冒,精神沉郁,少食,热性病
10	脚脉 Jiao-mai	脚管前下方,跖骨前缘的血管上,左右一穴	毫针刺出血	精神委顿

13.5.2　鸡的常用肌肉和骨骼及穴位

鸡的常用肌肉及穴位见图 13.9,鸡的常用骨骼及穴位见图 13.10。

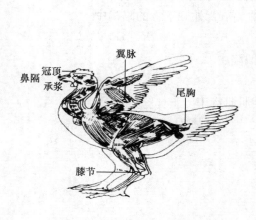

图 13.9　鸡的常用肌肉及穴位

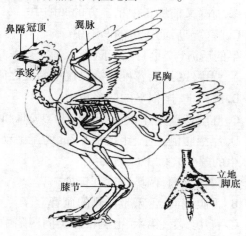

图 13.10　鸡的常用骨骼及穴位

复习与思考

一、选择题

1. 犬瘟热后遗症出现口唇抽搐者,可针灸哪组穴位?(　　　)

　　A. 锁口、开关、上关、下关、翳风穴

　　B. 抢风、肩井、前三里、外关、指间穴

　　C. 百会、环跳、后三里、阳辅、解溪、后跟、趾间穴

　　D. 翳风、天门、上关、下关穴

　　E. 抢风、前三里、大椎、寰枢

2. 位于犬最后颈椎与第一胸椎棘突之间的穴位是(　　　)。

　　A. 翳风穴　　　　　　　B. 大椎穴　　　　　　C. 百会穴　　　　　　D. 环跳穴

3. 某犬,肩臂部受到冲撞后发病。证见站立时肘关外层节外展,运步时前脚前着地,触诊前臂前外侧面反应迟钝。针刺治疗可选用的穴位是(　　　)。

　　A. 肩井穴　　　　　　　B. 百会穴　　　　　　C. 天门穴　　　　　　D. 抢风穴

4. 牛的安肾穴位于(　　　)。

　　A. 两鼻孔上缘连线中点　　　　　　　B. 第三、四腰椎棘突间的凹陷处

　　C. 鼻镜上缘有毛无毛交界处　　　　　D. 第二、三腰椎棘突间的凹陷处

5. 牛的鼻中穴位于(　　　)。

　　A. 两鼻孔上缘连线中点　　　　　　　B. 两鼻孔下缘连线中点

　　C. 鼻镜上缘有毛无毛交界处　　　　　D. 鼻镜正中处

6. 牛的丹田穴位于(　　　)。

　　A. 最后颈椎与第一胸椎棘突间的凹陷中　B. 第一、二胸椎棘突间的凹陷中

　　C. 第三、四胸椎棘突间的凹陷中　　　　D. 第四、五胸椎棘突间的凹陷中

7. 牛的滴水穴位于(　　　)。

　　A. 前蹄叉前缘正中稍上方的凹陷中　　B. 后蹄叉前缘正中稍上方的凹陷中

　　C. 腕关节后面正中的凹陷中　　　　　D. 腕关节背外侧下缘的陷沟中

8. 牛的后海(交巢)穴位于(　　　)。

　　A. 背中线,最后荐椎和第一尾椎棘突之间的凹陷中

　　B. 肛门上,尾根下的凹陷正中

　　C. 肛门切迹旁开 6～8 cm 的股二头肌和半腱肌肌沟中

　　D. 尾根腹侧正中,距尾根 6 cm 的尾中动脉上

9. 牛的顺气穴位于(　　　)。

　　A. 口内上颚,两鼻腭管开口处

　　B. 舌腹侧面,舌系带两侧的血管上

　　C. 背中线上,第六、七胸椎棘突间凹陷中

　　D. 倒数第三肋间,距背中线 14 cm 处

10. 犬的环跳穴位于(　　　)。

　　A. 股骨大转子下方 3 cm 的凹陷中

　　B. 股骨大转子上方 3 cm 的凹陷中

　　C. 股骨大转子前方,髋关节前缘的凹陷中

　　D. 股骨大转子后方,髋关节后缘的凹陷中

二、简答题

请写出下列穴位的位置。

1. 马:分水、睛俞、大椎、脾俞、百会、抢风。

2. 牛:睛明、邪气、膊尖、天平、尾尖、山根、抢风。

3. 牛:山根、顺气、天平、阳明、后海、涌泉。

4. 犬:灵台、阳陵、后跟、后海、耳尖、脾俞。

5. 犬:人中、悬枢、陶道、后三里、内关、后跟。

 案例分析

案例 1

患病动物体表发热,咳声不爽,声音洪亮,鼻流黏涕,呼出气热,口渴喜饮。

请按照中兽医理论辨证论治后确定症候,并拟订针灸治疗方案。

案例 2

一患牛,腰胯无力,卧多立少,久泻不愈,夜间泻重,严重者肛门失禁,粪水外溢,腹下或后肢浮肿,口色如绵,脉象徐缓。

请按照中兽医理论辨证论治后确定症候,并拟订针灸治疗方案。

模块5
病证防治
BINGZHENG FANGZHI

项目 14　临床常见证候

1. 了解临床常见证候的病因、病理；
2. 掌握主证以及相关的治则与治法。

【技能目标】
掌握兽医临床常见的发热、慢草不食、泄泻等 12 种常见证候。

14.1　发　热

发热是临床常见的症状之一，见于多种疾病过程中。中兽医所谓的发热，不仅指体温高于正常，而且包括了口色红、脉数、尿短赤等热象。

临床上，根据病因和症状表现的不同，可将发热分为外感发热和内伤发热两大类。一般来说，外感发热，发病急，病程短，热势盛，体温高，多属实证，外邪不退，热势不减，有的还伴有恶寒表现；而内伤发热，发病缓慢，病程较长，热势不盛，体温稍高，或时作时止，或发有定时，多属虚证，常无恶寒表现。

14.1.1　外感发热

感受外界邪气，如风寒、风热、暑热等引起。多因气候骤变，劳役出汗，使畜体腠理疏泄，外邪乘虚侵入所致。外感发热主要有如下证型：

1) 外感风寒

多由风寒之邪侵袭肌表，卫气被郁所致，见于外感病的初起阶段。

【主证】发热恶寒，且恶寒重，发热轻，无汗，皮紧毛乍，鼻流清涕，口色青白，舌苔薄白，脉浮紧，有时咳嗽，咳声洪亮。

【治则】辛温解表，疏风散寒。

【方例】麻黄汤(见解表方)加减。咳喘甚者，加桔梗、冬花、紫菀以止咳平喘；兼有表虚，证见恶风,汗出,脉浮缓者,治宜祛风解肌,调和营卫,方用桂枝汤(见解表方)加减;兼有气血虚者,方用发汗散(见解表方)加减;外感风寒挟湿,证见恶寒发热,肢体疼痛、沉重、困倦,少食纳呆,口润苔白腻,脉浮缓者,治宜解表散寒除湿,方用荆防败毒散(见解表方)加减。

【针治】针鼻前、大椎、苏气、肺俞等穴。

2)外感风热

感受风热邪气而发病,多见于风热感冒或温热病的初期。

【主证】发热重,微恶寒,耳鼻俱温,体温升高,或微汗,鼻流黄色或白色黏稠脓涕,咳嗽,咳声不爽,口干渴,舌稍红,苔薄白或薄黄,脉浮数,牛鼻镜干燥,反刍减少。

【治则】辛凉解表,宣肺清热。

【方例】银翘散(见解表方)加减。若热重,加黄芩、石膏、知母、花粉;若为外感风热挟湿,兼见体倦乏力,小便黄赤,可视黏膜黄染,大便不爽,苔黄腻者,除辛凉解表外,还应佐以利湿化浊之药,方用银翘散去荆芥,加佩兰、厚朴、石菖蒲等。

【针治】针鼻前、大椎、鼻俞、耳尖、太阳、尾尖、苏气等穴。

3)外感暑湿

夏暑季节,天气炎热,且雨水较多,气候潮湿,热蒸湿动,动物易感暑湿而发病。

【主证】发热不甚或高热,汗出而身热不解,食欲不振,口渴,肢体倦怠、沉重,运步不灵,尿黄赤,便溏,舌红,苔黄腻,脉濡数。

【治则】清暑化湿。

【方例】新加香薷饮加味(香薷、厚朴、连翘、金银花、鲜扁豆花、青蒿、鲜荷叶、西瓜皮,《温病条辨》)。夏令时节若发生外感风寒又内伤饮食,证见发热恶寒,倦怠乏力,食少呕呃,肚腹胀满,肠鸣泄泻,舌淡苔白腻者,治宜祛暑解表和中,方用藿香正气散(见祛湿方)。

【针治】针鼻前、大椎、鼻俞、耳尖、太阳、尾尖、苏气等穴。

4)半表半里发热

风寒之邪侵犯机体,邪不太盛不能直入于里,正气不强不能祛邪外出,正邪交争,病在少阳半表半里之间。

【主证】微热不退,寒热往来,发热和恶寒交替出现,脉弦。恶寒时,精神沉郁,皮温降低,耳鼻发凉,腰拱毛乍,寒战;发热时,精神稍有好转,寒战现象消失,皮温高,耳鼻转热。

【治则】和解少阳。

【方例】小柴胡汤(见和解方)加减。

(1)热在气分。多因外感火热之邪直入气分,或其他邪气入里化热,停留于气分所致。

【主证】高热不退,但热不寒,出汗,口渴喜饮,头低耳聋,食欲废绝,呼吸喘促,粪便干燥,尿短赤,口色赤红,舌苔黄燥,脉洪数。

【治则】清热生津。

【方例】白虎汤(见清热方)加减。热盛者,加黄芩、黄连、银花、连翘;伤津者,加玄参、麦冬、生地;尿短赤者,加猪苓、泽泻、滑石、木通。

【针治】针耳尖、尾尖、太阳、鼻俞、鼻前、鹘脉、山根、通关等穴。

(2)热结胃肠。多由热在气分发展而来。因里热炽盛,热与肠中糟粕相结而致粪便干燥难下。

【主证】高热,肠燥便干,粪球干小难下,甚至粪结不通或稀粪旁流,腹痛,尿短赤,口津干燥,口色深红,舌苔黄厚而燥,脉沉实有力。

【治则】滋阴增液,清热泻下。

【方例】大承气汤或增液承气汤(均见泻下方)加减。高热者,加银花、黄芩;肚胀者,加青皮、木香、香附等。

【针治】针蹄头、耳尖、尾尖、太阳、分水、鹘脉、山根、脾俞、关元俞等穴。

(3)营分热。外感邪热直入营分,或由卫分热或气分热传入营分所致。

【主证】高热不退,夜甚,躁动不安,或神志昏迷,呼吸喘促,有时身上有出血点或出血斑,舌质红绛而干,脉细数。

【治则】清营解毒,透热养阴。

【方例】清营汤(见清热方)加减。

【针治】同气分热。

(4)血分热。多由气分热直接传入血分,或营分热传入血分所致。

【主证】高热,神昏,黏膜、皮肤发斑,尿血,便血,口色红绛,脉洪数或细数。严重者抽搐。

【治则】清热凉血,熄风安神。

【方例】犀角地黄汤(见清热方)加减。方中犀角可用水牛角代替。出血者,加丹皮、紫草、赤芍、大青叶等;抽搐者,加钩藤、石决明、蝉蜕等,或用羚羊钩藤汤(羚羊片、霜桑叶、川贝、鲜生地、钩藤、菊花、茯神、生白芍、生草、竹茹,《通俗伤寒论》)。

【针治】同气分热。

14.1.2　内伤发热

多由体质素虚,阴血不足,或血瘀化热等原因所致。

1) 阴虚发热

多因体质素虚,阴血不足;或热病经久不愈,或失血过多,或汗、吐、下太过,导致机体阴血亏虚,热从内生。

【主证】低热不退,午后更甚,耳鼻微热,身热;患畜烦躁不安,皮肤弹性降低,唇干口燥,粪球干小,尿少色黄;口色红或淡红,少苔或无苔,脉细数。严重者盗汗。

【治则】滋阴清热。

【方例】青蒿鳖甲汤(见清热方)加减。热重者,加地骨皮、黄连、玄参等;盗汗者,加龙骨、牡蛎、浮小麦;粪球干小者,加当归(油炒)、肉苁蓉(油炒)等;尿短赤者,加泽泻、木通、猪苓等。

2) 气虚发热

多由劳役过度,饲养不当,饥饱不均,造成脾胃气虚所引起。

【主证】多于劳役后发热,耳鼻稍热,神疲乏力;易出汗,食欲减少,有时泄泻;舌质淡红,脉细弱。

【治则】健脾益气,甘温除热。

【方例】补中益气汤(见补虚方)加减。

3）血瘀发热

多由跌打损伤，瘀血积聚，或产后血瘀等引起。

【主证】常因外伤引起瘀血肿胀，局部疼痛，体表发热，有时体温升高；因产后瘀血未尽者，除发热之外，常有腹痛及恶露不尽等表现；口色红而带紫，脉弦数。

【治则】活血化瘀。

【方例】外伤血瘀者，用桃红四物汤或血府逐瘀汤（均见理血方）加减；产后血瘀者，用生化汤（见理血方）加减。

14.2　慢草与不食

慢草，即草料迟细，食欲减退；不食，即食欲废绝。慢草与不食是多种疾病的临床症状之一，此处所讲的慢草与不食，主要是指因脾胃功能失调而引起的，以食欲减少或食欲废绝为主要症状的一类病证。引起脾胃功能失调，造成慢草与不食的原因有很多。临床上根据病因，常将其分为如下证型。

14.2.1　脾虚

劳役过度，耗伤气血，饲养不当，草料质劣，缺乏营养，或时饥时饱，损伤脾胃，均能导致脾阳不振，胃气衰微，运化、受纳功能失常，从而出现慢草或不食。此外，肠道寄生虫病，也能引起本证。

【主证】精神不振，欣吊毛焦，四肢无力；食欲减退，日见羸瘦，粪便粗糙带水，完谷不化；舌质如绵，脉虚无力。严重者，肠鸣泄泻，四肢浮肿，双唇不收，难起难卧。

【治则】补脾益气。

【方例】四君子汤、参苓白术散、补中益气汤（均见补虚方）加减。粪便粗糙者，加神曲、麦芽；起卧困难者，加补骨脂、枸杞子；泄泻和四肢浮肿症状严重者，以及因肠道寄生虫引起者，可参见泄泻、水肿及寄生虫病的辨证施治。

【针治】针脾俞、后三里等穴。

14.2.2　胃阴虚

多因天时过燥，或气候炎热，渴而不得饮，或温病后期，耗伤胃阴所致。

【主证】食欲大减或不食；粪球干小，肠音不整，尿少色浓；口腔干燥，口色红，少苔或无苔，脉细数。若兼有肺阴耗伤者，则又见干咳不已。

【治则】滋养胃阴。

【方例】养胃汤加减（沙参、玉竹、麦冬、生扁豆、桑叶、甘草，《临证指南》）加减。

14.2.3　胃寒

外感风寒,寒气传于脾经;或过饮冷水,采食冰冻草料,以致寒邪直中胃腑;脾胃受寒,致使脾冷不能运化,胃寒不能受纳,发生慢草与不食。

【主证】食欲大减或不食,毛焦欣吊,头低耳聋,鼻寒耳冷,四肢发凉;腹痛,肠音活泼,粪便稀软,尿液清长;口内湿滑,口流清涎,口色青白,舌苔淡白,脉象沉迟。

【治则】温胃散寒,理气止痛。

【方例】温脾散或桂心散(均见温里方)加减。食欲大减者,可加神曲、麦芽、焦山楂等;湿盛者,加半夏、茯苓、苍术等;体质虚弱者,除重用白术外,加党参。

【针治】针脾俞、后三里、后海等穴;猪还可以针三脘穴。

14.2.4　胃热

多因天气炎热,劳役过重,饮水不足,或乘饥喂谷料过多,饲后立即使役,热气入胃;或饲养太盛,谷料过多,胃失腐熟,聚而生热;热伤胃津,受纳失职,引发本病。

【主证】食欲大减或废绝,口臭,上腭肿胀,排齿红肿,口温增高;耳鼻温热,口渴贪饮,粪干小,尿短赤;口色赤红,少津,舌苔薄黄或黄厚,脉象洪数。

【治则】清胃泻火。

【方例】清胃散(当归身、黄连、生地黄、牡丹皮、升麻,《兰室秘藏》)或白虎汤(见清热方)加减。

【针治】针玉堂、通关、唇内等穴。

14.2.5　食滞

长期饲喂过多精料,或突然采食谷料过多,或饥后饲喂难以消化的饲料,致使草料停滞不化,损伤脾胃而发病。

【主证】精神倦怠,厌食,肚腹饱满,轻度腹痛;粪便粗糙或稀软,有酸臭气味,有时完谷不化;口内酸臭,口腔黏滑,苔厚腻,口色红,脉数或滑数。

【治则】消积导滞,健脾理气。

【方例】曲蘖散或保和丸(均见消导方)加减。食滞重者,加大黄、芒硝、枳实等。

【针治】针后海、玉堂、关元俞等穴。

14.3　肚　胀

肚胀是肚腹膨大胀满的一种病证。就肚胀的性质而言,有食胀、气胀、水胀之分;按肚胀所属脏腑而论,有肠胀和胃胀之分。马属动物的肚胀多为肠胀,虽有胃胀,但不表现为明显的肚腹胀满;牛、羊的肚胀多为胃胀,且以瘤胃鼓胀为主;猪、犬、猫等主要是肠胀。所谓水胀,主要是指宿水停脐(腹水)。本节主要论述食胀、气胀、水胀三种类型。

14.3.1   气胀

气胀是指牛、羊瘤胃,或马大肠内充满气体,致使肚腹胀大,出现腹痛起卧等症状的病证。临床上可分为气滞郁结、脾胃虚弱、水湿困脾、湿热蕴结四种证型。

1)气滞郁结气胀

多因采食大量易于发酵的饲料,诸如幼嫩青草、禾苗及块根、酒糟、玉米、大麦、豆类等,于短时间内产生大量气体,致使胃肠功能失职,难以运化排出,积聚其内而成病;又草饱乘骑,过度劳累,乘饥饮喂;或气温骤降,寒邪直中脾胃;或牛误食有毒植物如曼陀罗、夹竹桃等,也可损及脾胃而发病。

【主证】牛、羊发病急速,常在采食中或食后突然发病。左腹部急剧胀满,严重者可突出背脊,腹痛不安,不时起卧,后肢踢腹,回头顾腹,叩击左腹作鼓响,按之腹壁紧张;食欲、反刍、嗳气停止;严重时,呼吸困难,张口伸舌,呻吟吼叫,口中流涎,肛门突出,四肢张开,站立不稳。马、骡常于饲喂后发病,初多阵痛,继而转为持续而剧烈的腹痛,起卧不安或全身出汗;肚腹胀大,右肷尤显,叩如鼓响;肠音初时响亮,有金属音,后渐弱或消失,排粪稀少不爽,后亦渐止,呼吸迫促。初时口色青黄或赤红而润,后期则青紫干燥,脉数或虚数。直肠检查时,常因肠内充满气体,难以入手或完全不能入手。

【治则】牛、羊宜行气消胀,化食导滞;马、骡宜行气消胀,宽肠通便。

【方例】消胀汤(见理气方)加减。牛、羊,轻者用食醋、菜油灌服,重者于肷部臌气最高处行瘤胃穿刺放气术,结合投放制酵剂;马、骡,若肚胀严重,病势急剧,由盲肠穿刺放气,结合投放制酵剂。

【针治】肷俞穴放气,或针脾俞、关元俞等穴。

2)脾胃虚弱气胀

多因畜体素虚,或长期饮喂失宜,饥饱不匀,营养缺乏,劳役过度,损伤脾胃,致脾虚不能运化水谷以升清,胃弱无力腐熟以降浊而发病。

【主证】发病缓慢,病程较长,反复发作,腹胀较轻,多于食后臌气;体倦乏力,身瘦毛焦,蹇唇似笑;食欲减少,或时好时坏;粪便多溏或偶干。牛则兼见反刍缓慢,次数减少,左肷时胀时消,按之上虚下实。口色淡白,脉象虚细。

【治则】补益脾胃,升清降浊。

【方例】四君子汤或参苓白术散(均见补虚方)合平胃散(见祛湿方)加减。

【针治】针脾俞、六脉、后三里等穴。

3)水湿困脾气胀

多因饲养管理不当,喂以大量青绿多汁或其他易发酵产气的草料,或空肠过饮冷水,饲以冰冻露草料,或被阴雨苦淋,久卧湿地等,致使脾胃受损,寒湿内侵,脾为湿所困,运化失常,清阳不升,浊阴不降,清浊相混,聚于胃肠而发病。

【主证】牛、羊食欲、反刍大减或废绝,肷部胀满,按压稍软,胃内容物呈粥状;瘤胃穿刺,水草与气体同出,形成泡沫,沫多气少,放气时常因针孔被阻塞而屡屡中断;口色青黄而暗,脉象沉迟。马、骡粪便稀软,肚腹虚胀,日久不消,草料迟细,口黏不渴,精神倦怠,牵行懒动,口色淡黄或黄白相间,舌苔白腻,脉象虚濡。

【治则】牛、羊宜逐水通肠,消积理气;马、骡宜健脾燥湿,理气化浊。

【方例】牛、羊用越鞠丸(见理气方)加减;体虚,酌加党参,并增加黄芪用量;胀重,酌加厚朴、枳壳;积滞重,酌加三棱、莪术、山楂、神曲。马、骡用胃苓汤(见祛湿方之五苓散)加减;胀重,加木香、丁香;体虚,加党参、黄芪;湿重,加车前子、大腹皮;寒重,加吴茱萸、干姜、附子。

【针治】针脾俞、胃俞、关元俞、后三里等穴。

4)湿热蕴结气胀

多因天气炎热,久渴失饮,饮水污浊,或劳役过重,乘热饮冷,或水湿困脾失治,郁久化热,湿热相搏,阻遏气机,致使脾胃运化失职而发病。

【主证】腹胀,食欲大减或废绝,粪软而臭,排出不爽,肠音微弱;呼吸喘促,或体温升高;口色红黄,苔黄而腻,脉象濡数。

【治则】清热燥湿,理气化浊。

【方例】胃苓汤(见祛湿方之五苓散)减桂枝、白术,酌加茵陈、木通、黄芩、黄连、藿香。

【针治】针带脉、脾俞、关元俞等穴。

14.3.2 食胀

食胀是采食草料过多,停积胃肠,滞而不化,发酵膨胀,致使肚腹胀满的病证。多由饥后饲喂过多,贪食过饱,以致胃内食物积聚而致。

【主证】食欲大减或废绝,时有呕吐,呕吐物酸臭;腹围膨大,触压腹壁坚实有痛感;重者腹痛不安,前蹄刨地,痛苦呻吟;口臭舌红,苔黄;脉象弦滑。

【治则】消食导滞,泻下通便。

【方例】曲蘗散、保和丸(均见消导方)或大承气汤(见泻下方)加减。

【针治】针脾俞、六脉、后三里穴等。

14.3.3 水胀

水胀是脾、肾等脏功能失调,水湿代谢障碍,停聚胃肠而呈现肚腹胀满的病证。多由外感湿热,蕴结脾胃,或饲养管理不当,如劳役过度,暴饮冷浊,长期饲以冰冷草料,久卧湿地,阴雨苦淋等,致使脾失健运,水湿内停,湿留中焦,郁久化热所致。

【主证】精神倦怠,头低耳聋,水草迟细,日渐消瘦,腹部因逐渐膨大而下垂,触诊时有拍水音;口色青黄,脉象迟涩。有的病例还兼有湿热蕴结之象,如舌红、苔厚、脉数、粪便稀软、尿少等。

【治则】健脾暖胃,温肾利水。

【方例】大戟散(大戟、滑石、甘遂、牵牛子、黄芪、芒硝、巴豆,《元亨疗马集》)加减。

【针治】针脾俞、关元俞、带脉、后三里等穴。

14.4　泄　泻

　　泄泻是指排粪次数增多、粪便稀薄,甚至泻粪如水样的一类病证。见于胃肠炎、消化不良等多种疾病过程中。

　　泄泻的主要病变部位在脾、胃及大肠、小肠,但其他脏腑疾患,如肾阳不足等,也能导致脾胃功能失常而发生泄泻。临床上,常根据泄泻的原因及主证,将其分为如下证型。

14.4.1　寒泻(冷肠泄泻)

　　外感寒湿,传于脾胃,或内伤阴冷,直中胃肠,致使运化无力,寒湿下注,清浊不分而成泄泻。常见于马、骡和猪,多发于寒冷季节。

　　【主证】发病较急,泻粪稀薄如水,甚至呈喷射状排出,遇寒泻剧,遇暖泻缓,肠鸣如雷,食欲减少或不食,精神倦怠,头低耳耷,耳寒鼻冷,间有寒战,尿清长,口色青白或青黄,苔薄白,口津滑利,脉象沉迟。严重者,肛门失禁。

　　【治则】温中散寒,利水止泻。

　　【方例】猪苓散(见祛湿方)加减。

　　【针治】针交巢(后海)、后三里、脾俞、百会等穴。

14.4.2　热泻

　　暑月炎天,劳役过重,乘饥而喂热料,或草料霉败,谷气料毒积于肠中,郁而化热,损伤脾胃,津液不能化生,则水反为湿,湿热下注,而成泄泻。

　　【主证】发热,精神沉郁,食欲减少或废绝,口渴多饮,有时轻微腹痛,蜷腰卧地,泻粪稀薄,黏腻腥臭,尿赤短,口色赤红,舌苔黄腻,口臭,脉象沉数。

　　【治则】清热燥湿,利水止泻。

　　【方例】郁金散(见清热方)加减。热盛者,去诃子,加银花、连翘;水泻严重者,加车前子、茯苓、猪苓,去大黄;腹痛者,加延胡索等。

　　【针治】针带脉、尾本、后三里、大肠俞等穴。

14.4.3　伤食泻

　　采食过量食物,致宿食停滞,脾胃受损,运化失常,水反为湿,谷反为滞,水谷合污下注,遂成泄泻。各种动物均可发生,尤以猪、犬、猫最为常见。

　　【主证】食欲废绝,牛、羊反刍停止。肚腹胀满,隐隐作痛,粪稀黏稠,粪中夹有未消化的食物,气味酸臭或恶臭,嗳气吐酸,不时放臭屁,或屁粪同泄,常伴呕吐(马属动物除外),泄吐之后痛减。口色红,苔厚腻,脉滑数。

　　【治则】消积导滞,调和脾胃。

【方例】保和丸(见消导方)加减。食滞重者,加大黄、枳实、槟榔;水泻甚者,加猪苓、木通、泽泻;热盛者,加黄芩、黄连。

【针治】针蹄头、脾俞、后三里、关元俞等穴。

14.4.4 虚泻

多发于老龄动物,一般病程较长,患畜体瘦形羸。根据病情的轻重和病因的不同,又分脾虚泻和肾虚泻两种证型。

1)脾虚泄泻

长期使役过度,饮喂失调,或草料质劣,致使脾胃虚弱,胃弱不能腐熟消导,脾虚不能运化水谷精微,以致中气下陷,清浊不分,故而作泻。

【主证】形体羸瘦,毛焦欣吊,精神倦怠,四肢无力。病初食欲大减,饮水增多,鼻寒耳冷,腹内肠鸣,不时作泻,粪中带水,粪渣粗大,或完谷不化。严重者,肛弛粪淌,舌色淡白,舌面无苔,脉象迟缓。后期,水湿下注,四肢浮肿。

【治则】补脾益气,利水止泻。

【方例】参苓白术散或补中益气汤(均见补虚方)加减。

【针治】针百会、脾俞、后三里、后海、关元俞等穴。

2)肾虚泻

肾阳虚衰,命门火不足,不能温煦脾阳,致使脾失运化,水谷下注而成泄泻。

【主证】精神沉郁,头低耳耷,毛焦欣吊,腰胯无力,卧多立少,四肢厥逆,久泻不愈,夜间及天寒时泻重;严重者,肛门失禁,粪水外溢,腹下或后肢浮肿;口色如绵,脉沉细无力。

【治则】温肾健脾,涩肠止泻。

【方例】巴戟散(见补虚方)去槟榔,加茯苓、猪苓等;或用四神丸(见收涩方)合四君子汤(见补虚方)加减。

【针治】针后海、后三里、尾根、百会、脾俞等穴。

14.5 便 秘

便秘是粪便干燥,排粪艰涩难下,甚至秘结不通的病证。马、骡结症也属便秘范畴,但因其有明显的腹痛,已在腹痛中论述,这里主要论述腹痛症状不甚明显的便秘。临床上,根据便秘发生的原因及主证不同,常将其分为以下证型。

14.5.1 热秘

外感之邪,入里化热;或火热之邪,直接伤及脏腑;或饲喂难以消化的草料,又饮水不足,草料在胃肠停积,聚而生热;均可灼伤胃肠的津液,致粪便传导受阻而成本病。

【主证】拱腰努责,排粪困难,粪便干硬、色深,或完全不能排粪,肚腹胀满,小便短赤;口干喜饮,口色红,苔黄燥,脉沉数。牛鼻镜干燥或龟裂,反刍停止;猪鼻盘干燥,有时可在腹部摸到硬粪块。

【治则】清热通便。

【方例】大承气汤(见泻下方)加味。肚腹胀满者,加槟榔、牵牛子、青皮;粪干者,加食用油、火麻仁、郁李仁;津伤严重者,加鲜生地、石斛等。

【针治】针交巢、关元俞、脾俞、带脉、尾本等穴。

14.5.2　寒秘

外感寒邪,脾阳受损;或畜体素虚,正气不足,真阳亏损,寒从内生,不能温煦脾阳,致使运化无力,粪便难下。

【主证】形寒怕冷,耳鼻俱凉,四肢欠温,排粪艰涩,小便清长,腹痛,口色青白,舌苔薄白,脉象沉迟。

【治则】温中通便。

【方例】大承气汤(见泻下方)加附子、细辛、肉桂、干姜。腹痛甚者,加白芍、桂枝;积滞重者,加神曲、麦芽。

【针治】针交巢、关元俞、百会等穴。

14.5.3　虚秘

畜体素弱,脾肾阳虚,运化传导无力,以致粪便艰涩难下。

【主证】神倦力乏,体瘦毛焦,多卧少立,不时拱腰努责,大便排出困难,但粪球并不是很干硬;口色淡白,脉弱。

【治则】益气健脾,润肠通便。

【方例】当归苁蓉汤(见泻下方)加减。倦怠无力者,加黄芪、党参;粪干津枯者,加玄参、麦冬。

14.6　咳　嗽

咳嗽是肺经疾病的主要症状之一,多发于春、秋两季。外感、内伤的多种因素,都可使肺气壅塞、宣降失常而发生咳嗽。临床上常见的有如下证型。

14.6.1　外感咳嗽

1)风寒咳嗽

风寒之邪侵袭肌表,卫阳被束,肺气郁闭,宣降失常,故而咳嗽。

【主证】发热恶寒,无汗,被毛逆立,甚至颤抖,鼻流清涕,咳声洪亮,喷嚏,口色青白,舌苔薄白,脉象浮紧。牛鼻镜水不成珠,反刍减少;猪、犬等,畏寒喜暖,鼻塞不通。

【治则】疏风散寒,宣肺止咳。

【方例】荆防败毒散(见解表方)或止嗽散(见化痰止咳平喘方)加减。

【针治】针肺俞、苏气、山根、耳尖、尾尖、大椎等穴。

2)风热咳嗽

感受风热邪气,肺失清肃,宣降失常,故而咳嗽。

【主证】发热重,恶寒轻,咳嗽不爽,鼻流黏涕,呼出气热,口渴喜饮,舌苔薄黄,口红少津,脉象浮数。

【治则】疏风清热,化痰止咳。

【方例】银翘散(见解表方)或桑菊饮(桑叶、菊花、杏仁、桔梗、薄荷、连翘、芦根、甘草,《温病条辨》)加减。痰稠,咳嗽不爽,加瓜蒌、贝母、橘红;热盛,加知母、黄芩、生石膏。

【针治】针玉堂、通关、苏气、山根、尾尖、大椎、耳尖等穴。

3)肺热咳嗽

多因外感火热之邪,或风寒之邪,郁而化热,肺气宣降失常所致。

【主证】精神倦怠,食欲减少,口渴喜饮,大便干燥,小便短赤,咳声洪亮,气促喘粗,呼出气热,鼻流黏涕或脓涕,口渴贪饮,口色赤红,舌苔黄燥,脉象洪数。

【治则】清肺降火,化痰止咳。

【方例】清肺散(见清热方)或麻杏甘石汤(见化痰止咳平喘方)或苇茎汤(见清热方)加减。

【针治】针胸膛、颈脉、苏气、百会等穴。

14.6.2　内伤咳嗽

1)气虚咳嗽

多因久病体虚,或劳役过重,耗伤肺气,致使肺宣肃无力而发咳嗽。

【主证】食欲减退,精神倦怠,毛焦肷吊,日渐消瘦;久咳不已,咳声低微,动则咳嗽并有汗出,鼻流黏涕;口色淡白,舌质绵软,脉象迟细。

【治则】益气补肺,化痰止咳。

【方例】四君子汤(见补虚方)合止嗽散(见化痰止咳平喘方)加减。

【针治】针肺俞、脾俞、百会等穴。

2)阴虚咳嗽

多因久病体弱,或邪热久恋于肺,损伤肺阴所致。

【主证】频频干咳,昼轻夜重,痰少津干,低烧不退,或午后发热,盗汗,舌红少苔,脉细数。

【治则】滋阴生津,润肺止咳。

【方例】清燥救肺汤(见化痰止咳平喘方)或百合固金汤(见补虚方)加减。

【针治】针肺俞、脾俞、百会等穴。

3)湿痰咳嗽

脾肾阳虚,水湿不化,聚而成痰,上渍于肺,使肺气不得宣降而发咳嗽。

【主证】精神倦怠,毛焦体瘦,咳嗽,气喘,喉中痰鸣,痰液白滑,鼻液量多、色白而黏稠;咳时,腹部扇动,肘头外张,胸胁疼痛,不敢卧地,口色青白,舌苔白滑,脉滑。

【治则】燥湿化痰,止咳平喘。

【方例】二陈汤(见化痰止咳平喘方)合三子养亲汤(苏子、白芥子、莱菔子,《韩氏医通》)。

14.7 水 肿

水肿是由于水代谢障碍,致使水湿潴留体内,泛溢肌肤的一种病证。水肿多见于颌下、眼睑、胸前、腹下、阴囊、会阴部、四肢等部位。根据病因及主证的不同,常将水肿分为以下四种证型。

14.7.1 风水相搏

风寒外袭,肺失宣降,不能通调水道,风水泛滥,流溢肌肤,发为水肿。本证相当于现代兽医学中由感冒引起的急性肾炎初期。

【主证】初起毛乍腰弓,恶寒发热,随之出现眼睑及全身浮肿,腰脊僵硬,肾区触压敏感,尿短少,舌苔薄白,脉浮数。

【治则】宣肺利水。

【方例】越婢加术汤(麻黄、石膏、甘草、大枣、白术、生姜,《金匮要略》)。表证明显者,加防风、羌活;咽喉肿痛者,加板蓝根、桔梗、连翘、射干等。

14.7.2 水湿积聚

圈舍潮湿,或被雨淋,或暴饮冷水,或长期饲喂冰冻饲料,脾阳为寒湿所困,运化失职,水湿停聚,溢于肌肤,发为水肿。

【主证】精神萎靡,草料迟细,耳耷头低,四肢沉重。胸前、腹下、四肢、阴囊等处水肿,以后肢最为严重。运步强拘,腰腿僵硬。小便短少,大便稀薄。脉象迟缓,舌苔白腻。

【治则】通阳利水。

【方例】五苓散合五皮饮(均见祛湿方)加减。

14.7.3 脾虚水肿

劳役过度,草料不足,脾气受损,运化失职,以致水液停聚,发为水肿。

【主证】毛焦欣吊,精神萎靡,食欲减退,四肢、腹下水肿,按之留下凹痕,尿少,粪稀,舌软如绵,脉象沉细无力。

【治则】健脾利水。

【方例】参苓白术散(见补虚方)加桑白皮、生姜皮、大腹皮等。

14.7.4　肾虚水肿

体质素虚,或劳役过度,或配种过频,或久病失养,以致脾肾阳虚,水液不能正常蒸化,泛滥周身肌肤而为水肿。

【主证】腹下、阴囊、会阴、后肢等处水肿,尤以后肢为甚;拱背,尿少,腰胯无力,四肢发凉;口色淡白,脉象沉细无力。

【治则】温肾利水。

【方例】巴戟散(见补虚方)去肉豆蔻、川楝子、青皮,加猪苓、大腹皮、泽泻等。

14.8　血　证

凡由多种原因引起火热熏灼或气虚不摄,致使血液不循常道,或上溢于口鼻诸窍,或下泄于前后二阴,或渗出于肌肤,所形成的疾患,统称为血证。也就是说,非生理性的出血性疾患,称为血证。在古代医籍中,也称为血病或失血。

14.8.1　鼻衄

鼻腔出血称为鼻衄。主要见于某些传染性、发热性疾病、血液病、风湿热、高血压、维生素缺乏症、化学药品及药物中毒等出现的鼻衄。至于鼻腔局部病变引起的鼻衄,不属于本病的范畴。

【病机】多有肺热、胃热、肝火等迫血妄行所致,部分可由气血亏虚、血失统摄引起。

【病位】在鼻,与肺胃肝三脏关系最为密切。

1)热邪犯肺证

【主证】鼻衄,鼻燥,口干咽燥,或兼身热、咳嗽痰少,舌红,脉数。

【治则】宣肺清热,凉血止血。

【方例】桑菊饮。加减法:可合十灰散,或加丹皮、小蓟、侧柏叶、白茅根;桔梗不适于出血,宜去之;若口、鼻、咽干燥显著者(阴伤较甚),加玄参、麦冬、鲜地黄;肺热盛而无表证者,去薄荷、桔梗,加黄芩、栀子。

2)胃热炽盛证

【主证】鼻衄,血色鲜红,或兼齿衄,鼻干,口干臭秽,烦躁,口渴欲饮,便秘,舌红,苔黄,脉数。

【治则】清胃泻火,凉血止血。

【方例】玉女煎。加减法:可加大蓟、小蓟、白茅根、藕节;热势甚者,加栀子、牡丹皮、黄芩;大便秘结,加生大黄;阴伤较甚、口渴、舌红少苔、脉细数者,加天花粉、石斛、玉竹。

3)肝火上炎证

【主证】鼻衄,头痛,目赤,口苦,烦躁易怒,目眩,耳鸣,舌红,脉弦数。

【治则】清肝泻火,凉血止血。

【方例】龙胆泻肝汤。加减法:可酌加白茅根、蒲黄、大蓟、小蓟、藕节;若阴液亏耗,口干鼻燥,舌红少津,脉细数者,可去车前子、泽泻、当归,酌加玄参、麦冬、女贞子、墨旱莲。

4)气血亏虚证

【主证】鼻衄,或兼齿衄、肌衄,头晕耳鸣,心悸乏力,面色苍白,夜寐不宁,舌质淡,脉细弱。

【治则】补气摄血。

【方例】归脾汤。加减法:可加仙鹤草、阿胶、茜草等。

【其他疗法】冰水或冷水敷额部;棉花蘸云南白药塞鼻;针刺少商、合谷、太冲,治热证鼻衄。

14.8.2 咳血

血由肺内而来,经气道咳嗽而出称为咳血。或痰中带有血丝,或痰血相兼,或纯血鲜红,间夹泡沫。咳血也称咯血或嗽血,主要见于呼吸系统类疾病,如支气管扩张症、急性气管—支气管炎、慢性支气管炎、肺炎、肺结核、肺癌等。其中,由肺结核、肺癌所致者,尚需参考肺痨、肺癌两节。温病中的风温、暑温都会导致咳血,详见温病学的有关内容。

【病机】热邪伤肺,肝火犯肺,以及肺肾阴虚、肺失濡养、虚火内炽,损伤肺络。

【病位】在肺,与肾有关。

1)燥热伤肺证

【主证】喉痒咳嗽,痰中带血,口干鼻燥,或有身热,舌红少津,苔薄黄,脉数。

【治则】清热润肺,宁络止血。

【方例】桑杏汤。加减法:可加白茅根、茜草、藕节、侧柏叶;出血较多者,可再加云南白药或三七粉冲服;兼见发热、头痛、咳嗽、咽痛等症,为风热犯肺,加金银花、连翘、牛蒡子;津伤较甚,见干咳无痰,或痰黏不易咯出,苔少舌红乏津者,可加麦冬、玄参、天冬、天花粉;痰热壅肺,肺络受损,见发热、面红、咳嗽、咳血、咯痰黄稠、舌红、苔黄、脉数者,可改用清金化痰汤去桔梗,加大蓟、小蓟、茜草等;热势较甚,咳血较多者,加金银花、连翘、黄芩、芦根,及冲服三七粉。

2)肝火犯肺证

【主证】咳嗽阵作,痰中带血或纯血鲜红,胸胁胀痛,口苦,烦躁易怒,舌质红,苔薄黄,脉弦数。

【治则】清肝泻肺,凉血止血。

【方例】泻白散合黛蛤散。加减法:可酌加鲜地黄、墨旱莲、白茅根、大蓟、小蓟;肝火较甚,头晕目赤、心烦易怒者,加牡丹皮、栀子、黄芩;如咳血量较多,纯血鲜红,可用犀角地黄汤加三七粉冲服(方中犀角用水牛角代替)。

3)阴虚肺热证

【主证】咳嗽痰少,痰中带血或反复咳血,血色鲜红,口干咽燥,颧红,潮热盗汗,舌红,脉细数。

【治则】滋阴润肺,宁络止血。

【方例】百合固金丸。加减法:可加白及、藕节、白茅根、茜草,或合十灰散;反复咳血及咳血量多者,加阿胶、三七;潮热、颧红者,加青蒿、鳖甲、地骨皮、白薇;盗汗加糯稻根须、浮小麦、五味子、牡蛎。

14.8.3 便血

便血系胃、肠脉络受损,出现血液随大便而下,或大便呈柏油样为主要的临床表现。主要见于胃肠道的炎症、溃疡、肿瘤、息肉、憩室炎等。

【病机】湿热蕴结,肠络受损;中气亏虚,血溢肠胃;中焦虚寒,血溢肠胃。

【病位】胃、肠。

1) 肠道湿热证

【主证】便血鲜红,大便不畅或稀溏,或有腹痛,口苦,舌红苔黄腻,脉濡数。

【治则】清化湿热,凉血止血。

【方例】地榆散或槐角丸。加减法:地榆散清化湿热之力较强,槐角丸兼能理气活血,可根据临床需要酌情选用。如便血日久,湿热未尽而营阴已亏,应清热除湿与补益阴血双管齐下,以虚实兼顾,扶正祛邪。可选用清脏汤或脏连丸。

2) 气虚不摄证

【主证】便血色红或紫黯,食少体倦,面色萎黄,心悸,少寐,舌质淡,脉细。

【治则】益气摄血。

【方例】归脾汤。加减法:可酌加槐花、地榆、白芨、仙鹤草。

3) 脾胃虚寒证

【主证】便血紫黯或呈黑便,溏薄,腹部隐痛,喜温喜热饮,面色不华,体倦,舌质淡,脉细。

【治则】健脾温中,养血止血。

【方例】黄土汤。加减法:可加白及、海螵蛸、三七、花蕊石;阳虚较甚,畏寒肢冷者,可加鹿角霜、干姜、艾叶。

14.9 淋 证

淋证是排尿频数、涩痛,淋沥不尽的病证。根据病因及主证的不同,常将其分为热淋、血淋、砂淋、劳淋和膏淋五种,称为五淋。

14.9.1 热淋

湿热蕴结于下焦,膀胱气化失利,以致排尿淋沥涩痛,发为热淋。

【主证】排尿时拱腰努责,淋沥不畅,疼痛,频频排尿,但尿量少,尿色赤黄;口色红,苔黄腻,脉滑数。

【治则】清热降火,利尿通淋。

【方例】八正散(见祛湿方)加减。内热盛,加蒲公英、金银花等。

14.9.2　血淋

湿热蕴结膀胱,伤及脉络,血随尿排出,遂成血淋。血淋与尿血,均可见尿中带血,一般排尿涩痛、淋沥不尽者为血淋,无排尿涩痛、尿淋沥者为尿血。

【主证】排尿困难,疼痛不安,尿中带血,尿色鲜红;舌色红,苔黄,脉数;兼血瘀者,血色暗紫,混有血块。

【治则】清热利湿,凉血止血。

【方例】小蓟饮子(生地黄、小蓟、滑石、炒蒲黄、淡竹叶、藕节、通草、栀子、炙甘草、当归,《重订严氏济生方》)。

14.9.3　砂石淋

多由湿热蕴结膀胱,煎熬尿液成石所致。常发于公畜,母畜少发。

【主证】尿道不完全堵塞时,尿频,排尿困难,疼痛不安,尿淋沥不尽,有时排尿中断,尿液混浊,常见有大小不等的砂石,或尿中带有血丝。尿道完全堵塞时,虽常作排尿姿势,但无尿排出,动物痛苦不安。犬、猫等动物触诊腹部,可感觉到膀胱充盈;马、牛等谷道入手,可触摸到充满尿液的膀胱,大如篮球。口色、脉象通常无明显变化,或口色微红而干,脉滑数。严重者,因久不排尿,包皮、会阴发生水肿,同时伴有全身症状。

【治则】清热利湿,消石通淋。

【方例】八正散(见祛湿方)加金钱草、海金沙、鸡内金;兼有血尿者,加大蓟、小蓟、藕节、丹皮。

14.9.4　劳淋

体质素虚,或劳役过度,或淋证失治、误治,耗伤正气,致使脾肾俱虚,膀胱气化不利而发为劳淋。

【主证】精神倦怠,四肢无力,卧多立少,体瘦毛焦,甚或耳鼻发凉,四肢不温;排尿频数,淋沥不尽,但疼痛不显,遇劳则淋重;口色淡白,舌质如绵,舌苔薄白或无苔,脉沉细无力。

【治则】补益脾肾,利尿通淋。

【方例】肾虚者,用六味地黄汤(见补虚方)加菟丝子、五味子、枸杞子;脾虚者,用补中益气汤(见补虚方)加菟丝子、五味子、枸杞子;排尿困难者,加猪苓、泽泻、车前子。

14.9.5　膏淋

湿热蕴结于膀胱,气化不利,清浊相混,脂液失约,遂成膏淋。

【主证】身热,排尿涩痛、频数,尿液混浊不清,色如米泔,稠如膏糊;口色红,苔黄腻,脉滑数。

【治则】清热利湿,分清化浊。

【方例】草薢分清饮(川草薢、石菖蒲、黄柏、白术、莲子心、丹参、车前子,《医学心悟》)。

14.10 痹 证

痹是闭塞不通的意思。痹证是由于动物体受风寒湿邪侵袭,致使经络阻塞、气血凝滞,引起肌肉关节肿痛,屈伸不利,甚至麻木、关节肿大变形的一类病证,相当于现代兽医学的风湿症。临床上常见的有风寒湿痹和风热湿痹两种。

14.10.1 风寒湿痹

多因动物体阳气不足,卫气不固,再逢气候突变、夜露风霜、阴雨苦淋、久卧湿地、穿堂贼风、劳役过重、乘热渡河、带汗揭鞍等,风寒湿邪便乘虚而伤于皮肤,流窜经络,侵害肌肉、关节、筋骨,引起经络阻塞,气血凝滞,而成本病。由于风、寒、湿三邪偏盛的不同,症状也有差异,风邪偏盛者为行痹,寒邪偏盛者为痛痹,湿邪偏盛者为着痹。

【主证】肌肉或关节肿痛,皮紧肉硬,四肢跛行,屈伸不利,跛行随运动而减轻。重则关节肿大,肌肉萎缩,或卧地不起。风邪偏盛者(行痹),疼痛游走不定,常累及多个关节,脉缓;寒邪偏盛者(痛痹),疼痛剧烈,痛处固定,得热痛减,遇寒痛重,脉弦紧;湿邪偏盛者(着痹),疼痛较轻,痛处固定,肿胀麻木,缠绵难愈,易复发,脉沉缓。

【治则】祛风散寒,除湿通络。

【方例】风邪偏盛者,用防风散(见祛湿方)加减;寒邪偏盛者,用独活寄生汤(见祛湿方)减熟地、党参,加川乌;湿邪偏盛者,用薏苡仁汤(薏苡仁、防己、苍术、独活、羌活、防风、桂枝、川乌、豨莶草、川芎、当归、威灵仙、生姜、甘草,《类证治裁》)加减。前肢痹证,加瓜蒌、枳壳等;后肢及腰部痹证,加肉桂、茴香等。

【针治】根据疾病的具体部位进行选穴,如颈部风湿针九委穴,肩部风湿针抢风、冲天、膊尖、肺门等穴,腰背部风湿针百会、肾俞、肾棚、肾角、腰前、腰中、腰后等穴,后肢风湿针百会、巴山、路股、大胯、小胯、邪气等穴。可酌情选用白针、水针、电针、火针、醋酒灸和软烧等不同方法。

14.10.2 风热湿痹

动物素体阳气偏胜,内有蕴热,又感风寒湿邪,里热为外邪所郁,湿热壅滞,气血不宣;或痹证迁延,风、寒、湿三邪久留,郁而化热,壅阻经络关节,均可导致风湿热痹。

【主证】发病较急,患部肌肉关节肿胀、温热、疼痛,常呈游走型,伴有发热出汗、口干、色红、脉数等症状。

【治则】清热,疏风化湿。

【方例】独活散(见祛湿方)加减。

【针治】选穴同于风寒湿痹,但一般不用火针、醋酒灸及软烧等方法。

14.11   虚   劳

虚劳是动物因脏腑亏损、气血不足而发生的一类慢性、虚损性病证。临床上常见的有以下几种证型。

14.11.1   气虚

气虚主要指脾、肺气虚。多因素体虚弱,或老龄体弱,或久病失治、误治耗伤正气,或长期饲养管理不当,劳役过度,脏腑功能衰退所致。

【主证】食欲减少,精神不振,肷吊毛焦,体瘦形羸,四肢无力,怠行好卧,口色淡白,脉沉细无力。肺气虚者,呼吸气短,咳声无力,动则气喘、汗出;脾气虚者,粪便清稀,完谷不化或水粪齐下,双唇不收,舌绵软无力。

【治则】益气。

【方例】肺气虚者,用补肺散(人参、黄芪、熟地、五味子、紫菀、桑白皮,《永类钤方》);脾气虚者,用补中益气汤(见补虚方)或参苓白术散(见补虚方)加黄芪、熟地黄、五味子、紫菀、桑白皮等。

14.11.2   血虚

血虚主要指心、肝血虚。多由先天不足,体质素虚,或后天失养,脾胃虚弱,血液生化无源,或各种急慢性出血,肠道虫积等所致。

【主证】精神不振,体瘦毛焦,口色、结膜淡白无华,脉象细弱。心血虚者,有时心悸,见物易惊;肝血虚者,筋脉拘挛、抽搐、蹄甲焦枯,有时视力减退或失明。

【治则】心血虚者,养血安神;肝血虚者,补血养肝。

【方例】心血虚者,用八珍汤(见补虚方之四物汤)加龙眼肉、酸枣仁、远志等;肝血虚者,用四物汤(见补虚方)加何首乌、女贞子、枸杞子、钩藤等。

14.11.3   阴虚

阴虚主要指肺、肾阴虚。多由营养不足,饮水缺乏,或久病体虚,或泄泻、大汗、失血以及高热伤津所致。

【主证】精神倦怠,体瘦毛焦,虚热不退,午后热盛,盗汗,口色红,少苔或无苔,脉象细数。肺阴虚者,干咳无痰,咳声低微,或有气喘;肾阴虚者,腰拖胯觥,公畜举阳滑精,母畜不发情或不孕。

【治则】肺阴虚者,养阴润肺;肾阴虚者,滋阴补肾。

【方例】肺阴虚者,用百合固金汤(见补虚方)加减;肾阴虚者,用六味地黄丸(见补虚方)

加减。

14.11.4　阳虚

阳虚主要指脾、肾阳虚。多因素体阳虚,或老龄体弱,久病不愈,脾肾阳虚,或劳损过度,感受寒邪,阳气受损所致。

【主证】体瘦毛焦,畏寒怕冷,耳鼻四肢发凉,口色淡白,脉象细弱。脾阳虚者,慢草或不食,久泄不止,四肢虚浮;肾阳虚者,腰膝痿软无力,公畜阳痿、滑精,母畜不孕。

【治则】脾阳虚者,温中健脾;肾阳虚者,温肾助阳。

【方例】脾阳虚者,用理中汤(见温里方)加减;肾阳虚者,用肾气丸(见补虚方之六味地黄汤)加减。

14.12　跛　行

跛行,是动物四肢运动机能障碍的一种临床表现,又称为拐症。引起跛行的原因很多,动物主要是四肢疾病,但有时也与脏腑的机能变化密切相关,如肺把胸膊痛、肾冷拖腰等皆可引起跛行。在跛行诊断时,应加以注意。临床上根据跛行的病因和主证,常将其分为闪伤跛行、寒伤跛行和热伤跛行三种。

14.12.1　闪伤跛行

主要指关节及其周围软组织(如皮肤、肌肉、韧带、肌腱、血管)等的扭挫伤。多由跌打损伤,或滑伸扭伤,筋骨脉络受损,致使气瘀血滞,而成肿痛、跛行。

【主证】突然发病,行走时出现跛行,随运动而加剧。四肢闪伤时,患肢疼痛,负重和屈伸困难;腰部闪伤时,拱腰低头,行走困难,后脚难移,起卧艰难,甚至卧地不起。

【治则】行气活血,散瘀止痛。

【方例】跛行散或跛行镇痛散(均见理血方)加减。

【针治】根据局部选穴的原则,选取患肢或患部的穴位。急性者,可用血针或白针;慢性者,用白针或火针。

14.12.2　寒伤跛行

风寒湿邪,侵于皮肤,传入经络,引起气血凝滞,导致跛行。

【主证】腰肢疼痛,跛行,患部有游走性,常随运动而减轻。寒伤四肢时,常侵害四肢上部,患肢多伸向前方,以避免负重;运动时,步幅极小,拘行束步,抬不高,迈不远。如为寒伤腰胯,则背腰拱起,腰脊板硬,胯靸腰拖,重者难起难卧。

【治则】祛风散寒。

【方例】参见痹证。

14.12.3　热伤跛行

感受风、寒、湿邪,郁久化热;或因跌打损伤,致使筋脉受损,气滞血瘀,瘀而化热;或感受热毒之邪等,均可导致关节肿痛,引起跛行。

【主证】除有跛行症状外,患部有红、肿、热、痛的表现,触诊局部灼热而敏感;严重者,舌红脉数,全身发热,精神沉郁,食欲减退。

【治则】活血化瘀,清热止痛。

【方例】定痛散(见理血方)加丹皮、丹参、赤芍、桑枝等。

复习与思考

一、名词解释

1. 慢草与不食;　2. 泄泻;　3. 便秘;　4. 咳嗽;　5. 跛行。

二、填空题

1. 造成慢草与不食的原因有很多。临床上根据病因,常将其分为＿＿＿＿＿＿、＿＿＿＿＿＿、＿＿＿＿＿＿、＿＿＿＿＿＿、＿＿＿＿＿＿、＿＿＿＿＿＿。

2. 淋证是排尿频数、涩痛、淋沥不尽的病证。根据病因及主证的不同,常将其分为＿＿＿＿＿＿、＿＿＿＿＿＿、＿＿＿＿＿＿、＿＿＿＿＿＿、＿＿＿＿＿＿五淋。

3. 痹证由风、寒、湿三邪杂合而致,由于邪气偏盛的不同,症状也有差异,风邪偏盛者为＿＿＿＿＿＿,寒邪偏盛者为＿＿＿＿＿＿,湿邪偏盛者为＿＿＿＿＿＿。

三、选择题

1. 发热重,微恶寒,耳鼻俱温,体温升高,或微汗,鼻流黄色或白色黏稠脓涕,咳嗽,咳声不爽,口干渴,舌稍红,苔薄白或薄黄,脉浮数(　　　)。

　　A. 外感风寒发热　　　B. 外感风热发热　　C. 热在气分　　　　D. 内伤发热

2. 牛鼻镜水不成珠,反刍减少,发热恶寒,无汗,被毛逆立,甚至颤抖,鼻流清涕,咳声洪亮,喷嚏,口色青白,舌苔薄白,脉象浮紧(　　　)。

　　A. 外感风寒咳嗽　　　B. 外感风热咳嗽　　C. 气虚咳嗽　　　　D. 痰湿咳嗽

3. 起毛乍腰弓,恶寒发热,随之出现眼睑及全身浮肿,腰脊僵硬,肾区触压敏感,尿短少,舌苔薄白,脉浮数(　　　)。

　　A. 水湿积聚　　　　　B. 脾虚水肿　　　　C. 肾虚水肿　　　　D. 风水相搏

4. 精神不振,体瘦毛焦,有时心悸,见物易惊;有时视力减退或失明,口色、结膜淡白无华,脉象细弱(　　　)。

　　A. 气虚　　　　　　　B. 血虚　　　　　　C. 阴虚　　　　　　D. 阳虚

四、判断题

1. 治疗寒泻采用温中散寒,利水止泻。(　　　)

2. 低热不退,午后更甚,耳鼻微热,身热;皮肤弹性降低,唇干口燥,粪球干小,尿少色黄;口色红,少苔或无苔,脉细数,宜用清热泻火治疗。(　　)

3. 泻粪稀薄,黏腻腥臭,尿赤短,口色赤红,舌苔黄腻,口臭,脉象沉数,治疗采用温中散寒,利水止泻。(　　)

4. 肺热咳嗽采用清肺降火,化痰止咳,处方:清肺散或麻杏甘石汤。(　　)

5. 形体瘦弱,发病缓慢,病势较轻,反复发作,左肷胀满,拱背呆立,神疲力乏,粪便干少或拉稀,口色干红,脉象细数,治则以补脾健胃,消积导滞,方用大戟散。(　　)

五、问答题

1. 何为发热?何为慢草与不食?

2. 简述便秘分型与治疗。

3. 咳嗽的证型有哪些?如何治疗?

4. 何为跛行?简述跛行证型与治疗。

 案例分析

案例 1

一枣骝马,母,食欲减损,口干、口臭,上腭肿胀,排齿红肿,口温增高;耳鼻温热,口渴贪饮,粪球干小,小便短赤;口色赤红,舌苔黄厚,脉象洪数。

该骝马是什么证候?拟订出治则和方药。

案例 2

一黄牛,精神倦怠,食欲减退,发热,小便短赤,尿中混有血液,有时伴有血块,色鲜红或暗紫;触诊腰部疼痛敏感,口色红,脉细数。

该黄牛是何证候?拟订出治则和方药。

项目 15　临床常见疾病的治疗

✏️【学习目标】

　　1. 了解所述多发病、常见病的病因;

　　2. 掌握其症状、治则、选方、用药及预防治疗措施。

✏️【技能目标】

　　掌握畜禽常见的宿草不转、肺炎、胎衣不下等 12 种疾病的诊断与治疗。

15.1　宿草不转

　　宿草不转又称瘤胃积食,是指草料积于胃中无力运化之症,牛羊均可发生,但多见于牛,尤其是舍饲之牛。常见的有宿草积滞和脾虚积食两种证型。

15.1.1　宿草积滞

　　饥饿贪食或连续喂给过多难以消化而易膨胀的草料,或突然更换可口饲料,食之过多,使胃腑受纳太过,宿食难消,而成本病。

　　【主证】发病较急,精神不振,头低耳聋,食欲反刍停止,鼻镜干燥,肚腹胀满,嗳气酸臭,触诊瘤胃坚实,口色赤红,脉象沉涩。

　　【治则】消积导滞,攻下通便。

　　【方例】大戟散加减。大戟 15 g,甘遂 15 g,牵牛 30 g,滑石 100 g,黄芪 60 g,巴豆15 g,川大黄 60 g,芒硝 120 g,共为末,开水冲,候温加猪油 250 g 调服。

　　【单验方】神曲 25 g,山楂 60 g,莱菔子 60 g,共为末,开水冲,再加食醋 250 mL 灌服。

　　【针治】脾俞、滴明等穴。

15.1.2　脾虚积食

　　长期饲喂失调,劳役过度,脾胃受损,运化无力,停滞于胃,不能运转而发病。

【主证】形体瘦弱,发病缓慢,病势较轻,但易反复发作。左腹胀满,指压留痕,拱背呆立,神疲力乏,肢体颤抖,粪便干少或间有拉稀,口色干红,脉象细数。

【治则】补脾健胃,消积导滞。

【方例】四君子汤合曲蘖散(见补益方和消导方)加减。

15.2 肺 炎

本病是热邪蕴肺所引起的以发热、咳嗽、呼吸困难为主证的疾病,一年四季均有发生,但以冬、春季节较多。

常因劳役过度或喂养失调,正气虚弱,外感温热之邪,或风寒郁而化热。初呈肺卫表证,继而邪热入里,肺热壅盛,灼津成痰,痰热郁阻,肺气不利,则见高热、气急、鼻液黄稠。若热势炽盛,内陷营血,可见昏迷抽搐。若正不克邪,又可发生正气虚脱,而为危症。

15.2.1 风热犯肺

【主证】发热恶寒,神疲毛乍,咳重于喘,鼻流清涕,舌红苔薄黄,脉浮数。

【治则】辛凉解表,宣肺清热。

【方例】桑菊银翘散加减。桑叶30 g,菊花30 g,银花60 g,连翘30 g,杏仁30 g,桔梗24 g,薄荷24 g,荆芥24 g,知母30 g,贝母24 g,杷叶30 g,甘草15 g,水煎去渣,候温灌服。

15.2.2 肺热壅盛

【主证】全身发热,气粗喘促,口干而热,舌红苔黄,粪干尿赤,咳嗽脉数。

【治则】清热解毒,宣肺定喘。

【方例】麻杏石甘汤加味。炙麻黄30 g,杏仁45 g,石膏120 g,银花90 g,连翘30 g,黄芩30 g,黄连24 g,甘草15 g,水煎去渣,候温灌服。

15.2.3 正气虚脱

【主证】体温下降,四肢厥冷,口色清紫,浑身肉颤,大汗淋漓,脉细无力。

【治则】益气扶正,回阳救脱。

【方例】生脉散合参附汤加味。党参90 g,麦冬60 g,五味子30 g,附子45 g,生地45 g,龟板45 g,牡蛎45 g,水煎去渣,候温灌服。

【针治】放鹘脉、胸膛、鼻俞血。

15.3　肝热传眼

肝热传眼乃肝经积热,外传于眼,睛生白膜,两眼昏昏之症。

多因喂养太盛,内伤料毒,或暴月炎天负重乘骑,奔走太急,使热毒积于心肺,疫气流入肝经,肝受邪热,外传于眼而致病。

【主证】头低眼闭,初起羞明流泪,继则睛生白翳,逢物不见,卧蚕赤红,脉象弦数。临诊时,应与外伤引起的相区别,外伤多为一眼,且色脉如常。

【治则】以清肝泻火,明目退翳为治则,可内服决明散,清肝退翳散,并用拨云散减味点眼。

【方例】

(1)决明散:石决明(煅)30 g,草决明 30 g,黄药子 20 g,白药子 20 g,制没药25 g,大黄 30 g,黄芩 30 g,黄连 20 g,郁金 20 g,黄芪 20 g,栀子 20 g。共为细末,开水冲,候温饮用鸡子清 4 个,蜂蜜 150 g,同调大家畜一次灌服。

(2)清肝退翳散:石决明(煅)20 g,草决明 20 g,龙胆草 20 g,白菊花 15 g,蝉蜕 15 g,木贼 15 g,蒺藜 15 g,大黄 20 g,桔梗 15 g。共为细末,开水冲,候温大家畜一次灌服。

(3)拨云散:硼砂 3 g,炉甘石粉 15 g,朱砂 1.5 g,冰片 3 g,硇砂 0.6 g。共研极细面,过绢罗,装瓷瓶内备用,每次用量约 0.3 g,每天点眼数次。

【针治】放太阳血、三江血。牛可进行顺气穴巧治。其巧治顺气穴的操作方法是:用新鲜去皮光滑榆、柳条(直径约 0.15 cm)插入穴内 18 ~ 33 cm,并适当捻动,留 2 ~ 4 h 或更长时间。

15.4　尿　血

尿血,是尿中混有血液,或伴有血块的一种病证。临床上常见的有湿热蕴结膀胱和脾不统血两种证型。

15.4.1　湿热蕴结

多因劳役过重,感受热邪的侵袭,致使心火亢盛,下移小肠,以致膀胱积热,湿热互结,损伤脉络而发。此外,尿道结石、弩伤、跌打损伤等也可引起尿血。

【主证】精神倦怠,食欲减少,发热,小便短赤,尿中混有血液,或伴有血块,色鲜红或暗紫,口色红,脉细数。因弩伤或跌打损伤所致者,行走吊腰,触诊腰部疼痛敏感,尿中常有血凝块。

【治则】清热凉血,散瘀止血。

【方例】八正散(见祛湿方)加白茅根、大蓟、小蓟、生地,或秦艽散(见理血方)加减。

【针治】针断血穴。

15.4.2　脾虚尿血

多因劳役过度,饮喂失调,伤及脾胃,或体质素弱,脾胃气虚,致使气虚不能统血,血溢脉外,而成尿血。

【主证】精神不振,耳耷头低,四肢无力,食欲减少,尿中带血,尿色淡红,口色淡白,脉象虚弱。

【治则】健脾益气,摄血止血。

【方例】归脾汤或补中益气汤(均见补虚方)加减。

【针治】针脾俞、断血等穴。

15.5　胎衣不下

胎衣不下,是指母畜将胎儿产出后,经一定时间胎衣不能自动排出的病证。一般在分娩后,马 1.5 h,牛 12 h,羊 4 h,猪 1 h 不能排出胎衣时,即为胎衣不下,应予以治疗,此病牛多发。

此病多因在母畜怀孕时期饲养管理不当,致使母畜气血虚弱,或分娩时间过长,母畜过度疲劳,胎宫收缩无力;或因患有其他疾病,胎衣难以脱落等引起。

【主证】患畜水门垂吊着部分胎衣,并流出恶露,母畜不时努责,回头顾腹。气虚者,毛焦体瘦,精神沉郁,形寒怕冷,口色淡白,脉沉弱,气虚凝滞者,口色青紫,脉沉弦。

【治则】补气益血,活血化瘀,剥离胎衣。

【方例】手术剥离胎衣时,应先向胎衣与胞宫间灌注浓盐水,手臂消毒后一手伸入水门,另一手轻拉外漏的胎衣,入水门之手顺序剥离胎衣,直至全部剥离为止。剥完后,应用 0.1%高锰酸钾水或雷夫奴尔液冲洗子宫,排净药液后再注入抗菌素或磺胺类药物,以防感染。

(1)气虚者,灌服"八珍汤",加红花、桃仁、黄酒等祛瘀之品。八珍汤:党参 60 g,炒白术 60 g,茯苓 60 g,炙甘草 30 g,熟地 45 g,白芍 45 g,当归 45 g,川芎 30 g,水煎服。

(2)气血凝滞者,用"生化汤"加减。生化汤:当归 30 g,川芎 25 g,桃红 30 g,五灵脂 30 g,蒲黄 30 g,炙甘草 25 g。共为末,开水冲调,候温灌服。有寒象者,加肉桂、艾叶、炮姜;瘀血化热者,加金银花、连翘、地丁、蒲公英等。

15.6　乳房炎

乳房炎又称乳痈,是母畜乳房呈现硬、肿、热、痛,拒绝哺乳和人工挤奶的一种疾病。多发生于母畜产后哺乳期。根据病因可分为热毒雍盛型和气血瘀滞型。

15.6.1　热毒雍盛型

【主证】乳房红、肿、热、痛,拒绝哺乳和挤奶,不愿卧地或行走,后肢张开站立。乳汁减少变性,呈黄褐色或淡棕色,甚至出现带血丝的白色絮状物,触之如有波动感则脓已形成,日久破溃出脓。严重者发热,水草迟细,口色赤红,脉象洪数。

【治则】初期:清热解毒,消肿止痛。成脓期:清热解毒,消肿排脓。脓成未溃者可穿刺排脓。

【方例】

(1)初期,栝蒌牛蒡汤:栝蒌 60 g,牛蒡、花粉、连翘、银花各 30 g,黄芩、陈皮、栀子皂角刺、柴胡各 25 g,甘草、青皮各 15 g 加减。哺乳期乳汁壅滞者,通乳,加漏芦、王不留行、木通、路路通等。

(2)成脓期,透脓散:黄芪 60 g,当归 45 g,珠甲、穿芎、皂角刺各 30 g,加银花、连翘、蒲公英。外治,用艾叶、葱、防风、荆芥、白矾各 50 g,煎水去渣,洗患部。

15.6.2　气血瘀滞型

【主证】乳房内有大小不等的硬块,皮色不变,触之不变,触之不热或微热,乳汁不畅,若延误不治,肿块往往溃烂,或成为永久性硬块,使乳房不能产奶。病畜躁动不安,口色黄,苔黄,脉弦数。

【治则】舒肝解郁,清热散结。

【方例】

(1)逍遥散(柴胡 30 g,当归 40 g,白芍 30 g,白术 30 g,茯苓 25 g,甘草 300 g,薄荷 20 g,煨生姜 30 g)加枳壳、香附、青皮、瓜蒌、花粉等煎水灌服。

(2)外敷冲和膏(炒紫荆皮 150 g,独活 90 g,炒赤芍 60 g,白芷 120 g,石菖蒲 45 g,同葱汤、酒调敷,《外科正宗》),或用10% ~20%芒硝溶液热敷。

(3)针治:针灸或氦氖激光照射阳明、带脉、肾堂、尾本、乳基等穴对各型乳痈皆有一定疗效,用 TDP 治疗仪照射患乳也有较好疗效。

【护理与预防】勤挤奶,减少乳汁滞留,患病期尽可能隔离幼畜,暂停哺乳。保持厩舍卫生和挤奶卫生,防治外邪侵入。

15.7　附红细胞体病

附红细胞体病(简称附红体病)是由猪立克次氏体—附红细胞小体寄生于猪红细胞和血浆引起,以持续高热,贫血,皮肤、黏膜的出血、瘀血和黄疸以及广泛性器官损害为特征的热性溶血性传染病。

【主证】病初食欲废绝,腹泻,粪便带黏液性血液,两后肢抬举困难,站立不稳;时有呕吐,粪便干结;体温 41 ~ 42 ℃持续不退,精神不振,全身颤抖,叫声嘶哑,不愿走动,怕冷,常拥挤在一起,呼吸困难,气喘,咳嗽,心跳加快;可视黏膜初期潮红,后期苍白,轻度黄疸;耳尖变干,边缘上卷,两耳发绀,全身大部分皮肤显红紫色,四肢蹄冠部青紫色,指压不褪色,血凝不良,血液颜色变淡且稀薄。一般一至数日后死亡,自愈猪则发育不良成僵猪。为热邪侵袭营血之证,治宜中西结合,综合防治。

【治则】清热解毒,凉血养阴。

【方例】

(1)清瘟败毒饮加减。金银花 15 g,连翘 15 g,大青叶 20 g,生地 20 g,黄连 10 g,丹皮 15 g,石膏 40 g,竹叶 10 g,玄参 15 g,枳壳 15 g,常山 15 g,槟榔 10 g,柴胡 10 g,大黄 10 g,黄芩 10 g,煎水灌服,每日 1 剂,早晚各 1 次,连用 3 剂。

(2)粪便干结者,清热解毒,凉血通便,金银花 30 g,野菊花 30 g,生地 20 g,青蒿 15 g,常山 30 g,鱼腥草 20 g,大黄 20 g(后下),芒硝 20 g(冲),水煎服。腹泻减大黄、芒硝;高热加知母、生石膏;呼吸困难加重鱼腥草用量。每日 1 剂,早晚各 1 次,连用 3 剂。

(3)高热者,可肌肉注射双黄连或柴胡注射液。使用四环素、贝尼尔的同时,可用板蓝根、青蒿粉拌料或拌饮水服用。

(4)红砒石或蟾酥(0.2~0.3 g)埋植卡耳穴。

15.8 仔猪白痢

仔猪白痢是半月日龄内哺乳仔猪常发的一种急性传染病。其特征为:里急后重,痢呈白色并腥臭,3~20 日龄易发,春季多发。

多因胎毒过盛或热乳所伤,或仔猪受寒热侵袭,或饲养管理不当、不卫生,或母猪乳汁不足、过浓等均可致使哺乳仔猪抗病力降低,则疫毒侵害胃肠而发病。

【主证】仔猪白痢在临床上分为热痢和寒痢两型,但热痢较为多见。

热痢:为仔猪白痢的初期表现,病猪多为体质尚好,尚能饮食,但食欲减退并拉稀,粪呈灰白或白色带血,粪味腥臭。

寒痢:热痢继续发展,并久伤正气而转虚,则病猪表现体瘦无力,被毛粗乱,卧地难起,行走不稳;食欲废绝,下痢不止,粪白而恶臭;四肢末梢发凉,最后虚衰死亡。

【治则】热痢宜清热解毒,寒痢宜温中健脾。同时,要加强饲养管理,搞好清洁卫生。

1)热痢方例

(1)白龙散:白头翁 6 g,龙胆草 3 g,黄连 1 g,共为细末,和米汤灌服。

(2)白头翁 60 g,板蓝根 60 g,连翘 60 g,金银花 60 g,黄柏 60 g,甘草 60 g,以上各药混合,加水 1 500 mL,煎煮至 300 mL 左右,10 头病仔猪分服,连服 2 剂。

(3)苍术 16 g,苦参 12 g,丹参 3 g,煎汤取汁,加荞麦面一次喂母猪。

2)寒痢方例

(1)地胡霜:地榆(醋炒)15 g,白胡椒 3 g,百草霜 15 g,共为细末,仔猪每次服用 6 g。

(2)三龙散:煅地龙(醋浸瓦焙)12 g,伏龙肝 15 g,煅龙骨 15 g,九制赤石脂(醋浸九次,炭火煅九次)30 g,百草霜 15 g,共为末,仔猪每次服用 6 g,以蜜调,凉开水冲服。

（3）五味子 500 g,枯矾 90 g,将五味子炒黑,与枯矾共为细末,每头仔猪 3 ~ 6 g 拌入饲料中喂服,亦可给母猪每次 15 g 代服。

【针治】主穴:交巢、三里、脾俞。配穴:百会、六脉、尾干、尾本。每日 1 次,连续 3 次。新针、电针、激光刺激均可。

15.9　犬瘟热证

犬瘟热证,是一种以发热为主证的传染病。

瘟热毒邪,经污染食物或空气传于机体,循经血液分布于全身而发病。

【主证】病犬发热,精神沉郁,食欲减退,咳嗽,鼻流黏涕,便秘后拉稀。继而狂躁不安,不听主人使唤,不能控制犬的行动,肌肉痉挛,步行失调。不久后躯麻痹,或身躯部分麻痹,机体消瘦,最后衰竭而亡。

【治则】清热解毒。

【方例】

（1）清营汤（《温病条辨》）:水牛角 6 g,生地 3 g,玄参 3 g,银花 3 g,竹叶心 3 g,丹参 3 g,连翘 3 g,麦冬 3 g,黄连 2 g,水煎,取汁候温,犬一次灌服。

（2）苍术 5 g,雄黄 2 g,细辛 1 g,朱砂 1 g,共为末,用犬喜食之物共喂之。

（3）苍术 3 g,菖蒲 3 g,皂角 3 g,白芷 3 g,甘松 3 g,雄黄 1 g,朱砂 1 g,细辛 1 g,共为末,包装于布袋内,系于犬颈部。药气可避解瘟邪。

【针治】取山根,身柱及灵台、肺俞、脾俞、百会、尾尖、后三里等穴。

15.10　犬细小病毒病

犬细小病毒病是由犬细小病毒引起的一种急性传染病,其特征是呈现出血性肠炎（血痢）和非化脓性心肌炎症状。

本病多发于 3 ~ 6 个月龄幼犬,仔犬断奶前后正气不足,脾胃虚弱。若与病犬直接接触或食入被污染的饲料,疫毒乘虚而入,伤及脾胃,特别是小肠下段郁而化热,浸淫营血,迫血妄行,呈现出血性肠炎症状;伤及心肺,肺失宣发肃降,心肌受损,扰乱心神,呈现心肌炎症状,常常同窝暴发。

【主证】出血性肠炎型:各种年龄的犬均可发生,但以 3 ~ 4 个月龄的断乳犬更为多发。患犬常突然发病,体温升高至 40 ~ 41 ℃,也有体温始终不高者。神倦喜卧,频频呕吐,不食,不久发生腹泻,里急后重,粪便先呈黄色或灰黄色,被覆有多量黏液及伪膜,而后粪便呈番茄汁样,带有血液,甚至频排血便,腥臭难闻。小便短黄,眼窝凹陷,皮肤弹性明显下降。口干、发出臭味,舌色鲜红或绛,舌苔黄腻,脉滑数或细数。

心肌炎型:多见于 4 ~ 6 周龄的幼犬。突然起病,呼吸困难,脉快弱,个别病犬表现呕吐。常离群呆立,可视黏膜苍白,口色淡,常因急性心力衰竭而死亡。

【治则】心肌炎型多因发病急、来不及救治而死亡,肠炎型宜清热解毒、凉血止痢。

【方例】

（1）白头翁汤：白头翁 20 g，秦皮 20 g，黄连 10 g，黄柏 10 g。煎汤去渣，浓缩至100 mL，候温灌服。里急后重者，加木香、槟榔；夹食滞者，加枳实、山楂。

（2）四黄郁金散：黄连、黄芩、黄柏、大黄、栀子、郁金、白头翁、地榆、猪苓、泽泻、白芍各 30 g，诃子 20 g。水煎，分 2 次灌服。呕吐者加半夏、生姜；里热炽盛者加金银花、连翘；热盛伤阴者加玄参、生地、石斛；下痢脓血较重者重用地榆、白头翁；气血双亏者减黄芩、黄柏、栀子、大黄，加党参、黄芪、白术。

（3）加味葛根芩连汤：葛根 40 g，黄芩、白头翁各 20 g，山药、甘草各 10 g，地榆、黄连各 15 g。水煎服，每天 1 剂，分 3～4 次，每次 50～100 mL。幼犬药量酌减。便血重者加侧柏炭 15 g；津伤重者加生地、麦冬各 20 g；里急后重者加木香 10 g；呕吐剧烈者加竹茹 15 g。

（4）犬细小病毒高免血清 5～20 mL，皮下或肌肉一次注射，隔日重复注射一次。

复习与思考

一、名词解释

1. 宿草不转；　2. 肝热传眼；　3. 肺炎；　4. 乳房炎；　5. 犬瘟热证。

二、填空题

1. 肺炎将其证型分为_____、_____、_____。

2. 肝热传眼的主要症状_____、_____、_____、视物不清等。

3. 犬细小病毒病可分为_____，和_____两个型，治疗的处方有_____、_____、_____。

三、选择题

1. 患畜水门垂吊着部分胎衣，并流出恶露，不时努责，回头顾腹，毛焦体瘦，精神沉郁，形寒怕冷，口色淡白，脉沉弱，可判定是（　　）。

　　A. 流产　　　　B. 胎死腹中　　　　C. 胎衣不下　　　　D. 子宫内膜炎

2. 仔猪白痢，病猪多为体质尚好，尚能饮食，但食欲减退，并拉稀，粪呈灰白或白色带血，粪味腥臭是（　　）。

　　A. 热痢　　　　B. 寒痢　　　　　C. 黄痢　　　　　　　D. 红痢

3. 全身发热，气粗喘促，口干而热，舌红苔黄，粪干尿赤，咳嗽脉数的证型是（　　）。

　　A. 风寒犯肺　　B. 风热犯肺　　　C. 肺热壅盛　　　　D. 正气虚脱

4. 发病较急，精神不振，头低耳耷，食欲反刍停止，鼻镜干燥，肚腹胀满，嗳气酸臭，触诊瘤胃坚实，口色赤红，脉象沉涩；治则：消积导滞，攻下通便，处方用（　　）。

　　A. 大戟散　　　B. 补中益气汤　　C. 白头翁汤　　　　D. 保和丸

四、判断题

1. 决明散能治疗肝热传眼。（　　）

2. 胎衣不下是指母畜将胎儿产出后,经一定时间胎衣仍不能自行排出的病证,此病马多发。(　　)

3. 犬瘟热证,是一种以发热为主的传染病。(　　)

4. 犬细小病毒病不会传染。(　　)

5. 发病快,精神恍惚,头低眼闭,站立如痴,卧多立少,行走不稳,呼吸迫促,双凫洪数,口色鲜红是肺炎。(　　)

五、问答题

1. 分析风寒咳嗽与风热咳嗽辨证施治的要点。

2. 简述肺炎的辨证施治。

3. 试述慢草与不食中脾虚、食滞、胃热各证型的主要症状及治疗原则。

4. 从中兽医的角度论述犬瘟热证的防治方法。

5. 简述犬细小病毒病的治疗。

 案例分析

案例 1

一金毛犬,体温 41.8 ℃,精神沉郁,鼻流水样分泌物,打喷嚏、咳嗽,鼻镜干燥和有龟裂,眼睑肿胀,有脓性分泌物,腹下和股内侧、耳壳等处皮肤上出现小红点,病初大便干燥,不久下痢,粪便中常混有血液和气泡,脚垫增厚,一周后出现神经症状,狂躁不安,不听主人使唤,夜间嚎叫,肌肉痉挛,步行失调,CDV(+ + + +)。

请问是什么病? 并应用中兽医学的方法进行辨证论治。

案例 2

2 月龄泰迪,病犬精神沉郁,厌食、发热,体温 40.8 ℃,呕吐物胆汁样或带血,腹泻粪便呈番茄样,腥臭,尾部及后腹部被粪便污染,PCV(+ + +)。

请问是什么病? 如何进行辨证论治? 拟订治疗原则和方法,并开具处方。

技能训练篇

JINENG XUNLIAN PIAN

项目 16　技能训练

实训 16.1　问诊与望诊

【目的要求】

通过实训,使学生初步学会问诊和望诊的基本操作技能。

【材料用具】

病畜4头(匹),实习动物4头(匹),家畜保定栏4个,保定绳索4套,听诊器4具,体温计4支,工作服每人1件,病历表或实习报告纸每人1份。

【方法步骤】

1) 问诊

(1)首先应问清一般情况,诸如畜主姓名、住址,患畜类别、年龄、品种、用途等内容。在认真听取主诉的基础上,进一步询问现病史、既往病史、家畜个体史和种群史、饲养管理、生产使役及母畜胎产情况,以及当地局部气候与社会环境条件等。

(2)问诊时应做到有的放矢,恰当准确,简要无遗。诊者对畜主的态度要和蔼诚挚,语言要通俗易懂,抓住畜主陈述的主要问题,从整体着眼,一边询问一边分析其回答,如果觉得缺少哪些证据,则进一步补充询问,尽可能全面而准确地收集临床资料,从而使自己头脑中有个清晰的印象。

2) 望诊

应先望整体,后看局部,依次进行。若是前来就诊的病畜,应让其先休息片刻,待其气息平顺、体态自然后,诊者在距患畜数步远的地方,围绕其前后左右进行审视。如果需要诊察其腰背和四肢的病变,则可请畜主牵行患畜作前行后退、左向或右向转圈,以审视其腰背活动与四肢运步状态。

(1)整体望诊。包括精神、形体、皮毛、姿态等有无异常变化。

(2)局部望诊。包括眼、耳、鼻(鼻镜)、口唇、饮食、反刍、呼吸、胸腹、二阴、粪尿和口色。应特别注意观察口色。

察口色应注意观察口腔各个有关部位,特别是舌的色泽,以及舌苔、口津、舌形、卧蚕等方面的变化。检查方法因畜种而异(实训图1.1、1.2、1.3、1.4)。

马属动物:诊者站在患畜头侧,一手握住笼头,一手轻翻上唇,即可看到唇和排齿的色泽。然后用食指和中指从口角伸进口腔,以感觉其温凉润燥;随即将二指上下撑开口腔,舌体就可自然暴露,如果仍不张口,可用食指刺激一下上腭;最后以两指钳住舌体,拉出口外,仔细观察舌苔、舌质及卧蚕等的变化,如实训图1.1所示。

　　牛:与马基本相同。一手握住鼻环或鼻攥,一手食指和中指从口角伸进口腔,在感知其温凉润燥后,将上下腭轻轻撑开。口紧难以撑开的,则可将手掌从舌下插入,并横向竖起,把舌体推向口内,即可将口打开。注意观察其口角、舌体、卧蚕、芒刺等的变化。

　　察口色时应做到:

　　第一,打开患畜口腔的动作应尽可能轻柔,钳拉舌体的时间不宜过久,以免引起颜色改变。

　　第二,应在充足而柔和的自然光线下观察。

　　第三,养成按一定顺序进行观察的习惯,一般先看舌苔,次看舌质,再看卧蚕,无论看到何处,都要注意其色泽、润燥情况。

　　第四,注意排除各种物理、化学因素、带色药物等对口色、苔色的影响。

　　第五,注意季节、年龄、体质等因素对口色的影响。

实训图 1.1　看口色的方法

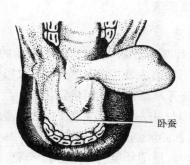

实训图 1.2　舌下卧蚕

实训图 1.3　牛的口色检查法

实训图 1.4　猪的口色检查法

　　本实训可在学校兽医院进行,也可在附近乡村以家畜健康检查的形式去完成。实施前,应事先按病例和实习动物的多少,把学生分成若干个小组,每组人数不宜过多。实施时,先由指导教师进行示范,然后分组进行。每组由一人主诊,一至两人协助保定,其余学生则认真记录。实习中,教师应巡回指导,各组间定时交换病例。各组更应充分利用实习动物,做到每人担任一次主诊。实训结束前,组织学生进行简短讨论,然后小结,指导学生分析所获得的临床资料。

　　【作业】

　　整理问诊和望诊所得资料,详细记入病历,并分别就各个病例和实习动物的口色及其主病作出分析。

实训 16.2 闻诊与切诊

【目的要求】

通过实训,使学生初步学会闻诊和切诊的基本操作技能。

【材料用具】

病畜 4 头(匹),实习动物 4 头(匹),家畜保定栏 4 个,保定绳索 4 套,听诊器 4 具,体温计 4 支,工作服每人 1 件,病历表或实习报告纸每人 1 份。

【方法步骤】

1) 闻诊

包括耳听声音、鼻嗅气味两个方面的内容。

(1) 听声音。在安静环境中,听取患畜的叫声、呼吸音、咳嗽声、喘息声、呻吟声、肠鸣音、嗳气声、磨牙声以及运步时的蹄声等。

(2) 嗅气味。结合局部望诊,对患畜的口气、鼻气、粪便、尿液、体气以及痰涕、脓汁等气味进行认真的区别。

闻诊时,周围环境一定要保持安静,排除一切喧哗和声响,听肠鸣音和呼吸音,可借助听诊器(布),以进一步判明肺与肠的病理变化情况。嗅气味则可靠近病变部位,或用棉签蘸取分泌物或排泄物,用手扇动着去嗅闻。有些气味,只要站在适当距离即可嗅到,可免去前述操作。

2) 切诊

包括触按和切脉两部分内容。

(1) 触按。应仔细而有重点地触按官窍、肌肤、胸腹等部位,以判别口腔、鼻端或鼻镜、耳角、体表和四肢的寒热润燥;有无肿胀及其寒热、软硬、大小;咽喉和槽口有无异常变化;胸廓特别是左胸下侧的心尖搏动区(虚里)有无异常;腹部特别是膁部的寒热、软硬、胀满、肿块、压痛等情况,腧穴所在部位有无敏感反应等。

触按的手法,可以分为触、摸、按三种。触是用手指或手掌轻轻接触患部;摸是以手抚摸,力度稍重;按时适度用力按压。其力度有轻重不同,其运动有快慢的差别。操作时,一般采取先轻后重,或轻或重,或击或抑等方式,要求手法轻巧,综合运用。

(2) 切脉。双凫脉,为马的传统切脉部位。位置在颈基部的颈总动脉上,两侧颈静脉沟的深部。

左侧为三部,右侧为三关,分别配应五脏和六腑。切脉时,诊者面向前肢站立,一手轻按于鬐甲上,一手切脉左手切右凫,右手切左凫,两侧轮换进行。布指时,先以无名指按在胸颈交界处上方 2~3 指的下部或命关上,然后根据马的体格大小,以适当间距依次将中指布在中部或气关,食指布在上部或风关,如实训图 2.1 和图实训图 2.2 所示。

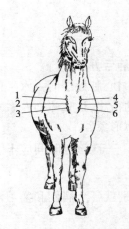

实训图 2.1 马双凫脉部位

实训图 2.2 马双凫脉诊法

1—风关;2—气关;3—命关;4—上部;5—中部;6—下部

①颌外脉。近年用于马,位置在下颌骨的颌外动脉切迹处。切脉时,诊者站在头侧,一手握住笼头,一手以无名指先布在颌下切迹处的颌外动脉上,然后顺序向里布下中指、食指。右手诊左颌,左手诊右颌,交替进行,如图实训图 2.3 所示,分候双侧寸、关、尺。

②尾根脉。尾根脉为牛、驼的传统切脉部位,位置在尾根腹面靠近肛门三节尾椎的尾动脉上。切脉时,诊者站在患畜的正后方,左手将尾略向上抬举,右手的食指、中指、无名指分别布在上述三节尾椎间的动脉上。分别配应下、中、上三焦,如实训图 2.4 所示。

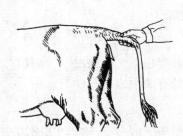

实训图 2.3 马颌外动脉诊脉法

实训图 2.4 牛尾动脉诊脉法

③股内脉。为猪、羊、犬等动物的切脉部位,位置在后肢内侧的股动脉上。切脉时,诊者蹲在患畜的侧面,一手保定后肢,另一手的手指沿腹壁由前至后慢慢伸入股内,摸到股动脉后,将手指均匀布于其上。左右侧交换进行,如实训图 2.5 所示。

④正中脉。是山西省朔县聂土鹏家传切脉法,可用于各种大、中动物。位置在桡骨近侧端内后缘和腕桡侧屈肌之间的肌沟中,前

实训图 2.5 猪诊脉部位

臂正中沟上端的正中动脉上。切诊时,诊者站在动物胸侧,一手按在鬐甲或肩峰上,一手伸入腋窝,以食、中、无名指仔细找寻,并均匀布指于正中动脉上,从下往上,分候寸、关、尺三

部。左右侧交替进行,以左手切右脉,右手切左脉。

切脉时应注意:

第一,保持一个安静的内外环境,待患畜气血平静后方可进行。

第二,患畜以站立姿势为宜,尽可能使切脉部位与心脏处于同一水平位置上。

第三,重点练习三指总按三部和一指单按一部的指法,认真体会左右寸关尺六部脉象。

第四,细心地体察轻、中、沉取三种指力下的脉搏形象。

第五,诊者的呼吸要调整到自然均匀,以候至数。一次诊脉时间应不少于 3 min。

【作业】

整理闻诊和切诊所得资料,详细记入病历,并分别就各个病例和实习动物的脉象及其主病作出分析。

实训 16.3　八纲与脏腑辨证

【目的要求】

通过实习,使学生初步学会八纲辨证和常见脏腑病辨证的基本技能。

【材料用具】

典型病例若干头(匹),保定栏及绳具相应配套,听诊器 4 具,体温表 4 支。病历表每人 1 份,消毒药及洗涤用具各 4 份,工作衣每人 1 件。

【方法步骤】

1)内容

由指导教师根据实际情况,选择具有八纲或脏腑辨证意义的典型病例若干例,参照八纲及脏腑辨证的有关内容进行实习。

2)方法

根据典型病例的多少,将学生分成若干个小组,每组选 1 名主诊人,1~2 名记录员,按四诊的要求,轮流检查所有典型病例。

(1)在认真听取主诉之后,有重点、有目的地提出询问,通过分析,从问诊中抓住有诊断价值的临床资料。

(2)由各组的主诊人,对病畜进行望诊、闻诊和切诊的全面检查,注意培养学生严谨的工作作风。

(3)记录员对主诊人的检查所获,要及时而准确地填写在病历表上,文字则力求精简。其余组员也应记录重要内容,做到动手动脑。

(4)临床症状收集完毕,以小组为单位进行讨论,确认主要症状,分析病因病机,归纳疾病证候,作出诊断结论。

(5)指导教师小结。

【注意事项】

(1)选择病例,主症要明显,证候要单纯,方可作为实习病畜。

（2）分组检查时,指导教师应巡回指导,给予适当提示,小组讨论要给以适当引导,让学生各抒己见,使之作出正确判断。

（3）严明实训纪律,注意安全,防止事故发生。

【作业】

填写病历,作出诊断,开写处方。

实训 16.4　卫气营血辨证

【目的要求】

通过实训,使学生初步学会温热病卫气营血辨证的基本技能。

【材料用具】

典型温热病病例,保定栏、网、绳具等相应配套,其余同辨证治疗。

【方法步骤】

1）内容

由指导教师选择具有温热病卫气营血辨证意义的典型病例,参照卫气营血辨证内容进行实习。

2）方法

根据病例的多少,将学生分成若干个小组,各组选出主诊人与记录员,根据四诊要求和温热病的特点,对典型病例轮流进行全面检查。

（1）在听取主诉之后,重点询问病畜的发病经过、发病数量、病畜来源、防疫接种等有关情况。

（2）由主诊人对病畜进行望、闻、切诊的全面检查。检查时,尤其要注意口色、脉象的变化,以及皮毛、眼、鼻、二阴、粪尿等的异常变化,认真收集有诊断价值的临床资料。

（3）其他方法见辨证治疗。

3）注意事项

（1）选择病例主症要明显,并考虑其治疗价值。

（2）温热病传变迅速,变化多端,临床上证候错杂,初学者较难抓住要领。指导教师应多加指导,引导学生抓住口色、脉象等关键所在。

（3）对传染病畜,则应严格消毒,以防扩散。同时,要严明纪律,保障安全。

【作业】

填写病历,作出诊断,开写处方。

实训 16.5　采集、加工当地中草药

采集、加工当地中草药,进行必要的炮制,并制成标本保存供学习之用。

实训 16.6　常用中药、饮片实物辨认

【目的要求】

通过实训使学生掌握常用中药饮片实物性状的鉴别技能。

【设备与低值易耗品】

中药饮片辨认教室,常用中药饮片标本200余味,以及相应的药材图片,盛药器具等。

【实物】

中药药材、中药饮片、饮片常规图片、饮片视频图片等。

【方法步骤】

1)示教

教师以中药药材、中药饮片、饮片常规图片、饮片视频图片等举例说明辨认的基本内容,如辨别中药药材、中药饮片颜色、形状、气味、质地等要点。

2)实训

学员依照中药药材、中药饮片、饮片常规图片、饮片视频图片等,进行中药药材、中药饮片颜色、形状、气味、质地的辨认,并作好实训记录报告。

【注意事项】

(1)对贵重药物饮片以观看馆藏标本为主。

(2)对有毒中药饮片避免直接接触。

实训 16.7　畜禽针灸取穴及操作

【目的要求】

(1)了解常用的取穴方法。

(2)掌握畜禽常用针灸穴位,并了解其操作方法和主治疾病。

【材料用具】

牛、猪、鸡实习畜禽各4头,保定栏具按实习动物配备,畜禽针灸挂图,兽用针刺器具4套,针槌4个,毛剪4把,镊子8把,脱脂棉500 g,酒精棉球和碘酒棉球4瓶,消毒液、脸盆、毛巾等各1件。笔记本每人1本,技能单每人1份。

【实习方法】

以教师结合实习动物点穴为主,并有重点地介绍常用针灸穴位的操作方法和主治疾病。

1)**牛常用穴位的取穴及方法**

（1）耳尖（血印）

【穴位】耳郭背面,距耳尖约 3 cm 的 3 条大静脉支上,每耳 3 穴,如实训图 7.1 所示。

【操作】中宽针速刺血管,出血。

【主治】中暑、腹痛、感冒、中毒。

实训图 7.1　牛耳尖穴

（2）山根（人中）

【穴位】鼻镜上侧有毛与无毛交界线的正中点及其左右旁开 1.5 cm 处,共 3 穴,如实训图 7.2 所示。

【操作】小宽针向下方刺入 1 cm,出血,或毫针刺入 3 ~ 4.5 cm。

【主治】中暑、感冒、咳嗽、肚痛。

实训图 7.2　牛口周二穴

1—山根;2—锁口

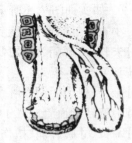

实训图 7.3　通关穴

（3）通关（舌底、知甘）

【穴位】舌体腹面,舌系带前端两侧的舌下静脉上,共 2 穴,如实训图 7.3 所示。

【操作】将舌拉出口外,向上翻转,以小宽针或三棱针刺入 1 cm,出血。

【主治】慢草、木舌、喉肿、舌疮、中暑,春秋开针洗口,有预防疾病的作用。

（4）顺气（嚼眼、垂津）

【穴位】口腔内,硬腭前部切齿乳头两侧的一对鼻腭管开口处。共 2 穴,如实训图 7.4 所示。

【操作】细软柳条或榆树条去掉皮、节,徐徐插入穴内 18 ~ 30 cm,达鼻腔内。

【主治】肚胀、感冒、睛生翳障。

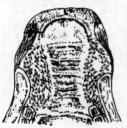

实训图 7.4　牛顺气穴

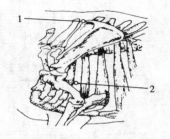

实训图 7.5　牛肩膊二穴

1—膊尖;2—抢风

（5）锁口（口角）

【穴位】口角正后方约 1.5 cm 的口轮匝肌与颊肌的结合处。左右侧各 1 穴,如实训图 7.2 所示。

【操作】圆利针或毫针向后上方平刺 3 cm 左右。

【主治】歪嘴风,牙关紧闭。

（6）膊尖（云头）

【穴位】肩胛骨前角与肩胛软骨结合处的凹陷中,左右侧各 1 穴,如实训图 7.5 所示。

【操作】中宽针,圆利针或火针向内后方刺入 3 cm,毫针刺入 6 ~ 9 cm。

【主治】失膊（闪伤）,前肢风湿。

（7）抢风（中腕）

【穴位】肩关节后下方,三角肌深部,小圆肌后缘,臂三头肌长头与外头所形成的方孔中。左右肢各 1 穴,如实训图 7.5 所示。

【操作】小宽针、圆利针或火针直刺 3 cm,毫针刺入 6 cm。

【主治】失膊、肩膊痛、前肢风湿、肩膊麻木。

（8）缠腕（寸子）

【穴位】悬指（趾）内、外侧上方约 1.5 cm 处凹陷中,每肢内外各 1 穴,如图 7.6 所示。

【操作】中宽针顺血管刺入 1 ~ 1.5 cm,出血。

【主治】蹄黄、寸腕肿痛、扭伤。

（9）涌泉（后肢叫滴水）

【穴位】蹄叉前缘正中稍上方的凹陷中。每肢 1 穴,如实训图 7.6 所示。

【操作】中宽针顺血管刺入 1 ~ 1.5 cm,出血。

【主治】蹄肿、扭伤寸腕、中暑、感冒。

（10）蹄头（八字）

【穴位】蹄冠缘背侧正中的有毛与无毛的交界处。每蹄 2 穴,如实训图 7.6 所示。

【操作】中宽针直刺 1 cm,出血。

【主治】蹄黄、扭伤、便结、肚痛、感冒。

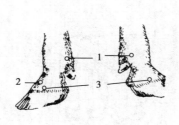

实训图 7.6　牛肢端三穴
1—缠腕;2—涌泉;3—蹄头

实训图 7.7　牛后三里穴

（11）后三里

【穴位】胫骨上外侧髁下方,第三腓骨肌与第四趾固有伸肌的肌沟中。前后肢各 1 穴,如实训图 7.7 所示。

【操作】毫针向后下方刺入 6~7.5 cm。

【主治】脾胃虚弱,后肢风湿,后肢麻木。

(12)百会(千金)

【穴位】腰荐结合部的凹陷中,1 穴,如实训图 7.8 所示。

【操作】小宽针,圆利针或火针直刺 3~4.5 cm,毫针刺入 6~9 cm。

【主治】腰胯风湿、腰胯闪伤、肾虚、肚胀。

(13)脾俞(六脉第一穴)

【穴位】倒数第三肋间隙上端,背最长肌与髂肋肌的肌沟中,左右侧各 1 穴,如实训图 7.8 所示。

【操作】中宽针、圆利针或火针向内下方刺入 3 cm,毫针刺入 6 cm。

【主治】便结,肚胀,积食,泄泻,慢草。

(14)尾尖(垂珠)

【穴位】尾尖顶端,1 穴。

【操作】中宽针刺入 1 cm 或作十字形劈开,出血。

【主治】中暑、感冒、过劳、中毒、热性病。

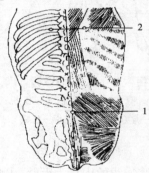

实训图 7.8　牛背侧二穴
1—百会;2—脾俞

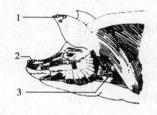

实训图 7.9　猪头部三穴
1—耳尖;2—山根;3—锁喉

2)猪常用穴位的取穴及方法

(1)山根

【穴位】吻突上缘弯曲部,上唇与吻突相连处向后第一条皱纹上,正中 1 穴,左右旁开 1.5 处各 1 穴。共 3 穴,如实训图 7.9 所示。

【操作】小宽针或三棱针直刺 0.5~1 cm,出血。

【主治】中暑、感冒、咳嗽、风湿、热性病、消化不良等。

(2)锁喉

【穴位】第一气管轮两侧各 1 穴,如实训图 7.9 所示。

【操作】圆利针平刺 1.5~2.5 cm。

【主治】喉胀、咽喉麻痹、气喘。

(3)耳尖(血印)

【穴位】耳郭背面,距耳尖约 2 cm 处的 3 条耳大静脉支上。每耳 3 穴,可任取 1 穴,如实训图 7.9 所示。

【操作】小宽针或三棱针刺破血管,出血,重病危急时也可在耳尖部剪口放血。

【主治】中暑、感冒、中毒、热性病、消化不良。

(4)百会(千金)

【穴位】腰荐结合部的凹陷正中处,1 穴,如实训图 7.10 所示。

【操作】毫针或圆利针直刺 2~3 cm。

【主治】腰胯风湿、便秘、脱肛、后肢麻痹。

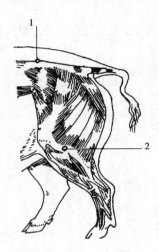

实训图 7.10　猪后躯穴位

1—百会;2—后三里

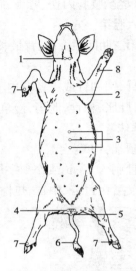

实训图 7.11　猪腹面八穴

1—锁喉;2—膻中;3—三脘;4—肛脱;

5—后海;6—尾尖;7—涌泉;8—七星

(5)三脘(上、中、下脘)

【穴位】胸骨后缘与肚脐连线的中点为中脘穴,与中脘连线的中点为上脘,中脘与肚脐连线的中点为下脘穴,共 3 穴,如实训图 7.11 所示。

【操作】艾灸 3~5 min 或圆利针直刺 1~2 cm。

【主治】消化不良、仔猪下痢、腹痛、咳嗽、气喘。

(6)后海(交巢)

【穴位】肛门上,尾根下的凹陷正中处,1 穴,如实训图 7.11 所示。

【操作】提起尾巴,用毫针、圆利针或小宽针向前上方刺入 3~6 cm。

(7)肛脱

【穴位】肛门两侧,各旁开约 1 处,共 2 穴,如实训图 7.11 所示。

【操作】毫针或圆利针向前下方刺入 1~2 cm。

【主治】脱肛。

(8)尾尖

【穴位】尾尖顶端,1 穴,如实训图 7.11 所示。

【操作】小宽针将尾尖穿通或十字形劈开放血。

【主治】中暑、感冒、肚痛、少食、风湿、中毒。

（9）后三里

【穴位】膝盖骨后侧外下方约 5 cm,腓骨小头与胫骨外踝间的凹陷处。左右后肢各 1 穴,如实训图 7.10 所示。

【操作】毫针,圆利针或小宽针向内后方刺入 3～4.5 cm。

【主治】少食、仔猪泄泻、肚痛、后肢风湿。

（10）涌泉（后肢称滴水）

【穴位】蹄叉正中上方约 1.5 cm 的凹陷处,每肢 1 穴,如实训图 7.11 所示。

【操作】小宽针直刺 1～1.5 cm,出血。

【主治】蹄黄、前肢风湿、扭伤、中毒、中暑、感冒。

3）鸡常用穴位的取穴及方法

（1）冠顶（风冠、朝阳）

【穴位】鸡冠上冠齿的尖端,以第一冠齿为主。

【操作】毫针或三棱针向下点刺 0.5 cm,见血为止,甚至将鸡冠齿尖端顺次剪断,缺少鸡冠者可针刺其前部,出血。

【主治】热性病、乌冠、中毒、休克。

（2）垂髯

【穴位】在喙的下方,肉垂上,左右侧各 1 穴。

【操作】以三棱针向上刺入 0.5 cm,出血为止。也可作梅花点刺,出血,两侧均可。

【主治】感冒、泻痢、鸡头摇摆、热性病、乌冠症。

（3）太阳

【穴位】眼外角后缘的凹陷处,左右侧各 1 穴。

【操作】毫针点刺 0.1～0.25 cm。

【主治】感冒、精神沉郁。

（4）鼻隔（鼻孔）

【穴位】两鼻孔之间。

【操作】取羽毛的羽管部,穿过鼻中隔,羽毛留在鼻孔中数日。

【主治】迷抱,肺气不畅。

（5）胸脉（开膛）

【穴位】胸部龙骨两侧,胸大骨上的静脉血管上、左、右各 1 穴。

【操作】毫针斜刺 0.1 cm,出血。

【主治】肺热、喉鸣、中毒、中暑、热痢。

（6）尾脂（尾峰、尖脂）

【穴位】尾端的尾脂腺 1 穴（即尾根最后荐椎上方）。

【操作】挤捏尾脂腺,使流出黄液或血液。

【主治】迷抱、下痢、便秘、感冒。

（7）后海（交巢、地户）

【穴位】肛门上方的凹陷处,1 穴。

【操作】艾灸或毫针刺入 0.25～0.5 cm,稍加捻转。

【主治】母鸡生殖器外翻,产蛋滞涩,泻痢。

(8)翼脉(翼内)

【穴位】两翅膀内侧血管上(尺、桡骨间的静脉),左右各 1 穴。

【操作】用针刺出血。

【主治】热性病、中毒、中暑。

(9)展翅(翅筋)

【穴位】两翅肘骨头弯曲部,尺、桡骨与肱骨交界处,后端关节面的凹陷中,左右侧各 1 穴。

【操作】毫针平刺 0.25 cm。

【主治】感冒、精神沉郁、少食、热性病。

(10)脚脉

【穴位】两脚管前下方,跗骨前缘的血管上,左右各 1 穴。

【操作】毫针刺出血。

【主治】精神委顿。

【作业】

写出与填画出牛、猪、鸡实训中所列出的穴位。

实训 16.8 宿草不转、便秘、咳嗽病症的诊治

【目的要求】

通过对家畜宿草不转、便秘、咳嗽等病例的诊疗,使学生初步学会辨证施治的基本技能。

【材料用具】

典型病例若干头(匹),保定栏及绳具相应配套,听诊器 20 具,体温计 10 支,工作服每人 1 件,病历表每人 1 份,消毒药物 4 份,洗涤用具 4 套。

【方法步骤】

1)内容

由指导教师事先选好有关的典型病例,按目的要求进行。

2)方法

根据典型病例的数量,将学生分成若干个小组,每组选 1 人担任主诊,1~2 人担任记录,按照以下方法步骤进行。

(1)在认真听取主诉之后,有重点地进行问诊。培养学生边询问边分析辨证的临床能力。通过对相似证候的类比,形成一个比较清晰的印象诊断。

(2)由各组的主诊人根据问诊印象,有目的地对病畜进行其他方法的诊察,除口色和脉象为必检内容外,其余则可视临床实际的需要,有选择地实施,要把有诊断价值的主要症状尽可能细致而准确地收集起来,作为最后诊断的依据。为培养其余学生的主动思维,要求所有组员高度关注主诊的操作,并提出适当建议。

（3）各组的记录员，对主诊检查并得到大家认可的主要症状，要用精简准确的语言，及时地填写在病历表中，其余组员也应记录主要内容，做到动手动脑。

（4）临床诊察完毕，各小组进行简短而认真的讨论：确认主要症状，分析病因病机，归纳疾病证候，作出诊断结论。

（5）根据辨证结论，每名学生应独立确定治法，拟订处方，并提出护理要求。

（6）指导教师根据各组讨论情况，做简短小结。对急需治疗的病畜，可与学生一起立即作出诊断，并指导学生立处方，实施治疗。

【作业】

书写一个完整病案。

实训 16.9　外感热病的诊治

【目的要求】

通过实验，要求掌握外感病的辨证施治步骤、方法，确定治则及选方用药原则。

【材料用具】

1）动物

兽医院门诊、住院或生产厂（场）外感热病患畜。

2）药物

治外感热病的常用中药。

3）器材

常用的动物保定和诊疗器械，如保定绳、中药粉碎、调制和投药器具、中兽医病志等。

【方法步骤】

1）诊断

按照四诊的方法，对病畜进行全面、系统的检查，将检查所获得的资料填入病志。诊断过程中要注意掌握正确的方法，要望、闻、问、切"四诊合参"。

2）辨病

温热病大多属于传染病，但温热病与传染病的含义并不完全相同。温热病既包括急性热性传染病，如流感、仔猪水肿病、禽霍乱、犬传染性肝炎、犬瘟热等，又包括非传染性发热性疾病，如中暑、热射病等。传染病也有不发热者或不发热的阶段，温热病也有不传染者，临床需鉴别。

3）辨证

按照四诊所收集到的症状、体征等临床资料，根据它们内在的有机联系，加以综合、分析、归纳，从而得出诊断。辨证时既要应用八纲辨证、脏腑辨证的基本知识作为指导，更重要的是必须掌握卫气营血辨证的具体方法。

临床辨证时,如果属于"温病",那就依据四诊所获得的资料,首先分清热在"气"还是热在"血"。热在"气"之轻浅者称卫分,故卫分主表、主肺及皮毛。在"气"之重者称气分。气分指温热之邪深入于里,入于脏腑,但尚未入血。在"血"之轻浅者称营分。营分是指邪热入于心营,入于心和心包络而言。由于心主周身之血,故营热又以血热为主证。

在"血"的深重者叫血分。血分是指邪热深入到肝血,重在耗血和动血。在以上辨证的基础上,按其卫、气、营、血各证特有的证候群进一步深入分析,进行辨证,得出最后诊断。

4)论治

首先确定治则和治法,其次根据病情选方用药。

【作业】

(1)将治疗过程中及治疗后病畜精神、口色、食欲等变化及其转归情况,详细填入病志。

(2)根据临诊的具体病例,分析外感热病的辨证程序,讨论卫气营血辨证与八纲辨证和脏腑辨证的关系。

实训 16.10　幼畜腹泻的诊治

【目的要求】

根据幼畜的生理和病理特点,对常见的幼畜病进行诊治,熟悉诊疗技术,积累诊疗经验。

【材料用具】

1)动物

根据实际情况,选择仔猪白痢、羔羊下痢、新驹奶泻、犊牛腹泻等病例。

2)药物

治疗幼畜腹泻的常用中药及成方制剂,如白术、乌梅、茯苓、人参、杨树花、苦参、参苓、白术散、白龙散、地胡霜、乌梅散等。

3)器材

一般保定和诊疗器械,如保定绳、体温表、听诊器、中药调制和投药器具、针灸针、激光针灸治疗器、中兽医药志等。

【方法步骤】

1)诊断

用望、闻、问、切四诊,并结合西兽医学临床常用的诊断方法,搜集病畜的症状和有关情况。尤其要注意发病情况(如发病年龄、发病季节、发病头数、死亡情况等),腹泻次数,粪便的形态、颜色和气味,患畜的精神、体质以及脱水情况等。

2)辨证

根据诊断所搜集的资料,进行综合分析,按中兽医理论进行辨证。同时,尽可能按西兽医的方法对病性进行确诊。一般说来,幼畜腹泻大体可分为虚寒证和湿热证两大类。

身热,舌红或兼有黄染,脉数,粪便黏腻腥臭,或脓血相间者,多属于湿热;腹泻日久,体瘦毛焦,口鼻四肢不温,舌淡脉迟,粪便清稀者,多属虚寒证。

3)论治

根据辨证结果确定治疗原则,选择适当的方药进行治疗。仔猪白痢属于湿热证者,宜清热止痢,方可参考白龙散或乌梅散;属于虚寒证者,宜温中涩肠,方可选用地胡霜等。

犊牛腹泻属于湿热者,宜清热止泻,方可用乌梅散或葛根芩连汤加减;属于寒湿者,宜温中利水,方用胃苓汤加减;属于伤乳者,宜消食导滞,以三仙等为主药组方。羔羊下痢属于湿热者,宜清热止痢,方可参考白龙散或乌梅散;属于虚寒者,宜温中止痢,方可用桃花汤或地胡霜加减。

除中药外,针灸可选用后海、脾俞、后三里等穴,毫针、火针、艾灸、激光针等均有疗效。

在论治时,还应考虑到幼畜的特点(如稚阴稚阳之体,易虚易实,病情变化迅速等),恰当用药。

【作业】

根据诊治的具体病例,分析讨论辨证论治中的收获体会和经验教训。

［1］韦旭斌. 中兽医学［M］. 长春:吉林科技出版社,1997.

［2］于船. 中兽医学［M］. 北京:中国农业出版社,1987.

［3］孙永才. 中兽医学［M］. 北京:中国农业出版社,2000.

［4］黄定一. 中兽医学［M］. 北京:中国农业出版社,1995.

［5］于船. 中兽医基础理论及诊断学［M］. 北京:中国农业大学出版社,1991.

［6］杨致礼. 中兽医学［M］. 西安:天则出版社,1990.

［7］刘钟杰,许剑琴. 中兽医学［M］. 北京:中国农业出版社,2002.

［8］姜聪文. 中兽医基础［M］. 北京:中国农业出版社,2001.

［9］王天益. 中兽医临证基础［M］. 成都:成都科技大学出版社,1993.

［10］于船,等. 现代中兽医大全［M］. 南宁:广西科学技术出版社,2000.

［11］钟秀会. 中兽医基础理论［M］. 北京:中国农业科学技术出版社,2001.

［12］杨宏道,李世俊. 兽医针灸手册［M］. 北京:中国农业出版社,1986.

［13］于船,陈子斌. 现代中兽医学［M］. 南宁:广西科学技术出版社,2000.

［14］何静荣. 中兽医方剂学［M］. 北京:中国农业大学出版社,1993.

［15］吴培. 兽医中药学［M］. 北京:北京农业大学出版社,1993.

［16］河北中兽医学校. 中兽医手册［M］. 北京:中国农业出版社,1991.

［17］汤德元. 中兽医学新编［M］. 成都:四川大学出版社,1992.

［18］中国农业科学院中兽医研究所,等. 新编中兽医学［M］. 兰州:甘肃人民出版社,1979.

［19］杨本登. 中兽医药物学［M］. 成都:四川科学技术出版社,1987.

［20］四川畜牧兽医研究所. 活兽慈舟校注［M］. 成都:四川人民出版社,1980.

［21］湖北中医学院. 中医学概论［M］. 上海:上海科学技术出版社,1978.

［22］《全国中草药汇编》编写组. 全国中草药汇编［M］. 北京:人民卫生出版社,1974.

［23］北京医学院. 中医临证基础［M］. 北京:人民教育出版社,1975.

［24］林德贵. 兽医外科手术学［M］. 北京:中国农业出版社,2004.

［25］张晓菊. 中兽医学［M］. 北京:中国农业科学技术出版社,2002.

［26］邓华学. 中兽医应用技术［M］.2 版. 重庆:重庆大学出版社,2010.